赛迪顾问战略性新兴产业 系列丛书之五

中

物联网产业发展
及应用实践

中国电子信息产业发展研究院
赛迪顾问股份有限公司　著

電子工業出版社.
Publishing House of Electronics Industry
北京·BEIJING

图书在版编目（CIP）数据

中国物联网产业发展及应用实践/中国电子信息产业发展研究院，赛迪顾问股份有限公司著. —北京：电子工业出版社，2013.8

（赛迪顾问战略性新兴产业系列丛书）

ISBN 978-7-121-20609-2

Ⅰ．①中… Ⅱ．①中… ②赛… Ⅲ．①互联网络－应用－研究－中国②智能技术－应用－研究－中国 Ⅳ．①TP393.4②TP18

中国版本图书馆 CIP 数据核字（2013）第 120148 号

责任编辑：徐蔷薇　　特约编辑：劳嫦娟

印　　刷：北京市大天乐投资管理有限公司

装　　订：北京市大天乐投资管理有限公司

出版发行：电子工业出版社

　　　　　北京市海淀区万寿路 173 信箱　邮编　100036

开　　本：787×1092　1/16　印张：24.75　字数：593 千字　彩插：1

印　　次：2013 年 8 月第 1 次印刷

印　　数：5000 册　定价：118.00 元

凡所购买电子工业出版社图书有缺损问题，请向购买书店调换。若书店售缺，请与本社发行部联系，联系及邮购电话：（010）88254888。

质量投诉请发邮件至 zlts@phei.com.cn，盗版侵权举报请发邮件至 dbqq@phei.com.cn。

服务热线：（010）88258888。

《中国物联网产业发展及应用实践》
指导委员会

邬贺铨　中国工程院院士
刘韵洁　中国工程院院士
朱宏任　工业和信息化部总工程师
张　峰　工业和信息化部总工程师
周子学　工业和信息化部总经济师

莫　玮　工业和信息化部办公厅主任
郭福华　工业和信息化部政策法规司司长
肖　华　工业和信息化部规划司司长
郑立新　工业和信息化部产业政策司司长
闻　库　工业和信息化部科技司司长
肖春泉　工业和信息化部运行监测协调局局长
郑　昕　工业和信息化部中小企业司司长
周长益　工业和信息化部节能与综合利用司司长
陈燕海　工业和信息化部原材料工业司司长
张相木　工业和信息化部装备工业司司长
王黎明　工业和信息化部消费品工业司司长
丁文武　工业和信息化部电子信息司司长
陈　伟　工业和信息化部软件服务业司司长
谢飞波　工业和信息化部无线电管理局局长
徐　愈　工业和信息化部信息化推进司司长
赵泽良　工业和信息化部信息安全协调司司长
衣雪青　工业和信息化部人事教育司司长
陶少华　工业和信息化部办公厅副主任
高素梅　工业和信息化部运行监测协调局副局长

《中国物联网产业发展及应用实践》
研究委员会

主　任

罗　文　工业和信息化部中国电子信息产业发展研究院院长

宋显珠　工业和信息化部中国电子信息产业发展研究院党委书记

副主任

靳　伟　北京市经济和信息化委员会主任

李朝兴　天津市经济和信息化委员会主任

王　昌　河北省工业和信息化厅厅长

李耀新　上海市经济和信息化委员会主任

徐一平　江苏省经济和信息化委员会主任

赖天生　广东省经济和信息化委员会主任

朱建平　青海省经济委员会主任

卜江戎　湖北省经济和信息化委员会副主任

伍丕光　四川省经济和信息化委员会副主任

张宏年　宁夏回族自治区经济和信息化委员会副主任

薛　峰　镇江市经济和信息化委员会主任

冼周恩　东莞市经济和信息化局局长

李　坚　佛山市经济和信息化局局长

王佑兵　济宁市经济和信息化委员会副主任

高彩玲　陕西省通信管理局局长

王　静　海南省政府副秘书长

刘　岩　大连市人民政府副市长

谢力群　浙江省发展和改革委员会主任

刘军国　新疆生产建设兵团发展和改革委员会副主任

徐小田　中国半导体行业协会执行理事长

刘献军　中国信息化推进联盟秘书长

夏亚民　武汉东湖新技术开发区管理委员会副主任

成　员

钱　航　工业和信息化部科技司高技术处处长

任爱光　工业和信息化部电子信息司集成电路处处长

侯建仁　工业和信息化部电子信息司信息通信产品处处长

王建伟　工业和信息化部信息化推进司产业信息化处处长

池　宇　江苏省经济和信息化委员会软件与信息服务业处处长

袁雷峰　国务院国有资产监督管理委员会规划发展局科技处处长

杜广斌　中国电子商会物联网技术产品应用专业委员会秘书长

叶甜春　中国科学院微电子研究所所长、研究员、博士生导师

陈山枝　大唐电信科技产业集团副总裁、总工程师

张天明　航天科技控股集团股份有限公司副总经理

刘克峰　北京中关村软件园发展有限责任公司总经理

李树翀　赛迪顾问股份有限公司总裁

王　靖　赛迪顾问股份有限公司高级副总裁

文　芳　中国电子信息产业发展研究院工业经济研究所所长、北京赛迪方略城市经济
　　　　顾问有限公司总裁

孙会峰　赛迪顾问股份有限公司副总裁、北京赛迪经略企业管理顾问有限公司总裁

李　珂　赛迪顾问股份有限公司副总裁

赫建营　赛迪顾问股份有限公司副总裁、北京赛迪世纪信息工程顾问有限公司总裁

付长文　赛迪顾问股份有限公司董事会秘书、北京赛迪经智投资顾问有限公司总裁

2010 年 10 月，《国务院关于加快培育和发展战略性新兴产业的决定》颁布，提出我国现阶段将重点培育和发展节能环保、新一代信息技术、生物、高端装备制造、新能源、新材料、节能与新能源汽车等七大产业。培育发展战略性新兴产业、加快实现由传统工业化向新型工业化道路的转变，是转变经济发展方式和建设工业强国的根本要求，也是我国确立国际竞争新优势、掌握发展主动权的迫切需要。

2012 年 7 月，《"十二五"国家战略性新兴产业发展规划》发布，提出"十二五"时期是我国战略性新兴产业夯实发展基础、提升核心竞争力的关键时期，既面临难得机遇，也存在严峻挑战。从有利条件看，我国工业化、城镇化快速推进，城乡居民消费结构加速升级，国内市场需求快速增长，为战略性新兴产业发展提供了广阔空间；我国综合国力大幅提升，科技创新能力明显增强，装备制造业、高技术产业和现代服务业迅速成长，为战略性新兴产业发展提供了良好基础；世界多极化、经济全球化不断深入，为战略性新兴产业发展提供了有利的国际环境。同时也要看到，我国战略性新兴产业自主创新发展能力与发达国家相比还存在较大差距，关键核心技术严重缺乏，标准体系不健全；投融资体系、市场环境、体制机制政策等还不能完全适应战略性新兴产业快速发展的要求。必须加强宏观引导和统筹规划，明确发展目标、重点方向和主要任务，采取有力措施，强化政策支持，完善体制机制，促进战略性新兴产业快速、健康发展。要贯彻落实"十二五"规划提出的发展战略性新兴产业的目标和任务，当前应该重点把握以下四个原则：

一是市场主导、政府调控。充分发挥市场配置资源的基础性作用，以市场需求为导向，着力营造良好的市场竞争环境，激发各类市场主体的积极性。针对产业发展的薄弱环节和瓶颈制约，有效发挥政府的规划引导、政策激励和组织协调作用。

二是创新驱动、开放发展。坚持自主创新，加强原始创新、集成创新和引进消化吸收再创新；加强高素质人才队伍建设，掌握关键核心技术，健全标准体系，加速产业化，增强自主发展能力。充分利用全球创新资源，加强国际交流合作，探索国际合作发展新模式，走开放式创新和国际化发展道路。

三是重点突破、整体推进。坚持突出科技创新和新兴产业发展方向，选择最有基础、最有条件的重点方向作为切入点和突破口，明确阶段发展目标，集中优势资源，促进重点领域和优势区域率先发展。总体部署产业布局和相关领域发展，统筹规划，分类指导，适时动态调整，促进协调发展。

四是立足当前、着眼长远。围绕经济社会发展重大需求，着力发展市场潜力大、产业基础好、带动作用强的行业，加快形成支柱产业。着眼提升国民经济长远竞争力，促进可持续发展，对重要前沿性领域及早部署，培育先导产业。

在此背景下，我欣喜地看到，中国电子信息产业发展研究院和赛迪顾问股份有限公司著述了《中国战略性新兴产业系列丛书》，对我国战略性新兴产业的发展做了全面的阐述和展望。

其中，《中国物联网产业发展及应用实践》一书作为系列丛书的第五部，聚焦物联网这一战略性新兴产业的重点领域，紧扣《国务院关于加快培育和发展战略性新兴产业的决定》、《"十二五"国家战略性新兴产业发展规划》、《物联网"十二五"发展规划》中关于物联网产业发展的规划与要求，汇集了目前中国物联网产业发展与应用实践的最新研究成果，以及物联网产业战略转型和应用创新的典型实践；从产业发展、行业应用、典型案例几个角度，以精练的语言对物联网发展及应用实践进行了全面、深刻的剖析，对区域、园区、企业把握物联网产业发展机遇，对"产学研用"在物联网领域的协同发展，进行了多层次、多角度的翔实论证。本书有三大特点：

第一，作者阵容强大，研究有高度。本书的作者汇集了物联网产业政府主管部门、相关企事业单位、研究机构的从业人员，业界的专家学者，对物联网产业发展状况的描述准确深入，对物联网产业发展趋势的预测科学严谨。

第二，内容视野开阔，范围有广度。本书从产业综合、应用发展、实践案例三个角度分析研究了物联网产业发展概况、区域布局、产业链、关键技术、标准、安全、人才、发展策略、行业应用等诸多领域，研究范围全面、覆盖广泛。

第三，案例实际具体，分析有深度。本书针对物联网产业发展与应用实践给出了大量具体的案例，在创新特点与借鉴价值方面的案例剖析对相关的政府部门和企业单位有较强的借鉴意义，为区域政府布局物联网产业发展并实施应用示范工程、为相关企业面向物联网业务转型提供了宝贵的经验参考。

本书紧密结合当前物联网发展实际，对各级政府与企业紧紧抓住物联网产业发展带来的机遇，积极应对新形势下的物联网发展面临的挑战，防范产业大潮中出现的项目仓促上马、投资风险加大等问题，实现物联网产业与应用的理性、健康、可持续发展，具有很好的参考价值。

工业和信息化部副部长

2013年6月6日

推荐序二 FOREWORD

  物联网是战略性新兴产业的重要组成部分，对加快转变经济发展方式具有重要的推动作用。为加快物联网发展，培育和壮大新一代信息技术产业，深化物联网的应用，国务院于2013年2月以国发〔2013〕7号文发布了《关于推进物联网有序健康发展的指导意见》，进一步明确了我国物联网的发展方向。

  在此背景下，赛迪顾问出版《中国物联网产业发展及应用实践》，作为《赛迪顾问战略性新兴产业系列丛书》的第五部。本书以产业发展、应用研究、政策管理和典型案例为主干，研究和收集了国家关于物联网发展的政策文件，物联网产业应用的重点领域、应用场景和市场现状，总结了我国在物联网技术开发、产业发展、应用示范试点方面所取得的阶段性进展，分析了物联网产业的技术与应用发展趋势，勾勒出物联网产业的布局状况，较全面地归纳了物联网的应用领域，提炼出有推广意义的经验。本书为业界提供了兼具理论和实践价值的资料与见解，在一定意义上起到了对国务院《关于推进物联网有序健康发展的指导意见》文件的解读作用。此书内容全面、资料丰富、条理清晰、分析客观，对地方政府、园区、企业发展物联网的管理提出了可参考的建议，对于各地区结合本地产业优势和应用特色发展物联网产业具有积极的借鉴意义。

中国工程院院士

2013年6月10日

PREFACE 前言

　　战略性新兴产业对经济社会全局和长远发展具有重大引领带动作用，是知识技术密集、物质资源消耗少、成长潜力大、综合效益好的产业，受到国家的高度重视。党的十八大报告明确提出，加快完善社会主义市场经济体制和加快转变经济发展方式，使经济发展更多依靠现代服务业和战略性新兴产业带动，同时强化需求导向，推动战略性新兴产业、先进制造业健康发展。

　　2012 年 7 月，国务院发布《"十二五"国家战略性新兴产业发展规划》，提出发展战略性新兴产业要实现产业创新能力大幅提升，创新创业环境更加完善，国际分工地位稳步提高，引领带动作用显著增强；到 2015 年，战略性新兴产业增加值占国内生产总值比重达到 8% 左右，对产业结构升级、节能减排、提高人民健康水平、增加就业等的带动作用明显提高；到 2020年，力争使战略性新兴产业增加值占国内生产总值的比重达到 15%，成为国民经济和社会发展的重要推动力量。与此同时，各行业、各地区也积极落实和部署本行业、本地区战略性新兴产业的发展；企业也纷纷进入战略性新兴产业领域，约 70% 的中央企业都制定了战略性新兴产业发展战略，战略性新兴产业已经进入快速发展和实践阶段。

　　2013 年 2 月 17 日，国务院发布《关于推进物联网有序健康发展的指导意见》（以下简称《意见》）。自 2009 年 8 月温家宝总理在无锡提出"感知中国"的概念之后，全国便涌起了发展物联网产业的热潮。截至 2011 年年底，全国便已有超过 90% 的省份将物联网作为支柱产业，几乎所有一、二线城市都涉足物联网产业园的发展。时至今日，国内物联网产业已经到了该科学谋划、有序健康发展的关键时点。《意见》提出了九项主要任务，推出了六项保障措施，还提出到 2015 年，要实现物联网在经济社会重要领域的规模示范应用，突破一批核心技术，初步形成物联网产业体系，安全保障能力明显提高。未来要实现物联网在经济社会各领域的广泛应用，掌握物联网关键核心技术，基本形成安全可控、具有国际竞争力的物联网产业体系，成为推动经济社会智能化和可持续发展的重要力量。

值此战略性新兴产业尤其是物联网产业发展进入快车道之际，深入研究、探讨战略性新兴产业如何从理论到实践、从战略制定到具体操作等问题，具有十分重要的理论和实践价值。在工业和信息化部有关领导的指导下，中国电子信息产业发展研究院、赛迪顾问股份有限公司凭借自身对战略性新兴产业的深入研究以及对传统产业的深厚积累，策划并组织撰写了《赛迪顾问战略性新兴产业系列丛书》。

《中国物联网产业发展及应用实践》作为系列丛书的第五部，汇集了目前中国物联网产业发展与应用实践的最新研究成果，以及物联网产业战略转型和应用创新的典型实践；从促进产业发展与注重应用实践的二维视角，考虑产业发展、产业承载、创新与转型的客观现实，立足于区域、园区、企业的协同发展，多层次、多角度地对物联网产业发展与应用实践进行了全面、深刻的研究，是我国首部系统研究物联网产业发展及应用实践的高端专业文献。

本书在秉承系列丛书之首部——《中国战略性新兴产业发展及应用实践》的研究风格基础上，着重展示了对中国物联网产业发展与应用实践的最新研究成果，以产业发展、行业应用、典型案例为主线，按照产业综合篇、应用发展篇、实践案例篇依次展开，力求以精练的语言透视物联网产业发展及应用的特点与趋势。

产业综合篇通过对产业演进趋势的研判，着重从中国物联网的产业发展、人才培养、投融资等几个方面进行了深入研究和详尽阐述。产业发展部分系统阐述了物联网的产业范畴、产业特征、空间布局、产业价值链、关键技术、标准体系、安全策略等内容。人才培养部分首先对产业人才给出科学界定，分析了产业链关键环节人才需求特征，对比分析了各区域人才政策的特点，并从政府、企业、高校及研究机构等层面提出了人才培养和引进的策略建议。产业投融资部分总结阐述了物联网产业的投融资环境，详细论述剖析了股权融资、IPO、并购集中投融资模式的企业特征与典型案例，并对物联网产业投融资策略提出了可借鉴、可操作的建议。

应用发展篇重点研究了物联网在各个行业的应用实践，选取了智能工业、智能农业、智能物流、智能交通、智能电网、智能环保、智能安防、智能医疗、智能家居等领域的物联网应用场景，深入分析了各个领域的业务特点与物联网应用需求，从发展环境、重点应用、发展趋势三个维度展示出各个领域的物联网应用架构，详细论述了各领域中的多个典型应用场景，最后剖析和归纳出各个重点领域物联网应用的模式与建设策略，为各行业的物联网应用落到实处、收到实效提供了重要的参考。

实践案例篇从区域实践、行业实践和解决方案三个方面，筛选了当前产业发展与应用实践的典型案例，从案例概述、创新特点、借鉴价值等方面加以归纳总结。其中，区域实践部分以聚焦发展物联网产业的重点地区为案例，在案例概述的基础上系统分析了各地区发展物联网的具体措施与主要内容，提取了各自的创新特点，为各地区发展物联网产业提供了可借鉴的经验；行业实践部分选取智能工业、智能农业、智能物流、智能交通、智能电网、智能环保、智能安防、智能医疗、智能家居等应用较为成熟的经典案例，剖析了各行业实践案例的成功模式与创新特点，为全面推动各行业物联网应用落地提供了重要的借鉴价值；解决方案部分选取了多个国内外领先的物联网解决方案提供厂商，展示出各厂商的物联网相关解决方案，剖析了解决方案的实施案例与创新特点，为物联网企业进行技术创新与业务创新提供了宝贵的经验参考。

作为中国工业和信息化领域的智库，中国电子信息产业发展研究院直属单位赛迪顾问股份有限公司在战略性新兴产业的诸多领域有着深厚的研究积累、完备的统计数据与众多的合作伙伴，已为逾100家政府、园区、企业、投资机构提供与战略性新兴产业相关的咨询服务。《中国物联网产业发展及应用实践》一书的出版，可为关注物联网产业发展和应用实践的各界人士提供科学翔实、切实可行的借鉴。

本书的编撰工作历时近一年，经过总体策划、内部论证、专家研讨、稿件征集、体系编排、审核校对、专家评审等多个阶段，最终成稿。编撰过程中得到了工业和信息化部、地方政府、产业行业协会、产业园区和相关企事业单位领导的鼎力支持和无私帮助。本书成稿过程凝聚了数十名参加编写工作的产业界、学术界专家学者所付出的大量心血和艰辛努力。

在此，谨向支持和帮助本书成功出版发行的工业和信息化部、各省区市经信委（工信委）、相关行业协会、各类企业事业单位、各类园区相关领导，向参加本书研究和编撰的专家学者，以及所有在本书编写过程中付出辛勤劳动与汗水的各界朋友表示诚挚的感谢！

限于时间、条件与水平，本书中还存在需要进一步完善和提高的地方，衷心希望广大读者与各界人士给予批评指正。

CONTENTS 目 录

应用发展篇

实践案例篇

产业综合篇

中国物联网产业发展概况

物联网是中国战略性新兴产业的重要组成部分，对经济社会全局和长远发展具有重大引领带动作用，具有知识密集度高、成长潜力大、带动力强、综合效益好的特点。

物联网蕴涵着巨大的经济价值，赋予了"两化融合"更多智能化内涵，用物联网改造传统产业，必将提升传统产业的经济附加值，有力推动我国经济发展方式由生产驱动向创新驱动转变，促进我国产业结构的调整；同时，随着物联网新技术、新产品、新应用、新服务模式的创新，也必将催生一批新兴业态，成为中国新的经济增长点。

物联网在社会生产各领域的应用将促进传统生产方式向绿色、智能、低碳的方向转变，从刚性生产方式向柔性生产方式转变，显著降低人们的劳动强度；物联网广泛应用于社会管理，将有力保障公共基础设施的安全，大大提升社会管理的效能，普惠民众生活；物联网进入社区和家庭等领域也将给人们的生活带来更多全新的体验，大大提升人们的生活质量和水平。

物联网蕴涵着巨大的创新空间和机遇。物联网与传统产业的融合，将催生大量的新技术、新产品；同时，物联网的发展也必将对下一代信息网络产业、电子核心基础产业、高端软件与新兴信息服务业等产业提出更高的创新需求。大力发展物联网对增强自主创新能力、提高科技对经济发展的贡献率、抢占技术制高点具有重大意义。

第一节 物联网内涵与外延

物联网是指通过各种信息传感设备，如传感器、射频识别（RFID）技术、全球定位系统、红外感应器、激光扫描器、气体感应器等各种装置与技术，实时采集任何需要监控、连接、互动的物体或过程，采集其声、光、热、电、力学、化学、生物、位置等各种需要的信息，与互联网结合形成的一个巨大网络。其目的是实现物与物、物与人，以及所有的物品与网络的连接，方便识别、管理和控制。

物联网具有两个重要特征：一是规模性，只有具备了规模，才能使物品的智能发挥作用。例如，假设一个城市有 100 万辆汽车，若只在 1 万辆汽车上安装智能系统，就不可能形成一个智能交通系统；二是流动性，物品通常都不是静止的，而是处于运动状态，必须保证物品在运动状态，甚至在高速运动状态下都能随时实现对话。当然，物联网也可以构建在静止物体上，如机场周界、文物监护、桥梁监控、环境监测等。

从体系架构来看，物联网可以分为五层，即支撑层、感知层、传输层、平台层、应用层。支撑层首先是一个完备的技术支持体系，主要包括协同感知、样本库、安全、仿真、自组网、网络融合；其次是在技术体系上的平台支撑，主要包括柔性产线、IPv6。感知层主要功能是识别物体与采集信息，为后续信息处理和相应决策行为提供海量、精准的数据信息支撑。物联网感知层的信息采集方式主要包括 RFID、传感器、二维码、GPS/北斗、传动器，其中 RFID 主要包括芯片、非接触 IC 卡、读写终端、标签、中间件/软件、个性化设备，GPS/北斗主要包括芯片、终端、接收机、应用系统，传动器主要包括微马达和人造肌肉。传输层主要包括光传输和通信与网络设备，其中光传输主要包括光纤光缆、光器件、光接入设备、光传输设备，通信与网络设备主要包括 3G/B3G、NFC、ZigBee、蓝牙、WiFi/WAPI、M2M。平台层的主要功能是承载各类应用并推动其成果的转化。平台层产业链环节主要包括支撑软件、计算中心和 SI 等，其中支撑软件主要包括嵌入式软件、SOA、模式识别、数据挖掘/BI，计算中心主要包括云计算中心和超计算中心。应用层从国民经济和社会发展各个环节的具体需求出发，结合行业特点，通过物联网技术的行业应用形成具有明显行业特色的物联网应用分支，最终形成涉及人们日常学习、工作和生活方方面面的物联网应用集合。应用层产业链环节主要包括智能工业、智能农业、智能物流、智能交通、智能电网、智能环保、智能安防、智能医疗、智能家居、智能楼宇、智能金融等。物联网产业链各环节结构的具体介绍请参阅本书第三章内容。

第二节　产业发展环境

一、政策环境

国家历来高度重视物联网产业的发展，陆续出台了一系列产业政策和规划。

2006 年 2 月，国务院发布了《国家中长期科学和技术发展规划纲要》，其中将"传感器网络及智能信息处理"列入信息产业及现代服务业领域的优先发展主题，将重点开发多种新型传感器及先进条码自动识别、射频标签、基于多种传感信息的智能化信息处理技术，发展低成本的传感器网络和实时信息处理系统，提供更方便、功能更强大的信息服务平台和环境。

2008 年 4 月，在全国信息技术标准化技术委员会的领导下，全国无线传感器网络标准化工作组成立，其宗旨是促进中国无线传感器网络标准化工作的迅速发展，紧密结合中国无线传感器网络实际情况，认真研究、积极采用国际标准和国外先进标准，并把国内、国际标准化工作结合起来，加速无线传感器网络运行标准的研制与修订工作，不断完善无线传感器网络标准化体系，进一步提高中国无线传感器网络运行水平。

2008 年 11 月，工业和信息化部发布《信息产业科技发展"十一五"计划和 2020 年中长期规划（纲要）》，其中将"智能信息处理和物与物通信网络技术"确定为网络与通信领域 11 个主要技术领域之一，并将其确定为中国需要重点突破的核心技术，其发展目标包括"重视 RFID、传感器网络等物与物通信网络技术的研发，形成自主知识产权的核心技术和产品，打造完善的产业链；推广 RFID、传感器网络技术在全社会的应用，形成一大批有示范效应的应用范例，为无处不在、人与物共享的网络应用奠定基础"。

2009 年 8 月，国务院总理温家宝在江苏无锡调研时，对中国目前研究传感网的核心单位——中科院无锡微纳传感器研究中心予以高度关注，并指出"在传感网发展中，要早一点谋划未来，早一点攻破核心技术"，"在国家重大科技专项中，加快推进传感网发展"，"尽快建立中国的传感信息中心，或者叫'感知中国'中心"，还提出了把传感网络中心设在无锡、辐射全国的想法，为产业发展注入了新的动力。

2010 年 10 月，《国务院关于加快培育和发展战略性新兴产业的决定》发布。其中明确指出：根据战略性新兴产业的特征，立足中国国情和科技、产业基础，现阶段重点培育和发展节能环保、新一代信息技术、生物、高端装备制造、新能源、新材料、新能源汽车等产业；同时也指出要"促进物联网、云计算的研发和示范应用"。物联网被国家列为战略性新兴产业，无疑为中国物联网应用市场的发展提供了强大的动力保障。

2011 年 1 月 28 日，国务院下发《关于印发进一步鼓励软件产业和集成电路产业发展若干政策的通知》（国发〔2011〕4 号）。4 号文从财税、投融资、研究开发、进出口、人才、知识产权、市场等方面明确了进一步鼓励软件产业和集成电路产业发展的政策措施。提出的各项政策措施将在未来几年有效地促进国内软件与集成电路行业的发展，进而最大限度地保障物联网基础产业的发展。

2012 年 2 月 14 日，工业和信息化部正式发布《物联网"十二五"发展规划》，阐述了我国物联网发展的现状及形势、指导思想、发展原则、发展目标、主要任务、重点工程等，指出智能工业、智能农业、智能物流、智能交通、智能电网、智能环保、智能安防、智能医疗、智能家居是我国物联网未来发展的重点领域，并从政策、财税、技术、人才等方面提出了保障措施。《物联网"十二五"发展规划》对加快我国物联网发展，培育和壮大新一代信息技术产业具有重要意义。

2012 年 7 月 9 日，国务院印发的《"十二五"国家战略性新兴产业发展规划》将物联网列为新一代信息技术产业的重点发展方向，提出"支持适应物联网的信息产品的研制和应用"，"掌握智能传感器和新型电力电子器件及系统的核心技术"；推出"物联网重大工程"，即"构建物联网基础和共性标准体系，突破低成本、低功耗、高可靠性传感器技术，组织新型 RFID、智能仪表、微纳器件、核心芯片、软件和智能信息处理等关键技术研发和产业链建设。在典型领域开展基于创新产品和解决方案的物联网示范应用，培育和壮大物联网新兴服务业，加强物联网安全保障能力建设"。《"十二五"国家战略性新兴产业发展规划》的出台为国内物联网产业又增添了新的发展动力。

2012 年 8 月底，继成立"无锡国家传感网创新示范区部际协调领导小组"之后，国务院又批准建立了"物联网发展部际联席会议"机制，这足以看出国家对物联网产业的重视程度。

2013 年 2 月 17 日，国务院正式发布《关于推进物联网有序健康发展的指导意见》(国发〔2013〕7 号，以下简称《意见》)，提出到 2015 年，要实现物联网在经济社会重要领域的规模示范应用，突破一批核心技术，初步形成物联网产业体系，安全保障能力明显提高。未来要实现物联网在经济社会各领域的广泛应用，掌握物联网关键核心技术，基本形成安全可控、具有国际竞争力的物联网产业体系，成为推动经济社会智能化和可持续发展的重要力量。

《意见》提出了包括"加快技术研发，突破产业瓶颈"，"推动应用示范，促进经济发展"，"改善社会管理，提升公共服务"，"突出区域特色，科学有序发展"，"加强总体设计，完善标准体系"，"壮大核心产业，提高支撑能力"，"创新商业模式，培育新兴业态"，"加强防护管理，保障信息安全"，"强化资源整合，促进协同共享"在内的九项主要任务。

《意见》同时提出了六项保障措施：①加强统筹协调，形成发展合力，建立健全部门、行业、区域、军地之间的物联网发展统筹协调机制，充分发挥"物联网发展部际联席会议"制度的作用。②营造良好发展环境，建立健全有利于物联网应用推广、创新激励、有序竞争的政策体系，抓紧推动制定、完善信息安全与隐私保护等方面的法律法规。③加强财税政策扶持，支持符合现行软件和集成电路税收优惠政策条件的物联网企业按规定享受相关税收优惠政策，经认定为高新技术企业的物联网企业按规定享受相关所得税优惠政策。④完善投融资政策，鼓励金融资本、风险投资及民间资本投向物联网应用和产业发展。加快建立包括财政出资和社会资金投入在内的多层次担保体系，加大对物联网企业的融资担保支持力度。对技术先进、优势明显、带动和支撑作用强的重大物联网项目优先给予信贷支持。积极支持符合条件的物联网企业在海内外资本市场直接融资。⑤提升国际合作水平，积极推进物联网技术交流与合作，充分利用国际创新资源。⑥加强人才队伍建设，建立多层次、多类型的物联网人才培养和服务体系。

总体来看，物联网已成为国家技术及产业创新的重点方向。推进物联网产业化、规模化发展的技术环境已经基本具备，加快推进物联网发展也已经在全社会达成广泛共识。

国家物联网相关政策要点如表 1-1 所示。

表 1-1 国家物联网相关政策要点

政策名称	发布日期	政策要点
《国家中长期科学和技术发展规划纲要》	2006 年 2 月	● 将"传感器网络及智能信息处理"列入信息产业及现代服务业领域的优先发展主题
《信息产业科技发展"十一五"计划和 2020 年中长期规划（纲要）》	2008 年 11 月	● 对物联网发展做了整体布局；提出打造完整产业链，形成产业群体

（续）

政策名称	发布日期	政策要点
《国家发展改革委办公厅关于当前推进高技术服务业发展有关工作的通知》	2010 年 7 月	●开展物联网应用服务，重点在精细农牧业、工业智能生产、交通物流、电网、金融、医疗卫生等领域
《国务院关于加快培育和发展战略性新兴产业的决定》	2010 年 10 月	●支持物联网企业大力发展有利于扩大市场需求的专业服务、增值服务等新业态 ●促进物联网的研发和示范应用
《关于印发进一步鼓励软件产业和集成电路产业发展若干政策的通知》	2011 年 1 月	●进一步加大对科技创新的支持力度 ●进一步落实和完善相关营业税优惠政策 ●大力支持重要的软件和集成电路项目建设 ●鼓励、支持软件企业和集成电路企业加强产业资源整合
《中华人民共和国国民经济和社会发展第十二个五年规划纲要》	2011 年 3 月	●全面提高信息化水平，推进物联网研发应用
《物联网发展专项资金管理暂行办法》	2011 年 4 月	●支持企业自主创新 ●支持物联网技术研发与产业化、标准研究与制定、应用示范与推广、公共服务平台等方面的项目
《关于做好 2011 年物联网发展专项资金项目申报工作的通知》	2011 年 5 月	●重点支持技术研发、产业化、应用示范与推广、标准研制与公共服务四类项目 ●以物联网关键核心技术及重点产品的研发和产业化为支持重点，注重统筹规划
《物联网"十二五"发展规划》	2012 年 2 月	●大力攻克核心技术等八大主要任务 ●建设关键技术创新等五大工程，建立统筹协调机制等五大保障措施 ●在智能工业、智能农业、智能物流、智能交通、智能电网、智能环保、智能安防、智能医疗、智能家居领域开展应用示范工程
《"十二五"国家战略性新兴产业发展规划》	2012 年 7 月	●支持适应物联网的信息产品的研制和应用，掌握智能传感器和新型电力电子器件及系统的核心技术 ●推出物联网重大工程，即构建物联网基础和共性标准体系，突破低成本、低功耗、高可靠性传感器技术，组织新型 RFID、智能仪表、微纳器件、核心芯片、软件和智能信息处理等关键技术研发和产业链建设。在典型领域开展基于创新产品和解决方案的物联网示范应用，培育和壮大物联网新兴服务业，加强物联网安全保障能力建设
《关于推进物联网有序健康发展的指导意见》	2013 年 2 月	●到 2015 年，要实现物联网在经济社会重要领域的规模示范应用，突破一批核心技术，初步形成物联网产业体系，安全保障能力明显提高 ●提出发展物联网产业的九项主要任务和六项保障措施 ●特别提出加快建立包括财政出资和社会资金投入在内的多层次担保体系，加大对物联网企业的融资担保支持力度。对技术先进、优势明显、带动和支撑作用强的重大物联网项目优先给予信贷支持。积极支持符合条件的物联网企业在海内外资本市场直接融资。鼓励设立物联网股权投资基金，通过国家新兴产业创投计划设立一批物联网创业投资基金

资料来源：国家相关政策文件，赛迪顾问整理，2013-02。

二、产业环境

（一）国际竞争日趋激烈

美国已将物联网上升为国家创新战略的重点之一，欧盟制定了促进物联网发展的十四点行动计划，日本的 U-Japan 计划将物联网作为四项重点战略领域之一，韩国的 IT839 战略将物联网作为三大基础建设重点之一。发达国家一方面加大力度发展传感器节点核心芯片、嵌入式操作系统、智能计算等核心技术；另一方面加快标准制定和产业化进程，谋求在未来物联网的大规模发展及国际竞争中占据有利位置。

（二）创新驱动日益明显

对于经济发展方式亟须转变的中国来说，以物联网为代表的战略性新兴产业无疑是国家大力培育的新经济增长点。而物联网的一个重要特征就是智能性，即让过去被动的"物"呈现主动的身份与感知，以增加更多的智能性，这其中孕育着巨大的拓展空间。一个拥有巨大拓展空间的产业，其发展机遇期是非常有限的。经验表明，工业革命真正的创新是在最初的 30 年之内完成的，电气革命也是如此。因此，当前要依靠创新来推动物联网的发展。可喜的是，国内诸多科研院所或企业，如中科院上海微系统所、中科院微电子所、哈尔滨工业大学、清华大学、北京邮电大学、西北工业大学、天津大学和国防科技大学、华为技术、中兴通讯、普天通信、中电集团、中电科技等均开展了传感网及物联网的研究，已在传感器、通信、网络等方面获得众多自主知识产权和专利，创新驱动物联网产业发展的趋势日益显现。

三、技术环境

（一）互联网面临挑战

互联网起始于 20 世纪 60 年代末美国军方的阿帕网。经过四十多年的发展，互联网已经发展成为全世界最主要的相互交流、相互沟通、相互参与的互动平台。进入 21 世纪第二个十年，欧美各国都在寻找使本国经济摆脱困境的途径，纷纷转向高新技术领域。在这个亟待新兴技术、新兴产业的时代，互联网的发展面临诸多挑战。

IPv4 地址已近枯竭。2011 年 2 月 3 日，国际互联网名称与数字地址分配机构（ICANN）官方宣布：全球最后一批 IPv4 地址分配完毕。这意味着从 2011 年开始，人类将共同面临基于 IP 地址短缺的问题。IPv4 地址耗尽将成为互联网发展新的挑战。而 IPv6 成为互联网发展的必由之路，已经成为全球共识。

网络安全仍需加强。网络安全包括以下几个特征：保密性，信息不泄露给非授权用户、实体或过程，或供其利用的特性；完整性，数据未经授权不能进行改变的特性，即信息在存储或传输过程中保持不被修改、不被破坏和丢失的特性；可用性，可被授权实体访问并按需求使用的特性，即当需要时能否存取所需的信息；可控性，对信息的传播及内容具有控制能力；可审查性，出现安全问题时提供依据与手段。2011年因网络安全上的漏洞给中国网民造成了巨大的直接或间接经济损失。未来国内互联网在网络安全领域将面临更大挑战。

（二）信息通信网技术演进与变革

信息通信网可分成实现人与人通信的电信网和实现物与物通信的近场通信网（即传感网），两者的发展是并行推进的。但电信网的发展要早，已经建立了一整套科学的、可控可管的信息通信网络体系，安全、高效地服务于人类的信息通信。电信网的发展主要有两大方向：一类是移动化，移动电话逐步替代固定电话，实现位置上的自由通信；另一类是宽带化，通信从电路交换转变为以分组交换为主，从电报、电话到互联网，逐步实现宽带化的通信，实现传输容量上的自由通信。

传感网的发展也有两大趋势：一个是智能化，物品要更加智能，能自主实现信息交换，才能实现物联网的真正意义，而这将需要对海量数据的处理能力，随着"云计算"技术的不断发展成熟，这一难题将得到解决。另一个趋势是IP化，未来的物联网将给所有物品都设定一个标识以实现"IP到末梢"，这样才能随时随地了解物品的信息。在这方面，"可以给每一粒沙子都设定一个IP地址"的IPv6担负着这项重担，将得到全球的推广。

由此，产生了物联网演进的两种模式，即电信网主导模式和传感网主导模式。电信网主导模式就是由传统的电信运营商主导推动物联网的发展，目前以中国移动为代表的电信运营商已经跃跃欲试；以传感网为主导的模式是以传感网产业为主导，逐步实现与电信网络的融合。由于传感器的研发瓶颈制约了物联网的发展，应当大力加强传感网络的发展。

但从战略角度看，针对未来会出现的信息安全和信息隐私的保护问题，应当选择电信网主导的模式，因为通信产业具有强大的技术基础、产业基础和人力资源基础，能实现海量信息的计算分析，保证网络信息的可控可管，最终保证在信息安全和人们的隐私权不被侵犯的前提下实现泛在网络的通信。

（三）标准缺失有待解决

目前，国内的物联网应用仅限于某一领域或某一区域，总体上呈"孤岛"状态。其中一个重要原因就是目前物联网相关技术还没有形成统一的标准，产品存在很大差异，无法实现互联互通。而"有限物联"乃至"无限物联"的物联网应用应具备相当的规模，只有具备了规模，才能使物品的智能发挥作用。统一标准的制定有利于产业链中各单位明确分工，在同一体系下推进物联网的研究、开发、集成和应用。

在传感网领域，我国早在十年前就开始了传感网的相关研究，技术和标准与国际基本同步。清华、北大、北邮、中科大、中科院等高校科研院所以及华为、中兴、中国移动等企业在传感网领域进行了科研和产业化攻关，突破了一批关键技术，形成了一定产业规模，在国际标准制定中取得一定话语权，我国是传感网国际标准四大主导国之一。

在RFID领域，虽然我国早在2005年11月就成立了RFID产业联盟，次年又发布了《中国射频识别（RFID）技术政策白皮书》，指出应当集中开展RFID核心技术的研究开发，制定符合中国国情的技术标准。但是目前技术标准的制定却还未取得实质性进展。

（四）核心技术尚需突破

物联网产业链可分为支撑层、感知层、传输层、平台层、应用层，因此可以在物联网各层内对相关技术进行划分和界定。支撑层技术体系包括协同感知技术、共性技术、自治组网技术、仿真技术、融合技术等；感知层技术体系包括感知技术、标识技术、协同信息处理技术、微机电技术、短距离通信技术等；传输层技术体系包含海量数据存储技术、数据管理技术、数据挖掘技术、云计算/超级技术等；应用层技术体系包括智能控制技术、人机交互技术、虚拟现实技术、人工智能技术等。

中国物联网产业在感知层和应用层的整体实力较弱，而中间网络传输层的实力较强，国内三大运营商和中兴、华为这一类的系统设备商都已是世界级水平。目前，国内在超高频芯片天线设计与制造、RFID卷标封装技术与装备、读写器关键芯片、测试技术、中间件等方面仍处于劣势，自主创新能力和研发水平总体相对较低。在许多国家重大专项的材料采购中，核心芯片的采购和报价都由国外厂商控制。中国物联网产业在专利、产品、解决方案等层面对外依赖度较大，使国内物联网应用市场的拓展面临着一定程度的风险。

第三节 产业发展历程

物联网的概念是1999年由MIT Auto-ID中心的Ashton教授在研究RFID时最早提出来的，并在美国召开的移动计算和网络国际会议上正式公布了这个概念。Ashton教授提出了结合物品编码、RFID和互联网技术的解决方案，当时基于互联网、RFID技术、EPC标准，在计算机互联网的基础上，利用射频识别技术、无线数据通信技术等，构造了一个实现全球物品信息实时共享的实物互联网"Internet of things"。

2005年11月17日，在突尼斯举行的信息社会世界峰会（WSIS）上，国际电信联盟（ITU）发布《ITU互联网报告2005：物联网》，引用了"物联网"的概念。这时物联网的定义和范围已经发生了变化，覆盖范围有了较大的拓展，不再只是指基于RFID技术的物联网。报告指出，无所不在的"物联网"通信时代即将来临，世界上所有的物体从轮胎到牙刷、从房屋到纸巾都可以通过因特网主动进行交换。射频识别技术（RFID）、传感器技术、纳米技术、智能嵌入技术将得到更加广泛的应用。虽然当时物联网的具体定义仍然不够清晰，但是物联网技术被称为信息产业的第三次革命性创新，得到了各个国家的高度重视。

2008年后，各国政府开始重视下一代的技术规划，将目光放在了物联网上。2009年1月28日，奥巴马就任美国总统后，与美国工商业领袖举行了一次"圆桌会议"，作为仅有的两名代表之一，IBM首席执行官彭明盛首次提出"智慧地球"这一概念，建议新政府投资新一代的智慧型基础设施。当年，美国将新能源和物联网列为振兴经济的两大重点。在2009年2月

24 日的 2009 IBM 论坛上，IBM 大中华区首席执行官钱大群公布了名为"智慧地球"的最新策略。IBM 认为，IT 产业下一阶段的任务是把新一代 IT 技术充分运用在各行各业之中，具体地说，就是把感应器嵌入和装备到电网、铁路、桥梁、隧道、公路、建筑、供水系统、大坝、油气管道等各种物体中，并且被普遍连接，形成物联网。在策略发布会上，IBM 还提出，如果在基础建设的执行中，植入"智慧"的理念，不仅能够在短期内有力地刺激经济、促进就业，而且能够在短时间内为中国打造一个成熟的智慧基础设施平台。IBM 希望"智慧地球"策略能掀起"互联网"浪潮之后的又一次科技产业革命。

在全球不断关注物联网的同时，中国非常重视物联网的发展，从 2009 年 8 月 7 日国务院总理温家宝到无锡微纳传感网工程技术研发中心视察并发表重要讲话，提出"感知中国"的概念，到 2009 年 8 月 27 日工业和信息化部总工程师朱宏任在中国工业经济运行夏季报告发布会上对传感网做了概括阐释，再到 2009 年 9 月 11 日工业和信息化部副部长奚国华宣布中国传感网标准工作组正式成立，无不显示出了中国政府对物联网的关注、重视、支持和推动，这也在一定程度上从侧面深刻反映出了物联网对中国信息产业发展的必要性、重要性和迫切性。

第四节   产业发展阶段

与其他新兴技术的发展历程相类似，物联网的发展也可划分成概念、研发、实验、应用四个不同阶段（见表 1-2）。物联网发展的最初期是概念的形成，概念形成将促使相关技术得以研发，相关技术经过实验检验后，便逐步迈向应用阶段。其实从实验阶段开始，物联网就已经进行小规模应用了。

表 1-2   物联网各发展阶段

阶段	阶段名称	阶段特征
第一阶段	概念阶段	物联网发展最初期，表现方式是对假设目标进行设想，并朝着假设目标方向去研发
第二阶段	研发阶段	假设目标后，以各种形式展开研发
第三阶段	实验阶段	将研发产品在小范围内进行实验，反复不断地修改、完善
第四阶段	应用阶段	技术相对稳定、成熟，开始推广应用

资料来源：赛迪顾问，2013-02。

第五节   产业发展现状

目前，我国物联网产业发展与全球同处于起步阶段，初步具备了一定的技术、产业和应用基础，呈现出良好的发展态势。2012 年，中国物联网产业呈现快速增长态势，产业规模达

3651.1 亿元，同比增长 39.0%（见图 1-1 ）。

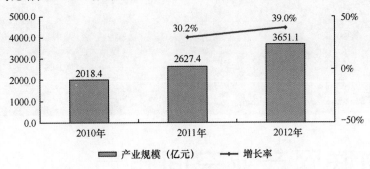

图 1-1 2010—2012 年中国物联网产业规模

资料来源：赛迪顾问，2013-02。

中国物联网产业空间布局

第一节 物联网产业空间布局概况

目前，中国物联网产业集群已初步形成环渤海、长三角、珠三角以及中西部地区四大区域集聚发展的总体产业空间格局，其中，长三角地区产业规模位列四大区域的首位。2011 年，西部的成都、西安、昆明、兰州、重庆也开始将物联网产业作为优先发展领域。截至 2011 年年底，中国已有十余个省市规划了物联网产业基地或园区。

2012 年中国物联网产业地图如图 2-1 所示。

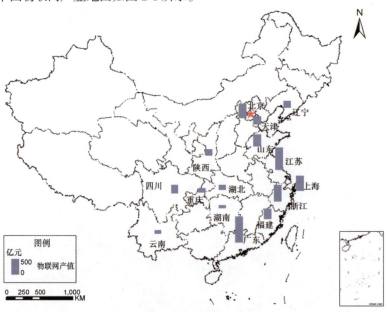

图 2-1 2012 年中国物联网产业地图

资料来源：赛迪顾问，2013-02。

第二节　物联网产业发展重点区域

一、环渤海地区

环渤海地区是中国物联网产业重要的研发、设计、设备制造及系统集成基地。该地区关键支撑技术研发实力强劲、感知节点产业化应用与普及程度较高、网络传输方式多样化、综合化平台建设迅速、物联网应用广泛，并已基本形成较为完善的物联网产业发展体系架构。

环渤海地区物联网产业发展概览如图 2-2 所示。

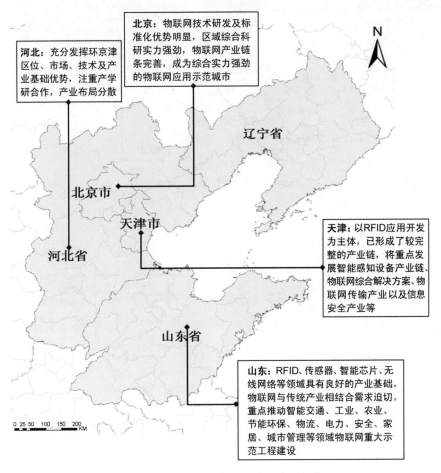

北京：物联网技术研发及标准化优势明显，区域综合科研实力强劲，物联网产业链条完善，成为综合实力强劲的物联网应用示范城市

河北：充分发挥环京津区位、市场、技术及产业基础优势，注重产学研合作，产业布局分散

天津：以RFID应用开发为主体，已形成了较完整的产业链，将重点发展智能感知设备产业链、物联网综合解决方案、物联网传输产业以及信息安全产业等

山东：RFID、传感器、智能芯片、无线网络等领域具有良好的产业基础。物联网与传统产业相结合需求迫切。重点推动智能交通、工业、农业、节能环保、物流、电力、安全、家居、城市管理等领域物联网重大示范工程建设

图 2-2　环渤海地区物联网产业发展概览

资料来源：赛迪顾问，2013-02。

二、长三角地区

长三角地区是中国物联网概念的发源地，在发展物联网产业领域拥有得天独厚的先发优势。凭借该地区在电子信息领域深厚的产业基础，长三角地区物联网产业发展主要定位于产业链高端环节，从物联网软、硬件核心产品和技术两个关键环节入手，实施标准与专利战略，形成全国物联网产业核心，促进龙头企业的培育和集聚。

长三角地区物联网产业发展概览如图 2-3 所示。

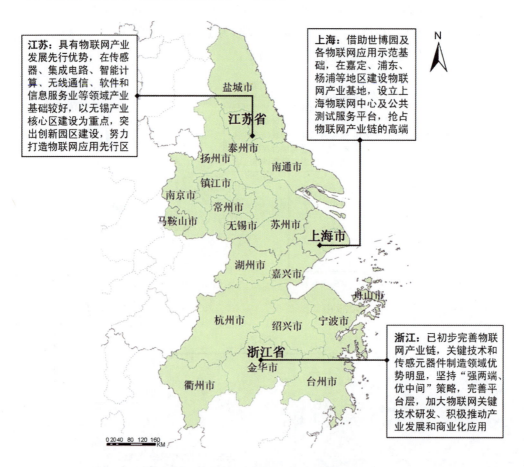

图 2-3　长三角地区物联网产业发展概览

资料来源：赛迪顾问，2013-02。

三、珠三角地区

珠三角地区是中国电子整机的重要生产基地，电子信息产业链各环节发展成熟。在物联网产业发展上，珠三角地区围绕物联网设备制造、软件及系统集成、网络运营服务以及应用示范领域，重点进行核心及关键技术突破与创新能力建设，着眼于物联网创新应用、物联网基础设施建设、城市管理信息化水平提升，以及乡镇信息技术应用等方面。

珠三角地区物联网产业发展概览如图 2-4 所示。

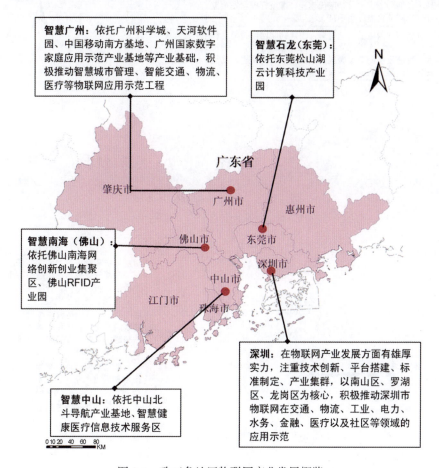

图 2-4　珠三角地区物联网产业发展概览

资料来源：赛迪顾问，2013-02。

四、中西部地区

中西部地区物联网产业发展迅速，各重点省市纷纷结合自身优势，布局物联网产业，抢占市场先机。湖北、四川、陕西、重庆、云南等中西部重点省市依托其在科研教育和人力资源方面的优势，以及 RFID、芯片设计、传感传动、自动控制、网络通信与处理、软件及信息服务等领域较好的产业基础，构建物联网完整产业链条和产业体系，重点培育物联网龙头企业，大力推广物联网应用示范工程。

中西部地区物联网产业发展概览如图 2-5 所示。

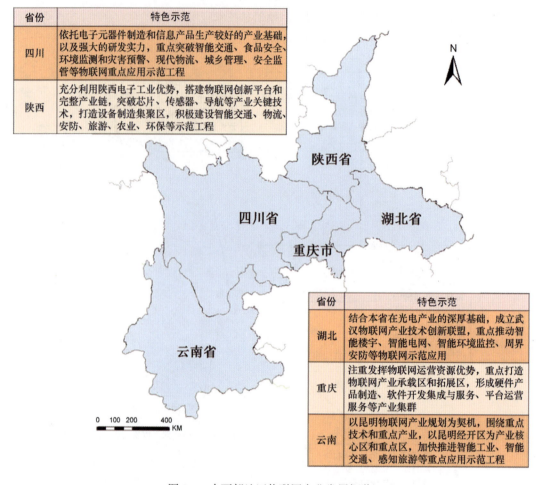

图 2-5　中西部地区物联网产业发展概览

资料来源：赛迪顾问，2013-02。

第三节　物联网产业发展重点城市

一、重点城市发展格局

发展物联网产业需要强大的信息产业基础作为支撑。现阶段中国物联网产业的城市发展格局，与信息产业重点城市的分布格局基本相吻合。2012 年中国物联网产业重点城市分布如图 2-6 所示。

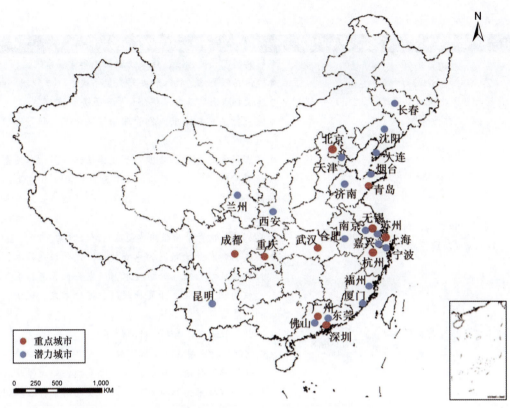

图 2-6 2012 年中国物联网产业重点城市分布

资料来源：赛迪顾问，2013-02。

二、重点城市发展现状

（一）北京市

北京市物联网技术研发及标准化优势明显，拥有中科院、清华大学、北京大学、北京邮电大学等众多科研院所，以及全国信息技术标准化技术委员会、中国电子技术标准化研究所等标准化组织。同时，北京市拥有中星微电子、大唐电信、清华同方、时代凌宇等业务涉及物联网体系各架构层的物联网企业，在核心芯片研发、关键零部件及模组制造、整机生产、系统集成以及软件设计等领域已经形成较为完整的产业链。北京市发展物联网重在应用，主要聚焦在城市应急管理、社会安全、物流、市政市容管理应用、环境监测监管、水资源管理、安全生产监管、节能减排检测监管、医疗卫生及农产品和产品监管等领域。

北京市物联网相关政策规划如表 2-1 所示，北京市物联网产业发展概览如图 2-7 所示。

表 2-1 北京市物联网相关政策规划

政策名称	发布时间	政策要点
《建设中关村国家自主创新示范区行动计划（2010—2012 年）》	2010 年 6 月	● 2010—2012 年，实施城市应急物联网视频监控、城乡社区远程医疗等 20 个以上示范应用项目

（续）

政策名称	发布时间	政策要点
《北京市城市安全运行和应急管理领域物联网应用建设总体方案》	2011 年 3 月	● 研究制定相关标准，建设物联网编码管理系统 ● 建设物联网信息接入和共享交换系统 ● 建设物联网信息加工整合和展示服务系统 ● 重点打造首都城市应急管理物联网示范工程等十项示范工程
《北京市"十二五"时期科技北京发展建设规划》	2011 年 8 月	● 重点研发海量数据处理、无线传输组网、信息安全等物联网核心技术，参与国家物联网标准体系建设；研制高性能感知材料与传感设备、传感网核心芯片等物联网核心产品；形成城市应急、安检、物流、智能家庭、储备物资等物联网典型应用解决方案 ● 集成创新农业物联网的感知技术、定位识别技术、数据传输技术、决策分析技术，研发一批具有自主知识产权的相关产品。开展物联网关键技术在现代物流中的示范应用
《"十二五"智慧北京行动纲要》	2011 年 8 月	● 推出若干城市智能运行行动计划 ● 建设政务物联网应用支撑平台
《北京市"十二五"时期城市信息化及重大信息基础设施建设规划》	2011 年 9 月	● 突破传感器件地址代码标准、海量数据处理等物联网核心关键技术，积极参与制定物联网国家标准和国际标准，建设具有自主知识产权的物联网技术体系，创新城市应急、安监、物流、医疗、旅游等物联网典型应用解决方案，促进应用数据和支撑平台的建设，推动物联网应用体验和产业孵化基地的建立，建设具有自主知识产权的物联网产业链 ● 推进智能交通系统与车辆的互动感知，推动物联网技术在机动车安全技术检验管理方面的应用，推动智能监控停车场建设，逐步建设国内领先的"车联网" ● 建设覆盖全市大中型水库、内城河湖、重点流域的水务实时监测物联网，建设覆盖水源地、城市自来水厂和取水口、城市河湖、公园绿地、供水管网的地表水、地下水水质动态的自动监测网络 ● 建设覆盖电力系统发电、输电、变电、配电、用电和调度各个环节的智能电网监控管理体系，在企业和家庭推广安装智能电表，在社会单位、家庭、农业用水点推广安装智能水表 ● 在全国率先开展以政务物联数据专网和无线宽带专网为主的物联网传输基础设施建设工作

资料来源：相关政策文件，赛迪顾问整理，2013-02。

区域	重点布局
海淀区	以中关村科学城为核心发展区，依托北邮和清华，形成物联网研发和人才培养基地、技术创新源泉和转化基地，推动京仪集团传感器产业基地建设
石景山区	加强物联网产业园建设
大兴区	打造包括物联网在内的北京战略新兴产业聚集区

图 2-7　北京市物联网产业发展概览

资料来源：赛迪顾问，2013-02。

（二）上海市

上海市是国内物联网技术和应用的主要发源地之一，在技术研发和产业化应用方面具有一定基础。上海市重点发展先进传感器、核心控制芯片、短距离无线通信技术、组网和协同处理、系统集成和开放性平台技术、海量数据管理和挖掘等领域。在推广应用方面，防入侵传感网防护系统已在上海机场成功应用，基于物联网技术的电子围栏已在世博园区安装应用。

上海市物联网相关政策规划如表 2-2 所示，上海市物联网产业发展概览如图 2-8 所示。

表 2-2　上海市物联网相关政策规划

政策名称	发布时间	政策要点
《上海推进物联网产业发展行动方案（2010—2012 年）》	2010 年 4 月	● 推进物联网产业发展的重点主要包括先进传感器、核心控制芯片、短距离无线通信技术、组网和协同处理、系统集成和开放性平台技术、海量数据管理和挖掘 ● 产业布局包括在世博园区率先进行物联网应用示范；在嘉定、浦东等地区建设物联网产业基地，形成若干个物联网应用示范区和产业集聚区，展示物联网应用技术和示范工程，集聚上海市物联网优势企业，发挥产业集群优势，形成技术创新、应用方案创新和商业模式创新的合力

（续）

政策名称	发布时间	政策要点
《上海推进物联网产业发展行动方案（2010—2012年）》	2010年4月	● 设立"上海物联网中心"，形成高端产品研发和产业化能力 ● 推进十个方面的应用示范工程，具体包括环境监测、智能安防、智能交通、物流管理、楼宇节能管理、智能电网等 ● 到2012年，通过建设应用示范工程和实施标准、专利战略，在与市民生活和社会发展密切相关的重要领域初步实现物联网应用进入国际先进行列，显著提升城市管理水平
《上海市推进智慧城市建设2011—2013年行动计划》	2011年9月	● 围绕构建国际水平的信息基础设施体系，通过政府规划引导，推动相关企业重点实施宽带城市、无线城市、通信枢纽、三网融合、功能设施5个专项，落实完善规划体系、规范建设管理、强化机制建设3项重点任务，全面提升上海信息基础设施服务能级 ● 围绕构建便捷、高效的信息感知和智能应用体系，重点推进城市建设管理、城市运行安全、智能交通、社会事业与公共服务、电子政务、信息资源开发利用、促进"四个中心"建设、"两化"深度融合8个专项，促进城市运行管理水平、经济发展水平、公共服务水平和居民生活质量明显提升 ● 围绕构建创新活跃的新一代信息技术产业体系，以企业为主体，重点实施云计算、物联网、TD-LTE、高端软件、集成电路、下一代网络（NGN）、车联网、信息服务8个专项，加强技术研发，推进示范应用，加快产业发展 ● 围绕构建可信、可靠、可控的城市信息安全保障体系，组织实施信息安全基础建设、监管服务、产业支撑3个专项，落实信息安全综合监管、完善网络空间治理机制、提高全民信息安全意识3项重点任务，确保信息安全总体可控
《上海市信息化与工业化深度融合发展"十二五"规划》	2011年12月	● 推进物联网在设备远程监控及检修、产品质量追溯、智能电网等方面的应用，加快物联网技术产业化 ● 鼓励物联网相关技术研发，以应用示范为突破，加快物联网应用模式创新和产业化，推广物联网技术在工业各领域、港口和园区中的应用
《上海市信息服务业发展"十二五"规划》	2011年12月	● 加快研发面向云计算、物联网、移动互联网的信息安全产品，大力发展自主可控的信息安全软件和系统。完善信息安全标准体系，建立信息安全标准实验验证平台和标准符合性测试环境 ● 加快发展物联网信息服务：加快研发物联网传感网络软件、嵌入式软件、中间件软件、M2M应用平台。发展物联网信息安全软件、应用软件和专业化服务，以及物联网系统集成和运行维护服务，培育物联网专业技术服务企业，增强在物联网技术服务、系统运行维护、测试评估、验证认证和人才培训等方面的专业能力

资料来源：相关政策文件，赛迪顾问整理，2013-02。

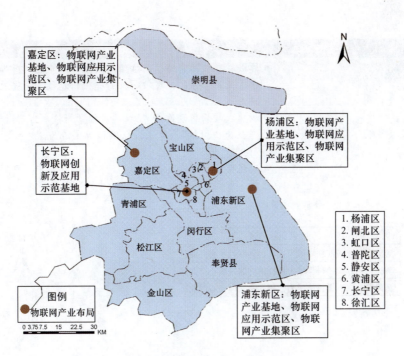

图 2-8　上海市物联网产业发展概览

资料来源：赛迪顾问，2013-02。

（三）广州市

广州市已基本形成数字家庭、信息服务、软件、光电、通信设备、集成电路、计算机、汽车电子及船舶电子等电子信息产业集群，构建了较为完善的电子信息产业链条，形成了"一核多点、南北主轴"的区域布局，打造了以广州科学城为产业核心基地，以番禺区、南沙区、花都区、从化市为主轴的产业发展带。围绕"智慧广州"建设，广州市重点发展 RFID 芯片设计和设备制造、传感器节点芯片设计和设备制造、卫星导航芯片设计和终端制造、智能装备制造、软件和系统集成服务、信息运营服务六大物联网技术和产业重点。广州市还实施了城市智能交通、智能物流、智能制造、智能安全监管、智能食品溯源、智能环保、智能电网、智能医护、智能支付等物联网重点应用示范工程。

广州市物联网相关政策规划如表 2-3 所示，广州市物联网产业发展概览如图 2-9 所示。

表 2-3　广州市物联网相关政策规划

政策名称	发布时间	政策要点
《广州市国民经济和社会发展"十二五"规划纲要》	2011 年 4 月	● 加快建设智慧广州 ● 实施重点智能工程，实现城市建设管理向智能化提升 ● 整合政务信息资源，建设智慧型电子政府 ● 推动物联网等新一代信息技术与制造业、服务业全面融合 ● 积极推进天河智慧城和南沙智慧岛建设

（续）

政策名称	发布时间	政策要点
《中共广州市委广州市人民政府关于建设智慧广州的实施意见》	2012 年 10 月	● 建成新一代信息通信网络国际枢纽、城市运行感知网络和智能化管理服务系统，突破一批新一代信息技术，发展一批智慧型产业 ● 构建以智慧新设施为"树根"、智慧新技术为"树干"、智慧新产业为"树枝"、智慧新应用和新生活为"树叶"的智慧城市"树型"框架 ● 实现信息网络广泛覆盖、智能技术高度集中、智能经济高端发展、智能服务高效便民，成为中国智慧城市建设先行示范市

资料来源：相关政策文件，赛迪顾问整理，2013-02。

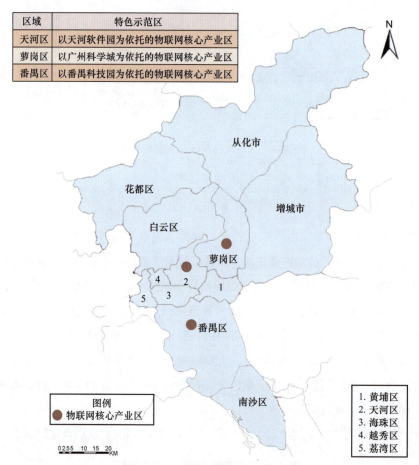

图 2-9　广州市物联网产业发展概览

资料来源：赛迪顾问，2013-02。

（四）深圳市

深圳市是我国电子信息产业国际化的领军城市，拥有较完整的电子信息产业链，企业创新能力强劲。深圳市重点打造涵盖物联网的完整产业链，加强物联网关键技术攻关和应用，建设物联网传感信息网络平台、物联信息交换平台和应用资源共享服务平台，加大城市物联网传感网络建设与整合力度，增强物联网在工业领域的应用。深圳市还着力建设智慧交通、智慧物流、智慧电网、智慧水务、智慧生活等一系列实用性强、经济效益高、社会效益明显的应用示范工程。

深圳市物联网相关政策规划如表 2-4 所示，深圳市物联网产业发展概览如图 2-10 所示。

表 2-4 深圳市物联网相关政策规划

政策名称	发布时间	政策要点
《深圳推进物联网产业发展行动计划（2011—2013 年）》	2011 年 8 月	● 建设"智慧公交"系统 ● 建立基于物联网的社区和远程医疗服务 ● 建立物联网产业联盟
《智慧深圳规划纲要（2011—2020 年）》	2012 年 5 月	● 实施全覆盖感知网络、高速融合网络、公共服务支撑平台、"深圳云"、信息安全、技术攻关、产业培育、标准化、智慧应用、重点先行十大工程 ● 到 2015 年，建成相对完善的城市信息通信技术环境和可扩充、面向未来的智慧城市系统框架，实现城市感知能力、网络传输环境及信息处理能力全面提升，在城市管理和民生服务的智慧应用上取得重大突破

资料来源：相关政策文件，赛迪顾问，2013-02。

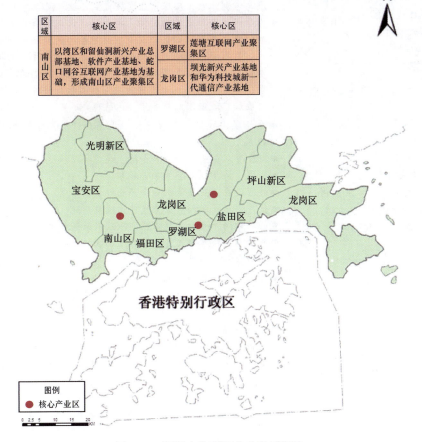

图 2-10 深圳市物联网产业发展概览

资料来源：赛迪顾问，2013-02。

（五）无锡市

无锡市主要围绕国家传感网创新示范区，全力打造国家级物联网产业先行先试示范区。2012 年示范区有 608 家限额以上物联网企业，其中年销售额超过 1000 万元的企业有 193 家，合计销售额达到了 297.7 亿元。目前，在示范区内的物联网应用示范项目有 125 个，涵盖工业、电力、物流、环保、医疗等行业，其中，国家部委立项的应用示范项目有 10 个，包括工业和信息化部立项的无锡机场周界防入侵工程、220 千伏西泾智能化变电站、太湖蓝藻爆发监测工程，国家发改委授牌的无锡物联网综合示范工程等项目。无锡市物联网产业链已经基本建成，初步形成了较为完善的产业集群。

无锡市物联网相关政策规划如表 2-5 所示，无锡市物联网产业发展概览如图 2-11 所示。

表 2-5　无锡市物联网相关政策规划

政策名称	发布时间	政策要点
《无锡国家传感网创新示范区建设总体方案及行动计划（2010—2015 年）》	2010 年 8 月	● 加快引进物联网领域国家级科研机构与研发中心，加大对技术创新的支持力度，强化政产学研合作，充分发挥企业在技术创新中的主导作用，攻破一批制约应用发展的关键技术，布局物联网前瞻性与基础性技术研究，建立并逐步完善物联网领域标准与专利体系，确保产业发展自主可控与国际竞争力的形成 ● 力争通过 5 年左右的时间，将无锡建设成具有一流创新力的物联网技术创新核心区、具有国际竞争力的物联网产业发展集聚区、具有全球影响力的物联网应用示范先导区，初步建立集技术创新、产业化和市场应用于一体的较为完整的物联网产业体系，真正使无锡成为掌握物联网核心和关键技术、产业规模化发展和广泛应用的先导市、示范市
《无锡市物联网产业发展规划纲要（2010—2015）年》	2011 年 3 月	● 在物联网规划、平台建设、应用示范、人才培养等方面加大投入 ● 对合要求企业给予资金支持、经费补助和奖励 ● 优先支持物联网企业融资融券 ● 鼓励设立创业投资机构和产业投资基金 ● 优先安排物联网产业重点建设项目用地 ● 将物联网产品和示范工程列入政府采购目录 ● 鼓励和支持本地大专院校开设物联网相关专业 ● 积极吸引海内外人才
《无锡国家传感网创新示范区发展规划纲要（2012—2020 年）》	2012 年 8 月	● 坚持"创新驱动、应用牵引、重点突破、协同发展"原则，把技术创新作为物联网发展的核心驱动力，以应用带动产业发展，积极创新商业模式，重点突破关键核心技术，先行先试，探索经验，打造具有全球影响力的传感网创新示范区，充分发挥促进我国物联网健康、持续发展的示范作用 ● 加大统筹协调力度，研究解决示范区建设和发展中的重大问题，做好规划纲要实施的组织协调和督促检查。国务院各有关部门结合各自工作职能，加强对无锡国家传感网创新示范区建设和发展的指导，按照规划纲要要求制定出台具体政策措施，在规划实施、项目安排、财税优惠、金融服务、人才建设等方面给予积极支持

资料来源：相关政策文件，赛迪顾问整理，2013-02。

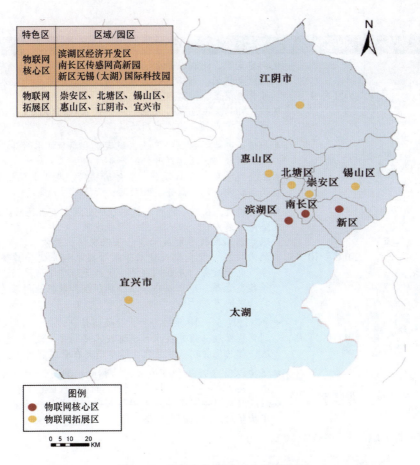

特色区	区域/园区
物联网核心区	滨湖区经济开发区 南长区传感网高新园 新区无锡（太湖）国际科技园
物联网拓展区	崇安区、北塘区、锡山区、惠山区、江阴市、宜兴市

图 2-11　无锡市物联网产业发展概览

资料来源：赛迪顾问，2013-02。

（六）杭州市

杭州市以杭州高新技术开发区（滨江）和余杭仓前创新基地为核心区，其他主城区及萧山、余杭、杭州经济技术开发区、钱江经济开发区、江东工业园区、临江工业园区协同发展构成支撑区，以及临安、富阳、桐庐、建德和淳安五县（市）构成拓展区，形成具有杭州市特色的"一网三区"物联网产业发展格局。目前，杭州市已基本形成了从关键控制芯片设计、研发，到传感器和终端设备制造，再到物联网系统集成以及相关运营服务的产业链体系。2012年杭州市限额以上物联网企业实现主营业务收入 437.99 亿元，同比增长 12.2%。

杭州市物联网相关政策规划如表 2-6 所示，杭州市物联网产业发展概览如图 2-12 所示。

表 2-6　杭州市物联网相关政策规划

政策名称	发布时间	政策要点
《杭州市物联网产业发展规划（2010—2015 年）》	2010 年 11 月	●设立杭州市物联网产业发展专项资金 ●帮助企业融资融券 ●积极鼓励杭州高校设立物联网相关专业 ●鼓励企业广纳人才

（续）

政策名称	发布时间	政策要点
《杭州市"十二五"信息化发展规划》	2011年9月	● 构建宽带、泛在、融合、安全的下一代信息网络，实现网络建设统筹规划、网络资源有效利用、有线网络公平接入、无线信号普遍覆盖、带宽服务满足需求 ● 推广4G移动通信网试点，新一代互联网协议（IPv6）规模部署，在重点领域推广应用物联网
《杭州市"十二五"高新技术产业发展规划》	2011年9月	● 积极培育战略性新兴产业，规模发展高新技术服务业，加快运用高科技技术改造提升传统产业 ● 主要发展现代通信设备、数字音视频、集成电路设计与制造、高端软件、电子商务、物联网、云计算等产业
《杭州市"十二五"战略性新兴产业发展规划》	2011年10月	● 规划期内，在新一代信息技术领域重点发展物联网产业 ● 坚持网络建设、技术应用、产业发展"三位一体"模式，积极跟踪物联网技术发展动态，强化射频识别技术、传感器技术、纳米技术、智能嵌入技术等核心技术领先优势，整合电子商务、电子政务、互联网经济、有线无线宽带城域网、数字电视等各类资源，建立以感知层、物联层和数据应用层为主要内容的物联网产业结构
《杭州市智慧城市建设总体规划》	2011年11月	● 争取通过5～10年的努力，使杭州信息产业和信息基础设施得到更快发展，信息技术、网络技术得到更广泛应用，智慧化发展、智慧化管理、智慧化生活水平走在全国前列
《杭州市物联网产业创新发展三年行动计划》	2013年1月	● 坚持以重点行业和领域应用为核心，构建设计研发、生产制造、集成应用、示范推广等相衔接的全产业链体系 ● 形成以应用创新带动技术创新和商业模式创新为主要特征的杭州物联网产业创新发展路线图

资料来源：相关政策文件，赛迪顾问整理，2013-02。

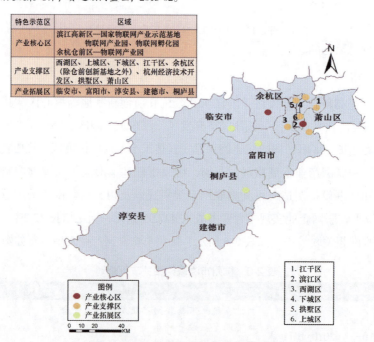

图2-12 杭州市物联网产业发展概览

资料来源：赛迪顾问，2013-02。

（七）成都市

成都市是国家电子元器件和信息产品生产基地，也是国家集成电路设计产业化、信息安全成果产业化和软件及服务外包产业基地。成都市作为国家电子信息高技术产业基地，拥有物联网前沿研究和技术创新的科技优势，初步形成了满足数据可靠传输和智能处理的基础体系。成都市还积极引导和组织开展物联网示范应用工程，着力打造物联网技术体系、应用体系和服务运营体系，重点在智能交通、食品安全、环境监测和灾害预警、现代物流、城乡管理和安全监管 6 个领域开展物联网示范应用。

成都市物联网相关政策规划如表 2-7 所示，成都市物联网产业发展概览如图 2-13 所示。

表 2-7　成都市物联网相关政策规划

政策名称	发布时间	政策要点
《成都市物联网产业发展规划（2010—2012）》	2010 年 5 月	● 设立物联网产业发展专项资金 ● 企业从事技术开发、技术转让和与之相关的技术咨询、技术服务等取得的收入可免征营业税 ● 生产企业进口自用设备及相关技术（含软件）、配套件、备件，符合国家税收优惠政策的，免征关税和进口环节增值税 ● 鼓励产学研结合及成果转化 ● 支持金融机构通过各种途径支持产业发展 ● 支持企业上市融资
《成都市高新技术产业发展"十二五"规划》	2012 年 8 月	● 重点发展集成电路、新型显示器件、计算机及终端制造、电子元器件、应用电子、网络与通信设备、物联网产品制造等电子信息产业
《成都市"十二五"战略性新兴产业发展规划》	2012 年 10 月	● 重点发展射频识别（RFID）标签与读写设备、手持终端、内置射频通信模块手机、视频识别设备、卫星导航定位相关产品、新型传感器、短距离无线通信器件、数模转换器件、嵌入式通信器件传感节点（SoC）芯片、数据信号处理芯片、通用通信芯片、相关应用软件以及应用服务

资料来源：相关政策文件，赛迪顾问整理，2013-02。

图 2-13　成都市物联网产业发展概览

资料来源：赛迪顾问，2013-02。

（八）重庆市

重庆市物联网产业发展起步较早，初步形成了以南岸茶园新区为物联网产业发展核心区域，以北部新区、西永微电子产业园、同兴工业园、双福工业园等为拓展区的产业布局形态。重庆市拥有 200 余家从事物联网研发、制造、运营的单位，其中有以中国移动物联网基地、中国移动研究院物联网支撑中心、国家仪表功能材料工程技术研究中心、中科院软件所重庆分部为代表的 20 多家高等级科研机构。位于南岸区的国家物联网产业示范基地已经吸引了包括中国移动物联网基地、北大方正、中感科技在内的 20 多家企业落户。

重庆市物联网相关政策规划如表 2-8 所示，重庆市物联网产业发展概览如图 2-14 所示。

表 2-8　重庆市物联网相关政策规划

政策名称	发布时间	政策要点
《重庆市人民政府关于加快推进物联网发展的意见》	2011 年 3 月	● 在物联网规划、平台建设、应用示范、产业发展、人才培养等方面加大投入 ● 通过政府直接投入、财政补贴、贷款贴息等多种方式，鼓励物联网企业加大研发 ● 对合要求企业给予必要的资金支持、经费补助和奖励 ● 搭建银企对接合作平台 ● 优先支持物联网企业融资融券 ● 鼓励设立创业投资机构和产业投资基金 ● 优先安排物联网产业重点建设项目用地 ● 将物联网产品和示范工程纳入政府采购目录 ● 鼓励和支持当地大专院校开设物联网相关专业 ● 吸引物联网高级专业人才
《重庆市"十二五"物联网产业发展规划》	2011 年 8 月	● 按照"科技引领发展，应用促进市场，市场带动产业"的发展思路，全力推进物联网研发应用，建设完善研发体系，力争物联网产业的技术研发和应用能力处于国内前列 ● 到 2015 年，全市物联网产业将完成投资 390 亿元，产值突破 1500 亿元

资料来源：相关政策文件，赛迪顾问整理，2013-02。

图 2-14　重庆市物联网产业发展概览

资料来源：赛迪顾问，2013-02。

（九）青岛市

青岛市拥有海尔、海信、澳柯玛、软控股份、青岛港、东软载波、中电集团22所、中科恒信、金弘测控、电子研究所、中科英泰、康富、零点电子、海大新星、信驰电子等一批物联网企业。青岛立足高端制造，大力发展物联网智能终端产品制造与相关服务业；借助应用示范工程，着重发展围绕物联网应用解决方案的系统集成业；面向现代服务业，培育具有创新商业模式的第三方物联网服务运营产业；围绕RFID、无线传感器产业链，扶持推进RFID特种标签、超高频RFID读写设备、新型传感器、无线传感网络等产品研发与制造产业。目前青岛市已建立了包括芯片设计制造、电子标签封装、传感器制造、读写设备研发、软件/中间件、嵌入式软件与硬件、设备销售、系统集成、网络服务、第三方服务等环节的物联网产业体系建构。截至2012年年底，青岛市已累计有25个物联网应用示范项目得到国家和市两级专项资金1700多万元的支持。此外，青岛市还是全国第三个被确定为物联网技术应用专业人才实训基地（全国共6个）的城市。

青岛市物联网相关政策规划如表2-9所示，青岛市物联网产业发展概览如图2-15所示。

表2-9　青岛市物联网相关政策规划

政策名称	发布时间	政策要点
《青岛市物联网应用和产业发展行动方案（2011—2015年）》	2011年2月	● 安排专项资金用于关键技术攻关、产业重点项目建设、物联网应用示范工程、园区建设以及产业创新机构建设等 ● 设立产业企业扶持基金、创新团队扶持基金、重点园区建设专项资金；结合各区市实际情况，建立多渠道专项资金扶持模式
《青岛市电子信息制造业"十二五"发展规划》	2012年2月	● 加强物联网技术研发，突破物联网感知信息采集、传输、处理、反馈控制等关键技术，支持无线射频识别（RFID）、编码识别设备、传感及处理控制节点等重点产品的研发与产业化，建立完善物联网标准体系，推动物联网应用
《青岛市"十二五"战略性新兴产业发展规划》	2012年3月	● 重点开展物联网核心技术研究，突破关键技术瓶颈 ● 加快面向民生、蓝色经济以及政务领域的物联网建设，打造具有青岛特色的"民生物联网"系统 ● 抓好智能社区、智能家庭、快速公交智能系统、绿色农产品溯源系统、智能医疗、数字海洋、智能交通等产品的设计开发，促进全市物联网产业快速发展
《青岛市软件和信息技术服务业"十二五"发展规划》	2012年4月	● 加快研发面向下一代互联网、物联网应用的嵌入式系统软件 ● 发展云计算、物联网等新一代信息技术应用环境下的安全技术产品

资料来源：相关政策文件，赛迪顾问整理，2013-02。

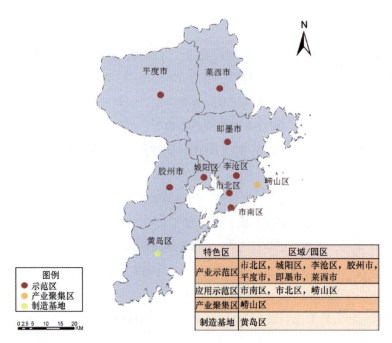

图 2-15　青岛市物联网产业发展概览

资料来源：赛迪顾问，2013-02。

（十）武汉市

武汉市是国内开展物联网研究较早、技术研究实力较强的城市之一。作为中国的"光谷"，武汉市在敏感器元件、传感器、光通信模块、激光收发、扫描器等领域拥有雄厚的产业基础，涌现出华工科技、理工光科、烽火集团等一大批物联网领域的优秀企业。武汉市积极引进和运用物联网、云计算等信息技术，实施智能交通、智能电网、智能安防设施、智能环境监测、数字化医疗等物联网示范工程。

武汉市物联网相关政策规划如表 2-10 所示，武汉市物联网产业发展概览如图 2-16 所示。

表 2-10　武汉市物联网相关政策规划

政策名称	发布时间	政策要点
《武汉市国民经济和社会发展第十二个五年规划纲要》	2011 年 3 月	●重点培养物网等新兴产业 ●把推进物联网建设作为加强城市信息化建设的重要工作予以重视
《武汉市智慧城市总体规划》	2012 年 8 月	●对武汉通卡、公交卡、社保卡、各类商业用卡等，进行统一的融合梳理管理，为行政服务系统提供统一的身份识别模式。通过一张"市民卡"，实现供气、轮渡、地铁、电影、电视、超市、药店及机场公路的通行支付，同时包括供电、供水、出租车、泊车、图书馆、社保等领域，提供医保、住房公积金、养老金等"五险一金"的办理、提取等多种服务。通过该卡与个人信用关联，建立社会诚信体系，实现"一城一卡，一卡通用" ●明确了智慧市政设施、智慧环保、智慧医疗卫生、智慧水务、智慧文化、智慧教育、智慧城管、智慧交通、智慧旅游、智慧食品药品监管、智慧社区、智慧公共安全、智慧物流13个重点应用领域

资料来源：相关政策文件，赛迪顾问整理，2013-02。

区域	核心区
蔡甸区	以武汉经济技术开发区为承载，壮大汽车整车及电子电器产业规模，为"车联网"发展奠定基础
洪山区	为东湖高新区为产业支撑，以高校科研机构为技术支撑。

图 2-16 武汉市物联网产业发展概览

资料来源：赛迪顾问，2013-02。

第四节 中国物联网产业发展空间特征

一、产业发展呈现"马太效应"

长三角、环渤海、珠三角等地区作为目前中国物联网产业的聚集地，企业分布密集，研发机构众多，产业氛围良好。同时，这些地区依托优良的经济环境、雄厚的地方财力、完善的产业配套设施，建设了一大批物联网示范项目，为物联网应用提供了成功案例，并带动了相关技术和产品的大范围社会应用。这些应用的大规模展开，不仅为相关企业带来了现实收益，更为物联网的推广与普及创造了良好的氛围。得益于产业与应用相互促进形成的良性循环，未来优势地区物联网产业的发展将进一步提速，中国物联网领域的资源要素也将进一步向这些地区汇聚集中。优势地区在未来中国物联网产业发展中的地位将有增无减。

二、产业布局呈现"多点开花"

国家《物联网"十二五"发展规划》中明确指出，要在"十二五"期间初步完成物联网产业体系构建，形成较为完善的物联网产业链，充分考虑技术、人才、产业、区位、经济发展、国际合作等基础因素，在东、中、西部地区，以重点城市或城市群为依托，高起点培育一批物联网综合产业集聚区。

同时，物联网产业的广泛内涵以及与行业应用紧密结合的特点，使其能在具备先发优势的地区之外，得到更加广泛的发展。除前文所述的重点省市之外，包括天津、南京、西安、苏州、宁波、嘉兴、昆明、合肥、大连、福州、厦门等在内的众多城市也纷纷将物联网作为当地重点发展的产业领域，与此同时，吉林、山西、河南、甘肃、贵州、湖南、海南等省也在积极谋划当地物联网产业发展。此外，中国众多三、四线城市也正结合本地特色，积极谋划发展物联网相关产业，如四川绵阳市和双流县、河北固安县、山东微山县等。

三、产业细分呈现"分工协作"

虽然目前中国物联网产业整体尚处于起步阶段，但 RFID 与传感器、物联网设备、相关软件，以及系统集成与应用等几大领域的产业分布已呈现相对集中的发展态势，中国各重点产业集聚区之间的产业分工格局也已初步显现。随着未来中国物联网产业规模的不断壮大，以及应用领域的不断拓展，产业链之间的分工与整合也将随之进行，区域之间的分工协作格局也将进一步显现。总体来看，产业基础较好的地区，将分别在支撑层、感知层、传输层和平台层等几个层面确定各自的优势领域；二、三线城市则聚焦于自身产业继续做大做强，以推进物联网应用技术进步及服务业发展为导向，以特色农业、汽车生产、电力设施、石油化工、光学制造、家居照明、海洋港口等一批特色产业基地为依托，打造一批具有特色的物联网产业聚集区，促进物联网产业与已有特色产业的深度融合。

第五节　中国物联网产业发展布局策略

一、顶层设计，统筹发展

在国家层面进行科学规划和组织保障。建议由国家物联网产业主管部门、行业协会、龙头企业，共同制定全国物联网产业区域布局规划，从多个方面对全国主要区域、省区市、重点园区进行分析评价，了解和把握物联网产业发展情况，科学引导物联网产业的区域布局。

同时，统筹区域发展。加强区域、省域物联网产业发展的宏观衔接，由国家或省级主管部门牵头，科学编制物联网产业发展规划，设立准入标准，协调产业布局与区域分工，避免重复建设与恶性竞争。

二、区域分工，特色发展

在区域分工的基础上，明确各地区产业发展定位与目标，并结合本地区的产业特色，推进科研院所、风险投资与金融机构、企业研发中心、孵化器、中介公司等优势资源向重点区域集聚，实现优势资源集聚。通过借鉴国际先进经验，发挥区域比较优势，探索各具地方特色的产业发展模式，走特色化的发展道路，以此在各地建立特色鲜明、优势突出、竞争力强的物联网产业集群。

三、软硬结合，集群发展

提升园区软、硬环境。加强知识产权、研究开发、中试中测、应用转化等一系列公共平台的建设，建立完善的产学研用相结合的技术创新体系、产业联盟，从专业服务和集群发展角度提高园区的竞争力。围绕龙头企业和技术输出重点机构，组织企业提供配套和转化服务，形成一批专业化、高成长企业。

中国物联网产业链分析

2009 年"感知中国"战略的提出，从国家层面开启了物联网产业大发展的序幕。2012 年 2 月，工业和信息化部发布的《物联网"十二五"发展规划》，阐明了我国物联网发展的现状及形势、指导思想、发展原则、发展目标、主要任务、重点工程等，对加快我国物联网发展，培育和壮大新一代信息技术产业具有重要意义。最近几年来，中国物联网产业得到了初步发展，产业链也正逐渐形成并日趋完备。

第一节　物联网产业链全景概况

目前，中国物联网产业链各环节的发展存在不均衡性，产业链中的硬件设备制造企业数量较多，而芯片设计制造、软件应用及开发企业则相对偏少偏弱，相关技术研发水平和标准制定工作比较落后，集成商选择的多是国外软件、芯片等产品。

有关物联网全景概况，请参见书末插图。

一、支撑层

作为物联网的基础，一个完善的产业支撑体系是其发展的重要保障。支撑层首先是一个完备的技术支持体系，主要包括协同感知、样本库、安全、仿真、自组网、网络融合；其次是在技术体系上的平台支撑，主要包括柔性产线、IPv6 等。

支撑层在国内物联网产业整体规模中所占比重相对较小，相关企业主要集中在京津环渤海、长三角以及珠三角地区。2012 年中国物联网支撑层单位区域分布如图 3-1 所示。

城市	支撑层重点企业	城市	支撑层重点企业	城市	支撑层重点企业
北京	中科院自动化所 中科院微电子所 北京邮电大学 中科院软件所 中国电子技术标准化研究院 清华数微所 中科院泛在传感中心 北京市公安局交管所 中国联通 中国移动 中国电信 稳捷网络 北京京仪 同方股份 国家电网 赛尔网络 威讯紫晶 声讯电子 恒和大风 股图仿真 数字认证 博大光通	无锡	中国物联网研究发展中心 中国电信物联网应用和推广中心 中科物联 俊知技术 中科南扬 无锡物联网产业研究院	深圳	中视典 八百通 深圳山崎 深圳宏电 深圳先进技术院 深圳超算中心
		上海	中科院上海技术物理所 桑锐电子 英集斯 中科院上海微系统所 上海交大 上海华虹 上海贝岭	广州	赛宝实验室 飞瑞敖 华南理工 广州工业大学 中山大学
		宁波	深联科技 中科院计算所宁波分所	重庆	中国移动物联网基地 国家仪表功能材料工程技术中心
西安	传感网与智控研究中心 中星测控 中航电测	南京	南京邮电大学 斯沃软件 瀚显 国电南自	成都	川大 电子科大 中科院光电所 中电科30所 卫士通
武汉	武汉邮科院 华中科技大学	苏州	昆山双桥 沪昆光电		

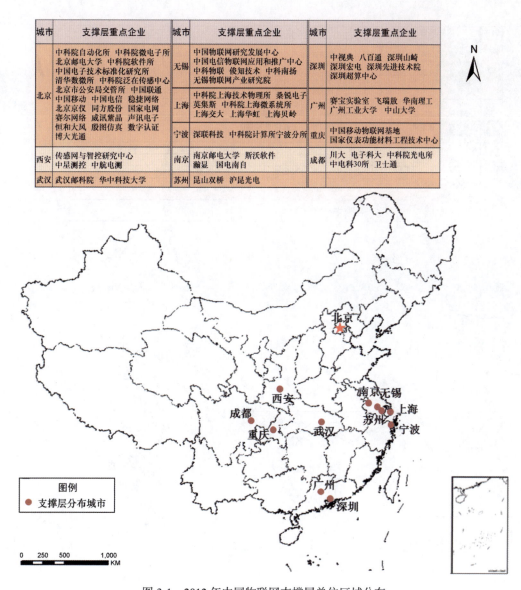

图 3-1　2012 年中国物联网支撑层单位区域分布

资料来源：赛迪顾问，2013-02。

二、感知层

感知层是物联网体系对现实世界进行感知、识别和信息采集的基础性物理网络，主要功能是识别物体与采集信息，为后续信息处理和相应决策行为提供海量、精准的数据信息支撑。物联网感知层的信息采集方式主要包括 RFID、传感器、二维码、GPS/北斗、传动器，其中 RFID 主要包括芯片、非接触 IC 卡、读写终端、标签、中间件/软件、个性化设备，GPS/北斗主要包括芯片、终端、接收机、应用系统，传动器主要包括微马达和人造肌肉。

感知层相关企业分布较为广泛，但上规模企业仍以东部沿海地区居多（见图 3-2）。

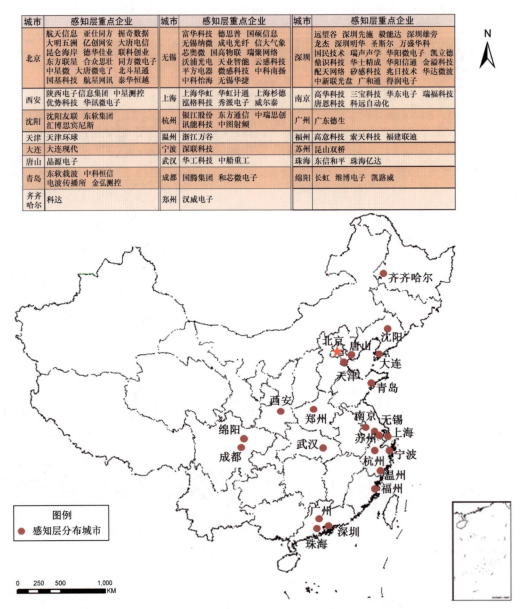

城市	感知层重点企业	城市	感知层重点企业	城市	感知层重点企业
北京	航天信息 亚仕同方 握奇数据 大明五洲 亿创网安 大唐电信 昆仑海岸 德华佳业 联科创业 东方联星 合众思壮 同方微电子 中星微 大唐微电子 北斗星通 国基科技 航星网讯 泰华恒越	无锡	富华科技 德思普 国硕信息 无锡纳微 成电光纤 信大气象 芯奥微 国高物联 瑞聚网络 沃浦光电 天业智能 云感科技 平方电器 微讯科技 中科南扬 中科怡海 无锡华捷	深圳	远望谷 深圳先施 毅能达 深圳雄奔 龙杰 深圳明丰 圣斯尔 万盛华科 国民技术 瑞声声学 深圳微电子 凯立德 鼎识科技 华士精成 华阳信通 金溢科技 配天网络 矽感科技 兆日技术 华达微波 中新联光盘 广和通 得润电子
西安	陕西电子信息集团 中星测控 优势科技 华讯微电子	上海	上海华虹 华虹计通 上海杉德 泓格科技 秀派电子 威尔泰	南京	高华科技 三宝科技 华东电子 瑞福科技 唐恩科技 科远自动化
沈阳	沈阳友联 东软集团 汇博思宾尼斯	杭州	银江股份 东方通信 中瑞思创 讯能科技 中图射频	广州	广东德生
天津	天津环球	温州	浙江万谷	福州	高意科技 索天科技 福建联迪
大连	大连现代	宁波	深联科技	苏州	昆山双桥
唐山	晶源电子	武汉	华工科技 中船重工	珠海	东信和平 珠海亿达
青岛	东软载波 中科恒信 电波传播所 金弘测控	成都	国腾集团 和芯微电子	绵阳	长虹 维博电子 凯路威
齐齐哈尔	科达	郑州	汉威电子		

图 3-2   2012 年中国物联网感知层企业区域分布

资料来源：赛迪顾问，2013-02。

三、传输层

传输层是物联网实现无缝连接、全方位覆盖的重要保障性网络集群，担负着将感知层识别与采集的数据信息高速率、低损耗、安全、可靠地传送到平台层的艰巨使命，同时能够良好地抗击外部干扰和非法入侵。传输层主要包括光传输和通信与网络设备，其中光传输主要包括光纤光缆、光器件、光接入设备、光传输设备，通信与网络设备主要包括 3G/B3G、NFC、

ZigBee、蓝牙、WiFi/WAPI、M2M。

目前,国内物联网传输层企业主要以网络及通信基础设施企业为主。2012 年中国物联网传输层企业区域分布如图 3-3 所示。

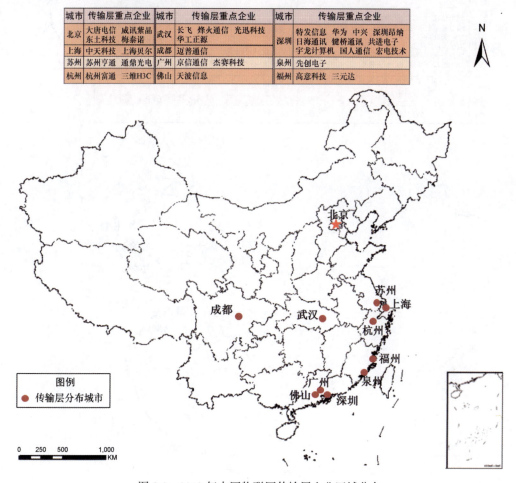

城市	传输层重点企业	城市	传输层重点企业	城市	传输层重点企业
北京	大唐电信 威讯紫晶 东土科技 梅泰诺	武汉	长飞 烽火通信 光迅科技 华工正源	深圳	特发信息 华为 中兴 深圳昂纳 日海通讯 键桥通讯 共进电子 宇龙计算机 国人通信 宏电技术
上海	中天科技 上海贝尔	成都	迈普通信		
苏州	苏州亨通 通鼎光电	广州	京信通信 杰赛科技	泉州	先创电子
杭州	杭州富通 三维H3C	佛山	天波信息	福州	高意科技 三元达

图 3-3 2012 年中国物联网传输层企业区域分布

资料来源:赛迪顾问,2013-02。

四、平台层

平台层的主要功能是承载各类应用并推动其成果的转化。例如,通过"感知中国综合信息平台"构建"政务应用平台"、"行业应用平台"和"公共应用平台",建设科技投融资、产学研合作、成果转化、信息共享、政策咨询、市场推介、知识产权、人才培训、综合配套等功能齐全的服务平台。平台层建设的主要参与者包括国家相关部委、地方政府、物联网产业园区、科研院所以及 IT 综合服务提供商。平台层产业链环节主要包括支撑软件、计算中心和 SI等,其中支撑软件主要包括嵌入式软件、SOA、模式识别、数据挖掘 /BI,计算中心主要包括云计算中心和超计算中心。

目前，国内平台层企业主要分布在环渤海及长三角地区（见图3-4）。

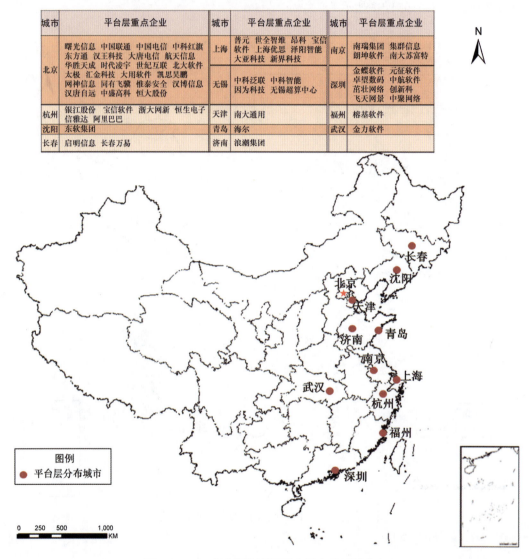

城市	平台层重点企业	城市	平台层重点企业	城市	平台层重点企业
北京	曙光信息　中国联通　中国电信　中科红旗　东方通　汉王科技　大唐电信　航天信息　华胜天成　时代凌宇　世纪互联　北大软件　太极　汇金科技　大用软件　凯思昊鹏　神神信息　同有飞骥　惟泰安全　汉博信息　汉唐自远　中盛高科　恒大股份	上海	普元　世全智维　昂科　宝信软件　上海优思　泽阳智能　大亚科技　新界科技	南京	南瑞集团　集群信息　朗坤软件　南大苏富特
		无锡	中科泛联　中科智能　因为科技　无锡超算中心	深圳	金蝶软件　元征软件　卓望数码　中航软件　苗壮网络　创新科　飞天网景　中聚网络
杭州	银江股份　宝信软件　浙大网新　恒生电子　信雅达　阿里巴巴	天津	南大通用	福州	榕基软件
沈阳	东软集团	青岛	海尔	武汉	金力软件
长春	启明信息　长春万易	济南	浪潮集团		

图3-4　2012年中国物联网平台层企业区域分布

资料来源：赛迪顾问，2013-02。

五、应用层

应用层是物联网的"社会分工"与行业需求相结合，实现工业化与信息化融合，推动产业结构优化升级，形成社会经济发展高效动力的重要"落脚点"。应用层从国民经济和社会发展各个环节的具体需求出发，结合行业特点，通过物联网技术的行业应用形成具有明显行业特色的物联网应用分支，最终形成涉及人们日常学习、工作和生活方方面面的物联网应用集合。

应用层产业链环节主要包括智能工业、智能农业、智能物流、智能交通、智能电网、智能环保、智能安防、智能医疗、智能家居、智能楼宇、智能金融等。

受技术和资金的影响，目前国内应用层企业主要分布在一些大型城市（见图3-5）。随着中国物联网产业的逐渐成熟，应用层在产业链的比重将越来越大。

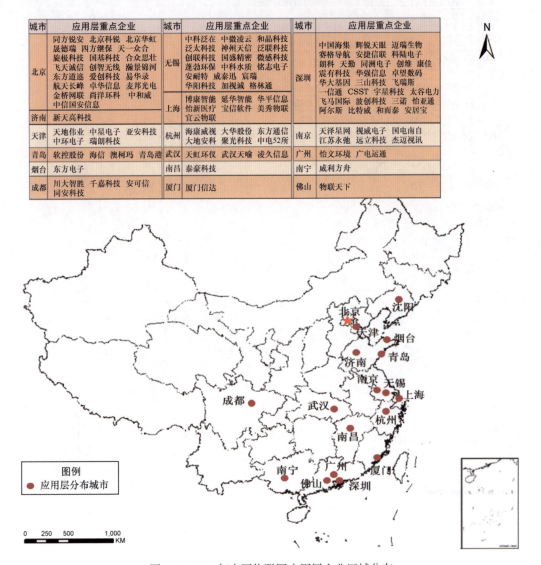

城市	应用层重点企业	城市	应用层重点企业	城市	应用层重点企业
北京	同方锐安　北京科锐　北京华虹 晟德瑞　四方继保　天一众合 旋极科技　国基科技　合众思壮 飞天诚信　创智无线　瀚景锦河 东方道迩　爱创科技　易华录 航天长峰　卓华信息　麦邦光电 金桥网联　尚洋环科　中和威 中信国安信息	无锡	中科泛在　中微凌云　和晶科技 泛太科技　神州天信　泛联科技 创联科技　国盛精密　微感科技 莲劢环保　中科水质　铭志电子 安耐特　威泰迅　宸瑞 华阳科技　加视诚　格林通	深圳	中国海集　辉锐天眼　迈瑞生物 赛格导航　安捷信联　科陆电子 朗科　天勐　同洲电子　创维　康佳 宸有科技　华强信息　卓望数码 华大基因　三山科技　飞瑞斯 一信通　CSST　宇星科技　太谷电力 飞马国际　波创科技　三诺　怡亚通 阿斯顿　比特威　和而泰　安居宝
济南	新天高科技	上海	博康智能　延华智能　华平信息 怡新医疗　宝信软件　美秀物联 宜云物联		
天津	天地伟业　中星电子　亚安科技 中环电子　瑞朗科技	杭州	海康威视　大华股份　东方通信 大地安科　聚光科技　中电52所	南京	天泽星网　视威电子　国电南自 江苏永驰　远立科技　杰迈视讯
青岛	软控股份　海信　澳柯玛　青岛港	武汉	天虹环仪　武汉天喻　凌久信息	广州	怡文环境　广电运通
烟台	东方电子	南昌	泰豪科技	南宁	威利方舟
成都	川大智胜　千嘉科技　安可信 同安科技	厦门	厦门信达	佛山	物联天下

图3-5　2012年中国物联网应用层企业区域分布

资料来源：赛迪顾问，2013-02。

目前，国内各地纷纷抢占物联网产业的技术高地，推动示范工程和解决方案向产业应用转型，组织各大物联网相关企业、科研院所、高等院校、运营商等，成立物联网联盟，为提高地方物联网产业的核心竞争力搭建良好的平台。到2012年9月止，已有无锡、北京、杭州、成都、武汉、郑州、西安、上海、南京、天津、宁波、昆明等地成立了物联网联盟（见图3-6）。随着各地资金和技术的不断积累，众多的物联网联盟在打造物联网产业链、促进各环节协同合作、加快技术研发与标准制定、推广各类应用等方面的推动作用将逐步显现出来。

省/市	产业联盟	省/市	产业联盟
北京	中关村物联网产业联盟、移动硅谷（北京）物联网产业联盟	广东	广东物联网产业联盟、华强北物联网产业联盟、深圳智能电网创新产业联盟
上海	上海市物联网产业联盟	天津	天津市物联网产业联盟
浙江	浙江省物联网产业技术创新联盟、杭州市物联网产业合作联盟、宁波市物联网产业联盟	江苏	感知中国物联网联盟、江苏传感（物联）网产业联盟、南京市物联网产业联盟、常州物联网产业联盟
四川	成都物联网产业发展联盟	湖北	武汉物联网产业技术创新联盟
河南	河南省物联网产业联盟	陕西	陕西（西安）物联网产业联盟
重庆	重庆物联网产业发展联盟	福建	福建省物联网联盟
甘肃	甘肃省物联网产业联盟	云南	昆明市物联网产业联盟

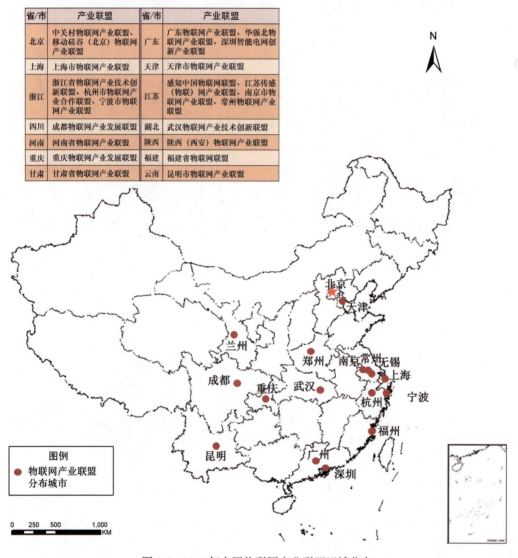

图 3-6   2012 年中国物联网产业联盟区域分布

资料来源：赛迪顾问，2013-02。

第二节   物联网产业链发展趋势

一、技术发展趋势

物联网的关键技术包括传感器技术、传感网技术、RFID 技术和信息处理技术等。掌握自主核心关键技术是我国物联网产业健康、可持续发展的根本着力点。首先，应加强物联网标准体系的制定和各行业标准的统筹规划；其次，应围绕物联网产业链的关键环节，加强自主创新，突破核心技术。

（一）高性能、低成本、低功耗传感器技术

传感器将向着高性能、低成本、低功耗技术水平方向发展。关键技术包括新材料及新功能传感器、单芯片集成传感器和微处理系统的 MEMS 芯片、支持微处理器信息处理和存储的智能化传感器、适应各类特殊环境的高精度传感器等。

（二）不断优化各环节的关键传感网技术

传感网技术关键是要突破传感器节点 SoC 芯片技术、组网通信和协同处理技术、低功耗低成本嵌入式微处理器和微操作系统技术、传感网网关技术、传感器网络中间件技术、传感网与移动通信网融合技术等，开发能适应极端环境的传感器节点设备等。

（三）低功耗、低成本的 RFID 技术

RFID 技术将向低功耗、低成本、远距离的 RFID 芯片设计与制造、标签封装技术、导电油墨标签天线技术、低成本封装技术、嵌入式 RFID 读写器设计与制造、智能化 RFID 中间件技术、与其他通信网络融合的 RFID 技术等方向发展。

（四）面向存储、计算、管理的信息处理技术

信息处理技术要突破物联网海量数据的存储处理平台及技术、面向物联网计算的软件体系结构技术、面向业务应用架构的中间件技术、云计算虚拟化技术、物联网网络管理技术等。

二、产业发展趋势

未来物联网的发展方向包括以下三个方面。

（一）产业链重点环节快速发展

物联网是在当前通信网与互联网基础上的发展延伸，产业链也与通信网和互联网产业链类似，增加了部分参与者。在上游增加了 RFID 与无线传感器供应商，在下游增加了物联网运营商。因此，中国物联网发展下一个阶段的目标就是完善物联网产业链，重点发展与物联网产业链紧密相关的硬件、软件、系统集成以及运营与服务等核心领域，着力打造新型传感器、传感网核心芯片、传感器节点、操作系统、中间件、数据库软件、应用软件、系统集成、网络与内容服务等重要产品与解决方案，以系统集成与运营及服务为龙头，带动产业链关键环节突破。

（二）微电子技术持续发展

微电子技术的两大发展方向正是当前乃至未来 20 年物联网行业的主要发展方向。几十年来，微电子技术促进了物联网技术的发展。未来 10～20 年，传统硅技术将进入成熟期（预计

在 2014—2017 年）。从总体发展看，传统硅技术市场将一直延续到 2047 年（晶体管发明 100 周年）才趋于饱和（达到芯片特征尺寸的极限）并衰退。而当前微电子技术仍将依循"等缩比原理"和"摩尔定律"两条基础定律发展下去，在逼近传统硅技术极限过程中，不断扩展硅的跨学科横向应用（如 MEMS 等）和更先进应用（量子、分子器件）。

（三）行业应用带动产业发展

物联网可以应用于智能工业、智能农业、智能物流、智能交通、智能电网、智能环保、智能安防、智能医疗、智能家居、智能楼宇、智能金融等诸多领域。物联网产业的发展将直接服务于上述国民经济各主要领域，为其信息化与智能化提供整套解决方案，促其又好又快发展。同时，物联网在这些领域应用的展开又将是其自身发展的直接动力。下游应用的快速推广与应用规模的持续扩张将直接拉动物联网产业链各环节的发展。

中国物联网产业关键技术

第一节　物联网技术发展现状与问题

一、全球物联网技术发展概况

物联网将新一代信息技术充分运用在各个领域，将传感器嵌入各物体中，将传感网与基础通信网络整合起来，实现人类社会与物理系统的整合。在这个系统中，有计算能力强大的数据中心，能够对网络内人、物、设备实施管理和控制，以更加精细和动态的方式管理生产和生活，提高资源利用效率和生产力水平。

物联网核心技术内涵丰富，包括射频识别（RFID）、智能传感器、全球定位系统、二维码等感知技术，也包括近距离无线通信技术、传感器节点、传感网组网和管理等传输技术，还包括海量信息存储和处理、数据挖掘、图像视频智能分析等处理技术，以及核心芯片及传感器微型化制造、物联网信息安全、高效能微电源等共性技术。

"物联网"概念起源于美国的 Auto-ID 实验室，历经国际电信联盟（ITU）的扩展、"智慧地球"的充实，最终演变为现在的概念。物联网技术在不同的发展阶段，它的技术体系也不同，主要分为三个阶段。

第一阶段（1999—2005 年），物联网特指 EPC 网络，因此这一阶段物联网技术仅限于 RFID 和互联网；

第二阶段（2005—2008 年），物联网包括 EPC 网络和无线传感器网络，ITU 在其报告中提出了物联网四大技术，即 RFID、传感器、嵌入式系统和微型化，其中嵌入式系统指的是传感器节点，微型化技术针对传感器的小型化；

第三个阶段（2008 年至今），物联网包括 EPC 网络和无线传感器网络，融入了"智慧地球"的内容，物联网技术体系被分成三层架构：感知层技术除了原有的 RFID 和传感器外，进一步增加了地理位置感知、信息采集等；传输层除了原有的互联网和近距离无线通信外，进一步增加了公共移动通信系统、电力线载波通信、卫星通信、各种专网等，事实上认为任何通信的技术和方法都可以作为物联网的传输层；处理层除了原有的信息管理系统外，进一步增加了海量数据存储、数据挖掘、智能识别、网络搜索与发现等信息处理技术。

二、中国物联网技术发展现状

我国物联网核心技术与国外的差距正在缩小，虽然高端技术领域普遍起步较晚，但国内科研院所已经拥有了一定的技术积累，需要利用市场手段促进高端核心技术的产品化和产业化。我国物联网关键技术现状与趋势如表 4-1 所示。

表 4-1　我国物联网关键技术现状与趋势

关键技术	国内现状	发展趋势
RFID	●上海华虹、复旦微电子等多家公司已经完全掌握了 13.56MHz RFID 芯片的设计技术，广泛应用在我国公交卡、校园卡等领域，已经非常成熟 ●已经开发出超高频段的 RFID 芯片，支持 ISO18000-6B/6C 标准的产品	●产品多样化 ●系统网络化 ●系统兼容多标准
传感器	●20 世纪 60 年代就开始着力推进传感器的研发和生产，目前已经建立了比较完整的传感器产业体系 ●压力传感器、温度传感器、流量传感器、水平传感器已表现出成熟市场的特征，流量传感器、压力传感器、温度传感器的市场规模较大	●向高精度发展 ●向微型化发展 ●向微功耗及无源化发展 ●向智能化发展 ●向高可靠性发展
位置信息感知	●北斗二代于 2012 年建成覆盖部分区域、具有 14 颗卫星的导航系统，于 2020 年建成具有 35 颗卫星、覆盖全球的卫星导航系统 ●北斗二代的导航性能将与 GPS 系统相当甚至超过 GPS 系统	●多种系统并存 ●GPS 与增强型定位系统（EPLS）相结合 ●使用差分导航技术
MEMS	●已初步形成 MEMS 设计、加工、封装、测试的整套体系 ●由于历史原因造成的条块分割、力量分散，再加上投入严重不足，尽管已有不少成果，但在质量、性价比及商品化等方面与国外差距还很大	●应用普及到消费类领域 ●设计制造的标准化加速 ●与 CMOS 生产工艺融合进一步加强
二维码	●长期以来使用的国家标准主要参照国际标准 ●我国已开发出"汉信码"、"紫光码"、"矽感码"等一批拥有自主知识产权的二维条码系统	●小尺寸 ●低成本 ●信息量大
近距离无线通信	●本计划于 2004 年 6 月 1 日起强制实施 WAPI 标准，但遭到了英特尔等美国公司乃至美国政府的抵制，直至 2009 年 6 月 WAPI 首次获美、英、法等 10 余个国家成员的一致同意，将以独立文本形式推进为国际标准	●协议走向根据应用进行分化的阶段 ●优先保证信息安全 ●以降低信息安全或者通信速率为代价，延长整个系统的寿命

（续）

关键技术	国内现状	发展趋势
无线传感网	●已经形成一批在传感器网络和节点技术领域具有一定水平的科研院所和企业 ●研发能力和产业化水平总体不足	●微型化 ●智能化 ●功能综合化
海量数据存储	●我国的数据存储产业是从20世纪90年代开始，目前国内存储市场规模达百亿元左右 ●缺乏核心技术是制约我国信息存储基础产业发展的瓶颈	●分布式存储与P2P存储 ●数据网格 ●智能存储系统 ●存储服务质量QoS ●存储容灾
图像视频智能分析	●大多数生产和推广企业还只停留在普通的网络视频监控 ●中国市场智能视频监控产品基本上来源于国外厂商	●识别精度 ●动态分析
中间件	●国内和国外在技术上的差距逐渐减小，但是在产品和市场方面的差距则越来越大 ●国内企业缺乏大规模推广和销售的能力	●面向企业应用和Internet应用 ●面向特定QoS要求 ●发展具有动态特性中间件
物联网信息安全	●由于我国在核心芯片、操作系统以及数据库软件等关键领域对外依存度很高，信息安全问题一直无法从根本上解决	●密码技术 ●安全操作系统技术 ●网络隔离技术 ●网络行为安全监管技术 ●容灾与应急处理技术 ●身份认证技术
高效能微能源	●我国在微能源领域总体处于研发阶段，与国外先进水平尚有差距	●与微加工技术结合 ●微型电池与能量获取装置集成

资料来源：赛迪顾问，2013-02。

第二节　物联网关键技术剖析与展望

一、物联网关键技术之——感知技术

（一）超高频和微波 RFID 标签

1. 概念

在感知技术中，RFID用于对采集点信息进行标准化标识，通过射频识别读写器、二维码识读器等实现物联网应用的数据采集和控制。RFID射频识别技术是一种非接触式的自动识别技术，通过射频信号自动识别目标对象并获取相关数据，识别过程无须人工干预，可工作于各种恶劣环境，可同时识别多个标签，操作快捷、方便。

RFID系统的工作频段是指读写器通过天线发送、接收并识读的标签信号频率范围。射频标签的工作频率也就是射频识别系统的工作频率，直接决定系统应用的特性。按照工作频率的不同，RFID标签可以分为低频（LF）、高频（HF）、超高频（UHF）和微波等。不同频段的RFID工作原理不同，LF和HF频段的RFID标签一般采用电磁耦合原理，而UHF及微波频段的RFID标签一般采用电磁波发射原理（见表4-2）。目前国际上主要采用上述4种频率。射频标签的工作频率不仅决定着射频识别系统工作原理、识别距离，还决定着射频标签及读写器实现的难易程度和设备成本。

表 4-2　RFID 工作频段与特点

频率	低频（LF） 125 ～ 135kHz	高频（HF） 13.56MHz	超高频（UHF） 860 ～ 960MHz	微波 2.45GHz
识别距离	小于 60cm	60cm	10m	10 ～ 50m
传输方式	电磁感应	电磁感应	电磁感应	电磁感应
特性	受环境影响小，安全性较高，单一读取	受环境影响小，安全性较高，可多重读取	长距离，安全性一般，可大量读取	长距离，可大量读取，受金属影响小

资料来源：赛迪顾问，2013-02。

2. 现状

我国 RFID 技术在电子标签、读写设备、中间件和系统集成方面已形成了完整的产业链。1994 年，国家进行了信息化重大工程（金卡工程）建设，引导众多行业开展 RFID 应用试点。2006 年 6 月 9 日以来，国家相继颁布了《中国射频识别技术政策白皮书》《800/900MHz 频段试运行规定》等相关政策规定，并将 RFID 技术列入国家中长期科学技术发展规划，表明我国已经开始 RFID 的技术研发和标准制定，RFID 产业进入了加速发展的轨道。在低频和高频频段 RFID 技术的推动下，我国自主研发的低频标签芯片已成功应用到非接触公交卡、动物识别管理、食品追溯等领域；完全自主研发的具有高度信息安全功能的高频电子标签芯片已在第二代身份证、北京奥运会门票、上海世博会门票和广深城际铁路车票中得到了规模化的商业应用。

低频和高频 RFID 技术相对成熟，而超高频和微波频段 RFID 关键技术的研发，也已经有了一些新的突破。在超高频和微波频段的 RFID 芯片设计上，上海坤锐、同方微电子、复旦微电子和中兴集成电路等企业已经研发出支持 ISO18000-6B/6C 标准的超高频段 RFID 芯片产品。在 RFID 封装、系统集成与系统软件开发方面，我国 RFID 卡片形式的封装技术已经非常成熟，模块封装（芯片装配）、制卡（天线制作）和印刷等主要环节均拥有大量的加工企业。系统集成和软件开发在低频和高频频段 RFID 技术的作用下，也拥有大量具有一定研发实力的企业。

超高频 RFID 架构如图 4-1 所示。

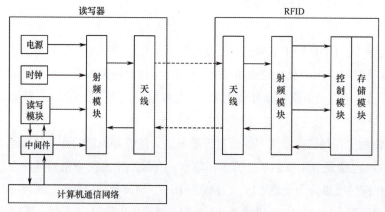

图 4-1　超高频 RFID 架构

资料来源：赛迪顾问，2013-02。

（二）智能传感器

1. 概念

传感器可以感知声、光、电、热、压、温、湿、振动、化学、生物等多种类型信号，为物联网系统的处理、传输、分析和反馈提供最原始的数据信息。随着电子技术的不断进步，传统的传感器正逐步实现微型化、智能化、信息化、网络化；同时，也正经历着一个从传统传感器向智能传感器不断丰富发展的过程。应用新理论、新技术，采用新工艺、新结构、新材料，研发各类新型传感器，提升传感器功能与性能，降低成本是实现物联网的基础。

智能传感器的概念最初是美国宇航局 1978 年在开发宇宙飞船过程中提出的。因为宇宙飞船上需要大量的传感器不断向地面发送温度、位置、速度和姿态等数据信息，用一台大型计算机很难同时处理如此庞杂的数据，于是提出把 CPU 分散化，从而产生智能化传感器。智能传感器自 20 世纪 70 年代初出现以来，已成为当今传感器技术发展中的主要方向之一。随着传感器智能化程度的提高，传感器的概念也逐步扩展，由单一的敏感元件扩展为集信号获取、处理、存储与传输等功能在内的传感器系统。

关于智能传感器系统的定义主要有以下三种。

（1）智能传感器系统是能够调节系统内部性能，以优化对外界数据获取能力的传感器系统。在这一定义中，对环境的适应及补偿能力是智能传感器的核心。

（2）智能传感器系统是将敏感元件及信号处理器组合在单一集成电路中的器件。在这一定义中，对信号处理器的最低要求并不是很明确。

（3）智能传感器系统是可提供比正确表达被测对象参量更多功能的传感器系统。

传感器架构如图 4-2 所示。

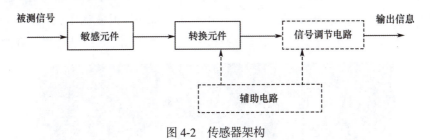

图 4-2　传感器架构

资料来源：赛迪顾问，2013-02。

2. 现状

传感器产品的门类品种繁多，目前我国共有 10 大类 42 小类近 6000 种传感器产品。全国有 1600 多家企事业单位从事传感器的研制、生产和应用，年产量达 24 亿只，市场规模超过 900 亿元。但我国传感器及芯片厂商处于起步阶段，主要业务集中在低端产品，由于材料、工艺等基础薄弱，传感器技术自主创新能力不足，产品在功能、性能、可靠性、成本方面与国外有较大差距。国内中高端传感器多依赖于进口，成为制约传感器规模应用的主要瓶颈。

跨国公司受到中国传感器市场的吸引，重点面向高端传感器市场开展营销，美国著名的传感器公司有 PCB、Honeywell、IST、CAS、ITC 等企业，其中 PCB 公司主要从事压电测量技术的研究、开发和制造，产品包括加速度、压力、扭矩传感器以及测量仪器，广泛应用于航空航天、船舶、核工业、石化、电力等工业领域。德国著名的传感器公司有 Siemens、Proxitron 等，其中 Proxitron 公司以生产高温接近开关、热金属探测仪、气体流量开关和红外测温变送器为主。

（三）位置感知技术

1. 概念

对位置的感知主要通过卫星导航定位系统或无线蜂窝网络定位，辅助以感知姿态和加速度的陀螺仪和加速度计。目前全球卫星导航定位系统主要有美国 GPS、欧盟"伽利略"系统、俄罗斯 Glonass 系统、中国"北斗二代"组成。其中 GPS 覆盖率最高，占据了全球卫星导航系统应用的 95%，所发射的信号编码有精码与粗码之分，精码保密主要提供给美国及其盟国的军事用户使用，而粗码则为全球客户的民用服务；"伽利略"系统凭借先进的技术和良好的兼容性，在民用市场展现了不凡的竞争力，相对而言是一个经济、实用、高效、先进的系统，具有技术优势和系统兼容性；俄罗斯 Glonass 系统由于经济问题运行不畅，目前处于降效运行状态，其定位精度比 GPS 系统略低。

"北斗二代"是我国自行研制的卫星导航定位系统。我国自 20 世纪 70 年代开始引进第一代卫星定位技术（多普勒技术），80 年代中期开始引进研究美国全球卫星定位技术。2000 年 10 月 31 日和 12 月 21 日，我国先后发射了第一颗和第二颗自主开发的北斗导航试验卫星，构成了我国第一代卫星导航定位系统。2003 年 5 月 25 日，我国成功地将第三颗北斗导航定位卫星送入太空，建立了完善的第一代卫星导航定位系统——北斗系统。2007 年 4 月 14 日成功发射了北斗二代系统的第一颗卫星，目前为止已发射 16 颗北斗卫星。"北斗"卫星导航定位系统需要发射 35 颗卫星，比 GPS 多出 11 颗，提供开放服务和授权服务。"北斗二代"星座图如图 4-3 所示。

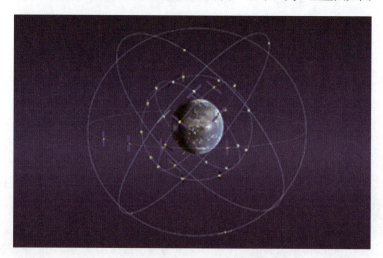

图 4-3 "北斗二代"星座图

资料来源：赛迪顾问，2013-02。

2. 现状

GPS 经过多年的发展，其产业链已然完备。在 GPS 芯片领域，有 SiRF、U-blox、高通、Trimble 等跨国公司；在 GPS 模块领域，有 Trimble、Rockwell、Garmin 等，中国本土企业也有涉及；在 GPS 终端领域，导航仪、GPS 测绘仪器等细分市场厂商较多，主要完成终端产品化及市场最终用户的推广。

目前，国内有多家企业涉足北斗二代射频、基带芯片的研发，包括和芯星通、国腾电子、华力创通、海格通信、时代民芯等。虽然有众多厂商参与北斗芯片的研发，但真正掌握核心基带芯片和软件技术的企业目前只有十余家，产业化水平不高，系统性能不能完全满足应用要求。随着北斗二代区域系统组建完成，定位精度将提高到与 GPS 相当，同时提供授权和开放服务，吸引终端厂商进入推广，为产业链的快速增长提供可能。

北斗芯片系统架构如图 4-4 所示。

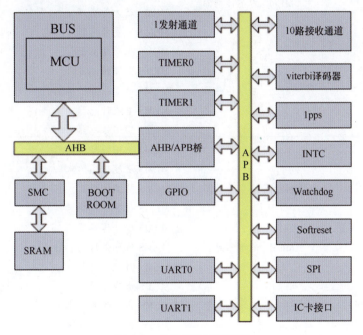

图 4-4　北斗芯片系统架构

资料来源：赛迪顾问，2013-02。

（四）MEMS 传感器

1. 概念

微电子机械系统（MEMS）是指采用微机械加工技术可以批量制作的集微型传感器、微型机构、微型执行器以及信号处理和控制电路、接口、通信等于一体的微型器件或微型系统。MEMS 是在微电子技术基础上发展起来的多学科交叉的前沿研究领域，涉及电子、机械、材料、物理学、化学、生物学、医学等多种学科与技术，具有广阔的应用前景。

MEMS 是以微电子技术为基础，以单晶硅为主要材料，辅以体硅加工、表面加工、离子刻蚀以及电镀、电火花加工等技术手段，进行毫米和亚毫米级的微零件、微传感器和微执行器的三维或准三维加工，并利用硅 IC 工艺的优势，制作集成化的微型机电系统。随着微电子技术、集成电路技术和加工工艺的发展，MEMS 传感器凭借体积小、重量轻、功耗低、可靠性高、灵敏度高、易于集成以及耐恶劣工作环境等优势，极大地促进了传感器的微型化、智能化、多功能化和网络化发展。MEMS 传感器正逐步占据传感器市场，并逐渐取代传统机械传感器的主导地位，已得到消费电子产品、汽车工业、航空航天、机械、化工及医药等各领域的青睐。

MEMS 传感器种类如表 4-3 所示。

表 4-3 MEMS 传感器种类

种　类	分　类	类　型
MEMS 物理传感器	MEMS 力学传感器	MEMS 加速度计
		MEMS 角速度计
		MEMS 惯性测量组合
		MEMS 压力传感器
		MEMS 流量传感器
		MEMS 位移传感器
	MEMS 电学传感器	MEMS 电场传感器
		MEMS 电场强度传感器
		MEMS 电流传感器
	MEMS 磁学传感器	MEMS 磁通传感器
		MEMS 磁场强度传感器
	MEMS 热学传感器	MEMS 温度传感器
		MEMS 热流传感器
		MEMS 热导率传感器
	MEMS 光学传感器	MEMS 红外传感器
		MEMS 可见光传感器
		MEMS 激光传感器
	MEMS 声学传感器	MEMS 噪声传感器
		MEMS 声表声面波传感器
		MEMS 超声波传感器
MEMS 化学传感器	MEMS 气体传感器	可燃性气体传感器
		毒性气体传感器
		大气污染气体传感器
		汽车用传感器
	MEMS 湿度传感器	—
	MEMS 离子传感器	MEMS PH 传感器
		MEMS 离子浓度传感器
MEMS 生物传感器	MEMS 生理量传感器	MEMS 生物浓度传感器
		MEMS 触觉传感器
	MEMS 生化量传感器	—

资料来源：赛迪顾问，2013-02。

2. 现状

我国 MEMS 的研究始于 20 世纪 90 年代初，在国家科研基金的支持下，已经形成以科研院所为主体，集中于华北、华东、东北、西南、西北五大研发区域，如清华大学、北京大学、中科院电子所、上海微系统所、航天 771 所等。

经过多年发展，我国已在微型惯性器件和惯性测量组合、机械量微型传感器和制动器、微流量器件和系统、生物传感器和生物芯片、微型机器人和微操作系统、硅和非硅制造工艺等方面取得一定成果。现有的技术条件已初步形成 MEMS 设计、加工、封装、测试的一条龙体系，为保证我国 MEMS 技术的进一步发展提供了较好的平台。但是，由于历史原因造成的条块分割、力量分散，再加上投入严重不足，尽管已有不少成果，但在质量、性能价格比及商品化等方面与国外差距还很大。

（五）二维码解码芯片

1. 概念

条码技术是在计算机技术与信息技术基础上发展起来的，其集编码、印刷、识别、数据采集和处理于一体，广泛应用于商业流通、仓储、医疗卫生、图书情报、邮政、铁路、交通运输、生产自动化等领域，具有输入速度快、准确度高、成本低、可靠性强等优点，在自动识别领域占有重要地位。条码包括一维条码、二维条码及更高维条码。普通一维条形码即常说的传统条码，存在信息量小、依赖数据库、不能显示多种信息等问题，已经不能满足实际需要。

二维条码可以在有限的几何空间内在横纵两个维度上表示更多的信息，在编码范围、信息密度和纠错能力等方面也有了很大的提高，不但可以"标识"物品，还可以用来"存储"信息数据。二维条码将一维条码存储信息的方式扩展到二维空间上，对物品信息进行精确"描述"，可直接显示英文、中文、数字、符号、图形等。二维条码可以在有限的面积上存储大量信息，在远离数据库和不便联网的地方实现数据采集，广泛应用于各类需要自动识别的领域。

三种常见的二维码如图 4-5 所示。

Data Matrix   QR Code   PDF 417

图 4-5 三种常见的二维码

资料来源：赛迪顾问，2013-02。

2. 现状

我国二维条码产业起步较晚，对二维条形码技术的研究开始于 1993 年，长期以来使用的国家标准主要参照国际标准，如美国的 PDF417 码、日本的 QR 码等。近十几年来，国内在大力进行条码推广应用的同时也积极跟踪国外技术发展，进行条码理论基础和关键技术的研究。

目前，我国已开发出"汉信码"、"紫光码"、"矽感码"等一批具有自主知识产权的二维条码系统；以中国物品编码中心为代表，国内机构对几种常用的二维条码的技术规范进行了翻译和跟踪研究，制定了两个二维条码的国家标准：《GB/T 17172-1997 四一七条码》和《GB/T 18284-2000 快速响应矩阵码》。总体来看，我国的条码标准体系尚且单薄，缺乏更多具有自主知识产权的二维条码核心技术，二维码技术标准的应用和推广也存在一些困难。

二、物联网关键技术之——传输技术

（一）新型近距离无线通信技术

1. 概念

近距离无线通信技术满足用户在自身附近几十米范围内通信的需求，目前的主要技术标准有蓝牙、红外、无线局域网（WLAN）等，其中所谓新型近距离无线通信技术标准主要指ZigBee、超宽频（UWB）、短距通信（NFC）等。

1）ZigBee 技术

基于 IEEE 802.15.4 协议的 ZigBee 起源于 20 世纪初，其 PHY 层与 MAC 层协议为 IEEE802.15.4 工作小组制定，网络层由 ZigBee 技术联盟制定，应用层的开发应用根据用户自己的应用需要对其进行开发，因此该技术能够为用户提供灵活机动的组网方式。

根据 IEEE802.15.4 标准协议，ZigBee 的工作频段分为 3 个频段，分别为 868MHz、915MHz 和 2.4GHz。在中国国内使用 2.4GHz 频段，该频段为全球通用的工业、科学、医学频段，并且免付费、免申请，在该频段上共有 16 个信道，最高传输速率为 250Kbps。另外两个频段为 915MHz 和 868MHz，其相应的信道个数分别为 10 个信道和 1 个信道，传输速率分别为 40Kbps 和 20Kbps。在组网性能上，ZigBee 设备可构造为星形网络、对等网络（见图 4-6），在每一个由 ZigBee 设备组成的网络中，根据地址码的不同可容纳的最大设备个数为 216 个和 264 个，具有较大的网络容量。

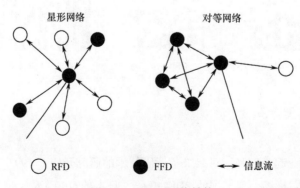

图 4-6 ZigBee 网络结构

资料来源：赛迪顾问，2013-02。

2）超宽频（UWB）

UWB 作为一种无载波通信技术，利用纳秒至微微秒级的非正弦波窄脉冲传输数据。传统的"窄带"和"宽带"采用射频载波来传送信号，载波的频率和功率在一定范围内变化，利用载波的状态变化来传输信息。UWB 以基带传输，发送脉冲信号传送声音和图像数据，每秒可发送多至 10 亿个代表 0 和 1 的脉冲信号。

UWB 的优越性在于它有三大技术特征，一是瞬间高速脉冲运作，大大降低了其耗电量，传输期间亦仅为数十微瓦，为现有通常系统的 1/100 ～ 1/10000，并以很低功率谱密度运作，从而获得很强的电磁兼容能力；二是此低能耗状况可以 CMOS 技术实现面向 Gbps 量级高速传送的 RF 电路装备；三是此高速脉冲技术可用于极高精度的定位应用，同时还能穿透墙壁等障碍，在穿墙（地）成像探测雷达、警戒雷达、高精度定位导航系统等领域有着广泛的应用价值。

UWB 在高速 WPAN 中主要解决个人空间内各种办公设备及消费类电子产品之间的无线连接，以实现海量信息的快速交换、处理、存储等，具体包括家庭多媒体应用、计算机桌面应用、多媒体会议应用等；在低速 WPAN 中的应用主要包含家庭自动化、资产跟踪、工业控制、环境监测、智能交通、医疗监护、安全与风险控制等，这类应用对传输速率要求较低，但它们对成本和功耗的要求很高，在很多应用中还要求提供精确的距离或定位信息。

通用 UWB 网络协议模型如图 4-7 所示。

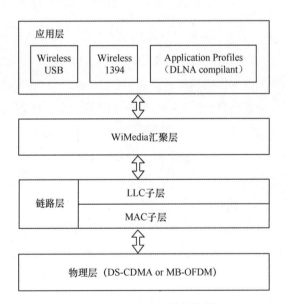

图 4-7　通用 UWB 网络协议模型

资料来源：赛迪顾问，2013-02。

3）短距通信（NFC）

NFC 是在 RFID 及互联网技术的基础上发展起来的，在单一芯片上结合感应式卡片、感应式读卡器和点对点的功能，由飞利浦公司发起，并由诺基亚、索尼等著名厂商联合主推。NFC 具有双向连接和识别的特点，主要基于以 13.56MHz 频率运行的射频技术，能在短距离内与兼容设备进行识别和数据交换，并且建立设备之间的连接。传输速率有 106Kbps、212Kbps、424Kbps，最高可达到 1Mbps 左右，工作速率小于 424Kbps 时，采用 ASK 振幅键控调制技术。

2. 现状

目前常用的近距离无线通信技术几乎全部由国外企业或者企业联盟制定，比如瑞典爱立信公司 1994 年开始研发蓝牙，后来爱立信、诺基亚、IBM、东芝及 Intel 五个跨国大公司组成了特殊兴趣小组，力求建立一个全球性的小范围无线通信技术；ZigBee 由 ZigBee 联盟推出，成员包括国际著名半导体生产商、技术提供者、技术集成商以及最终使用者。我国曾推出拥有自主知识产权的 WAPI 标准，与 WiFi 最大的区别是安全加密的技术不同，但遭到了英特尔等美国公司乃至美国政府的抵制，直至 2009 年 6 月首次获十余个国家的同意，将以独立文本形式推进为国际标准。

国内在 ZigBee 产品的开发上起步比较晚，但是进展很快。深圳、成都等地的企业已经开发出多种 ZigBee 模块，并形成开发和演示平台，提供包括温度传感、门禁系统等应用方案。目前有很多大学和研究所也纷纷开始了 ZigBee 产品的研究，比如中科院、清华大学、武汉大学、山东大学等。

（二）无线传感网组网、管理和节点

1. 概念

无线传感器网络是由大量部署在监测区域内具有感知、计算、存储和无线通信能力的微型节点组成的自组织分布式网。这些节点协作地采集被感知对象的相关信息，并通过短距离多跳的无线通信方式将采集的数据传输到基站做进一步的分析和处理。同时，用户也可以通过基站向节点发送控制消息，完成信息查询和网络管理维护等任务。无线传感器网络被设计成为可以大范围、长期对监测区域进行全面感知和精确控制的特殊自组织网络。

由于不需要基础设施，且易于快速部署，无线传感器网络有着广阔的应用前景，在国家安全（紧急服务、灾难救援和军用通信等）、环境监测、工业生产、交通管理、空间探索等领域具有重要应用价值。无线传感器网络可以与其他无线网络、固定的 Internet 网络等实现无缝融合，组成无处不在的物联网，以满足任何物体之间、人与物体之间的通信需求。

无线传感器网络主要由传感器节点、基站以及用户组成。传感器节点部署在监测区域，自组织形成网络对区域内的感知对象进行监测。由于成本和体积的限制，传感器节点的计算、存储以及通信能力非常有限。此外，节点的能量仅由容量有限的电池提供且通常得不到补充或更换，节点只能将采集的信息经过简单处理之后，通过多跳方式传输至基站。因此，传感器节点需要在没有固定设施的支持下自组成网。基站在对信息做进一步处理后，通过其他有线或无线网络提供给远程用户使用，远程用户也可以通过网络对基站以及传感器节点进行查询和管理。

无线传感网网络结构如图 4-8 所示，无线传感网节点体系架构如图 4-9 所示。

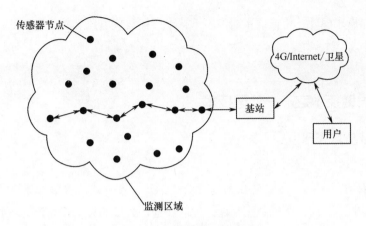

图 4-8　无线传感网网络结构

资料来源：赛迪顾问，2013-02。

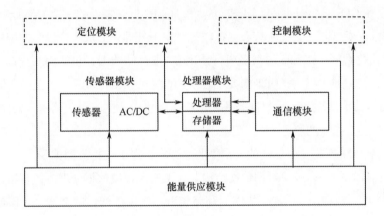

图 4-9　无线传感网节点体系架构

资料来源：赛迪顾问，2013-02。

2.　现状

我国在传感器网络和节点技术研发上与发达国家几乎同步。2001 年，中科院成立了微系统研究与发展中心，挂靠中科院上海微系统所，成员单位包括声学所、微电子所、研究生院等十余家研究所和高校，旨在整合中科院内部资源，共同推进传感器网络的研究。2006 年，无线传感网络作为重大专项、优先发展主题、前沿领域，被列入《国家中长期科学与技术发展规划（2006—2020）》。2007 年年底，在 ISO/IEC JTC1 委员会专门成立了无线传感网络标准化工作组后我国马上启动相关工作，经"国标委"批准，在全国"信标委"下，组建了无线传感网络工作组，并代表中国参加 ISO/IEC 联合的无线传感网络标准化工作组。

目前，我国已经形成一批在传感器网络和节点技术领域具有一定水平的科研院所和企业，如中国科学院计算技术研究所、中国科学院宁波计算所、南京邮电大学、电子科技集团 52 所、中兴通讯等。但我国的核心技术与国外差距仍然较大，研发能力和产业化水平总体不足，国内需求大量依赖进口。在面向下一代网络，采用片上系统集成技术的低功耗、低成本节点技术领域，我国整体滞后于国外，生产成本居高不下，半导体集成电路和核心材料的专利仍主要掌握在跨国企业手中。

三、物联网关键技术之——处理技术

（一）海量信息管理

1. 概念

云计算需要对分布的、海量的数据进行处理、分析，因此，数据管理技术必须能够支持高效地管理大量数据。对海量的数据存储、读取后进行大量的分析，如何提高数据的更新速率以及进一步提高随机读速率是未来数据管理技术必须解决的问题。目前，云计算的数据管理技术主要是谷歌的数据管理技术和开源数据管理模块技术。

BT 是建立在 GFS、Scheduler、Lock Service 和 MapReduce 之上的一个大型的分布式数据库，与传统的关系数据库不同，它把所有数据都作为对象来处理，形成一个巨大的表格，用来分布存储大规模结构化数据。Google 的很多项目使用 BT 来存储数据，包括网页查询、Google 地球和 Google 金融。这些应用程序对 BT 的要求各不相同：从 URL 到网页、卫星图像，数据大小不同；从后端的大批处理到实时数据服务，反应速度要求不同。对于这些不同的要求，BT 都成功地提供了灵活、高效的服务。

从技术来讲，BT 不是一个传统的关系型的数据库，也不支持类似关联（join）这样高级的 SQL 操作，取而代之的是多级映射的数据结构，并支持大规模数据处理、高容错性和自我管理等特性，提供 PB（Peta Bytes）规模级别的存储能力，使用结构化的文件来存储数据，整个集群每秒可处理数百万次的读写操作。

在结构上，BT 基于 GFS 分布式文件系统和 Chubby 分布式锁服务。BT 主要分为两部分：其一是 Master 节点，用来处理元数据相关的操作并支持负载均衡；其二是 Tablet 节点，主要用于存储数据库的分片 Tablet，并提供相应的数据访问，同时 Tablet 是基于名为 SSTable 的格式，对压缩有很好的支持。

海量信息数据管理技术架构如图 4-10 所示。

2. 现状

我国的数据存储业务自 20 世纪 90 年代开始，在新兴领域已经取得一些进展。目前，在海量信息管理技术方面水平较高的主要为科研机构，以及一部分重视研发的大型企业，如中科院、阿里巴巴、瑞星和百度等，中兴、华为、浪潮亦在新兴云存储技术领域取得专利。但是，我国的海量数据存储产业也面临着巨大的挑战，缺乏核心技术是制约我国信息存储基础产业发展的瓶颈。存储市场的重心正在从结构化数据存储向非结构化数据存储转变，视频和音频存储的需求与日俱增，再加上云存储技术的兴起，新的存储介质的出现，未来数据存储仍需要业界持续地技术创新。

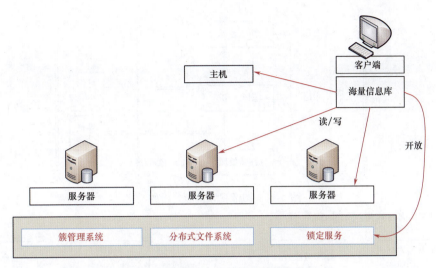

图 4-10　海量信息数据管理技术架构

资料来源：赛迪顾问，2013-02。

（二）图像视频智能分析

1. 概念

图像视频智能分析使用计算机图像视觉分析技术，通过将场景中背景和目标分离，并追踪在摄像机场景内出现的目标。用户可以使用视频内容分析功能，通过在不同摄像机的场景中预设不同的报警规则，一旦目标在场景中出现了违反预定义规则的行为，系统会自动发出报警，监控工作站自动弹出报警信息并发出警示音，用户可以通过单击报警信息，实现报警的场景还原并采取相关措施。

视频内容分析技术通过对可视的监视摄像机视频图像进行分析，并具备对风、雨、雪、落叶、飞鸟、飘动的旗帜等多种背景的过滤，通过建立人类活动的模型、借助计算机的高速计算能力和各种过滤器，排除监视场景中非人类的干扰因素，准确判断人类在视频监视图像中的各种活动。

视频智能分析实质是一种算法，该技术基于图像分析和计算机视觉，向数字化、网络化、智能化方向发展，向着识别和分析更多的行为和异常事件的方向发展，向着更低的成本方向发展，向着真正"基于场景内容分析"的方向发展，向着提前预警和预防的方向发展。

图像视频智能分析的层次如图 4-11 所示，智能视频分析系统架构如图 4-12 所示。

2. 现状

在 20 世纪 90 年代初以前，模拟闭路电视监控系统在许多实际工程中都得到了广泛的应用，而真正的智能监控是随着计算机和通信网络的发展起来的。90 年代末，随着计算机处理能力和存储容量的进一步提高，以及各种视频处理技术的出现，视频监控进入了全新的数字化时代。在智能视频应用的概念模型出现后不久，一些国外的公司就已经开始着手研发相关的软、硬件产品。

图像视频智能分析技术的应用在国内还处于起步阶段，大多数生产和推广企业还只停留在普通的网络视频监控。目前中国市场上见到的智能视频监控产品基本上来源于美国、欧洲和以色列，其核心技术被国外厂商所控制。

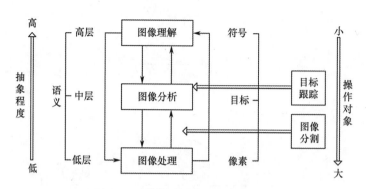

图 4-11　图像视频智能分析的层次

资料来源：赛迪顾问，2013-02。

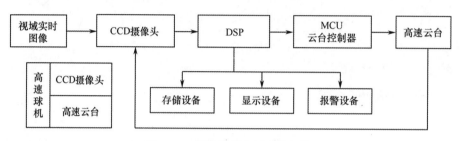

图 4-12　智能视频分析系统架构

资料来源：赛迪顾问，2013-02。

（三）中间件

1. 概念

中间件是位于硬件、操作系统与应用之间的通用服务，具有标准的程序接口和协议。物联网中间件负责实现与传感器，以及配套设备的信息交互和管理，同时作为一个软、硬件集成的桥梁，完成与上层复杂应用的信息交换。物联网中间件起到一个中介的作用，它屏蔽前端硬件的复杂性，并把采集的数据发送到后端的 IT 系统。

物联网中间件的主要作用包括两个方面：其一，控制传感器按照预定的方式工作，保证不同设备之间能很好的配合协调；其二，按照一定的规则筛选过滤数据，筛除绝大部分冗余数据，将真正有效的数据传送给后台的信息系统。从应用程序端使用中间件所提供的应用程序接口（API），能连传感器读取数据。物联网中间件可以为企业缩短项目的开发周期，方便系统修改，为企业提供灵活多变的配置操作，便于今后的系统升级与扩展。

中间件在物联网系统中的作用如图 4-13 所示。

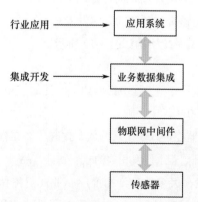

图 4-13　中间件在物联网系统中的作用

资料来源：赛迪顾问，2013-02。

2. 现状

我国的中间件技术起步较早，但目前成果还主要集中在科研院所或依托科研机构的公司，如中科院软件所、中科红旗等。在国家科研基金的资助下，国内在基础中间件领域已经形成一定的技术积累，并在 CORBA 技术、消息中间件技术、J2EE 应用服务器、Web Service 等方面在技术上基本与国外保持同步发展的水平。

虽然近几年来国内和国外在技术上的差距逐渐减小，但是在产品和市场方面的差距仍然很大。制约国内产业发展的主要瓶颈是规模和经验，产品从实验室到原型，再到产品和产品线需要很长的周期，而国外的一项新技术出来后，机制灵活的小公司很快就能生产相应的产品，从而大公司马上进行收购并将其整合进自己的产品线。

四、物联网关键技术之——共性技术

（一）物联网信息安全

1. 概念

从信息与网络安全的角度来看，物联网作为一个多网异构融合网络，不仅存在与传感器网络、移动通信网络和互联网同样的安全问题，同时还有其特殊性，如隐私保护问题、异构网络的认证与访问控制问题、信息的存储与管理等。物联网安全涉及多个网络的不同层次，在这些独立的网络中已实际应用了多种安全技术，由于其应用处于初级阶段，很多的理论与关键技术有待突破。物联网安全技术架构如表 4-4 所示。

表 4-4　物联网安全技术架构

类　型	内　容
应用环境安全技术	可信终端、身份认证、访问控制、安全审计等
网络环境安全技术	无线网安全、虚拟专用网、传输安全、安全路由、防火墙、安全域策略、安全审计等
信息安全防御关键技术	攻击监测、内容分析、病毒防治、访问控制、应急反应、战略预警等
信息安全基础核心技术	密码技术、高速密码芯片、PKI 公钥基础设施、信息系统平台安全等

资料来源：赛迪顾问，2013-02。

1）密钥管理机制

密钥系统是安全的基础，是实现感知信息隐私保护的手段之一。对互联网由于不存在计算资源的限制，非对称和对称密钥系统都可以适用，互联网面临的安全主要是来源于其最初的开放式管理模式的设计，是一种没有严格管理中心的网络。移动通信网是一种相对集中式管理的网络，而无线传感器网络和感知节点由于计算资源的限制，对密钥系统提出了更多的要求。

2）数据处理与隐私性

物联网的数据要经过信息感知、获取、汇聚、融合、传输、存储、挖掘、决策和控制等处理流程，而末端的感知网络几乎要涉及上述信息处理的全过程，只是由于传感节点与汇聚点的资源限制，在信息的挖掘和决策方面不占据主要的位置。物联网应用不仅面临信息采集的安全性，也要考虑到信息传送的私密性，要求信息不能被篡改和非授权用户使用，同时，还要考虑到网络的可靠、可信和安全。

3）安全路由协议

物联网的路由要跨越多类网络，有基于IP地址的互联网路由协议、有基于标识的移动通信网和传感网的路由算法，因此需要解决多网融合和传感网的路由问题。前者可以将身份标识映射成类似的IP地址，实现基于地址的统一路由体系；后者是由于传感网的计算资源的局限性和易受到攻击的特点，要设计抗攻击的安全路由算法。

4）认证与访问控制

认证指使用者采用某种方式来"证明"自己确实是自己宣称的某人，网络中的认证主要包括身份认证和消息认证。身份认证可以使通信双方确信对方的身份并交换会话密钥。

5）入侵检测与容侵技术

容侵就是指在网络中存在恶意入侵的情况下，网络仍然能够正常地运行。无线传感器网络的安全隐患在于网络部署区域的开放特性以及无线电网络的广播特性，攻击者往往利用这两个特性，通过阻碍网络中节点的正常工作，进而破坏整个传感器网络的运行，降低网络的可用性。无人值守的恶劣环境导致无线传感器网络缺少传统网络中的物理上的安全，传感器节点很容易被攻击者俘获、毁坏或妥协。现阶段无线传感器网络的容侵技术主要集中于网络的拓扑容侵、安全路由容侵以及数据传输过程中的容侵机制。

2. 现状

物联网信息安全主要依托传统计算机网络安全企业和研究机构，比如中软、浪潮、启明星辰、绿盟等企业开展了物联网网络信息安全的研究和开发，在某些高端领域达到了很高的研究水平，而在以攻击技术和检测技术为内涵的服务中，国内企业已成为我国信息安全产业的重要力量。但是，由于我国在核心芯片、操作系统以及数据库软件等关键领域对外依存度很高，国内开发的众多信息安全产品都是依附于国外的产品之上，随着物联网的发展，信息安全的重要性日益凸显。

（二）高效能微能源

1. 概念

微能源是指采用MEMS技术加工而成的微小型、便携式的供能系统，主要包括微型电池和微型发电机两类。微型电池包括燃料电池、锂电池、化学电池、温差电池和太阳电池等；微型发电机系统主要有内燃料发电机系统和振动式发电机系统。

燃料电池以其能量密度高和无污染的特点被广泛应用，但是由于存储能量有限，需要更换、补充燃料而不适用于某些应用场合。微型锂离子电池具有能量高、电池电压高、工作温度范围宽、存储寿命长等优点，但不能很好地满足MEMS发展的要求。化学电池和燃料电池一次性供电电池寿命短，太阳能电池会随着一天内光照的强弱发生改变，温差电池也会随着温度改变而发生起伏不定的变化。

微型内燃料发电机制备工艺复杂，对材料的性能要求较高。微型振动式发电机把环境中的振动能转化为电能，为微系统提供长期可靠的能量，延长微器件的使用寿命，其功率密度不随时间的长短发生变化。此外，微型振动式发电机体积小、重量轻，对于无线传感器、便携式设备、植入和分布式系统等许多不能或不便于采用有线供电或无法实现电池充电或燃料更换的电子系统，微型振动式发电机解决了其能源问题。

2. 现状

我国在微能源领域总体处于研发阶段，与国外先进水平尚有差距。微型电池的研究主要以中国原子能科学研究院、中国科学院大连化学物理研究所等单位为主，微型发电机的研究以清华大学微电子研究所、中国科学院上海微系统所为主，目前还没有大规模产业化。

第三节　物联网技术发展机遇与挑战

一、重要机遇

（一）政策支持物联网核心技术创新

2012 年 2 月 14 日，《物联网"十二五"发展规划》正式发布，对于发展和利用物联网技术促进经济发展和社会进步具有重要的现实意义。《物联网"十二五"发展规划》根据《国民经济和社会发展第十二个五年规划纲要》和《国务院关于加快培育和发展战略性新兴产业的决定》，明确了 2011—2015 年中国物联网产业发展的重点和方向，将物联网作为抢占世界新一轮经济和科技发展的战略制高点的重要部署。

随着物联网技术被列入中国战略性新兴产业的核心突破领域，物联网的研发应用不仅是新兴产业培育的重要内容，而且对推进信息化与工业化深度融合、促进经济循环发展，推动中国产业结构调整和转型升级具有重要的战略意义。物联网是新一代信息技术产业的重要领域，将大力推动信息技术在地方特色产业中的应用，促进发展方式转变，将得到国家在政策、资金、项目方面的大力支持。

（二）示范工程推动物联网技术应用

各级物联网示范工程积极开展，力求在政府引导、市场主导下以应用促使物联网核心技术进步。目前，由于传感器、智能设备在成本、性能等方面的限制，国内大规模的物联网应用还仅集中在政府监管、超大型行业安全监管等领域。在物联网发展初期，率先发展公共服务领域物联网应用，加大政府部门物联网的应用力度，探索物联网的应用模式，可以促进物联网产业的发展，促进物联网应用技术的创新，进而推动物联网向更深层次和更广泛的领域发展。

"十二五"时期，我国为推动物联网产业和技术的发展，会同中央各部委及地方政府部门，在智能交通、智能公共安全管理、智能农业、智能环保、智能林业等重点领域，启动 12 项国家级物联网应用示范工程，以统筹核心技术研发，以行业为基准制定标准，逐步推动物联网产业化进程。同时，各地方政府也积极开展物联网应用示范工程项目建设，以公共领域应用带动物联网应用与产业的发展。北京、上海、无锡、深圳、杭州、广州等城市纷纷启动了公共服务物联网应用示范工程建设，为保障社会安全、提高公共服务水平起到了示范效应。

二、面临挑战

（一）技术应用缺乏成熟商业运作模式

目前的物联网应用主要是在传统技术的基础上进行二次开发，技术本身比较成熟，难点在于打破各行业、部门之间的壁垒。物联网示范工程主要由政府投入，引导民间投资发展产业，典型的行业应用都具有民生工程的特点，应用的瓶颈在于行业协作和商业模式。由于物联网技术涉及范围广，很难建立公共标准，但在行业应用方面可以在形成固定模式之后，建立统一的技术标准。因此，成熟的商业运作模式对于特定行业应用形成规模非常关键，而当前的应用水平还处于初级阶段，缺乏市场化的跨行业、跨部门的物联网技术应用模式。

（二）核心技术主要掌握在国外厂商手中

由于中国信息技术发展起步较晚，在设计理念和发展环境上的不足，造成领域技术研发能力薄弱，尤其是在操作系统、数据库等基础软件，关键芯片、高端传感器、高端服务器等硬件技术领域，国内只有少数企业有能力进行研发投入，造成技术水平长期落后于人。而跨国软件、集成电路企业对核心技术形成垄断，造成国内企业从事物联网核心技术优势不突出，创新能力不足，以至于产业化和市场化程度不高，难以在短期内形成与国外厂商抗衡的技术竞争力。因此，对于中国物联网核心技术发展的支持，对知识产权的保护、对技术创新的激励，以及政府的大力投入，都是中国物联网技术成长急需的环境和土壤。

（三）核心技术产业化和市场化机制滞后

核心技术产业化和市场化机制是企业自主技术创新、产业发展的关键，需要政府提供政策、创造环境。中国物联网核心技术产业化和市场化机制明显滞后，首先是由于中国物联网产业处于持续增长的状态，企业核心技术研发周期与产业和市场的节奏不相适应，需要快速将技术产业化。因此，要提升创新企业的市场运作和管理水平，提高企业产品规划和产业滚动的安排能力，以实现自主品牌与核心技术创新的有效结合。其次，缺乏有利于核心技术产业化和市场化的政策措施。政府是核心技术创新以及产业化和市场化的推动者，要为新技术产业化创造良好的政策环境，应加大对重大技术创新项目的支持力度，引导和扶植风险投资以利于技术产业化吸引资金，完善和加快发展技术产权交易等，以利于为核心技术产业化和市场化提供良好的发展环境。

第四节　物联网技术发展战略与建议

一、政府基金引导，突破物联网关键技术

政府引导基金是政府培育战略性新兴产业的重要途径，物联网作为新一代信息技术的重

要组成部分，在关键技术领域的突破将是决定中国物联网产业健康和可持续发展的重中之重。中国的计算机科学起步晚于国外十几年，国外厂商在软件、硬件的关键领域拥有大量的知识产权，掌控着关键技术和标准，中国错失了参与制定规则的机会。国外厂商由于具有在核心芯片、基础软件技术方面的先发优势，在物联网高端领域掌握主动权，将使我国物联网产业发展面临在信息安全和经济安全等问题上受制于人的风险。因此，我国应全力推进物联网产业的发展，实现在感知、传输、处理、共性等领域关键技术的突破，这样不但能获得产业安全发展的先机，还将占据物联网产业制高点，促进物联网产业安全、健康发展。

二、市场培育模式，落地物联网关键技术

物联网要发展成功，最终需要应用来支撑，因此，物联网必须建立成熟的商业模式，由市场和应用来检验。我国目前的物联网应用，主要是在传统技术的基础上进行二次开发，技术本身比较成熟，难点在于打破各行业、部门之间的壁垒。只有成熟的商业运作模式促使物联网项目实现市场化，才能为技术的大规模应用建立行业标准，逐步推广到各行各业。规模化带来成本降低，使新技术能得到更多的应用，将物联网关键技术形成产品。因此，应该通过多院所协作、多学科集成，吸纳、整合国内外、行业内外的科研力量，共同致力于行业科技研究，拓宽技术应用的渠道和领域，通过行业协作共同建立具有代表性的典型物联网应用。

三、培养创新人才，培植关键技术发展根基

推动建立健全多层次的物联网人才培养和服务体系，营造有利于复合型、领军型高端芯片、软件人才脱颖而出的发展环境。创新培养模式，引导发挥社会教育与培训机构的作用，鼓励企业与高等院校及培训机构合作培养人才，推进企业实习培训机制和实践实训基地的建立。积极支持引进国际优秀技术人才，鼓励海外留学人员回国就业、创业。完善人才激励机制，为优秀人才创造良好发展环境。

四、鼓励企业自主创新，完善关键技术发展环境

加强政策引导和资金扶持，支持企业承担国家重大科技专项，着力提高企业在物联网关键技术、核心技术领域的自主创新能力，重点攻克感知技术、传输技术、处理技术、共性技术等，强化创新引领，支持并鼓励有条件的企业建立技术研发中心，支持以龙头企业为引领建立技术、标准和应用等各类联盟，实现联合创新和应用推广。按照"同等优先"原则，加大政府首购、采购对国产物联网创新产品、创新服务的扶持。推动物联网企业技术的革新，对企业的开发环境、应用环境、质量保障体系予以资金支持，提高企业研发、生产和服务能力。

中国物联网产业标准体系

第一节　物联网标准化及体系范畴

一、物联网标准的重要性

标准是产业发展过程中积累起来的经验和知识的体现，也是其发展水平的基线，标准化是促进电子信息技术和产业发展的重要基础。它为电子信息产业的发展提供强有力的支撑、保障和服务，在电子信息产业发展中起着不可替代的重要作用。作为国家战略性新兴产业的物联网，其发展将极大地改变未来人们的生活和工作方式，同时对国家安全、经济和社会发展产生重大影响。在国内物联网标准方面，各地已纷纷启动相关的研究和示范应用，但是存在研发成果的可重用性差，互联互通存在困难等诸多的问题，制约着物联网产业的快速、大规模发展。因此，物联网标准化工作是推动我国物联网技术、产业及应用发展的基础。做好物联网顶层设计，结合产业发展需要，在科学、统一的标准指导下，形成技术、标准和产业协调促进机制，是保障中国物联网产业健康、快速发展的重要途径。

二、物联网标准的目的

制定我国物联网标准体系的目的是推动我国物联网技术和应用发展，可分为如下几个方面：在深入分析国际物联网标准体系的基础上，提出制定我国物联网标准体系的研究思路和原则；在分析物联网系统各基本要素相互关系的基础上，建立物联网系统架构和物联网标准体系；从维护国家利益，推动我国物联网技术和应用的发展的角度出发，从系统的和形成有机整体角度考虑，建立我国物联网基础标准体系结构图，并分析标准体系中各个层次标准和各个标准的作用和相互关系；结合我国国情和物联网基础标准体系的特点，给出物联网标准体系优先级列表。

三、物联网标准的依据

从目前情况来看，基于物联网的应用系统涉及许多相关技术，需要一系列基础标准和应用标准。制定我国物联网标准体系，需要把国际物联网应用发展动态和我国无线物联网发展战略相结合，在深入分析国际相关标准体系的基础上，以实现我国物联网发展战略为前提，联合相关部门开展我国物联网标准体系研究；以保证实际需要为目标，实现必要的与国际标准的互联互通和与国家标准的兼容；结合国情和产业的实际，为促进我国物联网技术发展，提出需要优先制定的标准，形成物联网发展的标准战略和规划。

四、物联网标准体系

物联网作为一种形式多样的聚合性复杂系统，涉及信息技术自上而下的每一个层面，其体系架构可分为支撑层、感知层、传输层、平台层、应用层五个层面。为使物联网标准体系与产业体系更好地融合，满足标准的可执行性，构建如下物联网标准体系框架（见图5-1）。

图 5-1　物联网标准体系框架

资料来源：赛迪顾问，2013-02。

1. 总体共性标准

总体共性标准是物联网标准体系的基础，包括物联网术语、需求分析、模式分析、体系结构、参考模型等，对物联网标准统一具有重要意义，是基础标准工作的首要任务。

2. 支撑层标准

支撑层标准主要满足物联网技术支撑和平台支撑，相关技术标准包括协同感知、安全技术、仿真技术、自组网技术、网络融合技术等。

3. 感知层标准

感知层标准主要满足信息的采集、转换和收集，相关技术标准包括传感器技术、RFID、二维码、GPS/北斗、传动器等。

4. 传输层标准

传输层标准主要满足物联网数据信息的传输，相关技术标准包括：光传输、IPv6、3G/LTE、NFC、ZigBee、Bluetooth、WiFi/WAPI 等。总体上看，目前传输层标准相对完善，工作重点是制定适合物联网传输增强优化的需求。

5. 平台层标准

平台层标准主要满足物联网行业应用的基础支撑，相关技术标准包括嵌入式软件、SOA、模式识别、数据挖掘/BI、云计算技术、超算技术等。

6. 应用层标准

应用层标准主要规范物联网行业应用领域的标准研究和制定，根据不同行业的应用需求、发展现状，同时积极采用国际先进标准，制定满足行业发展的物联网应用标准。

第二节　国内外物联网标准化进展

一、国际物联网标准化进展情况

就物联网来说，由于它涉及面广、影响大，从支撑层、感知层、传输层到平台层、应用层，每个层面、每个技术都需要相对应的标准支撑。相关国际标准组织也开展了大量的物联网标准工作，主要物联网相关的标准组织如图 5-2 所示。从图 5-2 中可以看到，物联网标准是在

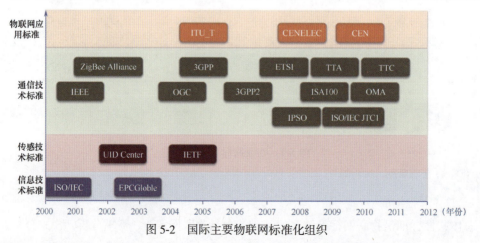

图 5-2　国际主要物联网标准化组织

资料来源：赛迪顾问，2013-02。

信息技术标准的基础上发展起来的，目前发展最为成熟的是传感技术标准和通信技术标准，相关应用标准还需要针对不同行业进行不断的完善。

二、国际物联网标准化组织概况

1. ETSI

欧洲电信标准化协会（ETSI）是 1988 年由欧盟和欧洲自由贸易协会成立的一个独立、非营利性的电信标准化组织。ETSI 主要为信息和通信技术（ICT）各领域，如电信、无线通信、广播和相关行业制定全球适用的标准。ETSI 概况如表 5-1 所示。

表 5-1　国际重点物联网标准化组织概况——ETSI

ETSI	
成立时间	2008 年 11 月成立 M2M 技术委员会
组织成员	由来自 62 个国家的 720 个成员公司组成，涉及设备制造商，运营商、行政管理机构、大学、公共研究组织和大中小型企业
涉及物联网标准体系	传输层标准
主要物联网标准技术	M2M
标准进展情况	ETSI 于 2012 年 2 月发布了其第一版 M2M 标准——ETSI M2M 标准 Release 1，允许多种 M2M 技术之间通过一个可管理平台进行整合。标准对 M2M 设备、接口网关、应用、接入技术及 M2M 业务能力层进行了定义，同时，提供了安全、流量管理、设备发现及生命周期管理特性

资料来源：赛迪顾问，2013-02。

2. ITU-T

国际电信联盟远程通信标准化组（ITU-T）是国际电信联盟管理下的专门制定远程通信相关国际标准的组织，总部设在瑞士日内瓦。ITU-T 早在 2005 就开始进行泛在网的研究，可以说是最早进行物联网研究的标准组织。ITU-T 概况如表 5-2 所示。

表 5-2　国际重点物联网标准化组织概况——ITU-T

ITU-T	
成立时间	1993 年
组织成员	包括运营商、服务提供商、设备制造商和科研机构
涉及物联网标准体系	总体共性标准、传输层标准
主要物联网标准技术	需求分析、体系结构、参考模型、IPv6、NGN、ITU 等
标准进展情况	ITU-T 有几个组涉及物联网相关标准，其中： SG11 组主要研究节点标识（NID）和泛在感测网络（USN）的测试架构、H.IRP 测试规范以及 X.oid-res 测试规范； SG13 主要从 NGN 角度展开泛在网相关研究； SG16 组研究的具体内容有：感测网络（USN）应用和业务、通信/智能交通系统（ITS）业务/应用的车载网关平台、电子健康（E-Health）应用的多媒体架构及标识研究（主要给出了针对标识应用的需求和高层架构）； SG17 组成立有专门的问题组展开泛在网安全、身份管理、解析的研究。 除此之外，ITU-T 还在智能家居、车辆管理等应用方面开展了一些研究工作。 同时，ITU-T 还成立 IoT-GSI，把 ITU-T 各个研究组跟物联网相关的课题协同起来共同推进整个物联网的标准

资料来源：赛迪顾问，2013-02。

3. ISO/IEC

JTC1 是国际标准化组织（International Organization for Standardization，ISO）和国际电工委员会（International Electro technical Commission，IEC）的第一联合技术委员会，主要从事信息技术标准化工作。物联网标准主要涉及工作组包括 ISO/IEC JTC1 WG7、ISO/IEC JTC1 SC6 等。ISO/IEC JTC1 WG7 概况如表 5-3 所示。

表 5-3　国际重点物联网标准化组织概况——ISO/IEC JTC1 WG7

ISO/IEC JTC1 WG7	
成立时间	2009 年 10 月
组织成员	包括中国、美国、韩国、德国、法国、英国等企业单位代表
涉及物联网标准体系	总体共性标准、感知层标准
主要物联网标准技术	体系结构、参考模型、传感器标准等
标准进展情况	ISO/IEC JTC1 WG7 目标是用统一的标准技术体系和架构来协调各个相关分技术委员会和其他国际标准组织，并处理物联网网中新方向的技术标准提案，全面启动物联网国际标准的制定工作。 该工作组同时启动传感器网络参考架构系列标准和智能电网接口标准制定工作，这些标准处在不断修订与完善阶段。2010 年 3 月底，中国代表提出的《传感器网络协同信息处理服务和接口规范》通过了 NP 投票，这是我国第一个在国际标准化组织取得立项的传感器网络领域的国际提案

资料来源：赛迪顾问，2013-02。

三、中国物联网标准化进展情况

我国政府非常重视物联网标准工作，在 2005 年就成立了电子标签标准工作组。2009—2011 年，在国家发展和改革委员会、国家标准化管理委员会和工业和信息化部的指导下，物联网标准工作取得了很大的进展。物联网总体标准和相关应用标准都在逐渐形成和完善。国内主要物联网标准化组织如图 5-3 所示。

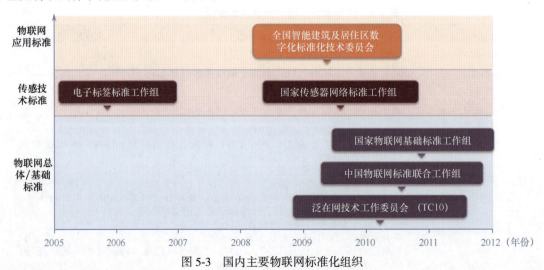

图 5-3　国内主要物联网标准化组织

资料来源：赛迪顾问，2013-02。

四、中国物联网标准化组织概况

1. 电子标签标准工作组

2005 年 12 月 2 日，经原信息产业部科技司批准，电子标签标准工作组在北京正式宣布成立。该工作组的任务是联合社会各方面力量，开展电子标签标准体系的研究，并以企业为主体进行标准的预先研究和制 / 修订工作。电子标签标准工作组的成立促进了我国电子标签技术和产业的发展，加快了国家标准和行业标准的制 / 修订速度，充分发挥了政府、企事业、研究机构、高校的作用。该工作组由组长、联络员、成员、专题组和秘书处构成。专题组包括 7 个，分别是总体组、知识产权组、频率与通信组、标签与读写器组、数据格式组、信息安全组和应用组。电子标签标准工作组概况如表 5-4 所示。

表 5-4　中国重点物联网标准化组织概况——电子标签标准工作组

电子标签标准工作组	
成立时间	2005 年 12 月
组织成员	电子标签各环节相关企业及科研单位
涉及物联网标准体系	感知层标准
主要物联网标准技术	RFID
标准进展情况	7 个专题工作小组于 2006 年提出国标申请 9 项，行标申请 10 项，截至目前正在研制的国标项目共 24 项。2007 年 4 月原信息产业部发出《关于发布 800/900MHz 频段射频识别（RFID）技术应用试行规定的通知》（信部无〔2007〕205 号），对我国 RFID 使用频段进行了规定，明确为 840-845 MHz 和 920-925 MHz； 2008 年年初原信息产业部 RFID 标准工作组以技术指导文件的形式把 7 个专题小组提交的相对成熟的标准研究成果在内部发布，以利于成果的及时共享、试行和测试修订，第一批共有 10 项

资料来源：赛迪顾问，2013-02。

2. 国家传感器网络标准工作组

2009 年 9 月 11 日，传感器网络标准工作组成立大会暨"感知中国"高峰论坛在北京举行。传感器网络标准工作组是由国家标准化管理委员会批准筹建，全国信息技术标准化技术委员会批准成立并领导，从事传感器网络（简称传感网）标准化工作的全国性技术组织。国家传感器网络标准工作组概况如表 5-5 所示。

表 5-5　中国重点物联网标准化组织概况——国家传感器网络标准工作组

国家传感器网络标准工作组	
成立时间	2009 年 9 月
组织成员	包括中科院、中国电子技术标准化研究院、清华大学、华为等 120 家科研单位、企业及高校
涉及物联网标准体系	感知层标准
主要物联网标准技术	传感器标准

（续）

国家传感器网络标准工作组	
标准进展情况	传感器网络标准工作是由 PG1（国际标准化）、PG2（标准体系与系统架构）、PG3（通信与信息交互）、PG4（协同信息处理）、PG5（标识）、PG6（安全）、PG7（接口）、PG8（电力行业应用调研）、PG9（传感器网络网关项目组）、PG10（无线频谱研究与测试项目组）、PG11（测试项目组）、HPG1（机场围界传感器网络防入侵系统技术要求项目组）、HPG1（面向大型建筑节能监控的传感器网络系统技术要求项目组）和 HPG1（农业应用研究项目组）14 个专项组构成，开展具体的国家标准的制定工作。 国家传感器网络标准工作组正式发布了我国已完成的传感网首批 6 项标准征求意见稿，标志着我国不仅拥有了自己的传感网标准，更体现着我国传感网产业的科研开发已进入一个新的发展阶段

资料来源：赛迪顾问，2013-02。

3. 物联网交通领域应用标准工作组

2012 年 1 月 6 日，物联网交通领域应用标准工作组成立大会暨第一次工作会议召开。这也是国家标准委和国家发改委统一部署，由国家标准委发文批准的六大行业物联网应用标准工作组中，首个宣布成立的工作组。

该工作组的主要职责为：研制物联网在交通领域的应用标准，并组织实施；按照物联网在交通领域应用的需要和产业的发展需求，对物联网标准体系进行补充完善；与物联网基础标准工作组进行沟通衔接，反映物联网在交通领域应用的标准化需求，做好基础标准和应用标准的衔接和协调工作。物联网交通领域应用标准工作组概况如表 5-6 所示。

表 5-6   中国重点物联网标准化组织概况——物联网交通领域应用标准工作组

物联网交通领域应用标准工作组	
成立时间	2012 年 1 月
组织成员	目前共有包括地方政府、行业主管部门以及相关企业在内的约 40 家成员单位
涉及物联网标准体系	应用层标准
主要物联网标准技术	交通领域应用标准
标准进展情况	工作组不仅面向"智能交通"，还将覆盖包括道路、水路、民航、铁路等在内的整个大交通领域，未来也会根据不同领域进行更为细化的标准研究工作

资料来源：赛迪顾问，2013-02。

五、中国物联网标准化建设所遇到的问题

中国物联网标准工作还在起步阶段，尽管现有国际、国内标准化组织围绕物联网标准在不同领域、不同深度开展相关工作，但还是缺乏权威的物联网标准体系，没有科学、统一的标准成果发布。标准和应用的不同步性和标准滞后性，导致应用建设和标准不一致，影响应用的复用性和互融互通性，阻碍产业化发展。主要原因有以下几个方面：首先，我国物联网产业和应用还处于起步阶段，只有少量专门的应用项目零散地分布在独立于核心网络的领域，而且多

数还只是依托科研项目的示范应用，它们采用的是私有协议，尚缺乏完善的物联网标准体系，缺乏对如何采用现有技术标准的指导，在产品设计、系统集成时无统一标准可循；其次，物联网涉及信息产业的方方面面，物联网的标准复杂、多样，针对同一问题，不同标准组织制定不同的标准，协调不够，互不兼容，标准之间交叉矛盾时有发生，导致产业界无所适从；再次，由于政府、产业和市场各方对其内涵和外延认识不清，使各级政府对物联网技术和产业的支持方向产生偏差。

第三节　中国物联网标准体系展望

物联网标准体系影响着整个物联网产业发展的规模、内容和形式，体系的全面性、先进性直接影响着物联网产业的发展方向和发展速度。我国处于物联网标准化的初始阶段，现阶段的主要任务是进行国内外物联网相关标准全面梳理，开展物联网标准化体系的架构建设，随着物联网技术和产业应用的不断成熟，物联网标准工作也逐渐将重点转向物联网相关技术及不同行业的应用标准。我国《物联网"十二五"发展规划》指出，以构建物联网标准化体系为目标，依托各领域标准化组织、行业协会和产业联盟，重点支持共性关键技术标准和行业应用标准的研制，完善标准信息服务、认证、检测体系，推动一批具有自主知识产权的标准成为国际标准。在《物联网"十二五"发展规划》的指导下，我国物联网标准化体系将不断完善，最终形成以专业技术标准与行业应用标准相互结合和支撑的完整标准体系。

第四节　中国物联网标准建设策略

一、加大物联网政府支持力度，强化引导作用

目前，物联网技术已经被列入我国国家级重大科技专项，物联网产业也被列入国家重点发展的战略性新兴产业，从加快经济发展方式转变和调整与优化产业结构的角度看，政府应该加强对物联网产业发展的引导与支持力度。以政府引导推进物联网技术标准、应用标准与行业标准的设立，对外参与全球标准制定，增强我国在规范物联网产业标准方面的话语权；对内加快制定国家标准，以引导和规范行业发展。

二、完善物联网标准体系建设，做好顶层设计

高度重视物联网标准体系建设，加强组织协调，明确方向、突出重点、统一部署、分步

实施，积极鼓励和吸纳有关有物联网应用需求的行业和企业参与标准化工作，稳步推进物联网标准的制定和推广应用，尽快形成较为完善的物联网标准体系。制定我国物联网标准体系，也需要把国际物联网应用的发展动态和我国物联网发展战略相结合，联合相关部门开展研究，以保证实际需要为目标，结合实际国情和产业现状，给出标准制定的优先级列表，进而为国家的宏观决策和指导提供技术依据，为与物联网相关的国家标准和行业标准的立项和制定提供指南。

三、明确标准化的各阶段任务，做到急用先行

物联网是一个动态的概念，其内涵将随技术的发展而不断持续演进。相应地，物联网的标准化工作也是长期、渐进性的系统工程，必须分步骤、有计划地开展物联网相关领域的标准研制，按照技术发展和需求现状分解各阶段的标准化任务。目前，针对我国基础薄弱或物联网产业急需大规模应用的技术领域，如高端智能传感器、超高频电子标签、传感器网络，应优先进行标准立项，加快标准制定的步伐。

四、加强相关标准化组织建设，优化协调分工

由于物联网涉及技术门类众多，物联网标体系也更为复杂，既要确保网络架构层面的互连互通，做好信息获取、传输、处理、服务等环节标准的配套，又要做好各行业和部门间的协调合作，保证各自标准相互衔接，满足跨行业、跨地区的应用需求。因此，在标准建设、完备的过程中，国家对各个标准组织的统一协调工作更加重要，除对跨部门、跨地区合作加强统一协调外，更要做好与行业应用的协调合作。我国已经成立了物联网基础标准工作组及各个物联网行业应用标准工作组，这些行业应用标准工作组应按照与物联网基础标准工作组共同组建、互相参与的原则开展行业应用标准的研制工作。物联网行业应用领域所涉及的全国性标委会或标准化协会可成为物联网基础标准工作组的成员单位，参与物联网相关技术领域基础和通用性标准的研制。相应地，物联网基础标准工作组所属各个项目组组长单位应选派代表参加各物联网行业应用标准工作组的标准研制工作，以保证基础标准与行业应用标准的相互协调。

五、研究国内、国际标准化进展，推进标准合作

ISO、IEC、ITU、IEEE、IETF 等国际标准化组织已陆续开展了物联网相关技术的标准化工作，国内一些重要标准化组织也在同步开展国家和行业标准的研制工作，并已提出协同信息处理与服务支撑接口等国际标准提案。未来的物联网将是一个跨部门、跨国界的庞大产业，我国应高度重视标准化问题，推动行业协会、标准化技术组织和企业在关注 ISO、IEC 和 ITU 等传统国际标准的同时，关注重要的区域标准化组织动态，做到国家标准与国际标准同步推进。与此同时，加强中、日、韩等亚太国家物联网国际标准化工作合作，联合建立物联网国际标准

化组织，形成与亚太物联网应用发展相适应的物联网国际化标准工作与组织。

六、结合应用示范工程制定标准，实现良性互动

物联网的热潮在全国各地催生出大量的应用示范工程，这些应用示范工程大都是由政府买单，投入相当巨大。如何使得示范应用不是昙花一现，按照政府的初衷，真正起到带动物联网产业发展、促进物联网商业模式创新的作用，是摆在各级政府面前需要解决的急迫问题。与标准化工作的结合，可以使应用示范工程的相关成果和经验得以固化，以标准的形式指导后续应用示范工程的建设，在标准化工作和应用示范工程之间形成良性互动，避免不同技术体制的多个类似应用示范工程的重复建设，并为企业投身物联网产业链提供依据和保障。

中国物联网信息安全保障

第一节　物联网信息安全形势分析

一、基本特点分析

由于物联网建立在互联网的基础上，因此，物联网信息安全实际上是互联网信息安全的一种延伸，既继承了互联网信息安全的内容，又有其自身的特点。物联网信息安全的目标是使数据或信息在传输、存储、使用过程中实现机密性、完整性、可靠性、可用性和不可抵赖性。物联网信息安全主要包括以下三个方面。

一是感知网络的信息采集、传输与信息安全问题。感知节点呈现多源异构性，感知节点通常情况下功能简单、携带能量少，使得它们无法拥有复杂的安全保护能力，而感知网络多种多样，从温度测量到水文监控，从道路导航到自动控制，它们的数据传输和消息也没有特定的标准，所以没法提供统一的安全保护体系。

二是核心网络的传输与信息安全问题。核心网络具有相对完整的安全保护能力，但是由于物联网中节点数量庞大，且以集群方式存在，因此会导致在数据传播时，由于大量机器的数据发送使网络拥塞，产生拒绝服务攻击。此外，现有通信网络的安全架构都是从人通信的角度设计的，对以物为主体的物联网，要建立适合于感知信息传输与应用的安全架构。

三是物联网业务的安全问题。支撑物联网业务的平台有着不同的安全策略，如云计算、分布式系统、海量信息处理等，这些支撑平台要为上层服务管理和大规模行业应用建立起一个高效、可靠和可信的系统；而大规模、多平台、多业务类型使物联网业务层次的安全面临新的挑战，是针对不同的行业应用建立相应的安全策略，还是建立一个相对独立的安全架构，有待进一步论证。

物联网信息安全架构如图 6-1 所示。

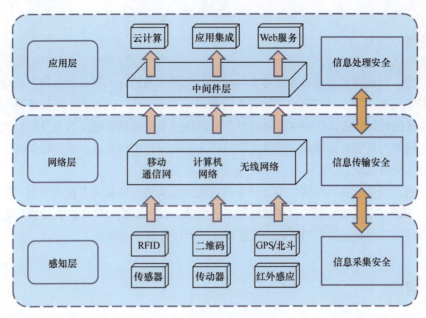

图 6-1　物联网信息安全架构

资料来源：赛迪顾问，2013-02。

二、技术瓶颈分析

物联网系统安全不仅包括传统意义上的安全性，而且包括系统抗击各种故障、环境变化、人为破坏、随机性破坏以及复杂网络情况的能力，具体包括以下几个方面的关键技术瓶颈。

（1）系统在人为、自然灾害破坏下，仍能保持运行的能力；

（2）在无外界破坏环境下，系统在业务量变化、自身故障等因素下，仍能保持运行的能力；

（3）系统在随机性破坏作用下，保持有效运行的能力；

（4）系统抗各种安全攻击的能力；

（5）系统运行管理能力。

第二节　物联网信息安全面临的挑战

现实世界的"物"都联网，通过网络可感知及控制类似家电、交通、能源等设施。由于物的数量极其庞大，信息量相比"互联网"时代大很多，一旦发生安全事故，其危害巨大。鉴于物联网系统的复杂性，涉及的内容远远超过传统的网络系统，影响其可靠性的因素众多，除了面对传统的网络安全问题外，物联网信息安全面临新的挑战。

一、感知层

物理安全：传感网节点多分布在恶劣环境中，往往无人值守，容易遭到物理破坏而失效。

节点易于伪造：节点结构简单，加密手段较弱，易于伪造。例如，无线传感器网络中最主要、最易出现的虫洞攻击，这种攻击通过单个节点伪造身份或偷窃合法节点身份，以多个虚假身份出现在网络的其他节点面前，使其更容易成为路由路径中的节点，吸引数据流以提高目标数据流经过自身的概率。

易受干扰：例如，在目标网络中心频率发送无线电波进行欺骗式干扰或压制式干扰。

节点易于被捕获或被控制：由于物联网节点的软、硬件结构较简单，其数据处理能力、数据存储能力较弱，因此无法采用复杂的加密算法，易于被捕获或控制。

二、网络层

数据加密机制：由于传感器节点的物理限制，其有限的计算能力和有限的存储空间使基于公钥的密码体制难以应用于无线传感器网络中。为了节省传感器网络的"能量开销"，也尽量要采用轻量级的对称加密算法。

碰撞攻击：通过发送额外数据包与原始数据包叠加而导致有用信息无法分离。

虚假路由信息：通过欺骗，更改和重发路由信息，攻击者可以创建路由环，吸引或者拒绝网络信息流通量，延长或者缩短路由路径，形成虚假的错误消息，分割网络，增加端到端的时延。

安全路由：由于每个节点都是潜在的路由节点，因此更易受到攻击。大多数路由协议都没有考虑安全的需求，使得这些路由协议都易于遭到攻击，而导致整个无线传感器网络崩溃；恶意节点随即丢失数据包，或将自己的数据包以很高的优先级进行传输，从而破坏网络的正常通信等。

选择性的转发：节点收到数据包后，有选择地转发或者根本不转发收到的数据包，导致数据包不能到达目的地。

拒绝服务攻击：拒绝服务攻击即攻击者想办法让目标机器停止提供服务，一般采用对网络带宽进行消耗性攻击的方法。物联网节点的资源有限，所以抵抗 DoS 攻击的能力较弱。

三、应用层

应用层的安全问题主要来自各类新兴业务及应用的相关业务平台。恶意代码以及各类软件系统自身漏洞和可能的设计缺陷是物联网应用系统的重要威胁之一。同时，由于涉及多领域、多行业，物联网广域范围的海量数据信息处理和业务控制策略目前在安全性和可靠性方面仍存在较多技术瓶颈且难以突破，特别是业务控制和管理、业务逻辑、中间件、业务系统关键接口等环境安全问题尤为突出。

由于物联网设备可能是先部署后连接网络，而物联网节点又无人看守，所以如何对物联网设备进行远程签约信息和业务信息配置就成了难题。另外，庞大且多样化的物联网平台必然需要一个强大而统一的安全管理平台，否则独立的平台会被各式各样的物联网应用所湮没。

物联网各层安全问题分析如表 6-1 所示。

表 6-1　物联网各层安全问题分析

层级	安全缺陷	说　　明
感知层	物理安全	传感网容易遭到物理破坏而失效；节点结构简单，加密手段较弱，易于伪造
	链路安全	有限的数据加密机制；碰撞攻击和拒绝服务攻击
	路由安全	虚假路由，脆弱的路由协议
	恶意攻击	Sinkhole 攻击、Sybli 攻击、Wormholes 攻击、HELLO flood 攻击等
	物理破坏	通过物理手段取出芯片封装，使用微探针获取敏感信号，进而进行对 RFID 标签的重构
	信息泄露	无线信号广播，易被窃听
	无线干扰	干扰广播、阻塞信道
	安全协议攻击	扫描 RFID 标签和响应识别器，寻求安全协议、加密算法弱点，进而删除 RFID 标签的内容或篡改可重写 RFID 标签内容
	隐私保护	涉及个体隐私问题的数据在物理层泄露
	节点易于被捕获或被控制	由于物联网节点的软、硬件结构较简单，其数据处理能力、数据存储能力较弱，因此无法采用复杂的加密法，易于被捕获或控制
网络层	接入异构性	物联网的接入层将采用如移动互联网、WiFi、WiMAX 等各种无线接入技术。接入层的异构性带来管理和安全的复杂性
	移动网络开放性	任何使用无线设备的个体均可以通过窃听无线信道而获得其中传输的信息，甚至可以修改、插入、删除或重传无线接口中传输的消息，达到假冒移动用户身份以欺骗网络端的目的
	核心网络安全性	网络地址空间短缺，巨大的信息量，网络带宽的有限性，传统的基于互联网络的协议的有效性
	网络拥塞	物联网中节点数量庞大，且以集群方式存在，因此会导致在数据传播时，由于大量机器的数据发送使网络拥塞，产生拒绝服务攻击
	隐私保护	涉及个体隐私问题的数据在网络层泄露
	拒绝服务攻击	拒绝服务攻击即攻击者想办法让目标机器停止提供服务，一般采用对网络带宽进行消耗性攻击的方法。物联网节点的资源有限，所以抵抗 DoS 攻击的能力较弱
应用层	恶意代码和设计缺陷	来自传统应用层的恶意代码、病毒和系统自身的设计漏洞
	海量数据处理	物的数量极其庞大，信息量远比"互联网"时代大
	云计算安全性	物联网以云计算强大的处理和存储能力作为支撑
	数据分级管理	不同安全级别的数据需要分级存储、访问和管理，以及与之对应的身份认证问题
	隐私保护	大量的数据涉及个体隐私问题（如个人出行路线、消费习惯、个体位置信息、健康状况、企业产品信息等）在应用层泄露
	远程签约和控制	物联网节点又无人看守，所以如何对物联网设备进行远程签约信息和业务信息配置就成了难题。另外，庞大且多样化的物联网平台必然需要一个强大而统一的安全管理平台

资料来源：赛迪顾问，2013-02。

第三节　物联网信息安全防护思路

一、安全设计

安全环境设计：包括用户身份鉴别、自主访问控制、标记和强制访问控制、系统安全审计、用户数据完整性保护、用户数据保密性保护、客体安全重用、程序可信执行保护。

安全区域边界设计：包括区域边界访问控制、区域边界包过滤、区域边界安全审计、区域边界完整性保护。

安全通信网络设计：包括通信网络安全审计、通信网络数据传输完整性保护、通信网络数据传输保密性保护、通信网络可信接入保护。

安全管理中心设计：包括系统管理、安全管理、审计管理。

二、安全建设

（一）进行信息安全方案设计，确定安全需求

建设信息安全系统的首要问题是要搞清楚存在的安全风险，明确安全目标，进而提出安全需求，并以此为基础设计安全解决方案。安全需求的确定涉及以下几个方面。

政策、标准：要全面审查和考虑相关的政策指令，包含与有关安全标准或目标体系结构相符合的内容以及国际、国家、部门、地方等级别上颁发的、强制或指导性的各种规定。

安全威胁评估：安全威胁分成两大类，一类是恶意地利用环境、行动或事件，可能给信息或系统造成的损害；另一类是包含授权用户在内的因为纯粹的误操作或偶尔的误用所犯下的错误，以及系统组件的脆弱性和漏洞。

任务的安全目标：安全目标是从一种大范围、长时期使用的观点提出的，从而可以作为系统的安全风险分析以及选择产品和解决方案的依据。

信息流及其功能和价值：了解系统及其所处理信息的性质非常重要。要分析由于系统资源或系统处理信息的丢失、泄露或被修改对国家、团体和个人在政治影响、社会影响和经济利益方面带来的损害。为了准确地定义安全目标、安全需求，必须了解和分析系统处理或存储的信息功能、流向和价值。

（二）选择合适的产品及系统

信息安全产品按其功能分为几大类，如访问控制类、加密类、入侵检测类等。每类产品因设计思想和实现模式不同而衍生出各种有特色的产品。对用户来说，需要选择一款最适宜的。首先，用户要搞清楚要保护什么，达到什么安全目标。

安全产品并不是功能越全越好，而且每种产品都有其优点和缺点，没有哪家厂商的产品

是全方位的冠军，应该以应用需求推动技术采购决策。另外，要考虑安装、配置以及管理的方便性。

由于信息安全系统的特殊性，所以不论对安全系统的集成商，还是产品的提供商，了解其背景、考察其服务能力十分必要。最好选择有成功案例、社会知名度高且信誉好的企业和产品，对技术支持和服务承诺要落实在协议中，以避免发生纠纷。

安全功能的配置要和当前系统的整体应用水平配套，对于那些用不到或暂时用不到的功能可以不采购或暂缓采购产品。这样，一是安全目标明确，维护易行；二是经费可以得到有效利用，避免浪费；三是信息技术发展日新月异，购置的产品闲置不用很快将被新的技术产品所取代；四是把下次产品采购的主动权留给自己。

（三）集成后的测试和维护

信息安全保护措施不是一劳永逸的。信息技术不断发展，网络系统的功能也在不断完善和扩充，网络攻击、病毒传播、恶意破坏的手段不断翻新，因此，对安全提出了新的需求。这就要求网络安全管理者及时调整安全策略，采取安全措施：将所有的安全功能模块（产品）集成为一个完整的系统后，需要检查确认集成出的系统是否符合要求，包括测试安全系统在整个系统中的作用；测试安全系统与网络系统及应用系统的适应性和对它们的影响；跟踪安全保障机制，包括安全管理机制，发现漏洞；完善系统的运行程序和全生命期安全支持计划；准备一份现阶段的安全风险评估报告。

作为一些重要部门可以邀请权威的测评认证机构对安全系统进行一次检查和测试，以确保系统设计满足安全目标并得到主管部门的认可。

（四）安全测评

对各类物联网应用示范工程全面开展安全风险与系统可靠性评估工作。支持物联网安全风险与系统可靠性评估指标体系研制，测评系统开发和专业评估团队的建设，在物联网示范工程的规划、验证、监理、验收、运维全生命周期推行安全风险与系统可靠性评估，从源头保障物联网的应用安全、可靠。

（五）安全运维

安全运维包含安全事件监控、安全事件响应、安全事件审计、安全策略管理、安全绩效管理、安全外包服务。

第四节　物联网信息安全保障策略

一、健全法制，完善信息安全有关法规标准

政府应制定一系列与信息安全有关的法律、标准和指南。由政府机构指导，科研机构牵

头制定信息安全风险管理指南，发布"保护国家物联网基础设施"、"个人隐私保护指南"等政策，即制定政府物联网安全行动计划，对关键基础设施、用户隐私进行保护。此外，还应制定一系列信息安全标准，主要包括信息安全管理体系标准、物联网安全手册、物联网安全管理的信息技术指南等。要求政府部门均需遵循这些标准，执行情况由相应主管部门进行审查。

二、理顺体制，政府部门协调配合各有侧重

司法部负责政府信息安全保护的政策制定，工信部负责政府信息通信安全技术层面上的指导，政府各部门负责人负责本部门信息安全的保护，国家负责各部门信息安全保护的监督和审计。在各司其职的同时，还需成立一些跨部门的委员会进行工作协调。在关键基础设施保护方面，由工信部负责协调通信、银行、金融、税收、交通、能源、卫生、食品、供水及应急设施等基础设施的信息安全防护。

三、突出重点，重视政府关键基础信息保护

在信息安全工作中贯彻重点防护的原则，即通过政策标准和政府支持，做好政府部门和国家关键基础设施的信息安全保障。确定通信、银行、金融、税收、交通、能源、卫生、食品、供水及应急设施等为国家关键基础设施。关键基础设施的安全由运营公司负责。

四、加强教育，增强全民信息安全保护意识

重视全民信息安全意识的建立，将提高中小企业和家庭用户信息安全防护能力列入政府信息安全行动计划，并在宣传、培训方面予以经费支持。例如，通过培训提高安全意识，安装反病毒软件并进行更新，安装防火墙防止非法入侵，提醒企业和市民不要随意安装应用程序等。

五、培养人才，建立安全专业人才认证体系

在IT教育学科中增加信息安全教育课程，协助建立信息安全专业人员认证体系。目前，应先建立信息系统安全专业人员认证、系统安全专业认证、全球信息保证认证、信息安全认证审计师、信息安全工程师和安全工程师等商业认证项目。

中国物联网产业人才培养

第一节　中国物联网产业人才发展背景

一、概念界定

（一）物联网

物联网是通过信息传感设备，按约定的协议实现人与人、人与物、物与物全面互联的网络，其主要特征是通过射频识别、传感器等方式获取物理世界的各种信息，结合互联网、移动通信网等网络进行信息的传送与交互，采用智能计算技术对信息进行分析处理，从而提高对物质世界的感知能力，实现智能化的决策和控制。它具有普通对象设备化、自治终端互联化和普适服务智能化三个重要特征。

（二）物联网产业

物联网产业集成了计算机、通信、网络、智能计算、传感器、嵌入式系统、微电子等多个领域，按产业链层级划分，物联网产业可分为支撑层、感知层、传输层、平台层、应用层五个层级。物联网产业具有产业带动型强、辐射面广的特点。我国物联网产业即将进入规模高速增长阶段，物联网技术和产业的发展将引发新一轮信息技术革命和产业革命，是信息产业领域未来竞争的制高点和产业升级的核心驱动力。

（三）物联网产业人才

物联网产业人才涉及的范围极其广泛，在产业链的各个环节均能得到体现，因此物联网产业人才并不是一个特定的概念，而是泛指物联网产业发展领域的各类技术人才、经营管理人才和技能人才，是物联网各产业链中具备一技之长且能够为物联网产业发展在基础设施构建、平台与软件开发、运营与服务提供、技术应用与实现等环节做出实际贡献的人才总称。

二、产业环境

（一）物联网产业发展背景

目前，物联网已纳入国家"十二五"专题规划，进入布局实施阶段，各地政府也相继出台物联网产业专项规划。随着物联网在物流、电力等行业的进一步应用，2010 年，国内物联网产业规模超过 1900 亿元（不含应用层），产业集群已初步形成环渤海、长三角、珠三角，以及中西部地区四大区域集聚发展的总体产业空间格局。据估计，2015 年我国物联网产业规模将达到 7500 亿元。未来，中国物联网应用市场规模将达到万亿级别。

（二）物联网产业人才规划背景

随着我国物联网产业的快速崛起，为更好地聚集物联网技术和产业创新、发展、应用的各类资源和要素，国家和地方政府相继出台了一系列优惠发展政策和鼓励措施。人才资源是发展物联网产业的第一资源，在产业人才方面，各地方政府在产业规划的基础上均制定了物联网产业人才发展方向和目标，如无锡制定"物联网人才吸引三年行动计划"；北京通过加强高端人才培养和引进力度，支持物联网产业的发展；上海利用专业人才培养工程，积极推进物联网产业发展。除此之外，杭州、广州、深圳、武汉、成都、重庆、青岛等物联网产业发展先导城市也分别提出了物联网产业人才发展的有关策略。上述国家和地方物联网产业发展规划及其配套产业人才规划目标的制定，为我国和地方物联网产业的发展切实提供了重要的支撑条件。

第二节　中国物联网产业人才概况

一、人才供需分析

（一）物联网产业人才需求分析

1. 人才需求总体状况

随着国家对物联网产业的扶持力度不断加大，物联网在我国战略性新兴产业中地位的不断提升，物联网产业的迅速发展使产业人才呈现供不应求的态势，尤其是对优质产业人才的需求不断扩大。未来 3 年将是我国物联网产业人才需求相对集中的时期，以无锡为例，无锡规划到 2015 年总投资 40 亿元，建成引领中国传感网技术发展和标准制定的中国物联网产业研究院，集聚各类传感网企业 500 家，实现产值 500 亿元，需要引进和培养高级物联网人才 5000 名，集聚从业人员 5 万人。仅仅无锡就有 5000 名高级物联网人才的市场需求，全国的物联网人才需求数量可想而知。

2. 人才需求类别

2012 年物联网产业对高层次研发类人才仍保持较大需求，同时，物联网产业对中高层管理人员与技术工程师的需求明显增加，此类岗位薪资也有小幅度的上调；随着产业的不断升级、产业结构的进一步优化，市场分工愈加细化，具备较强综合素质的物联网专业咨询人才开始紧俏。

3. 重点领域需求状况

"十二五"期间，物联网产业重点领域包括智能交通、智能物流、智能电网、智能医疗、智能工业、智能农业、智能环保、智能家居、公共安全、社会公共事业、金融与服务业、智慧城市、国防与军事等。不同领域对物联网产业人才的需求各有不同，物联网产业重点领域人才需求如表 7-1 所示。

表 7-1 物联网产业重点领域人才需求

重点领域	人才需求
智能交通	全国以武汉、广州、重庆、上海为龙头的车联网产业迅速拓展，未来 5 年，汽车产业的车联网人才需求量约为 20 万人
智能物流（现代物流与智能仓储）	2015 年，中国智能物流核心技术将形成的产业规模达 2000 亿元。全国包括上海、重庆、广州、深圳、无锡、南京、西安、武汉等国家大型国际物流港的发展，至 2013 年全国现代物流与智能仓储方面的技术管理人才缺口在 20 万人以上
智能电网（光伏电子与太阳能应用技术）	随着数字经济和低碳经济的快速发展，可再生能源等分散式发电能源不断增加及节点入网，智能电网将减少电网高峰期的负荷，确保电网的安全性与可靠性，未来 5～10 年智能电网与新能源电力产业人才将达到 100 万人
智能医疗（公共卫生与远程医疗／医护管理与社区服务）	建立"分级诊疗、双向转诊、有序就医、智能医护"格局需提供全方位的支持与综合服务，包括智能医疗设备支持与技术服务、智能医护管理在内的专业技术人才市场需求将超出 100 万人。同时，高级智能护理人才已经成为国家最为紧缺的人才之一
智能工业	智能工业（过程管理与自动化控制）的岗位专业人才需求目前缺口约为 50 万人
智能农业	智能农业的各类专业人才（精细化农牧业／有机农业／食品安全／生态观光农业／外向型都市农业）在现代农业"十二五"期间的缺口将达 1000 万人以上
生态观光与都市农业（农业观光旅游）	具备旅游和生态观光农业基本知识与基本技能，能从事包括生态农业与观光旅游的导游并掌握现代农业观光园开发、设计管理工作的实用性高级技能人才的市场需求约为 20 万人
智能环保	随着全球气候与自然环境的人为破坏，未来 5 年智能环保专业技术人才的市场需求大约在 30 万人
智能家居（楼宇自动化／现代物业管理）	提供人性化与个性化服务，低碳、环保将是智能家居与家电业未来发展的大方向，其未来 5 年人才市场需求将达到近百万人
公共安全（信息安全管理）	处理自然灾害、事故灾害、公共卫生事件、公共安全事件及国家重大基础设施维护与重点场所安全保障的专业人才需求约为 30 万人
金融（电子商务）与服务业（移动互联／服务外包）	随着新型商业模式与外向型服务产业物联网的广泛应用，以移动互联网和移动电子商务为平台的新型商业模式的物联网人才需求约为 20 万人

资料来源：赛迪顾问，2013-02。

（二）物联网产业人才供给分析

1. 高校培养

2010 年 8 月，教育部公布了通过审批的 140 个高等学校战略性新兴产业相关本科新专业，其中物联网专业共有 37 所高校获批，新设专业自 2011 年开始招生。基础教学课程包括传感器原理、无线通信原理、无线传感器网络、近距无线传输技术、二维条码技术、物联网安全技术和物联网组网技术等。物联网作为一门专业课程正式进入高校培训人才的教学课程，是国家在人才培养模式上做出及时反应的重大举措。但人才的成长需要一个积累和不断实践的过程，目前物联网对口专业的人才供给暂不能满足未来产业发展的需要，还存在学科互动不足、人才专业知识结构单一的问题。随着物联网产业链的不断延伸和扩展，产业发展的后备人才亟待培养与储备，以改善当前产业人才供给严重不足的现状。

2. 社会职业培训

通过社会职业培训机构培养的人才在社会上受到众多企业的欢迎，这部分人群通过理论学习、上机操作、项目实践、案例探讨等培训方式，理论与实践结合能力更强，但是理论知识功底相对于一般的高等院校还有差距。教育部教育管理信息中心组织全国物联网核心专家团队积极开发物联网技术应用专业，于 2010 年 6 月正式启动了全国物联网技术应用人才培养认证项目，面向全国高校开展全国物联网技术应用专业人才培养认证考试，并在 IOTT 教育项目的基础上，增设以培养物联网专业级人才为目标的实训项目——全国物联网技术应用专业人才实训基地，培养满足社会需要的高水平应用型复合人才。但总体而言，针对物联网产业从业人员的优秀培训教育机构十分有限，无法系统性地满足现有从业人员能力提升、职场晋升和高端技术的需求，从而制约了现有物联网产业人才的社会供给，不能有效满足产业发展对高端人才和复合型人才的需求。

二、人才特点分析

（一）人才要求日趋专业与多元化

物联网产业属于知识密集型产业，对知识条件具有高度的敏感性，存在强烈的人才资源依赖性。物联网产业的发展亟须高层次、实用性、复合型、国际化且具有良好的教育背景与专业技术技能的人才。物联网产业链由应用解决方案、传感感知、传输通信、运算处理四大关键环节构成，所涉及的四大核心学科是微电子、无线传感、通信传输、计算机及其网络。尽管物联网产业链涵盖的各个环节对人才的专业要求不尽相同，但专业化与多元化要求普遍较强，各产业链人才均需以自身主导专业知识为基础，同时兼顾产业链各环节专业领域知识，以实现物联网产业人才能够沿各产业链专业化发展方向演进。

（二）人才区域分布差异明显

物联网产业人才的分布主要依托于各区域物联网产业发展的实际情况，国内物联网产业已初步形成环渤海、长三角、珠三角，以及中西部地区四大区域集聚发展的总体产业空间格局。其中，长三角地区产业规模位列四大区域的首位。环渤海、长三角以及珠三角也因此成为物联网产业人才最为密集的区域，从城市分布来看，北京、上海、深圳、杭州、无锡、武汉等城市聚集了近40%的物联网产业相关人才，而广大中、西部以及东北等地区由于信息产业发展速度较为缓慢，配套设施较薄弱、人才激励措施尚不够完善等原因，对物联网产业人才的吸引力度不够，造成产业人才缺口较大。随着区域间竞争的加剧，人才资源将成为各区域夺取战略制高点的第一资源。

三、人才发展机遇与挑战

（一）物联网产业人才发展的机遇

1. 市场发展拉动人才需求

在国家产业政策的带动下，物联网产业人才的需求日益旺盛。未来5年，中国物联网产业市场将呈现快速增长态势。保守预计，到2015年，中国物联网产业将实现7500多亿元的规模，年均增长率为11%左右。物联网产业的发展壮大将不断拉动产业相关人才就业与创业，加速产业人才队伍成长，促进物联网产业人才的发展。

2. 人才规划措施逐步出台

截至2011年年底，物联网产业重点发展的主要省市相继出台了本省市物联网产业的发展规划，对产业人才规划的具体目标和主要举措也给予了明确阐述，并制定了一系列有利于产业高端人才发展的优惠政策和激励措施，力图通过待遇留人、事业留人等多种手段加速人才的培育与引入，为物联网产业人才的发展提供了良好的政策机遇。

3. 人才培育力度不断加强

2010年，结合战略性新兴产业发展的实际需要，教育部公布了高等学校战略性新兴产业相关本科新专业的名单，其中物联网专业共有37所高校获批，一大批专门面向物联网产业的人才正在培育之中。同时，各省市地区积极构建产业人才培养体系，依托区域内优势培训资源，建成示范性高技能人才培训基地，对物联网产业人才资源的重视程度和培育力度不断加强。

（二）物联网产业人才发展的挑战

1. 高层次专项人才相对缺乏

物联网产业人才总体供给量处于供不应求的状态；产业专项人才明显不足，特别是创新型人才、高新技术人才和复合型人才尤其缺乏，且现存的教育资源无法系统性地满足物联网专业人才和高端技术人才的需求，各地方人才短缺的问题在一定时期内将无法得到有效解决。

2. 人才培养相对滞后

目前各高校和科研院所开设的IT课程及研发工作中，物联网方向的专业设置滞后，学科互动不足、人才专业知识结构单一，且产学研合作机制不够成熟、完善，造成愈发激增的人才需求与滞后的人才培养之间的矛盾。物联网对口专业的人才供给暂不能满足未来产业发展的需要，产业发展的后备人才亟待培养与储备。

3. 人才体系化规划有待优化

由于物联网产业本身尚不成熟，产业人才规划缺乏体系化，人才市场化改革有待深化，人才公共政策也亟需创新。物联网企业往往采用高薪聘用手段吸引和留住人才，而不愿投入资金和时间系统地培养人才。从长远看，这不仅不能增大产业人才的总体储量，而且还会造成高层次人才流失问题的出现。

第三节　中国物联网产业关键人才分析

一、产业链关键人才分析

物联网产业链由传感感知、传输通信、运算处理、智能决策四大关键环节构成，并以应用智能决策解决方案为核心。从产业链人才构成的角度，物联网产业人才是以底层元器件人才、传感器布点人才、光纤网络研究人才、通信底层开发人才、大数据量处理人才、负载均衡人才、软件基础设施人才、数据挖掘人才和行业应用人才为关键人才，其中尤以海量数据挖掘人才和行业应用人才（包括机器学习人才和专家知识系统人才）为核心。这类高端人才的培养与开发是物联网产业关键人才发展重点之一，也日益成为各企业争相"抢夺"的关键人才。中国物联网产业链关键人才构成如图7-1所示。

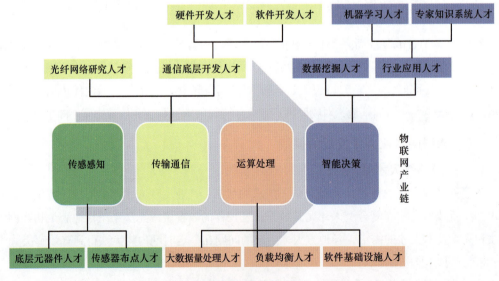

图7-1　中国物联网产业链关键人才构成

资料来源：赛迪顾问，2013-02。

二、产业区域人才分析

（一）环渤海地区

环渤海地区是国内物联网产业重要的研发、设计、设备制造及系统集成基地。该地区关键支撑技术研发实力强劲，感知节点产业化应用与普及程度较高，网络传输方式多样化，综合化平台建设迅速，物联网应用广泛，并已基本形成较为完善的物联网产业发展体系架构。包括北京、天津、河北、山东、辽宁在内的环渤海地区各省市，为了抢占物联网产业发展的制高点，先后推出了适应物联网产业发展的人才发展规划，或利用已有政策加强战略性新兴产业人才的引进与培养。环渤海区域还建立了人才协作联盟，推动 37 个城市达成合作共识，促进了区域内人才的交流与协作。环渤海地区物联网产业人才发展策略分析如图 7-2 所示。

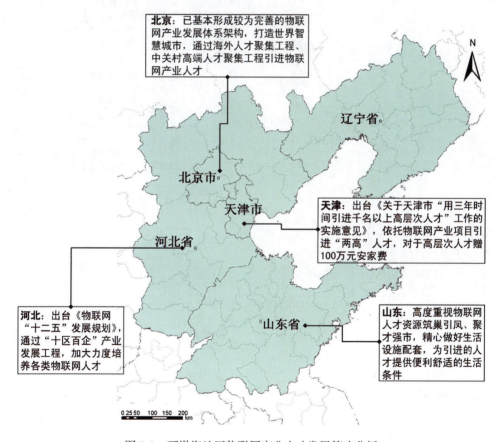

图 7-2　环渤海地区物联网产业人才发展策略分析

资料来源：赛迪顾问，2013-02。

（二）长三角地区

长三角地区是我国物联网技术和应用的起源地，在发展物联网产业领域拥有得天独厚的先发优势。凭借该地区在电子信息产业深厚的产业基础，长三角地区物联网产业发展主要定位于产业链高端环节，形成全国物联网产业核心与龙头企业的集聚。长三角地区物联网发展呈现以上海为龙头，带动江苏、浙江两省重点城市快速发展的态势，各地分别制定了物联网产业发展战略和针对物联网产业人才的发展策略。以无锡为例，无锡全力打造物联网产业核心区，2010 年出台《关于更大力度吸引物联网技术和产业高层次人才三年行动计划》，提出三年内在无锡形成物联网技术和产业的人才特区和人才高地，为吸引物联网高层次人才在锡创业，政府将在个人所得税、股权激励、落地办企业等方面给予支持和激励。长三角地区物联网产业人才发展策略分析如图 7-3 所示。

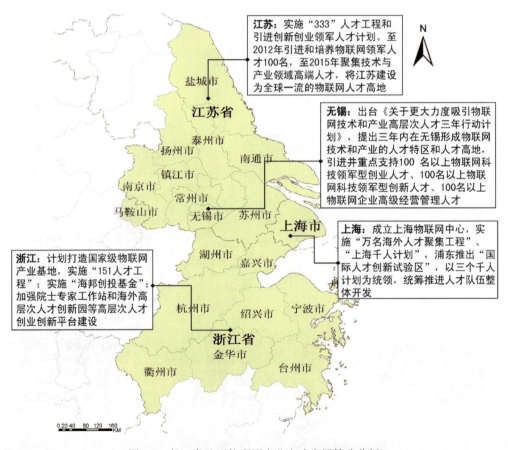

图 7-3　长三角地区物联网产业人才发展策略分析

资料来源：赛迪顾问，2013-02。

（三）珠三角地区

在物联网产业发展上，珠三角地区围绕物联网设备制造、软件及系统集成、网络运营服务，以及应用示范领域，重点进行核心关键技术突破与创新能力建设，着眼于物联网基础设施建设、城市管理信息化水平提升，以及农村信息技术应用等方面。在人才建设方面，也不断加大人才的投入和支持力度。珠三角地区物联网产业人才发展策略分析如图 7-4 所示。

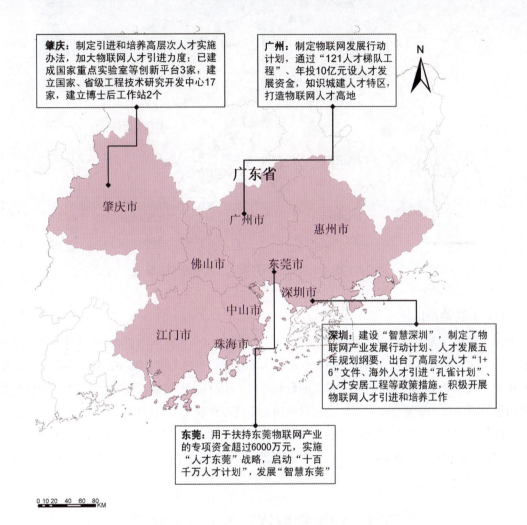

肇庆：制定引进和培养高层次人才实施办法，加大物联网人才引进力度；已建成国家重点实验室等创新平台3家，建立国家、省级工程技术研究开发中心17家，建立博士后工作站2个

广州：制定物联网发展行动计划，通过"121人才梯队工程"、年投10亿元设人才发展资金，知识城建人才特区，打造物联网人才高地

广东省

肇庆市
广州市
惠州市
佛山市
东莞市
深圳市
中山市
江门市
珠海市

深圳：建设"智慧深圳"，制定了物联网产业发展行动计划、人才发展五年规划纲要，出台了高层次人才"1+6"文件、海外人才引进"孔雀计划"、人才安居工程等政策措施，积极开展物联网人才引进和培养工作

东莞：用于扶持东莞物联网产业的专项资金超过6000万元，实施"人才东莞"战略，启动"十百千万人才计划"，发展"智慧东莞"

0 10 20　40　60　80 KM

图 7-4　珠三角地区物联网产业人才发展策略分析

资料来源：赛迪顾问，2013-02。

（四）西南地区

西南地区物联网产业发展迅速，各重点省市结合自身优势，布局物联网产业，抢占市场先机。四川、重庆、云南等西南部重点省市依托其在科研教育和人力资源方面的优势，以及RFID、芯片设计、传感传动、自动控制、网络通信与处理、软件及信息服务等领域较好的产业基础，构建物联网完整产业链条和产业体系，重点培育物联网龙头企业，大力推广物联网应用示范工程。在产业人才培养方面，西南地区正在逐步加大投入，积极为本区域的物联网产业发展提供人才储备。西南地区物联网产业人才发展策略分析如图 7-5 所示。

图 7-5　西南地区物联网产业人才发展策略分析

资料来源：赛迪顾问，2013-02。

（五）其他地区

除上述四个重点区域外，我国其他一些地区也纷纷出台物联网产业相关的配套扶持政策，制定一系列人才发展规划，以加大物联网产业人才培养和引进力度。例如，哈尔滨在驻哈高校的相关专业中增设物联网核心技术相关的研究方向，引导企业加强与国内知名高校和中科院等国内科研机构的产学研合作，同时通过绿色通道以优厚待遇大力引进物联网核心人才和专业团队来哈尔滨创业，发展物联网项目；武汉通过"黄鹤英才"和"3551"人才工程，为物联网的推广和应用提供强劲的人才支撑，成为向中西部地区嫁接物联网产业的基地和科技创新基地。

第四节　中国物联网产业人才发展策略

一、政府层面

（一）加强物联网产业人才顶层规划

加强人才顶层规划，遵循战略性、先导性及带动性原则，科学规划，统筹布局，积极推进物联网产业人才政策创新和物联网人才实施工程。第一，坚持以人为本，重视人才培养、引进和使用，统筹推进物联网产业的人才队伍建设，努力培养一批领军型创新人才，不断加大物联网产业高层次人才的引进力度，打造人才梯队助推物联网产业发展；第二，做好物联网产业人才发展的相关配套服务，为物联网企业提供相应的财政支持和税收优惠措施，以调动企业参与自主创新的积极性；第三，加强科技创新体系建设，并以此为载体，不断提升物联网产业人才的素质能力；第四，通过财政支持和政策导向，充分发挥政府职能作用，消除人才流动在行政管理、户籍、档案管理、购房及子女就学就业等方面的体制性障碍。

（二）推动物联网技术应用，培养创新型人才

支持建设一批重点实验室、工程中心、技术中心，支持重点科研基础设施和大型科技资源平台的整合和共享，组织开展重点关键领域技术攻关，加强引进技术的消化、吸收、再创新。将物联网产业自主创新产品和服务产品列入政府采购目录，支持物联网技术及产品的推广应用。同时在推动技术应用的基础上，加大人才政策和体制机制创新，制定一系列有利于产业高端人才和创新型人才发展的鼓励政策，为物联网产业人才队伍建设提供良好的政策机遇，培养创新型人才。

二、企业层面

（一）加大物联网人才队伍建设

积极鼓励企业参与技术应用研发人才培养，制定适合本企业实际的人才培养模式。企业培养的人才在动手能力上具有很大优势。物联技术应用研发人才很多都是通过参与项目，在实践中摸索出来的专业人才。借助企业实验室，同时积极引进创业团队进驻实验室，鼓励员工边学习边实践，保证其创新能力与实操能力的稳步提升。此外，员工配置和薪酬激励优先向专业研发人才倾斜，激发员工的积极性和创造性。

（二）加强物联网技术应用研发投入

发挥企业在自主创新中的主体作用，增加物联网技术应用研发投入。研发物联网采集终端、应用管理软件、数据库、服务平台等多领域集成应用技术，提升知识产权水平，加快突破一批关键核心技术，形成从研发、生产到应用的完整创新链条，推动物联网核心技术和解决方案在各个行业的广泛应用，形成面向行业领域的产品或服务平台。

三、高校及研究机构层面

（一）完善物联网产业人才培训体系

目前，多数高校与培训机构的物联网学科课程尚未完善，师资力量缺乏，培训体系有待健全。完善物联网产业学科体系与人才培训体系，应完善并提升高校物联网专业设置与教育教学水平，要根据物联网产业发展的实际情况，以人才需求市场为导向，加快物联网发展所需学科专业建设，扩大物联网及相关领域学位点布局和研究生培养规模，促进优质学科资源的整合与汇聚；培训课程体系的构建既要注重与职业岗位的互动性，又要兼顾知识面和专业延伸，同时在师资队伍建设面给予帮扶和指导，逐步健全人才培训认证体系，培养具有创新精神和专业

能力的物联网产业后备人才。

（二）促进物联网产学研体系建设

政府应发挥统筹规划和引导的作用，进一步加强物联网"产学研"协调发展，促进高校、科研院所与物联网企业进行资源的有效对接；企业应整合产业资源，提高自主创新能力，加大关键技术研发力度，加强产业间相互协调，促进有效商业模式形成，进而提升物联网各产业链环节的实力，加快推进产业化进程，增强核心竞争力，实现合作共赢。

中国物联网产业投融资

第一节　物联网产业投融资机遇

一、《物联网"十二五"发展规划》将进一步推动物联网产业投融资的发展

2011 年 12 月 28 日，工业和信息化部发布了《物联网"十二五"发展规划》（以下简称《规划》），促进物联网快速发展。在投融资方面，《规划》明确指出，将加大财税支持力度，增加物联网发展专项资金规模，加大产业化专项等对物联网的投入比重，鼓励民资、外资投入物联网领域。

《规划》为中央财政支持物联网产业发展提供了政策指导。中国物联网尚处于发展初期，财政政策需要全方位、宽领域、多层次地对中国物联网发展给予全面支持，注重龙头骨干企业与中小企业、发达区域与欠发达地区之间资源的平衡。充分发挥财政政策的杠杆作用，鼓励和引导市场机制更好地发挥配置资源的基础性作用，调动各类社会资本持续加大对物联网的投入。财政资金安排要充分体现国家战略意图和政策取向，为各类社会资本支持物联网发展树立信心。《规划》推出后，中央财政将合理配置政策资源，建立持续、稳定增长的财政投入机制，发挥政府采购引导市场需求的突出作用，加快形成以物联网发展专项资金为主导的财政政策体系，营造全面推进中国物联网发展的良好政策环境。

二、创业板的推出和日渐成熟带动物联网产业创新发展

2009 年中国创业板正式推出，定位于为"两高六新"——即为成长性高、科技含量高，为新经济、新服务、新农业、新材料、新能源和新商业模式的中小企业提供融资服务，物联网企业正属于典型的高成长性、高科技含量的企业。从现实情况来看，创业板的推出极大地促进

了高科技企业的发展，在加强物联网企业在资本市场解决资金瓶颈的能力上，符合创业板设立的初衷。通过创业板上市所带来的财富效应，还将吸引更多的创业资金和创业人才投入物联网行业，进一步推动物联网产业的发展。

三、物联网专项基金的设立开辟了新的融资渠道

物联网专项基金指专门用于鼓励物联网企业进行技术创新，优化物联网企业的股权结构的资金。中国目前已形成基本齐全的物联网产业体系，网络通信相关技术和产业支持能力与国外差距相对较小，但高端传感器、超高频 RFID 等感知端制造产业、高端软件与集成服务与国外差距相对较大。为了缩小与国外技术的差距，惠及民生、科技强国，国家预计在 5 年内发放物联网专项基金总计 50 亿元，首批 5 亿元物联网专项基金申报工作已经基本完成。

除了国家对物联网技术进行研发投入外，企业也设立物联网股权投资基金。例如，大唐电信与江苏物联网研究发展中心、无锡市国联发展（集团）有限公司、无锡新区创新创业投资集团有限公司通过发起设立股权投资基金，对物联网等相关产业的非上市企业进行直接股权投资，以及对各类上市或非上市的技术领先型企业进行以产业整合为目的的并购重组，共同促进物联网产业发展并实现资本增值，基金规模为 50 亿元。

专项基金的设立一方面给物联网企业提供了一个新的融资渠道；另一方面也从资本、技术、管理、人才等要素出发，规范和促进了物联网企业合理、快速的发展。

第二节　物联网产业股权融资

一、物联网产业股权融资情况概述

（一）整体情况

2010—2011 年，物联网产业股权融资事件 18 例，披露 12 例，涉及金额达 25.9 亿元，平均每例 2.3 亿元（见表 8-1）。行业内重大股权融资事件主要集中于 IT 服务行业，包括 2010 年 5 月，刘益谦 10.5 亿元投资同方股份，以及摩根大通 1.6 亿元投资方正国际。

表 8-1　2010—2011 年物联网企业股权融资案例情况

融资类型分布	数量（例）	披露数量（例）	金额（亿元）	平均融资金额（亿元）
战略投资	3	3	7.8	2.6
VC/PE	15	9	18.1	2.0
总计	18	12	25.9	2.3

资料来源：赛迪顾问，2013-02。

国家政策支持物联网企业股权融资，鼓励社会资本向物联网产业流动。《物联网"十二五"发展规划》的发布，从政策上支持物联网企业借助资本市场，多渠道、多层次地鼓励产业投资基金、创业风险投资基金、私募基金等各类社会资本向物联网集聚。对于一些大型产业化项目，鼓励物联网企业引入战略投资者，走现代产融结合的道路。

（二）细分领域

从物联网股权融资细分领域来看，在 2010—2011 年发生的 18 例案例中，主要集中于 IT 服务和半导体芯片上，数量占比分别为 44.4% 和 22.2%，金额占比分别为 51.3% 和 39.4%（见表 8-2）。

表 8-2　2010—2011 年股权融资的物联网企业业务类型情况

所属行业	数量（例）	比例	金额（亿元）	比例
IT 服务	8	44.4%	13.3	51.3%
半导体芯片	4	22.2%	10.2	39.4%
传统制造	1	5.6%	未披露	—
电信运营	2	11.1%	未披露	—
软件服务	3	16.7%	2.4	9.4%
总计	18	100%	25.9	100%

资料来源：赛迪顾问，2013-02。

从物联网产业链来看，现阶段中国物联网产业 VC/PE 股权融资主要集中在平台层和感知层，其中又主要以硬件 IT 服务为主，应用层和软件平台层利用 VC/PE 股权融资还远远不足，这些领域的投资潜力很大。

（三）企业区域

2010—2011 年，物联网企业股权融资主要集中在北京、广东和上海等地，其中，北京发生股权融资事件 7 例，融资金额占总股权融资金额的 41.2%；上海发生股权融资事件 4 例，占总股权融资金额的 23.5%；广东发生股权融资事件 2 例，占总股权融资金额的 11.8%（见图 8-1）。

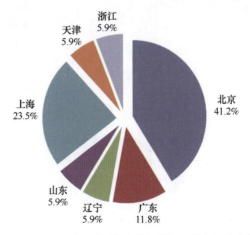

图 8-1　2010—2011 年物联网产业股权融资金额分布情况

资料来源：赛迪顾问，2013-02。

物联网企业股权融资区域分布与产业布局有关。披露的物联网企业股权融资案例几乎全部集中在环渤海、长三角、珠三角以及中西部地区，这与物联网产业的空间格局一致，从侧面体现了区域产业发展的活跃程度。

二、物联网企业股权融资方式分析

（一）VC/PE 股权融资分析

2010—2011 年披露的物联网 VC/PE 股权融资企业 15 家，其中披露金额的 9 家，融资金额达 18.1 亿元，平均融资额为 2 亿元。就 VC/PE 股权融资的行业分布上来看，主要集中于 IT 服务、半导体芯片和软件服务；就 VC/PE 股权融资的区域分布来看，主要集中于北京、上海两地（见表 8-3）。

表 8-3　2010—2011 年物联网企业 VC/PE 融资情况

融资公司	所属行业	涉及资金（亿元）	地区	投资机构
立德高科	IT 服务	0.3	天津	天图创投
兆信股份	IT 服务	0.3	北京	鑫百益创投
方正国际	IT 服务	1.6	北京	摩根大通
东软载波	IT 服务	0.2	山东	金石投资
达华智能	IT 服务	0.1	广东	永宣创投
同方股份	IT 服务	10.5	北京	刘益谦
盛科网络	半导体芯片	0.7	浙江	英飞尼迪
方正国际	软件服务	1.7	北京	摩根大通
展讯通信	半导体芯片	2.7	上海	银湖投资集团
软通动力	软件服务	—	北京	光大控股
Miartech	半导体芯片	—	上海	英特尔投资
安徽海特	传统制造	—	安徽	深圳创新投
上海博康	电信运营	—	上海	深圳创新投
联嘉祥	IT 服务	—	深圳	深圳创新投
博康智能	电信运营	—	上海	英特尔投资

资料来源：赛迪顾问，2013-02。

（二）战略投资分析

与 VC/PE 股权融资相比，战略投资数量相对较少，在统计期共披露 3 例，其中北京发生 2 例，辽宁发生 1 例，涉及金额 7.8 亿元，平均每例 2.6 亿元（见表 8-4）。

表 8-4　2010—2011 年物联网企业战略投资融资情况

融资公司	所属行业	涉及资金（亿元）	地区	投资机构
辰安伟业	IT 服务	0.3	北京	同方股份
中芯国际	半导体芯片	6.8	北京	大唐控股
大连华信	软件服务	0.7	辽宁	神州泰岳

资料来源：赛迪顾问，2013-02。

第三节　物联网产业 IPO

一、企业 IPO 情况概述

（一）IPO 总体情况

2009 年 10 月 23 日创业板正式开板。在此机遇下，2010—2011 年物联网产业共发生上市 29 例，共涉及金额 152.2 亿元，平均每例 5.25 亿元。其中物联网企业境内 IPO26 例，融资总额 145 亿元；在香港进行 IPO 的企业有 3 家，融资金额 6.6 亿元（见表 8-5）。

表 8-5　2010—2011 年物联网企业 IPO 情况

股票名	股票代码	时　　间	融资金额（亿元）
荣之联	002642	2011-12-20	5.7
海联讯	300277	2011-11-23	3.6
三丰智能	300276	2011-11-15	3.4
梅安森	300275	2011-11-2	3.4
科诺威德	01206	2011-10-27	0.7
通光线缆	300265	2011-9-16	3.7
捷顺科技	002609	2011-8-15	3.9
林洋电子	601222	2011-8-8	12.9
初灵信息	300250	2011-8-3	2.2
依米康	300249	2011-8-3	3.0
新开普	300248	2011-7-29	3.0
天玑科技	300245	2011-7-19	3.2
飞力达	300240	2011-7-6	5.4
奥拓电子	002587	2011-6-10	3.4
科大智能	300222	2011-5-25	4.9
美亚柏科	300188	2011-3-16	5.4
东软载波	300183	2011-2-22	10.4
力源信息	300184	2011-2-22	3.3
万达信息	300168	2011-1-25	3.8
亨鑫科技	01085	2010-12-2	1.1
达华智能	002512	2010-12-3	7.8
银河电子	002519	2010-12-7	6.1
中国智能交通	01900	2010-7-15	4.9
和而泰	002402	2010-5-11	5.9
国民技术	300077	2010-4-30	23.0
联信永益	002373	2010-3-18	3.40
太极股份	002368	2010-3-12	7.3
赛为智能	300044	2010-1-20	3.9
皖通科技	002331	2010-1-6	3.5

资料来源：赛迪顾问，2013-02。

2010—2011 年，物联网企业上市主要集中在深圳中小板、创业板和香港主板。其中，深圳中小板共有 9 例，募集资金 46.7 亿元，占境内外物联网 IPO 融资总额的 30.8%；深圳创业板共有 16 例，募集资金 85.4 亿元，占境内外物联网 IPO 融资总额的 56.3%；香港主板共有 3 例，募集资金 6.6 亿元，占境内外物联网 IPO 融资总额的 4.4%；上交所主板上市 1 例，募集资金 12.9 元，占总 IPO 金额的 8.5%（见图 8-2 和图 8-3）。

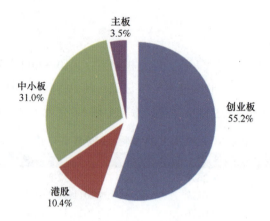

图 8-2　2010—2011 年物联网企业境内 / 境外 IPO 数量分布

资料来源：赛迪顾问，2013-02。

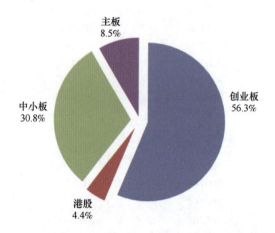

图 8-3　2010—2011 年物联网企业境内 / 境外 IPO 金额分布

资料来源：赛迪顾问，2013-02。

（二）企业区域

2010—2011 年，中国物联网产业 IPO 上市覆盖广东、江苏、北京和上海等 13 个省市。其中，广东共有 7 家物联网企业上市，融资资金 51.4 亿元，占 IPO 总额的 33.9%，在所有地区中名列前茅。主要原因在于广东 IC 设计企业活跃，在这一轮 IPO 浪潮当中表现抢眼（见图 8-4 和图 8-5）。

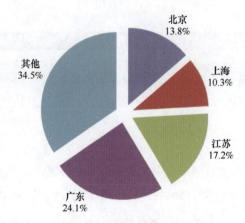

图 8-4   2010—2011 年物联网企业 IPO 案例地区分布

资料来源：赛迪顾问，2013-02。

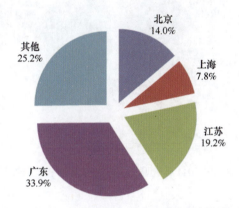

图 8-5   2010—2011 年物联网企业 IPO 融资金额规模地区分布

资料来源：赛迪顾问，2013-02。

（三）细分领域

2010—2011 年物联网企业上市广泛分布于 IT 服务、半导体芯片、传统制造、交通运输和软件服务等多个行业，但主要集中在 IT 服务和半导体芯片行业。其中 IT 服务业 IPO 事件 14 例，涉及金额 66.1 亿元，占物联网企业 IPO 融资总额的 43.6%；半导体芯片业 IPO 事件 5 例，涉及金额 38.9 亿元，占物联网企业 IPO 总额的 25.6%，二者的融资量占总融资额的 69.2%（见表 8-6）。

表 8-6   2010—2011 年物联网企业 IPO 业务类型情况

所属行业	数量（例）	占比	IPO 金额（亿元）	占比
IT 服务	14	48.3%	66.1	43.6%
半导体芯片	5	17.2%	38.9	25.6%
传统制造	2	6.9%	4.1	2.7%
机械制造	3	10.3%	20.2	13.3%
交通运输	1	3.5%	5.4	3.6%
能源服务	1	3.5%	4.9	3.2%

（续）

所属行业	数量（例）	占比	IPO 金额（亿元）	占比
软件服务	1	3.5%	3.9	2.6%
终端制造	2	6.9%	8.3	5.5%
总计	29	100%	151.7	100%

资料来源：赛迪顾问，2013-02。

（四）募投项目分析

在 2010—2011 年上市的物联网企业中，对外公布的募集资金使用项目 96 例，其中，用于新建项目 34 例，改扩建项目 33 例，分别占项目总数的 35.4% 和 34.4%（见图 8-6）。

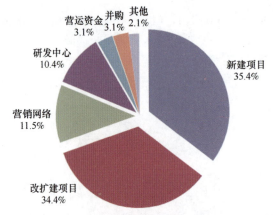

图 8-6　2010—2011 年物联网企业 IPO 融资投向分布（数量）

资料来源：赛迪顾问，2013-02。

在募集资金运用统计中，金额最多的是新建项目和改扩建项目，分别涉及金额 30.4 亿元和 21.9 亿元，占比分别为 47.4% 和 34.1%；其次则主要应用于营销网络和研发中心的建设；此外，物联网 IPO 募投项目中有 4% 的金额用于企业并购，这也体现了行业整合发展的态势（见图 8-7）。

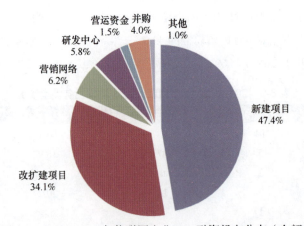

图 8-7　2010—2011 年物联网企业 IPO 融资投向分布（金额）

资料来源：赛迪顾问，2013-02。

二、企业 IPO 特征

（一）物联网平台层企业集中上市

2010—2011 年，IT 运维、软件服务类物联网企业上市共 15 例，涉及金额 70 亿元，占比为 46.2%。可以看到，将近一半的 IPO 融资金额集中于平台层，这也是整个物联网产业投融资情况的一个缩影。

（二）创业板和中小板是物联网企业上市的集聚地

2010—2011 年，物联网企业在中小板、创业板上市 25 例，共募集资金 132.1 亿元，分别占 IPO 总数量的 86.2% 和总金额的 87.1%，这一方面说明创业板和中小板的开设为企业融资提供了巨大的便利；另一方面也说明了物联网企业主要为中小型成长性企业，随着行业的发展，行业集中度将进一步提升，逐步产生行业龙头。

第四节　物联网产业并购

一、企业并购情况概述

（一）并购总体情况

近年来，物联网应用领域并购较活跃，包括中国电信集团公司收购天讯瑞达，广州海格通信集团股份收购爱尔达电子设备和海格机械，北京神州泰岳软件股份有限公司收购普天通信技术，深圳日海通讯技术股份有限公司收购杰森技术设备等。

具体来看，2010—2011 年，物联网行业披露金额的并购事件共 21 例。其中，境内并购事件 18 例，共涉及金额 54.1 亿元，平均每例 3 亿元；境外并购事件 3 例，涉及金额 2 亿元，平均每例 0.7 亿元，境内并购的平均金额远远高于境外并购（见图 8-8）。

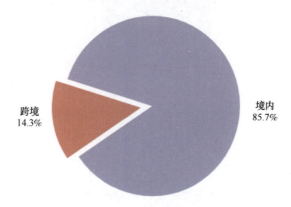

图 8-8　2010—2011 年物联网行业并购情况

资料来源：赛迪顾问，2013-02。

（二）地区分布

2010—2011 年物联网行业并购企业分布较广，但主要集中于北京（9 家，11.6 亿元，占比为 20.7%）、广东（4 家，6.6 亿元，占比为 11.7%）和上海（2 家，19.1 亿元，占比为 34.1%）。同时，河北地区的并购规模占比远大于其并购数量占比，主要原因在于晶源电子以 15 亿元并购同方微电子（见图 8-9 和图 8-10）。

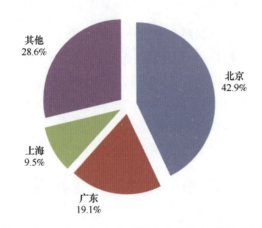

图 8-9　2010—2011 年物联网企业并购案例地区分布

资料来源：赛迪顾问，2013-02。

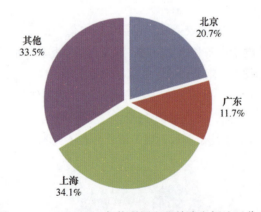

图 8-10　2010—2011 年物联网企业并购金额地区分布

资料来源：赛迪顾问，2013-02。

（三）细分领域

2010—2011 年，物联网企业并购方以 IT 服务企业为主，共 11 例，涉及金额 32.3 亿元，占比为 57.6%。被并购方以软件服务企业为主，共 9 例，涉及金额 10 亿元，占比为 17.9%；被并购方涉及金额最高的是 IT 服务和半导体芯片，分别为 22.9 亿元和 21.2 亿元，占比分别为 40.8% 和 37.8%（见表 8-7 和表 8-8）。

表 8-7　2010—2011 年物联网企业并购方业务类型情况

并购方行业分布	数量（例）	比例	涉及金额（亿元）	比例
IT 服务	11	52.4%	32.2	57.6%
半导体芯片	1	4.77%	1.2	2.1%
光电科技	1	4.77%	15.0	26.8%
机械制造	1	4.77%	0.6	1.0%
交通运输	2	9.5%	4.3	7.6%
软件服务	5	23.8%	2.8	4.9%
总计	21	100%	56.0	100%

资料来源：赛迪顾问，2013-02。

表 8-8　2010—2011 年物联网企业被并购方业务类型情况

被并购方行业分布	数量（例）	比例	金额（亿元）	比例
IT 服务	7	33.3%	22.9	40.8%
半导体芯片	3	14.3%	21.2	37.8%
光电科技	1	4.8%	0.6	1.0%
交通运输	1	4.8%	1.4	2.5%
软件服务	9	42.9%	10.0	17.9%
总计	21	100%	56.0	100%

资料来源：赛迪顾问，2013-02。

二、并购企业特征

（一）以横向并购为主，并购方主要集中于 IT 服务

2010—2011 年，物联网企业横向并购 15 例，涉及金额 30 亿元；纵向并购 6 例，涉及金额 26 亿元。其中，IT 服务涉及并购 11 例，横向并购 8 例，纵向并购 3 例，而披露的 5 家软件服务企业全部为横向并购。可以看到，物联网平台层企业投融资活跃，并有横向扩张的巨大需求。预计随着物联网应用领域的继续拓宽，对平台层企业规模的要求将进一步提高，企业并购浪潮仍将持续。

（二）产业链整合和专业化程度加强需求增强，核心技术能力被重点关注

目前，物联网行业重在感知和平台层的建设，这类企业目前规模不大，行业集中度不高，但内在规模化发展驱动力的作用，将使得以 IT 运维、软件服务和半导体芯片等为代表的企业成为今后并购的重点。在感知层和平台层的并购案例中，并购方对并购对象各种资源都很看重，但最为重视的仍然是并购对象在物联网领域的专业技术能力。例如，美新半导体斥资 1800 万美元并购无线传感器网络方案解决商 Crossbow，使美新半导体向物联网技术研发和应用领域跨出了坚实一步，Crossbow 在 MEMS 领域突出的技术优势成为并购谈判中的重要筹码。

第九章　CHAPTER 9

中国物联网公共服务

第一节　发展现状

一、发展概述

（一）内涵外延

物联网公共服务是为了支撑物联网产业发展，为物联网产业链上相关企业提供包括共性技术、测试认证、应用推广、知识产权、人才培养、信息咨询等在内的服务内容，以增强物联网产业核心竞争力和可持续发展能力。加快我国物联网公共服务平台建设，有利于推进物联网公共服务体系发展，全面提高物联网公共服务能力，增强我国物联网企业的创新能力，稳步提升我国物联网产业的核心竞争力，促使我国物联网产业形成创新驱动、应用牵引、协同发展、安全可控的物联网发展格局。

《"十二五"国家战略性新兴产业发展规划》中提出培育和壮大物联网新兴服务业。2012年初工业和信息化部发布的《物联网"十二五"发展规划》将物联网公共服务列为物联网发展的八大任务之一，同时提出积极利用现有存量资源，采取多种措施鼓励社会资源投入，支持物联网公共服务平台建设和运营，提升物联网技术、产业、应用公共服务能力，形成资源共享、优势互补的物联网公共支撑服务体系。积极探索物联网公共服务与运营机制，确保形成良性、高效的发展机制。

物联网的技术研发、示范应用和产业发展都离不开公共服务的支撑，发展物联网公共服务就是要合理配置现有电子信息产业、软件、集成电路、信息服务外包等公共服务资源，以补充和完善服务设施的方式，为物联网产业链上相关企业（特别是中小微型企业）提供共性技术、应用推广、知识产权、信息咨询等服务内容，增强物联网产业核心竞争能力和可持续发展能力。

物联网公共服务平台是发展物联网公共服务的主要抓手，是推动物联网产业发展的重要载体。公共服务平台建设工程被列为我国"十二五"期间物联网发展的重点工程之一。共性技术平台、应用推广平台、知识产权平台和信息咨询平台的四种关键公共服务平台将成为物联网产业发展的重要支撑。此外，人才培养平台、市场推广平台、投资融资平台、测试认证平台等也将成为物联网产业发展的有力支撑。

（二）发展现状

目前，我国物联网产业还处于起步阶段，真正意义的物联网的公共服务体系尚未建立。已经建成物联网产业相关的各类公共服务平台可以作为物联网公共服务的有力支撑。同时，各地政府出于对物联网产业发展的重视和扶持，已经纷纷开始规划建设各类物联网公共服务平台。

国家各部委积极主导建设物联网产业公共服务平台。科技部筹建的已经覆盖全国的"国家科技基础条件平台"将成为物联网关键技术方面研发的重要服务支撑平台；商务部主导筹建的"服务外包公共服务平台"、工信部建设的"国家产业公共服务平台"等都已经在积极筹建中。各地方公共服务平台共建工作也正在全面展开。上海地区构建物联网信息服务平台，为物流、交通、能效管理等领域提供信息服务。江苏省正在建设国际领先的物联网技术、测试、信息服务公共平台，积极引进中介服务组织，提供投融资担保、成果转化、信息政策咨询、知识产权交易、人才流动等全方位的物联网公共服务内容。随着中央和地方对公共服务平台构建工作的积极推进，物联网公共服务平台将迎来快速发展时期。

国家部委主导建设的物联网产业公共服务平台如表 9-1 所示。

表 9-1　国家部委主导建设的物联网产业公共服务平台列表

部委名称	公共服务平台	主要目的
国家发展和改革委员会	中小企业公共服务平台	支持中小企业开展技术创新活动所必需的公用设计、研发、试验、分析、检验检测、质量认证等仪器设备及相应软件的购置，政策、信息、专利检索与查询系统，公共技术研发、培训、咨询及电镀、热处理、机械加工等服务平台
工业和信息化部	工业转型升级公共服务	进一步提高产业基地为企业提供共性和专业化服务的能力，不断提升基地的发展质量和水平，推动工业加快转型升级
工业和信息化部	国家产业公共服务平台	融合管理系统以及云计算技术，形成一个覆盖国家与地方各层级、具有高度产业适应性和地区适应性的国家级产业公共服务平台
科学技术部	国家科技基础条件平台	促进科技资源开放共享和支撑科技创新发展
商务部	服务外包公共服务平台	为加快服务外包产业发展，支持服务外包继续做大做强
教育部	远程教育公共服务体系	促进网络教育的资源共享，实现资源的优化配置和综合利用，尤其是要促进教学质量的全面提升
交通部	国家交通运输物流公共信息共享平台	充分发挥交通运输行业对现代物流发展的促进作用，全面提升物流行业信息化和现代化水平

资料来源：赛迪顾问，2013-02。

（三）主要内容

物联网公共服务内容涵盖了整个产业的服务需求，其所包含的主要服务内容如图 9-1 所示。

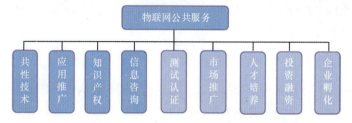

图 9-1　物联网公共服务主要内容

资料来源：赛迪顾问，2013-02。

1. 共性技术服务

共性技术服务旨在促进物联网科技资源在区域内的共享利用，为降低中、小、微型企业创新成本提供技术资源保障。服务的主要内容包括搭建支持共性技术服务的软、硬件环境，完善大型的机房、服务器、开发环境等硬件基础设施，构建 IP 核库、构件库、源代码库、工具库，解决方案库、案例库等软件设施问题。

2. 应用推广服务

应用推广服务主要是为物联网相关产品和解决方案的推广应用奠定坚实基础，促进国家物联网产业规模化发展，并且针对物联网的实际应用需求，建立物联网系统解决方案库。方案库将以物联网产品和系统解决方案展示为基础，涵盖物联网最新资讯、图片、视频以及物联网方面最新研究报告、相关企业展示及友情链接等功能模块。方案库将涵盖智能工业、智能物流、智能电网、智能交通、智能农业、智能环保、智能安防、智能医疗、智能家居等重点领域的物联网产品和系统解决方案（见图 9-2）。

图 9-2　应用推广服务主要内容

资料来源：赛迪顾问，2013-02。

3. 知识产权服务

知识产权服务是指通过建立动态的物联网知识产权数据监测与分析服务机制，形成支撑技术创新和应用创新的知识产权服务体系。此类服务的主要内容包括：一是提供物联网知识产权信息服务，包含与技术或产品结合的专利现状分析、特定技术领域知识产权布局现状分析、专利效力状况分析等信息；二是物联网知识产权专业服务，包含专利挖掘技巧、专利规避技巧、专利预警分析等。

4. 信息咨询服务

信息咨询服务旨在依托当地政府、高校、科研院所、企业、协会的信息资源，凭借信息网络和信息技术手段，汇集物联网政策、技术、产品、标准、人才、市场等各类信息，提供咨询研究、信息支撑等服务。此类服务的主要内容包括通过广泛调研和深入研究，把握物联网产业和市场的发展情况，为政产学研用提供及时、丰富的物联网行业及产业信息、期刊定向发送、互动讨论等一站式信息服务。

5. 测试认证服务

测试认证服务旨在为物联网企业提高产品质量提供保障，促进测试、认证业务的资源共享。此类服务的主要内容包括为企业提供高水平、高质量的计量、测试、试验、验证、分析、评测、鉴定、认证等服务。

6. 市场推广服务

市场推广服务主要是针对物联网技术产品、解决方案、科研成果、专利成果、发明成果等内容，为物联网行业供需双方提供平台化的服务。此类服务的主要内容包括建设物联网应用体验环境、多媒体宣传环境，打造物联网企业品牌、筹办高端会议，提供商务合作、招商引资、会展、项目发布、招标投标、交易撮合等服务。

7. 人才培养服务

人才培养服务是指通过人才引进、人员培养等方式，提高物联网企业人力资源水平。此类服务的主要内容包括为物联网企业提供基本知识培训、研发技术培训、应用技能培训、高端人才培训等服务。通过建立基于课程库、案例库、师资专家库的教学体系，以及人才库和人才服务中心等，为企业提供人才供求、信息和市场服务。人才培养服务的主要内容如图9-3所示。

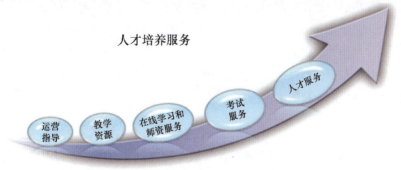

图9-3 人才培养服务的主要内容

资料来源：赛迪顾问，2013-02。

8. 投资融资服务

投资融资服务意在为物联网企业特别是中、小、微型企业的并购、重组、上市等提供投融资服务和信用担保服务，帮助成长中的中、小、微型企业拓宽融资渠道，扶持企业做大做强。此类服务的主要内容包括建立方便、快捷的投融资渠道，提供定制融资方案、业务咨询、项目推介、项目支持、贷款贴息等服务。

9. 企业孵化服务

企业孵化服务以提供大型软 / 硬件平台、综合开发测试环境、人才培训等为主要业务，与技术交易机构、风险投资机构合作，降低物联网初创企业的成本和风险，为企业发展壮大提供有力支持。此类服务的主要内容包括培育小、微型企业，建立企业信用记录档案，建立担保中心、交易中心、投融资中心等。

二、参与主体

物联网公共服务的参与主体可以分为三类：政府主管部门（包括中央政府、地方政府）、公共服务机构（包括政府直属单位、产业基地、产业园区、产业联盟等）和物联网企业。

（一）政府主管部门

政府主管部门是发展物联网公共服务最重要的力量，其角色是公共服务发展方向与路径的引导者。通过公共财政的持续投入，建立健全物联网公共服务体系，通过宏观政策鼓励和吸引社会资金参与物联网公共服务平台建设；通过积极引导、系统规划和多方协调，出台公共服务平台建设指导意见、认定和评估规范等政策，完善配套政策法规；建立激励机制和约束机制，规范和管理物联网公共服务机构及其服务内容；通过物联网公共服务的示范、试点工作，为物联网公共服务的发展探索建设方向、推广建设模式；通过推动关键环节建设，完善物联网公共服务内容，突破物联网产业发展的瓶颈问题，从而提高物联网企业开发水平和创新能力。

（二）公共服务机构

公共服务机构是联系政府主管部门和物联网企业的纽带，是产业资源的汇聚者、产业政策的执行者、服务功能与运作机制的设计者和实际运作者。通过政府、科研机构、企业和社会团体等主体的投入，汇集信息、技术、人才、资金等物联网公共服务资源，并通过网络技术、信息技术等方式，创新共享机制，调配各机构之间的资源，为物联网企业提供公共服务。公共服务机构贴近企业生态圈，可以通过挖掘企业需求，创新物联网公共服务内容和服务模式；同时为政府主管部门制定产业政策提供信息。

（三）物联网企业

物联网企业既是物联网公共服务的最主要服务对象，又有可能成为服务的提供者。根据自身发展需求，选择合适的公共服务内容，例如，利用公共服务机构提供的软、硬件资源，推进产品的开发、测试、技术创新等，不断提高自身的竞争力。随着产业和企业自身发展，对产业政策提出需求，推动公共服务机构完善服务内容、改善服务模式，从而促进物联网公共服务的可持续发展。物联网产业中的大中型企业根据实际发展需求，自发建设工程中心、实验室、孵化器等公共服务平台，为其他企业提供物联网公共服务。

三、重要意义

加快产业公共服务体系建设，有利于提升产业公共服务能力，加快政府职能转变，提升物联网企业的自主创新能力，构建物联网产业的核心能力，促进我国产业结构调整，提升国家自主创新能力，增强国家综合竞争力。

（一）加快微观服务型政府建设的重要途径

物联网公共服务体系和平台建设是实现我国政府向微观服务型政府转变的重要途径。物联网产业公共服务体系是各类产业资源和服务资源的载体。加快物联网产业公共服务体系建设，整合各类机构和分散的物联网产业资源，为物联网企业提供更有效的公共服务，有利于推进政府在经济领域的职能向服务型转变，并在未来达到更高级别的微观服务型政府。

（二）提升物联网企业自主创新能力的动力

我国物联网产业处于刚刚起步阶段，这一阶段企业规模较小，技术和管理基础薄弱，人才培训压力较大，缺乏必要的技术、产品和抗风险能力，普遍面临着许多自身难以克服的共性问题。通过产业公共服务平台，在共性技术、人才培训、品牌推广、知识产权等领域对物联网企业加以扶持，缩短企业创新周期，降低研发成本，促进企业创新能力的提高，提升企业作为创新主体的地位。

（三）构建物联网产业核心竞争力的支撑

物联网产业初级阶段的属性奠定了我国物联网企业在核心技术方面面临难以突破的瓶颈，竞争力较弱的特点。物联网公共服务体系建设将成为我国物联网产业核心竞争力构建的重要支撑。通过公共服务体系的建设，可以为这些物联网产业提供共性技术、人才培训、品牌推广、知识产权等方面的支撑，缩小竞争差距，有力推动物联网产业的发展，推动国家核心竞争力的提高。对企业而言，通过物联网产业公共服务体系建设可以解决企业面临的共性问题和突破发展瓶颈，使得企业能够更加专注于核心竞争力的培育。

第二节　面　临　挑　战

在国家整体产业公共服务体系的框架下，物联网公共服务的规划与推广工作已经展开，但由于起步较晚、经验不足，其发展仍然存在一些问题。

一、理论认识水平需进一步提升

理论认识水平需要进一步提升。现阶段，业界对于什么是物联网公共服务、公共服务有哪些具体内容还缺乏统一认识，对公共服务的意义作用、功能定位、运行模式、服务对象等问题缺乏系统思考，导致公共服务的具体实践工作流于形式。

认识的不统一主要源于缺少针对物联网公共服务的顶层认定标准与规范。因此，亟待加快部署认定标准的研究工作，改善物联网产业发展环境，促进物联网产业资源优化配置和专业化分工协作，推动共性关键技术的转移与应用，逐步形成社会化、市场化、专业化的物联网公共服务体系和长效机制。

二、服务水平与产业发展不匹配

服务水平与产业发展需求不匹配。物联网公共服务体系建设刚刚起步，缺乏公共服务资源和公共服务人才的积累，公共服务能力还不足以满足日益增长的产业发展需求。由于公共服务存在分布零散、规模较小的服务平台的实施主体缺乏对企业需求的深入了解问题，因此公共服务的供求矛盾突出，平台的服务范围、服务内容和服务水平受到限制，无法实现服务企业的初衷。

要提升物联网公共服务水平，形成良性运营机制，解决服务能力与产业发展需求之间的供求矛盾，首先需要的是政策引导，营造出良好的公共服务环境。一方面，需要建立引导和鼓励物联网企业有效利用公共服务资源的相应机制，提高企业通过公共服务提升核心竞争力的自觉性和积极性；另一方面，需要建立公共服务专项资金，支持公共服务资源的汇聚和整合，支持公共服务平台的持续运营，激励公共服务能力的提升。

三、区域发展不均衡，资源不共享

物联网公共服务区域发展不均衡。目前，物联网公共服务体系对区域和企业覆盖的范围还需进一步扩展，产业共性技术支撑体系、投融资支撑体系、市场拓展体系等产业专业服务体系尚未健全，无法有效推动区域产业集群的发展。

由于当前支撑物联网发展的各公共服务机构分属不同主管部门，各公共服务机构之间缺乏必要的沟通协调机制和沟通渠道。公共服务机构相互之间存在壁垒，资源分散等问题制约了资源配置优化，限制了资源共享。仅从个别区域或领域而言，物联网产业仅实现了小范围的资源共享。从全国的角度来看，还需要向更高层面的资源整合努力。

第三节　发展战略

一、发展目标

《物联网"十二五"发展规划》中提出以满足企业发展和物联网产业共性需求为导向，以"加强能力建设，创新发展模式"为目标，提升物联网在技术研发、产业化、应用推广方面的公共服务能力，突破一批物联网共性技术，形成一批物联网知识产权，培养一批物联网专业人才，打造资源共享、优势互补的产业公共服务发展体系，形成良性互动、高效运转的产业公共服务运营机制，为"十二五"期间我国物联网产业取得实质性进展提供保障。物联网公共服务需要在"十二五"期间向这个发展目标迈进。

二、发展重点

我国物联网产业发展正处于起步阶段，结合目前的实际情况，"十二五"期间物联网公共服务发展重点为技术服务水平和服务环境建设两个方面。

（一）提升技术服务水平

我国物联网产业发展需要突破传感器、集成电路、通信、信息安全等领域的关键技术，技术的突破离不开相关技术服务以及设施的支撑，提升技术服务水平对于我国物联网产业关键技术突破起到重要的推动作用。例如，改造升级研发设计工具、大型专业化工具软件、建设完善实验检测设备等，为物联网技术研发和产业化提供"硬"支撑。

（二）加强服务环境建设

物联网发展的初期，物联网企业聚焦在某一块业务，服务环境建设一方面需要投入较大的人力、物力，对企业而言是不经济的；另一方面企业自身能力无法完成服务环境建设。因而需要建设能够支撑物联网企业快速发展的服务环境。例如，融资担保、信息咨询、人员培训等，优化物联网公共服务环境，为物联网企业特别是中、小、微型企业发展打造"软"环境。

三、发展策略

（一）加强政策资金层面的倾斜支持力度

物联网公共服务特别是共性技术、检验测试、企业孵化等类型的服务前期投入较大、运维周期长，存在着资金紧张、用地指标受限、人才流失等多种问题，应该在政府政策资金层面加以引导和解决。一方面，发挥中央和地方专项资金的引导作用，对符合条件的公共服务平台在设备购置、运行管理和服务提供方面给予补贴；另一方面，针对公共服务基础能力建设在税收、土地和人才方面给予扶持，为致力于公共服务建设的企业创造良好的政策环境。

（二）整合现有物联网产业公共服务资源

针对物联网产业公共服务体系做好顶层设计工作。利用现有电子信息产业、软件、集成电路、信息服务外包等公共服务资源，推进资源共享、优势互补、互联互通。建立各公共服务主体之间必要的沟通协调机制和渠道，不仅要实现单个区域或领域内小范围的资源共享，更要实现更大范围、更高层次的资源整合，最终形成跨地区、跨部门、跨领域的全国性物联网公共服务体系。

（三）做好公共服务平台的认定与管理工作

物联网涉及面广，涵盖感知业、通信业和服务业，发展物联网公共服务首先要有明确的界定范围，研究制定科学的、切合产业需求的平台认定条件和指标体系。理清业界对物联网公共服务的认识，加强对平台建设目标、重点、模式、布局的引导，防止平台建设流于形式。其次要对已认定的平台实施动态管理，对考核信誉好、服务优、成效突出的平台予以扶持奖励；对考核不合格的平台及时给予整顿和取消，不断提高平台的服务质量和水平，逐步形成社会化、市场化、专业化的物联网公共服务体系和长效机制。

（四）开展优秀公共服务平台的应用示范

尽管各地已经开展了物联网公共服务基础设施建设工作，但具备良好软/硬件条件、拥有权威资质、专业化水平高、服务辐射范围广、示范带动作用强的优秀平台十分匮乏。因此，应围绕产业支撑能力、技术创新能力、设施共享能力、资源整合能力等方面，选择一批运作规范、业绩突出、公信力强的重点公共服务平台，开展试点示范工作，为全国的物联网公共服务平台建设树立标杆。同时，要定期总结试点示范平台的典型模式和有益经验，研究制定宣传推广方案，采取多种形式加强宣传力度，提升公共服务平台的整体质量和水平。

（五）引导民间资金参与公共服务建设

我国民间投资不断发展壮大，已经成为促进经济发展、调整产业结构、扩大社会就业的重要力量，鼓励和引导民间投资参与物联网公共服务能力建设，有利于充分发挥产业资源的基础性作用，激发产业发展的内生动力。从具体措施上看，要支持民间资本兴办各类物联网公共服务机构，鼓励人才资源向民营机构合理流动，确保民营机构在人才引进、政策扶持等方面与公立机构享受平等待遇，帮助民营机构建立工程技术研究中心、技术开发中心，增加技术储备，做好技术人才培训等。

（六）加强物联网公共服务的宣传力度

加大物联网公共服务的舆论宣传，对于提升各地的理论认识水平，统一发展思路，推广优秀的建设经验和可供借鉴的运营模式具有重要作用。加强公共服务的宣传工作，一是要编制物联网公共服务年度发展报告，为业界提供翔实、可靠的信息，为政府决策提供支撑；二是要召开公共服务能力建设的经验交流会和研讨会，交流发展公共服务的做法和经验，研讨提升公共服务水平的思路和举措；三是要通过中央、地方媒体、网络媒体等手段宣传各地公共服务的发展成效，扩大公共服务在物联网产业发展中的影响力。

应用发展篇

智能工业:"新四化"有效推动,智能工业扬帆起航

智能工业是以智能设计、智能装备、智能制造、智能管理和智能产品为主要内容的新型工业模式,是工业化与信息化深度融合的新型工业形态,其核心是智能装备产业。智能工业将先进的信息化理念和工业智能技术融合应用在企业从产品研发到生产制造的全过程,支撑企业高效、高质、高值、低碳运转,实现工业转型升级,推动我国由工业大国向工业强化战略转型的实施。

第一节 发展环境

一、政策环境

中国共产党第十六次全国代表大会率先提出了"以信息化带动工业化,以工业化促进信息化"的新型工业化道路的指导思想,党的十七大则提出"发展现代产业体系,大力推进信息化与工业化融合",深刻阐述了信息化和工业化发展的内在关系,科学回答了我国走新型工业化道路的实现途径。随着两化融合工作的不断推进,十七届五中全会再次提出"十二五"期间,推动信息化和工业化深度融合,加快经济社会各领域信息化。

2012年年初,工业和信息化部发布的《物联网"十二五"发展规划》将智能工业列为未来物联网发展的九大重点应用领域之一,标志着我国工业开始由传统工业向智能工业转变。2012年5月,工业和信息化部发布的《高端装备制造业"十二五"规划》中,高端装备制造业被确立为国家"十二五"规划提出的战略性新兴产业七大领域之一,其中智能装备是高端装

备制造业的五个重点方向之一，表明中国对高端装备制造业的大力支持已经进入实质操作局面。两化融合的深入推进，物联网在智能工业领域的应用示范，战略性新兴产业对智能装备产业的重点扶持，正在推动传统工业向智能工业的转型提升。

二、应用环境

智能工业将在促进工业企业节能降耗，提高产品品质，提高企业经济效益等方面发挥巨大推动作用。中国工业规模化和信息化发展，为物联网技术在工业领域应用提供了良好的市场空间和基础条件。目前，汽车工业、电子信息、冶金石化等诸多行业已成为物联网技术在工业中应用的热点领域。在汽车制造领域，2011 年中国汽车产、销量双超 1840 万辆，中国已经成为全球第一大汽车生产和消费国，具备汽车行业物联网应用的用户基础。在电子信息领域，2011 年中国电子信息产业实现销售收入 9.3 万亿元，增幅超过 20%。2011 年规模以上电子信息制造业实现销售产值 75445 亿元，同比增长 21.1%。电子信息产业在推动信息化发展和促进两化融合方面发挥了积极的作用，同时自身的快速发展和升级也为智能工业提供了广阔的应用空间。在石油化工行业，2011 年中国石油化工全行业规模以上企业累计总产值 11.28 万亿元，同比增长 31.5%。我国石油行业从上游到下游，产业链长，企业规模大，产品结构复杂，对于节能减排和资源利用效率的要求较高，这为智能工业在石油化工中提供了巨大的应用空间。此外，中国快速发展的基础设施建设，如建筑、交通等领域，也为智能工业，尤其是智能装备产业的发展，提供了前所未有的市场空间。同时，中国通信服务与通信制造产业能力较强，具备建立工业物联网应用的网络基础。

目前，中国对物联网应用领域的研究与美国、德国等欧美国家基本同步。中国与德国、美国、日本都是国际传感网领域标准制定的主导国家。我国自主研发的用于工业过程自动化的无线网络标准 WIA-PA 和 HART 基金会标准 WirelessHART，已进入国际 IEC 标准体系，和行业较为知名的美国仪器仪表协会标准 ISA100，并列成为国际上三个主流的工业无线技术标准。在此基础上，我国还在积极推进面向离散制造业的工业无线网络技术（WIA-FA）的研究和智能工业标准制定工作。

整体来讲，中国基础设施建设快速推进，工业体量巨大，亟待信息化和智能化升级，通信、网络、软件、智能终端技术与产业基础支撑实力较强，物联网理论体系与标准制定全球领先，这些因素均为智能工业提供了良好的市场空间和应用基础。

三、技术环境

随着信息化与工业化的深度融合，物联网正在工业领域广泛渗透，形成了许多提升传统工业智能化水平的新技术和新体系。物联网相关技术和先进制造技术的结合主要集中在八大技术领域（见图 10-1）。

图 10-1　智能工业技术

资料来源：赛迪顾问，2013-02。

（1）泛在感知网络技术：建立服务于智能制造的泛在网络技术体系，为生产制造中的产品设计、设备维护、生产过程、流程管理和商务营销等提供无处不在的网络服务。

（2）泛在制造信息处理技术：建立以泛在信息处理为基础的新型制造模式，提升制造行业的整体实力和水平。

（3）虚拟现实技术：采用真三维显示与人机自然交互的方式进行工业生产，包括三维数字产品设计、数字产品生产过程仿真、三维仿真显示等技术，可大幅提高产品设计与制造效率。

（4）人机交互技术：综合传感技术、传感器网、工业无线网、新材料等领域的人机交互技术，提高了信息化制造的人机交互效率和水平。

（5）空间协同技术：以泛在网络、人机交互、泛在信息处理和制造系统集成为基础，突破现有制造系统在信息获取、监控、控制、人机交互和管理方面集成度差、协同能力弱的局限，提高制造系统的敏捷性、适应性、高效性。

（6）平行管理技术：实现制造系统与虚拟系统的有机融合，不断提升企业认识和预防非正常状态的能力，提高企业的智能决策和应急管理水平。

（7）电子商务技术：目前，制造与商务过程一体化特征日趋明显，未来要建立健全先进制造业中的电子商务技术框架，发展电子商务技术，以提高制造企业在动态市场中的决策与适应能力。

（8）系统集成制造技术：它集自动化、集成化、网络化和智能化于一身，使制造具有修正或重构自身结构和参数的能力，具有自组织和协调能力，可满足瞬息万变的市场需求，应对激烈的市场竞争。

第二节　行业现状

一、行业构成

　　智能工业是以智能设计、智能装备、智能制造、智能管理和智能产品为主要内容的新型工业模式，是工业化与信息化深度融合的新型工业形态（见图10-2）。

智能设计　智能装备　智能制造　智能管理　智能产品

图10-2　智能工业行业构成

资料来源：赛迪顾问，2013-02。

（一）智能设计

　　智能设计是指应用智能化的设计手段和设计信息化先进的系统，比如计算机辅助工程（CAE）、计算机辅助设计（CAD）、网络化协同设计、设计知识库等，支持企业产品研发设计过程中各个环节的智能化提升和优化运行。综合国内外关于智能设计的研究现状和发展趋势，智能设计按设计能力可以分为三个层次：常规设计、联想设计和进化设计。

（二）智能装备

　　智能装备主要是指具有感知、分析、推理、决策、控制功能的制造装备，它使先进制造技术和物联网技术深度融合。即先进制造业中的全自动生产线和智能化生产设备，包括智能机床、智能仪器仪表、智能机器人等。此外，还包括大型智能工程机械、高效农业机械、智能印刷机械、自动化纺织机械、环保机械、煤炭机械、冶金机械等各类智能专用装备。

（三）智能制造

　　智能制造是将智能化的软/硬件技术、控制系统及信息化系统，如分布式数控系统（DNC）、柔性制造系统（FMS）、制造执行系统（MES）等应用到制造过程中，支持制造过程优化运行。智能制造是一种由智能机器和人类专家共同组成的人机一体化智能系统，在制造过程中进行智能活动，扩大、延伸和部分地取代人类专家在制造过程中的脑力劳动。智能制造把制造自动化的概念更新，扩展到柔性化、智能化和高度集成化。智能制造是智能企业的核心。

（四）智能管理

　　智能管理是将智能化的企业管理方法和先进的管理信息化系统相结合，是人工智能与管理科学、知识工程与系统工程、计算技术与通信技术、软件工程与信息工程等多学科、多技术相互结合、相互渗透而产生的一门新技术、新学科。物联网在工业智能管理方面的应用主要集中在供应链管理和生产管理两个方面。在供应链管理方面，物联网技术主要应用于运输、仓储等物流管理领域。将物联网技术应用于车辆监控、立体仓库等，可以显著提高工业物流效率，降低库存成本；在纺织、食品饮料、化工等流程型行业，工业智能管理已在生产车间、生产设备管理领域得到广泛应用。

（五）智能产品

智能产品是指借助嵌入式软、硬件，将知识数字化，并融入产品结构中，形成具有较高智能化水平的产品，以增强产品的性能和功能，提高产品的附加值，促进产品升级换代。目前，在汽车、家电、消费电子、医疗器械、仪器仪表、工程机械、交通运输等行业智能化产品中的应用非常广泛。

二、发展现状

智能工业的核心是智能装备产业。近几年，中国智能装备行业实现了较快增长。2011年中国智能装备产业实现总产值4233亿元，较上年同比增长25.6%，增长率较上年下降15.1个百分点，在过去3年中年均增长率约为29.8%（见图10-3）。

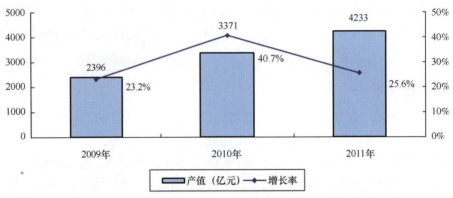

图 10-3　2009—2011 年中国智能装备产业规模

资料来源：赛迪顾问，2013-02。

中国智能装备产业主要分为基础元器件、单元测控技术装备和整机与成套设备三大领域。整机与成套设备产业发展迅速，单元测控技术装备产业占比低。2011年，中国智能装备产业规模达到4233亿元，其中整机与成套设备行业销售额占比超过62%，基础元器件行业销售额占比为31.6%，单元测控装备行业占比为6.1%（见图10-4）。

整机与成套设备产业中数控机床和机器人行业发展迅速，2010年，数控机床全年产量239万台，同比增长56%。2005—2010年，数控机床年均增长率为30.2%，行业增长迅速。2011年，中国工业机器人产量达19500台，同比增长30.2%。

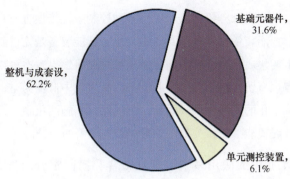

图 10-4　2011 年中国智能装备产业细分领域产值比重

资料来源：赛迪顾问，2013-02。

　　随着中国实施从工业大国向工业强国转变的国家战略，高端装备制造作为七大战略性新兴产业之一受到国家强力扶持，智能装备产业尤其是数控机床和机器人产业与市场仍将实现长期高速、稳定的发展，逐步奠定中国智能工业的发展基础。

三、发展特点

（一）智能工业正处在示范试点向规模化应用的过渡阶段

　　目前，我国总体上已进入工业化中期阶段，已建立起符合国情的门类齐全的现代工业体系，但工业大而不强。为了实现中国由工业大国向工业强国的转变，推动信息化和工业化深度融合，提升工业自动化、信息化、智能化水平是关键。2009 年，工信部确定上海、重庆、广州、南京、唐山等 8 个城市和地区成为首批国家级两化融合试验区。2011 年，工信部继续批复湖南、广西、陕西、沈阳、兰州、合肥、昆明、郑州等第二批 8 个国家级两化融合试验区。中国智能工业在"两化融合"的试点示范中，开始起步发展。随着物联网技术在工业领域的应用，更加丰富了智能工业的内涵。2012 年年初，工信部发布《物联网"十二五"发展规划》，智能工业被确定为九大重点领域之一，开展应用示范工程，推动规模化应用。目前，中国智能工业正处在试点示范向规模化应用过渡的发展阶段。

（二）智能装备水平的提升是智能工业发展的关键

　　智能工业包括智能设计、智能装备、智能制造、智能管理和智能产品五大领域，其中智能装备是智能工业最重要的组成部分，是实现其他环节的硬件基础。工信部数据显示，2006—2011 年，中国装备工业增加值平均增长率超过 25%。中国的装备工业产业体系日益齐全，产业规模不断扩大，已成为世界装备制造大国。然而，中国装备行业大而不强、企业自主创新能力薄弱。其中，智能装备产业是资金密集型和智力密集型产业，智能装备往往需要企业较高的研发能力和资金实力。目前，中国智能装备的核心关键技术对外依存度高，缺乏具有自主知识产权的技术和自主品牌与产品。智能装备国内市场自给率仅为 5% ~ 8%。以机床行业为例，中国已经是机床生产第一大国，但是主要是以经济型中低端数控机床为主，90% 的高档数控机床、95%的高档数控系统、大部分机器人和工厂自动控制系统依赖进口，科学仪器和精密测量仪器基本被国外垄断，智能装备对外依存度高达70%。智能装备是先进制造技术、信息技术和智能技术在装备产品上的集成和融合，中国智能装备企业研发投入占销售收入比例远低于国外企业，研发上投入重点也有所区别，国内智能装备产品多以中低端为主，难以满足中国制造业对智能化、数字化和网络化的发展要求。因此，中国深入实施两化融合，规模推广物联网技术在工业领域的应用，发展智能工业，关键在于智能装备水平的提升。

（三）物联网在工业中的应用多采用垂直整合和横向整合两种方式

物联网的行业应用进程是一个规模庞大的复杂技术革新过程，并且要根据目标行业特性，灵活调整应用方式，一般采用垂直整合和横向整合两种方式。垂直整合应用是指企业结合行业的特点，进行生产过程的控制。物联网在工业领域的垂直整合应用与此行业链状的生产和业务流程紧密结合，通过提供集成化的行业解决方案，为行业内企业的生产流程优化、设备管理监控、物流供应链管理等方面提供服务。物联网在工业领域的横向整合应用是跨行业、跨用户的应用，是基于公共服务平台的信息化服务。横向整合应用是运营商和解决方案提供商以工业企业、行业监管服务机构、消费者为服务对象，规模化推广和普及基于物联网的综合服务，同时提升企业、机构和消费者三方面的行业诉求。

第三节　重点应用

一、应用领域

工业是物联网应用的重要领域，具有环境感知能力的各类终端、基于泛在技术的计算模式、移动通信等将不断融入工业生产的各个环节，可以大幅提高工业领域的制造效率，改善产品质量，降低产品成本和资源消耗，将传统工业提升到智能工业的新阶段。从当前技术发展和应用前景来看，物联网在工业领域的应用主要集中在以下几个方面（见图10-5）。

（一）制造业供应链管理

物联网应用于企业原材料采购、库存、销售等领域，通过完善和优化供应链管理体系，提高了供应链效率，降低了成本。空中客车（Airbus）通过在供应链体系中应用传感网络技术，构建了全球制造业中规模最大、效率更高的供应链体系。

（二）生产过程工艺优化

物联网技术的应用提高了生产线过程检测、实时参数采集、生产设备监控、材料消耗检测的能力和水平。生产过程的职能监控、职能控制、职能诊断、职能决策、职能维护水平不断提高。钢铁企业应用传感器和通信网络，在生产过程中实现了对加工产品的宽度、厚度、温度的实时监控，从而提高了产品质量，优化了生产流程。

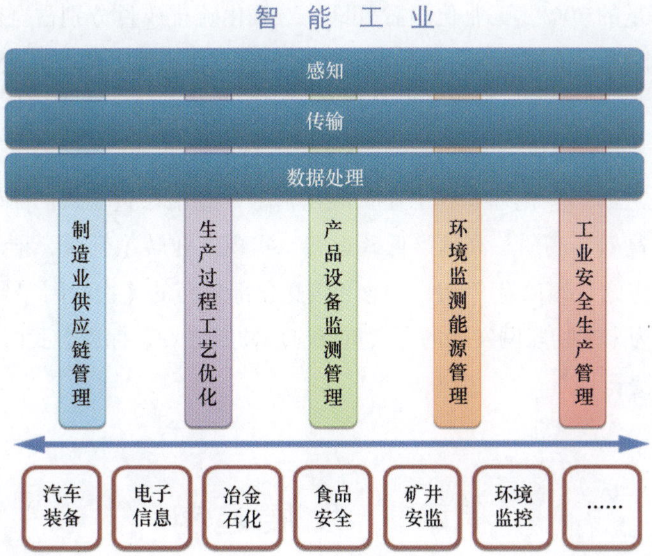

图 10-5　智能工业架构

资料来源：赛迪顾问，2013-02。

（三）产品设备监测管理

各种传感技术与制造技术融合，实现了对产品设备操作使用记录、设备故障诊断的远程监控。GEOil&Gas 集团在全球建立了 13 个面向不同产品的 i-Center，通过传感器和网络对设备进行在线检测和实施监控，提供设备维护和故障诊断的解决方案。

（四）环境监测能源管理

物联网与环保设备的融合实现了对工业生产过程中产生的各种污染源及污染治理各环节关键指标的实时监控。在重点排污企业排污口安装无线传感设备，不仅可以实时监测企业排污数据，而且可以远程关闭排污口，防止突发性环境污染事故的发生。电信运营商已开始推广基于物联网的污染治理实时监测解决方案。

（五）工业安全生产管理

把感应器嵌入和装备到矿山设备、油气管道、矿工设备中，可以感知危险环境中工作人员、设备机器、周边环境等方面的安全状态信息，将现有分散、独立、单一的网络监管平台提升为系统、开放、多元的综合网络监管平台，实现实时感知、准确辨识、快捷相应、有效控制。

二、应用价值

物联网技术在工业中的应用与推广，进一步深化了信息技术在工业领域的集成应用，为中国产业结构调整，推进产业融合发展提供了机遇。改革开放以来，我国许多城市工业的发展多以高耗能、高污染的粗放型发展模式为主。工业成为我国的"耗能污染大户"，工业用能占全国能源消费总量的 70%。工业化学需氧量、二氧化硫排放量分别占全国总排放量的 38% 和 86%。因此，中国推行节能减排，倡导低碳经济，重点在工业。随着环境、资源压力日趋增加，中国需要坚持走绿色低碳、科学和谐的特色新型工业化道路，物联网技术在工业中的集成应用，即智能工业的发展将成为实现这一国家战略的有效抓手。

智能工业将先进的信息化理念和工业智能技术融合应用在企业从产品研发到生产制造的全过程，支撑企业高效、高质、高值、低碳运转，实现工业转型升级，推动由工业大国向工业强国战略转型的实施。2012 年年初，工业和信息化部发布的《物联网"十二五"发展规划》中，将智能工业列为未来物联网发展的九大重点应用领域之一，标志着我国的工业开始由传统工业向智能工业转变。

第四节　发 展 趋 势

一、行业趋势

（一）智能工业将带来创新的服务模式和服务手段

预计未来 20 年，基于物联网的泛在信息化制造系统技术将得到快速发展，装备拟人化水平将得到很大的提升，并具有自标定、自诊断、自修复等功能，制造系统将呈现出以人为决策主体的人机协同工作的局面；利用丰富的信息支持，形成更有效的生产组织与调度，提高设备的利用率，提升制造业的生产效率。在面向基于泛在信息的智能制造系统的发展中，装备智能化水平将得到本质的提升，制造模式和制造手段不再被动地满足用户需求，而是主动感知用户场景的变化并进行信息交互，通过分析人的个性化需求主动提供服务。

（二）智能工业将推动传统制造向绿色制造模式的转变

目前，中国的制造业整体一直未能摆脱高损耗和低效率的困局，制约着中国制造业竞争力的提高。中国的传统制造业在创造巨大财富的同时，也已成为能源消耗的大户。目前，轻工、纺织等 8 个主要行业主要产品单位能耗平均比国际先进水平高 40%。近年来，"绿色制造"在国际现代工业中的影响逐渐上升。"绿色制造"是最大限度地减少对环境的负面影响和使原材料、能源等的利用效率达到最高的现代制造模式。"十二五"期间，中国国情也要求企业必须坚持绿色环保、自主创新的工业发展方式，坚持倡导绿色发展战略，不断推进开发生态、资源利用高效化、生产过程集约化、污染排放最小化。物联网技术在工业领域的应用与推广将是我国工业实现节能减排、绿色发展的重要机遇。利用物联网技术，制造企业可以以较低的投资和使用成本实现对制造全流程的"泛在感知"，获取传统由于成本原因无法在线监测的重要工业过程参数，并以此为基础实施制造流程优化控制，达到提高产品质量和节能降耗的目标。通过发展智能工业技术将推动传统制造业向绿色制造模式的转变。

二、技术趋势

（一）高度智能化的工业机器人将成为未来全自动生产线和智能物流的主要设备和工具

工业机器人技术是我国从制造大国向制造强国转变过程中的一项关键技术，也是智能工业的核心技术之一。“十二五”期间，预计中国工业机器人市场需求将以每年15%～20%的速度增长，应用领域也逐渐由电子信息制造业向传统产业扩展。工业机器人将与先进的视频控制、运动控制等技术集成，成为未来全自动生产线的主要形式。未来工业机器人智能化关键在于控制技术，诸如开放性模块化的控制系统，模块化、层次化的控制器软件系统，机器人的故障诊断与安全维护技术，网络化机器人控制器技术等。控制系统的开放与灵活，使得工业机器人所从事的生产与物流活动更加多样化。工业机器人一方面应用在电子、汽车等精密、大型的自动化工业生产线中，另一方面应用于机械、电子、纺织、卷烟、医疗、食品、造纸等行业的柔性搬运和传输中，也用于自动化立体仓库、柔性加工系统、柔性装配系统，还可以在车站、机场、邮局的物品分拣中作为运输工具。

（二）工业传感器、无线网络和过程建模将是智能工业规模化发展的关键技术

传感技术是物联网应用的通用技术。工业用传感器是一种检测装置，能够测量或感知特定物体的状态和变化，并转化为可传输、可处理、可存储的电子信号或其他形式信息。在现代工业生产尤其是自动化生产过程中，要用各种传感器来监视和控制生产过程中的各个参数，使设备工作在正常状态或最佳状态，实现最好质量的产品制造。工业用传感器是实现工业自动检测和自动控制的首要环节。未来，更加丰富、质优、价廉的工业用传感器，将成为智能工业发展的基础。工业无线网络是一种由大量随机分布的、具有实时感知和自组织能力的传感器节点组成的网状（Mesh）网络，综合了传感器技术、嵌入式计算技术、现代网络及无线通信技术、分布式信息处理技术等，具有低耗自组、泛在协同、异构互连的特点。工业无线网络技术是继现场总线之后工业控制系统领域的又一热点技术，是降低工业测控系统成本、提高工业测控系统应用范围的革命性技术。此外，传统的集中式、封闭式的仿真系统结构已不能满足现代工业发展的需要。工业过程建模是系统设计、分析、仿真和先进控制必不可少的基础。工业过程建模技术采用复杂的数据统计、挖掘、分析与仿真技术，实现对整个工业生产过程的最优设计、最优控制和最优管理，以及在安全、可靠，节能、低碳的要求下连续正常运转。

智能农业：转变农业发展方式，规模推广智能农业

智能农业，也称数字农业或信息农业，是运用遥感遥测技术、全球定位系统技术、地理信息系统技术、计算机网络技术等技术，与土壤快速分析、自动灌溉、自动施肥给药、自动耕作、自动收获、自动采后处理和自动储藏等智能化农机技术相结合的新型农业生产方式。《国民经济与社会发展第十二个五年规划（纲要）》中提出推进农业现代化，加快社会主义新农村建设，标志着国家确立了未来智能农业的发展战略。2012年年初工业和信息化部发布的《物联网"十二五"发展规划》中，将智能农业列为物联网发展的九大重点应用领域之一。

第一节　发 展 环 境

一、政策环境

2011年3月发布的《国民经济与社会发展第十二个五年规划（纲要）》将智能农业列为农业领域的重要组成部分，同时指出，"加快转变农业发展方式，提高农业综合生产能力、抗风险能力、市场竞争能力。推进农业科技创新，健全公益性农业技术推广体系，发展现代种业，加快农业机械化。加快发展实施农业和农产品加工业、流通业，促进农业生产经营专业化、标准化、规模化、集约化"。《全国农业和农村经济发展第十二个五年规划》、《全国现代农业发展规划（2011—2015年）》、《全国农业农村信息化发展"十二五"规划》、《农业科技发展"十二五"规划》均将智能农业建设列为规划期的重要建设内容。国家多项政策、规划文件的出台进一步从战略层面保障了智能农业建设的稳步推进。

二、应用环境

2011 年中央财政支出中，"三农"农业生产支出达到 10393.0 亿元，2012 年预算达到 12286.6 亿元，增长 18.2%。在 2011 年的"三农"支出中，推广农业技术和推动现代农业与农民专业合作组织发展一项的支出为 163.0 亿元，其中农业科技投入约为 66.1 亿元。2012 年这一项预算达到 101 亿元，同比增长 53.0%。预计"十二五"期间国家在农业科技方面投入将持续增加，以保障智能农业在国内的有序进行。2011 年资本市场对农业的投资达 71.3 亿元，同比增长 18.2%（见图 11-1）。资本市场对农业投资也呈现快速增长态势。

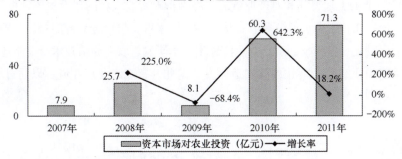

图 11-1　资本市场在新农业领域投资规模及增长率

资料来源：赛迪顾问，2013-02。

三、技术环境

物联网技术、云计算技术、移动互联网技术等多种技术的融合、延伸、拓展，提升了农业智能化水平。通过物联网技术感知掌握有关土壤水分、土壤肥力（氮、磷、钾）、病虫害、作物苗情；通过遥感技术（RS）、地理信息系统（GIS）、全球定位系统（GPS）实时情况做出生产决策；通过互联网技术将信息传送到云计算中心，计算出结果传送到 PC、PDA 等智能终端；这些技术日趋成熟，并逐步应用到了智慧农业生产中，提高了农业生产的管理效率，提升了农产品的附加值，加快了智慧农业的建设步伐。例如，由于新疆特有的干旱缺水气候，节水是新疆农业需要解决的关键问题。新疆建设兵团通过高效用水信息控制的渠系自动计量和膜下滴灌精准灌溉技术，开发研制的农田土壤水分数据采集和智能节水灌溉系统大幅度提高了劳动生产率，职工管理的农田由原来 60 ~ 80 亩提高到 200 亩，实现每亩节水 40%，节肥 20%，棉花增产 25% 以上。

第二节　行业现状

一、行业构成

智能农业改变了粗放的农业经营管理方式，可以提高动植物疫情疫病防控能力，确保农产品质量安全，引领现代农业发展，对提升改造传统农业具有重要的意义。但是"智能农业产业"的范畴还有待进一步明确。根据目前智能农业的发展现状，其产业呈现以下特征：一是参与企业众多，除去传统农业中农业种植、加工、流通、分销企业以外，还有通信、集成电路、软件、智能化设备和服务提供商等企业参与现有农业产业中。二是商业模式创新不足，智能农业发展还处于初级阶段，新进入的很多企业缺乏成熟的商业模式，因而企业无法独自推出合适的解决方案。三是相关产品具有很高的技术含量，是现代通信技术、半导体技术、信息技术与电力技术高度融合的高科技产品。四是缺乏智能农业领域的高端技术人才，无法短期内解决大量在智能农业中面临的技术难题。

　　根据智能农业的上述特征和对产业链的深度剖析，智能农业的建设覆盖种植（养殖）、加工、仓储、物流、销售五个价值链环节；从产品结构来看，可以分为智能农业基础设施设备研发制造、农业自动化设备研发制造、农业信息化技术研发、农业通信技术研发制造、智能农业运营与增值业务开发以及智能化终端制造研发。因此，智能农业产业链可以通过如图 11-2 所示的一个二维结构图来表示。

	种植（养殖）	加工	仓储	物流	销售
智能农业基础设施设备研发与制造	农田水利设施、气象监测站、土壤墒情监测点、智能有害生物监测设备		恒湿粮食存储设备、粮食干燥设备	仓储管理机器人、智能仓储分拣机	
农业自动化设备研发与制造	温度传感器、湿度传感器、二氧化碳传感器等智能灌溉系统、自动喷药系统、智能施肥系统	自动化加工设备、智能生产线	粮食储存品质监测系统、粮仓温度管理系、区域粮食应急系统	智能配送柜	
农业信息化技术研发	农业生产管理综合分析决策、实时数据库、数据中心全数字化远程信息管理系统、专家远程诊断系统		智能粮食仓监控系统	智能农业物流决策支持系统、农产品溯源系统	数据中心建设与运维 农产品溯源查询系统
农业通信技术研发	ZigBee、WiFi、3G、TD-LTE、UWB		RFID智能管理系统、RFID粮食出入库作业系统		
智能农业运营与增值业务开发	农户的农村信息化服务网络、农业新闻资讯、供求商情、市场行情、农业百科等增值服务				农产品注册信息服务、食品安全等增值服务
智能农业终端研发制造	RFID信息采集读取设备、智能农业机械车载终端				

图 11-2　智能农业产业链结构

资料来源：赛迪顾问，2013-02。

　　随着国内城镇化率的不断提高，直接从事农业生产的人口规模呈现逐年下降趋势，农业大规模机械化、集约化发展是提高农业生产效率、提高土地资源的利用率、保障城镇化进程中食品安全的必然要求。信息化是我国农业产业提升的新动力，信息化水平可以进一步提升农业生产效率，促进农村、农民增产和增收。因此，智能农业是未来农业发展的主要模式。"十二五"期间是我国农业产业从传统农业向智能农业的过渡期。"十二五"期间在智能农业方面投资稳步上升，2011 年国家农业科技投资规模为 66.1 亿元（见图 11-3）。

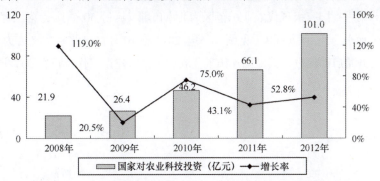

图 11-3　中央财政在现代农业科技方面投入资金规模及增长率

资料来源：赛迪顾问，2013-02。

二、发展现状

2011 年智能农业处于发展的早期阶段，各环节处于正在进行智能化试点建设阶段。由于农产品从种植到收割周期较长，因而全面试点阶段还需要一定的时间。智能农业产业链可细分为种植（养殖）、加工、仓储、物流和销售等环节。智能农业整体投资规模分为政府投资部分和民间投资部分。按照政府投资撬动民间资金的比例为 1：3.5 测算，农业科技吸引民间投资额度达 231.4 亿元，2011 年智慧农业产业总投资规模达 297.5 亿元。智能农业产业链环节投资额最大的是农业种植（养殖）环节，达 174.6 亿元，占总投资额的 58.7%（见图 11-4）。

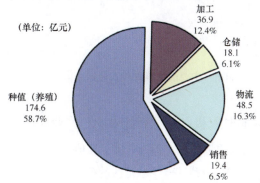

图 11-4　2011 年中国智能农业产业链各环节投资额

资料来源：赛迪顾问，2013-02。

三、发展特点

（一）智能农业试点建设初期，试点工作稳步有序展开

2011 年，智能农业处于试点建设期，试点工作主要集中在种植（养殖）环节。农业部制

定的《全国农业农村信息化发展"十二五"规划》中确定的 200 个国家级现代农业示范区获得农业部和财政部资金补贴，并先行试点开展 3G、物联网、传感网、机器人等现代信息技术在该区域的先行先试，推进资源管理、农情监测预警、农机调度等信息化的试验示范工作，完善运营机制与模式。第一批国家级现代农业示范区为北京市顺义区等 50 个县；第二批为北京市房山区等 101 个市（地）、县（区）、镇（见图 11-5）。2012 年 10 月，以北京顺义区为代表的国家级现代农业示范区开始启动建设，其他国家级现代农业示范区建设工作也正在稳步推进中。

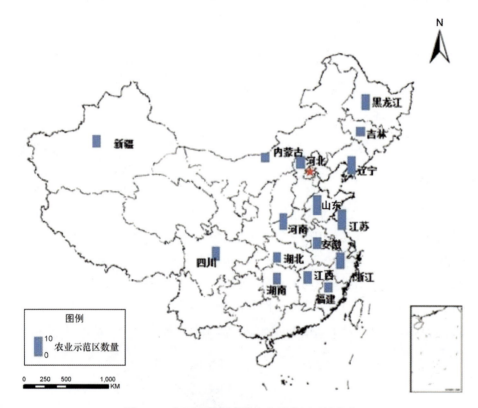

图 11-5　主要国家级现代农业示范区区域分布

资料来源：赛迪顾问，2013-02。

（二）各省、市、县同时积极打造"智能农业"产业园区

在国家级现代农业示范区的带动下，各省、市、县地方政府也在积极筹备"智能农业"园区的建设工作。马鞍山市计划打造囊括 30 个示范区的智能农业产业园区，天津市将建设八大农业示范区的农业产业园，沈阳市将建设规划面积 22 平方千米的现代农业产业园。在国家级现代农业示范区的带动下，农业示范区的示范效应凸显，各省、市、县的农业产业园区建设将进一步加快我国智能农业产业的发展进程。同时，示范效应带动了智能农业产业园区的创新，沈阳市农业产业园区中将规划建设生态观光旅游区和生态林业休闲区等创新型的智能农业业态。

（三）"公司 + 合作组织 + 农户"成为智能农业发展新模式

"智能农业"全面推广阶段使广大农户能够实现智能化种植、灌溉、收割。智能农业试点建设初期，需要大量的人力投入和资金投入，人力和资金成为智能农业全面推广的阻力。"公司＋合作组织＋农户"的模式可以实现标准化生产，统一种植品种，统一智能化生产技术，统一质量标准，统一品牌，并通过技术服务支持、订单种植、网上销售、参与期货保值等手段，实现生产智能化、品种专业化、种植规模化、销售产业化。这种模式大幅度降低了农户的生产成本，提高了农民生产效益。黑龙江地区采用"公司＋经济合作组织＋农户"的模式成为了智能农业推广的先例（见图11-6）。

图 11-6　智能农业发展的模式

资料来源：赛迪顾问，2013-02。

第三节　重点应用

目前，物联网技术在智能农业中的应用主要集中在种植（养殖）环节，其次物流环节主要是农产品和食品溯源应用。物联网智能农业应用体系架构如图11-7所示。

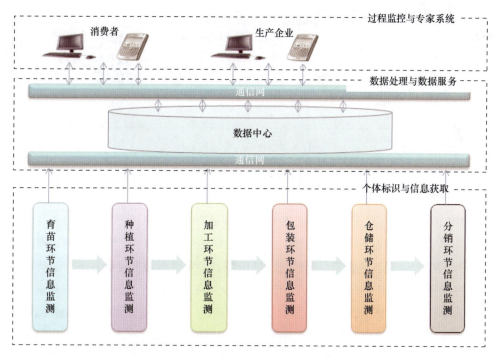

图 11-7　物联网智能农业应用体系架构

资料来源：赛迪顾问，2013-02。

一、应用领域

（一）农业生态环境监控

农业生态环境是确保国家农产品安全、生态安全、资源安全的重要基础。我国在农业生态环境监测方面，运用无线地面监测站和遥感技术结合的墒情监测系统，利用大气环境和水环境监测系统，实现了对大气中二氧化硫、二氧化氮等有害气体，水温、pH、浊度、电导率和溶解氧等水环境参数的实时监测。农业生态环境开启了物联网技术在农业生态环境监测上的应用。目前，我国多个省市建立了墒情监测系统。

（二）农产品安全溯源

农产品安全是维系人们生命和健康的重要因素，构建"从农田到餐桌"的农产品安全生产与溯源体系日益迫切。通过分析中国农产品安全生产的产地环境和加工流通环节的实际情况，应用 GIS 技术，结合产区地形地貌、农产品种植等情况，对种植区域进行产地划分，采用以行政区划码和地块编码为主体的方式进行统一编码，给每个种植（养殖）地块一个唯一的身份编码，将其与农产品生产信息关联起来，实现产地信息的可视化表达。另外，结合农产品安全生产供应链，采用 RFID 技术，将农产品安全生产的生产、加工和流通环节的信息联系在一起，实现农产品的质量安全全程跟踪与回溯（见图 11-8）。

图 11-8　农产品安全溯源系统

资料来源：赛迪顾问，2013-02。

（三）智能畜禽产品养殖

随着 RFID 产业技术的发展，大量 RFID 标签和动物个体信息特征微小型传感器已迅速进入奶牛、肉牛、养猪场等的精细化管理中。其中，RFID 标签不仅用于动物身份识别，还可对动物个体每天的饮水量、进食量、运动量、健康特征、发情期等重要信息进行记录与远程传输，同时开始用于动物疫情预警、疾病防治及精细化养殖管理。在我国，河南省建立了畜禽饲养地理分布定位网络系统，该系统以自然村为基点单位，涵盖河南省所有畜禽饲养和规模养殖场、畜产品加工厂、饲料厂、兽药厂及畜禽交易市场的地理分布情况。系统大大提高了对重大动物疫情控制的应急能力和指挥能力，更有利于科学实施畜产品优势区域布局开发，促进畜牧业持续、稳定、健康发展。

（四）温室环境智能监控

温室环境智能监控是智能农业的一个重要应用方面。系统利用智能农业技术，可实时远程获取温室大棚内的部的空气温湿度、土壤水分温度、二氧化碳浓度、光照强度及视频图像信息，通过模型分析，远程控制湿风机、喷淋滴灌、内外遮阳、顶窗侧窗、加温补光等设备，保证温室大棚内的环境最适宜作物生长，为作物高产、优质、高效、生态、安全创造条件。同时，该系统还可以通过手机、PDA、计算机等信息终端向农户发送实时监测信息、预警信息、农技知识等，实现温室大棚集约化、网络化远程管理，充分发挥智能农业技术在农业生产中的作用。

（五）智能农业防灾减灾

2011 年，我国耕地面积 1.33 亿公顷，农业人口为 6.7 亿人。我国是世界上自然灾害最严重的国家之一，每年的自然灾害给农业造成的经济损失达 500 亿元。我国农业在未来很长一段时间难以改变自然灾害给农业造成的损失。智能农业防灾减灾应用可以有效地减少自然灾害对农业生产和病虫害等灾害对农业生产作业的损失。例如，新疆生产建设兵团所处的地理位置特殊，生产作业受气候条件影响较大，为了为提高兵团农业气象信息服务水平，兵团已建设了 43 个卫星气象单收站、73 个地面自动气象观测站和数字化天气雷达 18 部。根据农业生产的需要，适时提供年度气候年景分析预测、棉花播种期预测和夏季热量条件分析等气候预测信息，实时开展人工影响天气作业。通过兵团农业气象信息服务业务平台，实现适时监控决策、统一指挥调度、统一区域联防，大大提升了棉花每亩产量。2010 年，新疆生产建设兵团棉花单产平均水平为 153.9 公斤 / 亩，比全国棉花单产平均水平 82.1 公斤 / 亩产高 87.6%。

二、应用价值

物联网技术在农业领域的应用，是推动信息化与农业现代化融合的重要切入点，也是推动我国农业向"高产、优质、高效、生态、安全"发展的重要驱动力。农业物联网技术集成先进传感器、无线通信和网络、辅助决策支持与自动控制等高新技术，可以实现对农业资源环境、动植物生长等的实时监测，获取动 / 植物生长发育状态、病虫害、水肥状况以及相应生态环境的实时信息，并通过对农业生产过程的动态模拟和对生长环境因子的科学调控，达到合理使用农业资源、降低成本、改善环境、提高农产品产量和质量的目的。

第四节　发 展 趋 势

一、行业趋势

2011 年第六次人口普查结果显示，相比 2000 年第五次人口普查我国农村人口数量减少

13323.7 万人，平均每年农村人口数量减少 1332.4 万人。按照 2000 年农村人均耕地面积为 2.38 亩计算，每年有 3174.0 万亩耕地流转耕种。城镇化是中国社会发展的主要趋势，未来城镇化率会持续提升，将会有越来越多的耕地流转耕种。农业机械化、集约化发展已经成为未来我国农业发展的大趋势，随着智能农业的推广，农业生产效益确定性大大增加，从事农业种植（养殖）环节的龙头企业将呈快速增长态势。

（一）农业生产先产后销模式向订单模式演进

智能农业技术在农业生产作业中的应用使得农业由"靠天吃饭"模式向着"精准"模式转变，农业产业的产量、周期、产品的品质都大大提升。传统农业由于生产作业过程中存在着天气、自然灾害等多方面的不确定因素，农业收成无法准确预知。基于我国农产品特别是粮食还需要大量进口的现状，智能农业技术的运用大大提高了农业收成的确定性，因而在某些细分的农产品领域的农业生产模式将从产销模式演变为订单模式。按需进行农业产品的种植、加工，可以有效地提升农业产业效率，优化土地资源配置效率，极大地满足我国对多种农产品的需求。

（二）流通环节成为智能农业发展的重点环节

农产品流通环节已经成为制约农业产业发展的一大瓶颈。从 2011 年内蒙古地区土豆滞销、山东地区白菜滞销等到 2012 年安徽部分地区水果滞销可以看出，农产品流通环节已经成为制约农业产业发展的关键环节。随着智能农业在农业产业中的广泛应用，开发农产品和物流企业联网信息化系统，拓展智能物流技术在农产品流通环节的应用成为促进智能农业发展的推动力。农产品流通还需要借力农产品电子商务，有效提升农产品流通的效率。黑龙江农垦区利用农产品产业化、规模化优势，组织大米、大豆等产品参与期货市场交易，通过建立电子交易系统开展网上订单、网上竞价等形式，促进了产销对接，降低了交易成本。自 2008 年 10 月启动粮食电子交易市场，截至 2010 年 5 月，农垦区标准合约撮合交易总量实现 4600 万吨，总成交额超过 1300 亿元，农垦区增收 8700 万元，目前日成交量达 5 万批以上。

（三）智能农业生产需求转向系统级解决方案

智能农业在种植（养殖）、加工、仓储、物流和销售的多个产业链环节中涌现出不同的农业信息化系统、产品和解决方案。目前，缺乏具有全行业智能农业产品开发、提供解决方案的企业。基于农产品、食品安全的要求，在农业产业的多个细分产业中，"全产业链"模式已经成为保障食品安全的主流商业模式。未来随着智能农业的推广，"智能农业全产业链"模式将成为农业产业发展的新方向。农业各细分产业链产供销信息化系统的构建推动了产业链环节信息系统的融合，系统级解决方案将为信息系统融合提供便利，在未来融合趋势中发挥重要作用。

二、技术趋势

（一）区域智能化和数字化向农业物联网迈进

农业种植智能化、农业信息处理数字化是智能农业的典型特征。目前，农业种植环节仅实现了小片区域的小型农业智能信息系统。未来，随着智能信息系统的大面积在同一种植领域的运用，分立的智能农业信息系统将实现互联，最后实现多产业链环节信息系统的互联，构建农业产业物联网。北京市的"221信息平台"整合了市级相关单位和各郊区县的涉农数据，综合集成了多种信息技术和最新农业分析模型，面向消费者、生产者、经营者和管理者等不同群体，开发了信息查询、分析决策和综合服务等基本功能。该信息系统形成了区域农业物联网的雏形。

（二）"生态化＋智能化"成为智能农业新方向

智能农业将重点提升农业信息化水平，实现更加节约、更加高效的农业产出。生态农业则是遵循生态学、生态经济学规律，通过农、林、牧、副、渔等多成分、多层次、多部门相结合的复合农业系统获得生产发展、能源再利用、生态环境保护、经济效益相统一的综合性效果。通过生态化和智能化的有机结合，农业产业发展走向更节约、环保、高效、绿色的农业业态。宁波市鄞州区建立了智能生态农业区，农田里面种植水稻，水渠里面养殖乌龟、鱼，水上养殖鸭子，在水稻周围种植小面积的芝麻、玉米、蔬菜水果等。芝麻、玉米、蔬果区域为蜘蛛、寄生蜂益虫提供栖息地，鸭子吃水稻种的飞虱，乌龟吃水稻田里的害虫福寿螺。建设养殖猪基地，对猪粪进行干湿分离，猪粪通过高温发酵后制成有机肥用于水稻种植；尿液及冲洗污水进入沼气池进行厌氧发酵处理，产生的沼气作为牧场生产生活用能，沼液、沼渣及有机肥料返田及灌入河道培育浮游生物，同时将种植的牧草经过加工再作为养猪饲料。借助生产企业管理平台、动物防疫指挥管理信息系统、测土配方智能配肥系统、病虫防灾防害系统等智能系统，使得生态农业区构成了"猪—沼（肥）—草（菜、杂粮、水果）—鱼、龟"智能生态农业产业链。

智能物流：服务升级势在必行，智能物流价值显现

智能物流是利用集成智能化技术，使物流系统能模仿人的智能，具有思维、感知、学习、推理、判断和自行解决物流中某些问题的能力。未来，随着物流一体化和物流层次化、物流柔性化与物流社会化发展的逐步推进，智能物流的理念与相关技术将对物流业务的开展与运营产生重要影响。

第一节 发展环境

一、政策环境

近年来，物流相关政策密集出台，不断地完善我国物流管理体制、规范物流运行市场，对智能物流业的快速发展和健康发展起到了积极的引导作用。一方面，中央部委对智能物流产业高度重视，各部门联合下发多项物流相关政策，包括《关于促进物流业健康发展政策措施的意见》、《关于快递企业兼并重组的指导意见》、《关于延伸铁路货物运输服务链、加快发展铁路智能物流的实施意见》等；另一方面，地方政府积极落实中央的指导意见，结合当地的智能物流产业发展情况，制定和采取了一系列政策措施。

2009—2010年，工业和信息化部组织制定的《物流信息化发展规划（2010—2015）》和国务院发布的《物流业调整和振兴规划》明确指出物流行业的规划目标是"提高物流信息化水平，加强物流新技术的开发和应用"，"货物跟踪定位、智能交通、物流管理软件、移动物流信息服务"等关键技术攻关是物流建设的重点工程；2011年，国务院办公厅发布的《关于促进

物流业健康发展政策措施的意见》明确提出，要加快物流管理体制改革、鼓励整合物流设施资源、推进物流技术创新和应用、加大对物流业的投入；2012年，工业和信息化部两化融合工作会议屡次强调将物流信息化作为重点推进项目。国家及地方政府持续大力推进政策的落实，切实帮助企业减轻负担，积极鼓励新型技术的创新应用，努力提升物流行业发展的系统化、信息化和自动化，促进未来物联网在物流行业中的应用不断推广和普及，为智能物流的发展提供了有力的支撑（见表12-1）。

表 12-1　中国物流业相关重点政策

时　　间	政　　策	发布单位
2011 年 11 月	《物联网"十二五"发展规划》	工业和信息化部
2011 年 8 月	《关于促进物流业健康发展政策措施的意见》（国办发〔2011〕38 号）	国务院办公厅
2011 年 7 月	《关于延伸铁路货物运输服务链、加快发展铁路智能物流的实施意见》	铁道部
2011 年 6 月	《关于开展收费公路专项清理工作的通知》（交公路发〔2011〕283 号）	交通运输部、国家发展改革委、财政部等
2011 年 5 月	《关于快递企业兼并重组的指导意见》	国家邮政局
2011 年 4 月	《交通运输"十二五"发展规划》	交通运输部
2011 年 4 月	《商贸物流发展专项规划》（商贸发〔2011〕67 号）	商务部、发展改革委、供销总社等
2010 年	《关于印发农产品冷链物流发展规划的通知》（发改经贸〔2010〕1304 号）	发改委、经贸委等
2009 年	《国务院关于印发物流业调整和振兴规划的通知》（国发〔2009〕8 号）	国务院办公厅
2009 年	《国家交通运输物流公共信息共享平台建设规划（2012—2020）》	交通运输部
2009 年	《物流信息化发展规划（2010—2015）》	工业和信息化部

资料来源：赛迪顾问，2013-02。

二、市场环境

中国已经发展成为世界第二大经济体，是经济总量最大和增长速度最快的新兴市场国家，经济的快速发展带来了物流服务需求的大规模增长。2012年1～9月，中国国内生产总值（GDP）达到35.3万亿元，相比2005年同期增长130%；社会物流总额达到35.6万亿元，相比2005年同期增长170%以上；物流需求系数为3.69。在宏观经济快速发展的环境下，物流服务需求大规模增长。同时，随着经济总量的不断攀升，经济质量越来越受到国家的重视。智能物流业作为现代服务业的重要组成部分，对于优化调整产业结构和转变经济发展方式有着十分重要的作用，有利于提升经济发展质量。因此，在我国经济转型升级、提升发展质量的关键时期，智能物流业是国家支持发展的重点领域。同时，发展智能物流成为我国提升智能物流质量、提高经济效益的重要举措。

2001—2011 年中国社会物流总额增长率及 GDP 增长率对比如图 12-1 所示。

图 12-1　2001—2011 年中国社会物流总额增长率及 GDP 增长率对比

资料来源：赛迪顾问，2013-02。

2005—2011 年中国社会物流总额及增长率如图 12-2 所示。

图 12-2　2005—2011 年中国社会物流总额及增长率

资料来源：赛迪顾问，2013-02。

　　和国外发达国家相比，我国物流各个环节，如运输、仓储、配送的成本以及劳动力和设备成本都远远低于发达国家，而整个物流过程的综合成本却大大高于发达国家。其主要原因就是物流各环节信息化程度低，信息沟通不畅，造成库存大，运力浪费。发展智能物流已经成为提高物流效率，降低物流成本，减少资源消耗的重要手段。此外，随着电子商务、智能交通与物流服务的结合越来越紧密，物流自动化设施及设备、智能传输、信息化系统和智能服务等各个环节将全面支撑智能物流业向着智能化方向快速发展。

三、技术环境

　　在物联网技术应用方面，新型传感及传感节点技术、传感节点组网与协同处理技术、物联网软件及系统集成技术、物联网应用抽象及标准化技术、物联网共性支撑技术等能够广泛应用于物流行业，实现信息获取和网络传输，从而为货物跟踪、产品追溯以及物流安全管理等方面提供支撑。物联网协同感知技术、样本库共性技术、二维码标签和识读器、RFID 标签和读写器、摄像头、GPS、传感器等的推广应用极大地提高了物流效率，提升了企业和监管部门对物流过程的管理能力，在冷链物流、危险品物流、特种装备物流以及散杂货物流等领域的应用中发挥了重要的作用。

智能物流是物联网技术应用的重要领域，在集装箱运输、场站（港口）及枢纽管理中，RFID 技术和光电传感器发挥着重要的作用；长距离激光传感器应用在物流行业巷道堆垛机自动控制系统中，实现了立体仓库的有效管理。大力开展物流信息化的建设，推进智能物流产业和物联网产业的融合发展，是整合优化资源，提升物流能力，克服当前物流业不能满足制造业需求，促进物流业与制造业良性互动的重要途径，同时为物联网技术的应用提供了广阔的平台。

目前，从我国物联网产业的发展来看，关键技术、产业链等多方面都不成熟成为智能物流发展的一大瓶颈，特别是国内物流企业缺乏系统的 IT 信息解决方案，不能借助功能丰富的平台，快速定制解决方案，保证订单履约的准确性，同时，各个地区的物流企业分别拥有各自的平台及管理系统，信息共享水平低，地方壁垒较高。但随着高新技术的应用，物流设施、物流装备和物流管理的现代化水平不断提高。一些公司针对性地推出了物流信息化解决方案，以较低成本建立和维护符合行业标准的数据交换中心，把标准的互联网连通能力与先进的窗体技术结合起来，使用户能够轻松地与贸易伙伴的系统相结合，随时随地开展业务。

我国智能物流技术已基本成熟。智能物流应用已经形成了以信息技术为核心，物联网技术与运输技术、装卸搬运技术、自动化仓储技术、库存控制技术、包装技术、配送技术等专业技术充分融合的技术体系（见表 12-2）。

表 12-2　中国智能物流重点技术一览

类　别	主要内容	重点技术
运输技术	载运工具运用工程、交通信息工程及控制、交通运输经营和管理技术等	智能交通技术、卫星定位技术（GPS）、地理信息系统（GIS）、遥感技术（RS）等
装卸搬运技术	自动化搬运与装卸技术	自动化导向小车技术（AGV）、智能化搬运机器人技术、智能化堆垛机器人技术等
库存控制技术	对物资的存储、保管、缓冲等所采用的各种技术	仓储管理系统（WMS）、管理信息系统（ERP）、无线射频（RFID）、传感网、电子识别、自动化立体仓库、生产库存计划等
包装技术	包装设备、保障方法等	条码及标签技术、电子数据交换技术（EDI）等
配送技术	根据客户要求，对物品进行拣选、加工、包装、分割、组配等作业，并按时送达指定地点	物流集成技术、电子商务技术、智能交通技术、物流公共平台技术、配送方案设计等
信息技术	对物流活动产生的各项数据及信息进行分析处理	信息识别技术、信息传输技术、信息处理技术、信息挖掘技术、信息安全技术等

资料来源：赛迪顾问，2013-02。

第二节 行业现状

一、行业构成

智能物流涉及范围广泛、带动性强，从行业结构上可以分为设施层、平台层、服务层和应用层。其中，设施层以基础设施、功能设施和技术装备为主；平台层以设施平台和信息平台为主；服务层以基础性服务、第三方物流服务和第四方物流服务为主；应用层以物流服务对象为主（见图 12-3）。

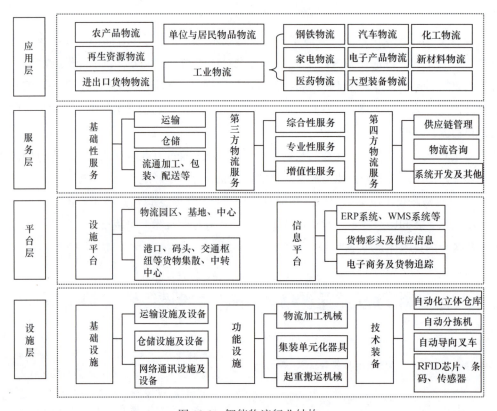

图 12-3 智能物流行业结构

资料来源：赛迪顾问，2013-02。

二、发展现状

目前，随着我国智能物流的发展，第三方物流企业之间的竞争逐渐体现为差异化服务的竞争。物流成本、物流周期、物流效率以及物流质量等都会影响企业的服务能力和发展能力。在农副产品物流、批发零售业物流、汽车物流、钢铁物流、化工物流、煤炭物流、乘用车物流、海关物流监控、书业物流、军事物流以及应急物流等领域，传感技术、通信技术、信息平台技术的应用使得物流的效率和服务水平显著提高。对于物联网在智能物流领域的应用，能够提供满足物流需求的协同感知技术、样本库共性技术、二维码标签和识读器、RFID标签和读写器、摄像头、GPS、传感器、终端等技术和产品是企业开发物流市场的基础。

利用物联网技术实现智能物流离不开物流传感器、物流电子产品、物流行业应用软件及管理系统产品。

在物流传感器产品领域：传感器应用于各种运输工具以及仓储管理、装卸搬运、流通加工过程中，包括物理量和化学量特种传感器产品、成像传感器产品、光电传感器产品等。在特殊装备物流、冷链物流及危险品物流等领域，传感器产品的普及率相对较高，但是整体仍与国外发达国家差距较大。物流传感器产品制造企业之间的竞争不仅体现在技术水平的竞争方面，更体现在产品功能的设计以及物流应用解决方案的提供能力方面。目前，我国尚未形成针对物流应用的传感器制造产业，这与传感器应用的通用性有直接关系。物流业对传感器产品的可靠性和稳定性要求较高。由于物流过程涉及仓储、运输、装卸搬运、流通加工等多个环节，无论是应用于物流设施设备上的传感器产品，还是使用在物流标的物上的传感器产品都需要具备可靠的性能，达到工业级产品的标准。因此，物流传感器产品制造企业更需要从物流过程入手，深入理解行业特点，通过提升技术和产品的定制化设计能力获得市场竞争力。

在物流电子产品领域：目前，国内物流行业物联网应用中的超高频芯片天线设计与制造、RFID卷标封装技术与装备、读写器关键芯片、测试技术和设备中间件等的开发应用仍处于劣势，在许多国家重大专项的材料采购中，核心芯片的报价都由国外厂商控制，对国外厂商的依赖程度较高。中国企业需要加大整机产品功能与传感技术的结合，重点发展视频识别产品、网络传输产品、数据存储产品。

在物流行业应用软件及管理系统产品领域：企业之间的竞争根据物流领域的不同呈现不同的特点。从数量上看，仓储软件企业数量最多，但是普遍规模较小，核心竞争力不足，而且一些大型企业采用ERP信息系统管理模式，仓储管理只是其中一个模块，专业化仓储管理软系统（Warehouse Management System，WMS）的设计能力有待提升；从功能上看，物流软件供应商只有对物流的全过程有深入的理解，才能开发出适应行业需要的产品，而软件企业对物流行业应用人才的缺乏导致企业之间的竞争仅停留在服务提供层面，缺乏高质量服务设计能力。

此外，从全国各主要省市智能物流发展的情况来看，在物流服务需求增长的带动下，智能物流的发展水平逐步提高。

（一）北京市

1. 产业基础

北京市以国际物流和高端物流总部为特色，打造服务全国、辐射世界的国际物流中心。北京市作为全国的政治及文化中心，具有非常优越的地理位置和丰富的物流资源，北京市致力于打造服务全国、辐射世界的国际物流中心城市。

北京市依托物流基地、物流中心、配送中心等三级物流节点与航空、海运、铁路及公路运输网络构筑无缝衔接的立体化物流平台，根据北京市的产业发展方向和商贸流通特征，重点发展电子商务、电子产品、医药、快速消费品、食品冷链、家电、图书、汽车、农产品、服装纺织等高端行业物流。

2. 产业现状

目前，北京市已基本形成基于点、线、面相互协调的"三环、五带、多中心"的物流节点布局，建成了顺义空港物流基地、平谷马坊物流基地、通州马驹桥物流基地、房山良乡物流基地、大兴京南物流基地五大物流基地，培育和引进了 TNT、DHL、FedEx、UPS、中铁快运、中铁行包、中铁现代、宅急送、邮政 EMS 等一批国内外重点物流企业的总部，聚集了当当、京东、凡客、苏宁易购等一流电商。

2012 年，北京市社会物流总额达到 7.6 万亿元，物流业产值超过 650 亿元，物流业增加值年均递增达 12% 左右。

3. 产业措施

北京市智能物流业发展所采取的具体措施：一是优化空间布局，完善物流相关基础设施建设；二是大力发展面向国际贸易、服务世界城市建设的国际物流系统；三是大力发展面向先进制造业和战略性新兴产业的供应链物流及物流总部基地；四是大力发展面向商贸流通企业和消费者的城市配送物流；五是强化区域物流合作，拓展首都物流圈的服务功能。

（二）上海市

1. 产业基础

依托保税港和国际航运中心构筑一体化物流体系，建设重要的国际物流枢纽和亚太物流中心。上海市是我国经济最为活跃的长三角地区中心，拥有世界货物吞吐量排名第一的上海港口，并且已经发展成为重要的国际物流枢纽和亚太物流中心。上海市智能物流业将以"搭建平台、培育主体、完善网络"为关键环节，聚焦口岸物流、制造业物流和城市配送物流三大重点领域。上海市智能物流业一方面深化设施平台、信息平台、政策平台三大平台的建设，提升智能物流功能；另一方面，结合上海市社会、经济、产业发展的需要，重点推进口岸物流、制造业物流和城市配送物流三大物流领域的发展，并以此带动其他物流领域的协同发展。

2. 产业现状

目前，上海市智能物流业已形成了"四大园区、四大基地"的空间布局，四大园区包括深水港物流园区、外高桥物流园区、浦东空港物流园区和西北综合物流园区，四大基地包括国际汽车城物流基地、化学工业区物流基地、临港装备制造业物流基地和钢铁及冶金产品物流基地。国际著名物流企业纷纷入驻，国家 A 级标准物流企业数量居全国前列。

据上海统计局发布的数据显示，2012 年 1 ~ 9 月上海市货物运输总量已超过 7 亿吨，上海港港口货物吞吐量达近 6 亿吨，国际标准集装箱吞吐量近 2500 万 TEU。2012 年，上海市交通运输、仓储和邮政业增加值达到 861 亿元。

3. 产业措施

上海市智能物流业发展所采取的具体措施：一是以公共信息平台为抓手，加紧推进物流信息化发展；二是以交通设施网络化为抓手，加紧推进物流网络化发展；三是以构建保税物流体系为抓手，加紧推进物流国际化发展；四是以引进和培育相结合为抓手，加紧推进物流社会化和专业化发展。

（三）重庆市

1. 产业基础

重庆市借助西部大开发政策，以商贸物流业为主建设中国西部的智能物流中心。重庆市位于中国西部和中部结合处，是我国西部大开发的前沿和核心地区。在政府的支持下，智能物流业已经发展成为重庆经济的新增长点。

重庆市依托"三基地四港区"发展智能物流业。其中，铁路物流基地以电子、建材类物流为重点，公路物流基地以家具、汽摩配件、机电产品类物流为重点，航空物流基地以快递物品、高端精细物品、生物医药类物流为重点，寸滩港区以港口集装箱货物为重点，果园港区以汽车及零配件类物流为重点，东港港区以机电、医药产品类物流为重点，黄磷港区以有色金属、废旧金属、黑色金属类散货物流为重点。

2. 产业现状

目前，重庆市通过建设西部智能物流产业园、空港物流园、寸滩港物流园三大枢纽型物流园区，打造长江上游无缝连接的多式联运平台，构建长江上游智能物流中心的主骨架。重庆市聚集了近 8000 家物流服务企业，其中营业收入 10 亿元以上的 5 家、1 亿元以上的 30 家，包括国内领先的重庆港务物流集团有限公司、民生轮船有限公司、重庆交通运输控股（集团）有限公司、重庆太平物流有限公司等。

据重庆市物流协会统计，重庆市 2012 年全年的货运量为 7.1 亿吨，智能物流业增加值在 450 亿元以上，占服务业比重的 16%。

3. 产业措施

重庆市智能物流业发展所采取的具体措施：一是发挥对外物流通道网络效能，推动实施"一江两翼三洋"国际物流大通道战略，畅达成渝、沪汉渝等八大国内物流大通道；二是加快建设重大物流基础设施，如港口、物流园区和交通网络等；三是发展城乡一体化配送体系，形成以主城区为核心的配送网络；四是培育壮大物流企业，重点实施龙头物流企业扶持工程、中小物流企业培育工程和百强物流企业引进工程；五是优化提升物流结构，促进第三方物流和第四方物流的发展；六是推进物流信息化工作，建设公共物流信息平台、重大物流园区及企业的信息化示范工程。

（四）东莞市

1. 产业基础

东莞市通过智能物流业与制造业良性联动发展，建设珠三角地区重要的制造业物流节点。东莞市位于珠三角地区，是世界知名的制造业基地。东莞市智能物流业主要推动重点领域物流发展，包括集装箱物流、农产品物流、冷链物流、能源和石化产品物流、绿色低碳物流、口岸保税物流等。其中，能源和石化产品物流主要是依托于立沙岛石化物流园，满足东莞制造业对化工原料和中间产品的需求；口岸保税物流主要是根据东莞市产业发展需求，设置一批保税物流中心开展原材料的进口保税、半成品和成品的出口退税等高端保税物流业务。

2. 产业现状

目前，东莞市已基本形成了"一港三带六园区"产业布局，包括虎门港物流基地、西部沿海物流产业带、东部铁路物流产业带、中部城市物流产业带、东莞市保税物流园、立沙岛石化物流园等。同时，东莞市的物流企业也发展迅速，已达到 3000 多家，年均增长率超过 30%。2011 年东莞市智能物流业增加值超过 100 亿元，港口吞吐量超过 5000 万吨。

3. 产业措施

东莞市智能物流业发展所采取的具体措施：一是积极扩大物流市场需求，在产业结构转型升级中鼓励制造业、商贸流通业与物流业联动发展，发展专业化、社会化物流服务企业；二是构建综合交通运输网络，完善公路、铁路、水路等组成的综合交通网络；三是科学规划建设物流园区，统筹全市物流园区的规划建设，建设一批大型物流园区和货运市场；四是着力培育物流龙头企业，鼓励通过兼并、联合等形式进行资产重组和业务整合；五是提高物流信息化水平，建设物流公共信息平台，启动物联网的前瞻性研究工作。

（五）义乌市

1. 产业基础

义乌市依托小商品贸易市场，构建以义乌无水港为特色的浙中物流枢纽。义乌市是全球最大的小商品集散中心，全国最大的零担货运配载物流枢纽，浙江省最大的内陆港和重点培育的四大智能物流枢纽之一。义乌市以国际小商品物流为主要发展方向，围绕着"义乌港"建设集通关、集疏、储运、包装、理货、分送等综合功能于一体的智能物流平台。义乌港打造了"两园四专业两站点一备用"的物流节点系统，主要功能载体包括内陆口岸场站、小商品出口监管中心、国际物流中心、小商品国内物流配送中心、铁路义乌西站监管点、空港物流中心、邮政物流中心等。其中，空港物流中心是为了满足时效性强、附加值高的高端物流市场需求；邮政物流中心是为了满足电子商务快速发展的需要，形成集仓储、金融、速递等功能于一体的速递物流中心。

2. 产业现状

目前，义乌市拥有 1 个国际物流中心、5 个专业货运市场、2311 家物流企业、157273 名物流从业人员。主要交通方式为道路运输和铁路运输，年发货量达到 2885 万吨、集装箱出口57.6 万个标箱。

2011 年，义乌市集贸市场成交额 677.9 亿元，自营出口总额 33.6 亿美元。全球 10 万多家生产企业的 6000 多个知名品牌汇集展示，小商品出口到 219 个国家和地区，形成了针织袜业、饰品、工艺品、毛纺等二十多个优势行业。

3. 产业措施

义乌市智能物流业发展所采取的具体措施：一是推进"大通关"建设，切实加强与海港、空港、边境口岸的战略合作；二是加快智能物流平台建设，进一步完善内陆口岸站、综合保税区、国际物流中心等物流基础设施；三是构建"多功能、立体化"集疏运网络，加强以公、铁、空三大运输方式为主的对外通道建设；四是培育壮大智能物流企业，推动联托运、货代、仓储等传统物流企业延伸服务领域和转型升级。

三、发展特点

（一）一体化、层次化、柔性化与社会化带动智能物流服务升级

智能物流以物流管理为核心，实现物流过程中运输、存储、包装、装卸等环节的一体化和系统的层次化；智能物流的发展更加突出"以顾客为中心"的理念，根据消费者需求变化来灵活调节生产工艺，从而实现柔性化；智能物流的发展促进了区域经济的发展和世界资源优化配置，进而实现社会化。

智能新技术在物流领域的创新应用模式不断涌现，成为智能物流大发展的基础，极大地推动了物流服务的升级。智能物流的理念开阔了物流行业的视野，将快速发展的现代信息技术和管理方式引入物流行业中，而物联网的发展无疑为智能物流的实现提供了基础与保障。

（二）市场环境不断优化，智能物流快速发展

在市场发展规律及政府的推动作用下，智能物流发展的市场环境日益改善。

首先，工业快速发展，促进物流市场需求的持续增加，为智能物流的发展提供了良好的市场空间。以前我国物流需求大部分是来自东部沿海经济发达地区市场发育比较成熟的几大行业，包括制造业、零售贸易业、进出口贸易业等。当前，随着全国工业的不断发展及中西部地区经济实力的不断增强，使得全国物流市场需求进一步释放。而在更大区域范围内的物流服务对效率及成本的管理提出了更高的要求。智能物流更加有利于统筹管理，不仅能够提供更加可靠的信息管理模式，更有助于在物流规模增长的同时为客户提供更好的服务体验，降低单位成本。

其次，第三方物流市场整合力度加强，有利于物流市场的规范化发展，从而为发展智能物流营造良性的市场竞争环境。国内传统的运输企业、仓储企业、新兴物流企业和外资企业，通过大规模的并购积极抢占第三方物流市场。大型物流企业通过并购产业链上下游企业来获取自身业务的快速扩张。中小型物流企业受制于资金和物流网点，不得不选择被并购方式得以存续。物流企业技术及管理的升级已经成为智能物流发展的重要标志。

智能物流的发展不仅离不开更加广泛、及时、准确的信息采集技术，如射频识别（RFID）、各类传感器、地理定位系统、视频采集系统等，也更加需要使这些信息实现互联互通，既满足专用的要求，也能实现方便的开放和共享。不断优化的市场环境为这些技术的应用提供了空间，智能物流的发展步伐也因此加快。

第三节　重点应用

目前，物联网技术在智能物流领域中的应用主要集中在物流自动化设施及设备、物流数据传输与信息处理两个方面（见图 12-4）。

图 12-4　物联网技术在智能物流行业重点应用

资料来源：赛迪顾问，2013-02。

一、应用领域

（一）自动化设施及设备

智能物流业的发展离不开先进的物流自动化设施及设备。物流装备是智能物流的主要技术支撑要素，在整个物流活动中，对提高物流总量与效率、降低物流成本和保证物流服务质量等方面有着非常重要的作用。随着技术的进步，尤其是自动控制技术、信息技术和系统集成技术在物流设备中的应用，智能物流设备已经迈入自动化、智能化、柔性化的崭新阶段。在中国物流系统市场上活跃着 20 多家物流系统供应商，其中中国物流系统集成商和国际物流系统集成商各占一半。中国物流系统技术与装备企业在中低端项目领域中具备较强的竞争优势，部分企业开始进入高端项目领域，但国外企业仍占主导地位。例如，机场物流自动化设施及设备包括行李分拣、航空货运和餐食配送等，主要集成商有范特兰的、FKI、德马泰克、Swisslog 等，几乎是国外物流系统供应商的天下。

（二）数据传输与信息处理

1. 智能传输

智能传输技术包括物联网技术、智能交通技术、计算机技术等，如无线射频技术（RFID）、地理信息系统技术（GIS）、全球定位系统技术（GPS）、数据交换技术（EDI）、3G 技术等。在智能物流领域，目前应用较多的有智能卡技术（Smart Card）、无线射频识别技术和全程信息跟踪技术。

智能卡技术：利用集成电路技术和计算机信息系统技术，将具有处理能力和具有安全可靠、加密存储功能的集成电路芯版嵌装在一个与信用卡一样大小的基片中，就是智能卡，也称

"集成电路卡"。其最大的特点是具有独立的运算和存储功能，在无源情况下数据也不会丢失，数据安全性和保密性都非常好，并且成本适中。智能卡与计算机系统相结合，可以方便地满足对各种各样信息的采集传送、加密和管理的需要。目前智能卡广泛应用于公路收费和海关车辆检查等领域。

无线射频识别技术：无线射频识别技术是基于智能标签的自动识别技术，主要是研究以高频和超高频智能标签为核心的射频识别标准、智能标签射频识别通信和读写器具标准、基于智能标签的集装箱自动识别技术，进而研究基于智能标签的单元物品自动识别技术，引导物流信息向全过程管理发展。利用无线电波对记录媒体进行读写，在标签内嵌入可编程的芯片、IC回路和发射天线，并通过一定的频率对芯片的内容进行存储和读写操作。无线射频识别技术能准确地同时识别多个目标，并且不需要电池提供能源，而是通过识别系统发射的频率提供能量。无线射频识别技术适用的领域包括物料跟踪、运载工具和货架识别等要求非接触数据采集和交换的场合。

全程信息跟踪技术：即通常所说的 3S 技术，指地理信息系统（GIS）、遥感（RS）、全球定位系统（GPS）。首先通过全程信息跟踪技术，可以及时获得车辆及货物的一些特定信息，如位置信息、预期到达时间。其次可以监控船舶的安全运营，并使集装箱在正确的线路上运输，从而确保其按时交付。最后可以进行车辆的动态调度，从而提高运输效率。在全程信息跟踪技术的基础上，还可以对货物进出路径进行优化。

2. 物流信息系统

物流信息系统是指由人和计算机网络集成，能提供企业管理所需信息，以支持企业的生产经营和决策的人机系统。主要功能包括经营管理、资产管理、生产管理、行政管理和系统维护等。物流信息系统的功能包括订单自动处理系统、仓储动态监控管理系统、货物监控管理、车辆动态监控调度系统和配送路径优化系统等，目前主要通过仓库管理系统、企业资源计划和供应链管理实现。

仓库管理系统（WMS）：通过入库业务、出库业务、仓库调拨、库存调拨和虚仓管理等功能，综合批次管理、物料对应、库存盘点、质检管理、虚仓管理和即时库存管理等功能的管理系统，可以有效控制并跟踪仓库业务的物流和成本管理全过程，实现完善的企业仓储信息管理。该系统可以独立执行库存操作，与其他系统的单据和凭证等结合使用，可提供更为完整、全面的企业业务流程和财务管理信息。

企业资源计划（ERP）：建立在信息技术基础上，以系统化的管理思想为企业决策层及员工提供决策运行手段的管理平台，是针对物资资源管理（物流）、人力资源管理（人流）、财务资源管理（财流）、信息资源管理（信息流）集成一体化的企业管理软件。

供应链管理（SCM）：是在企业资源计划（ERP）的基础上发展起来的，它把公司的制造过程、库存系统和供应商产生的数据合并在一起，从一个统一的视角展示产品建造过程的各种影响因素。供应链管理软件是物流企业实现电子商务管理的重要手段。

二、应用价值

物联网技术的应用是智能物流发展的重要支撑和标志。一方面，伴随物流数据采集、信息传输与处理、物流过程实时监管等环节应用的逐步深化，传感技术、信息交互技术、自动识别技术、数据挖掘技术、信息平台技术等物联网技术将会对物流的智能化发展产生极大的推动作用；另一方面，随着社会经济发展、物流服务需求增多，反过来智能物流也将极大地推动相关物联网技术在物流行业的深入、广泛的应用。

在智能物流时代，物流企业不仅可以通过对物流资源进行信息化优化调度和有效配置，来降低物流成本，还能够在物流过程中加强管理和提高物流效率，以改进物流服务质量。

然而，社会经济快速发展使得物流过程越来越复杂，物流资源优化配置和管理的难度也随之提高，物资在流通过程中各个环节的联合调度和管理更加重要，也更加复杂，而我国传统物流企业的信息化管理程度还比较低，无法实现物流组织效率和管理方法的提升，阻碍了物流的发展。物联网技术在物流行业的应用无疑将加快促成从物流企业到整个物流网络的信息化、智能化，实现物流行业的现代化。因此，发展智能物流成为物流行业发展的必然趋势，同时，广泛应用物联网技术也是智能物流发展的必然趋势。

第四节　发 展 趋 势

一、行业趋势

（一）专业性物流将最先为智能物流提供发展空间

智能物流在食品安全、医药流通、危险废弃物监管等方面的应用意义重大。例如，在食品安全方面，智能物流借助 RFID 技术对食品供应链过程中的产品及其属性信息、参与方信息等进行有效的标识和记录，根据 RFID 标签的内容可以追溯食品生产的全过程，有助于快速找出问题产品和识别假冒产品。在医药流通方面，我国医药流通渠道复杂、环节众多，在流通过程中存在着不少问题，如温度变化导致药效失灵、流通中混入假药、全过程监控成本过高等。物流过程中能够对单个药品进行身份标识及追踪，从而达到对药品信息及时、准确的采集与共享，有效解决医药流通中存在的安全、成本等问题。专业性领域对物流智能化的需求较为迫切，包括医药物流、危险品物流、冷链物流、高附加值产品物流等在内的专业性领域将最先为智能物流的发展提供市场空间。

（二）电子商务与智能物流将深度融合

电子商务的快速发展对物流服务提出了更苛刻的要求。电子商务贯穿物流活动的全过程，电子商务平台侧重于前端服务，包括用户管理、订货处理和商品信息管理三部分。而物流则是最终实现交易的保障。传统快递行业亟须通过新技术的应用和管理水平的提升为用户提供更加透明和及时的服务。

电子商务运营商的核心竞争力之一就是智能物流服务能力。电子商务的快速发展，极大地刺激了传统邮政快递业的需求和发展，对物流智能化的需求也更加迫切。消费者通过电子商务平台获取有关产品或服务信息，通过网络购物的方式进行产品交易，物流将产品送达消费者手中，并提供在线跟踪、状态查询、到货通知等服务。未来，电子商务与智能物流进一步融合的趋势将更加明显。

二、技术趋势

（一）物联网技术及产品在智能物流领域广泛应用

物联网产业具有爆发力强、关联度大、渗透性高、应用范围广的特点，智能物流业属于物联网带动产业，在发展过程中必须兼顾传感器、物联网芯片、传感节点、操作系统、数据库软件、中间件、应用软件、系统集成、网络与内容服务、智能控制系统及设备等核心产业以及集成电路、网络与通信设备、软件等支撑产业的发展。

物流的智能化发展就是在现代物流的基础上，综合运用物联网、计算机、自动控制和智能决策等技术，由自动化设备和信息化系统独立完成包括订单、运输、仓储、配送等在内的物流作业环节，实现可靠、经济、高效、环境友好的发展目标。近年来，物联网技术在物流领域的应用备受关注，《物联网"十二五"发展规划》将智能物流作为物联网发展的重点领域之一。物联网技术的实质就是利用 RFID 技术、传感网络技术、GPS 技术、M2M 技术等，通过计算机与互联网实现物品的自动识别和信息互联。物联网技术能够应用于智能物流业的运输、仓储、配送、包装、装卸等各个环节，整合优化物流资源，提高物流效率和降低物流成本，从而实现物流的智能化发展。

在智能物流领域，物联网技术及产品的应用将更加普遍，包括智能传感器，如特种压力、振动、加速度、角度、过载传感器等；应用于公路、水路交通运输行业的 IC 卡和 RFID 技术；应用于机场物流行业的光电传感器；可见光、红外、SAR 成像传感器等产品。同时，WiMax、蓝牙、WiFi、ZigBee 等无线接入系统的开发和应用也会在物流领域的应用中逐渐显现。这些都将加快智能物流业发展的步伐，提高物流的效率和物流服务的能力，降低社会物流成本，从而成为物流领域的亮点。

（二）技术融合化进程将不断加快

针对物流行业特点，多种高新技术相互融合。通信技术、网络技术、识别技术、编码技术、自动控制技术等都将在物流行业广泛应用，紧密融合共同提升中国物流现代化水平。

随着 RFID 技术在物流行业的推广和普及，射频识别技术在性能等方面都会有较大提高，成本将逐步下降。未来几年中 RFID 技术将力图实现电子标签产品的多样化，针对不同物流企业、运输方式、仓储条件的需要，使芯片频率、容量、天线、封装材料等组合形成不同的系列化产品，并且与传感器、GPS、生物识别技术相互结合，使单一识别向多动能识别发展；使 RFID 系统更加网络化，每件产品通过电子标签被赋予身份标识，通过与互联网、电子商务结合，为物流企业提供更加便利的服务；RFID 技术发展需要标准化的结构和模块化的基础功能，从而降低开发成本。结构标准化和基础功能模块化将逐渐成为 RFID 技术的主流。物流产业相关的传感器技术、电子技术、通信及网络技术以及管理软件技术均体现了融合化的趋势。

未来，面向物流行业的多个细分领域的物联网产品的深度智能化将会大大提升物流行业效率和安全性，经济和社会效益可观。以铁路物流为例，借助物联网物物相联的技术模式，新的产品将通过轨道沿线设备来检测声音信号、温度信号和车轮摩擦。利用铁路沿线的固定设施，通过 RFID 技术来识别轨道车辆，凭借无线网络和视频系统能够对铁路各场所的固定资产和移动资产进行远程诊断和实时监控，以更高的效率收集信息，并对资产位置进行跟踪，从而提高货物运输的安全性。

智能交通：政府投资驱动发展，智能交通需求旺盛

智能交通系统（Intelligent Transportation Systems，ITS）是采用先进的信息与系统工程技术，通过加强出行者、运载工具、基础设施之间的信息交换与共享，提高交通系统整体运行效率，实现缓解交通拥堵、减少交通事故、降低交通污染，加速构建高效、便捷、安全、舒适、环保的现代化综合交通运输体系。

第一节　发展环境

一、政策环境

2011 年 5 月，交通部发布《公路水路交通运输信息化"十二五"发展规划》，明确提出要利用信息化手段，逐步提高交通智能化水平，改善出行信息服务质量，提高公共信息服务能力，并通过发展智能交通系统，保障交通运输系统畅通高效运行，减少因交通拥堵造成的能耗和污染。此外，国务院发布的《国家中长期科学和技术发展规划纲要（2006—2020 年）》将"交通运输业"列为 11 个重点发展的领域之一，并将"智能交通管理系统"确定为优先主题，而科技部等部委联合发布的《高新技术企业认定管理办法》也将"智能交通技术"列为国家重点支持的高新技术领域。

二、市场应用环境

近年来，随着中国城市化进程的推进和机动车数量的快速增长，城市道路交通量不断增加，各种交通问题凸显：交通拥堵成为影响大城市居民出行的首要问题，交通事故数量呈上升趋势，机动车尾气污染成为城市大气污染的主要来源。这些交通问题对经济发展造成了巨大的损失。

智能交通系统通过提供各种有选择的信息服务，使出行者的路径选择向网络均衡的系统最优方向接近，达到路网负荷的均匀化，再加上能够将交通事故迅速通报，从而使事故现场得到迅速清理的实时监测系统、能够根据当前情况调整的高速公路入口匝道和交通信号系统、能够减少收费站外车辆排队的不停车收费系统等一系列智能交通子系统，可大大减少行车延误，实现道路资源的高效率使用，有效缓解交通拥挤、节约出行时间、减少交通事故、降低交通环境影响，提高交通效率、产生经济效益。同时，在智能交通系统下，车辆及道路的运营效率大大提高，排放的尾气减少，占用和消耗的资源下降，有利于环境保护。综合来看，中国发展智能交通已经成为必然，并且十分紧迫。

三、技术环境

工信部发布的《物联网"十二五"发展规划》要求到 2015 年年初步完成物联网产业体系的构建，形成较完善的物联网产业链，在十个重点领域完成一批物联网应用示范工程，其中智能交通位于十大领域前列。RFID、智能标签、条形码技术、无线传感等物联网技术对提高运输生产的智能化程度发挥着关键作用，其中 RFID 作为物联网概念中应用最广、商业模式最成熟的技术，被认为是实现智能交通、车路信息管理的重要技术手段之一。RFID 在移动车辆的自动识别和管理上有广阔的应用市场，汽车移动物联网科技工程已被列为国家重大专项，并成为财政部与工信部在"物联网专项"中的重点推进项目。

第二节　行业现状

一、行业构成

智能交通产业链由上而下可以分为四个重要环节：基础构件、终端制造及软件开发、系统集成和系统服务（见图 13-1）。

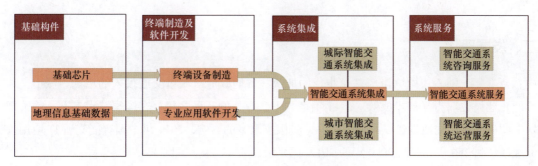

图 13-1　智能交通产业链结构图

资料来源：赛迪顾问，2013-02。

　　基础构件是整个智能交通产业链的核心环节，包括基础芯片和地理信息基础数据。其中，基础芯片基本被国外电子巨头所垄断，而国内厂商如海思半导体、中星微电子等后起之秀也发展非常迅速。地理信息基础数据的参与者主要指具备电子地图制作资质的企业，行业的主管部门为国家测绘地理信息局。中国导航电子地图的制作和发布受到国家严格监管，政府规定只有具备导航电子地图制作资质的企业才能合法地制作导航电子地图，目前仅有 12 家单位获得该项资质，行业准入门槛和集中度较高。终端制造及软件开发环节包括终端设备制造和专业应用软件开发。

　　终端设备制造主要是指智能交通系统硬件设备的生产和制造。由于国内外交通管理模式、管理理念的巨大差别，加之对中国智能交通市场的熟悉程度不够，国外厂商的相关产品难以在我国推广使用，已经基本退出了竞争，目前该领域的参与者主要是国内企业。专业应用软件开发主要参与者是软件平台系统提供厂商，如 GIS 平台提供商 ESRI、超图软件，数据库系统提供商 Oracle 等。该环节技术门槛和市场集中度都很高，所以需要持续、大量的研发投入。

　　智能交通系统集成厂商可以分为城际、城市两类智能交通系统集成厂商。系统集成商通过提供全面的解决方案，以招投标方式承包工程，在工程建设中投入外购或自主开发的软件及硬件产品，以构建一套具有完整功能的智能交通系统。目前，城际智能交通的代表企业是中海科技，城市智能交通的代表企业是易华录和银江电子。

　　智能交通系统服务环节可以分为智能交通系统咨询服务和智能交通系统运营服务。咨询服务涉及的领域为向最终用户提供智能交通管理系统的设计与咨询服务，并为设备与软件选型提出基本的思路与方案。目前，咨询设计商主要是国外专门的咨询企业和国内科研机构，部分地方政府部门和系统集成商也有专业的规划咨询团队。智能交通运营服务的业务主要集中在公路运输车辆和出租车远程管理调度等特定领域且以地方性经营企业为主，代表企业是天泽信息。由于我国智能交通管理系统行业目前尚处于标准制定与完善阶段，目前大规模交通信息化运营服务市场发展的条件尚不成熟。

二、发展现状

近几年，随着中国城市信息化步伐的加快，各地政府对城市交通投入的增加，城市交通智能化建设也取得了初步成效。2011年是"十二五"的开局之年，在国家"十二五"相关规划中明确了智能交通是建设的重点之一，受国家政策的影响，2011年中国智能交通IT应用投资规模达到250亿元，比2010年的201.9亿元增长了23.6%（见图13-2）。

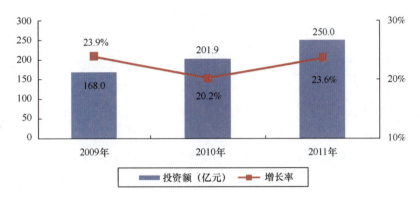

图 13-2　2009—2011年中国智能交通行业IT应用投资规模及增长

资料来源：赛迪顾问，2013-02。

智能交通产业按照应用类型可以细分为智能交通管理系统、交通电子收费系统、智能公共交通系统、交通信息服务系统等主要子系统。2011年，智能交通各应用子系统IT应用投资额最大的是智能交通管理系统，为85.7亿元，占总投资额的34.3%；其次是交通电子收费系统，占总投资额的26.5%；交通信息服务系统投资额最少，占总投资额的10.9%（见图13-3）。

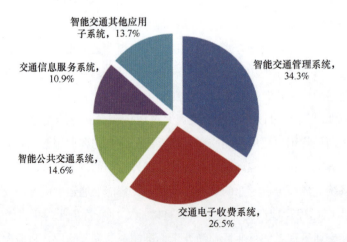

图 13-3　2011年中国智能交通各应用子系统IT应用投资额占比

资料来源：赛迪顾问，2013-02。

三、发展特点

（一）智能交通行业发展较早，但应用仍处于起步阶段

20 世纪 80 年代，中国开始了智能交通基础性的研究和开发工作，包括优化道路交通管理、交通信号采集、驾驶员考试系统、车辆动态识别等；90 年代，中国开始建设交通控制中心或交通指挥中心，并开展了驾驶员信号系统、城市交通管理的诱导技术等方面的研究。

近年来，各地区在智能交通研究、开发及应用都取得了显着成果，例如，北京城市交通各部门在智能交通应用方面取得了很大的成绩：各部门根据自身的特点，研究开发了许多科技成果用于交通领域中，如北京市交通运行智能化分析平台、北京市公交优先信号控制系统、智能化交通信号管理平台系统以及综合交通信息服务系统等。而上海、广州等城市也根据城市发展水平和自身交通发展状况，开发应用了多套智能交通系统，如上海世博会交通信息服务保障系统、广州亚运会交通综合监测系统等，为智能交通的全面应用奠定了基础。

虽然我国智能交通起步较早，发展较快，但是与欧、美、日等发达地区和国家相比，我国智能交通无论是在技术研发方面还是在应用水平方面，都还存在较大差距，我国智能交通应用仍处于起步阶段。智能交通作为跨世纪的经济增长点和交通系统建设必然选择的重要性已得到国家相关部门的高度重视，未来几年我国智能交通产业发展空间巨大。

（二）智能交通极大地提高了交通管理水平

随着中国改革开放的不断深入发展，经济建设日新月异。由于经济的迅猛发展，机动车保有量的快速增长造成了现有的交通管理模式与急剧增长的交通需求不相适应，给交通管理部门带来了严峻的挑战，交通道路拥挤、交通事故上升等不仅影响经济建设的发展，而且妨碍人民群众的日常生活。

因此，加大交通基础设施投入的力度，为经济发展增添后劲，制定城市现代化交通管理规划，采用先进的技术手段，实现科学管理已成为城市交通管理建设的当务之急。智能交通是交通信息化的有利手段，智能交通技术的发展为解决城市交通问题提供了新的思路。北京、上海、广州均围绕大型国际活动建成了大规模的智能交通管理系统和交通信息服务系统，从奥运会、世博会和亚运会来看，智能交通系统在这些大型活动成功举办过程中发挥了突出作用，对提高城市交通管理水平效果显著，这不仅为这些城市未来交通发展和出行服务升级提供了支撑，也为其他城市发展智能交通提供了良好的借鉴。

第三节　重点应用

目前，智能交通管理系统、交通电子收费系统、智能公共交通系统以及交通信息服务系统是中国智能交通的主要应用服务领域（见图 13-4）。

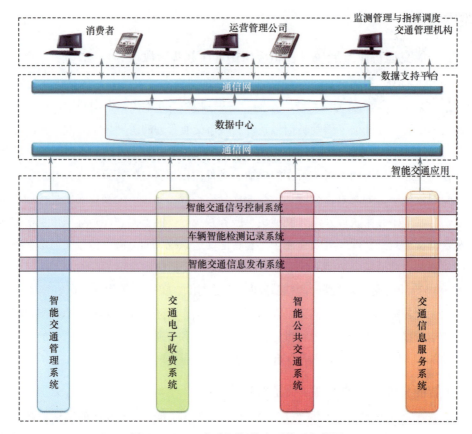

图 13-4　2011 年中国智能交通体系架构图

资料来源：赛迪顾问，2013-02。

一、应用领域

（一）智能交通管理系统

智能交通管理系统是将先进的电子传感技术、控制技术及计算机技术应用于城市交通管理与控制。目前，中国城市智能交通管理系统的开发应用主要集中于交通指挥调度、交通监控、交通信号控制等几个方面，主要是由城市交通管理部门负责建设和使用。通过各类智能交通管理系统可以提供及时、准确的交通信息，提高了交通管理部门的宏观调控能力，最大限度地发挥了对交通监控、管理和紧急事件的处理功能。目前，中国许多城市都建立了智能交通管理系统，这些系统逐渐在城市交通管理中得到应用，如上海市外环线、沪青平高速公路、延安高架路西段启动联动诱导工程，首次实现高速公路、快速路交通信息"牵手"，给进入或者离开中心区的车辆带来了便利。

（二）交通电子收费系统

电子收费（Electronic Toll Collection, ETC）系统利用微波（红外或射频）技术、电子技术、计算机技术、通信和网络技术、信息技术、传感技术、图像识别技术等高新技术的设备和软件所组成的先进系统，以实现车辆无需停车即可自动收取道路通行费用。大力发展电子自动收费，使驾驶员在通过收费站时实现不停车自动进行非现金付费，可以提高车辆行驶速度，减少运营时间并能减少收费站管理人员的费用，同时又可提供采集车辆运营的有关数据。近年来，山东省大力加强高速公路电子收费系统建设，在山东省 17 市城区出入口、5A 级景区及其他重要站点均建设了不停车收费车道，有效提高了高速公路的通行效率。截至 2011 年 12 月，山东省已建设 ETC 收费站 104 个，ETC 收费站覆盖率达到 35%。

（三）智能公共交通系统

智能公共交通系统以实现城市公共交通系统智能化调度、管理和运营为目标，构建综合性的智能公交管理系统架构，通过对公交车辆、客流信息的采集、传输和处理，综合利用各种先进技术，实现了公交车辆定位和行驶信息上传、自动报站以及实时监控和可视化调度。智能公共交通系统的主要目的是提高公共交通的效率，使公交系统实现安全、便捷、经济、运量大的目标，同时可以对公共汽车进行自动定位和跟踪，确定公共汽车的位置和行驶路径，"纠正"公共汽车的晚点和超时。目前，北京、上海、厦门、大连等城市，已在部分公交线路上建成了公交车辆跟踪调度系统，并安装了电子站牌和车载 GPS 定位设备，实现了对车辆的实时跟踪和定位。

（四）交通信息服务系统

交通信息服务系统从功能上看包括出行前信息服务系统、出行中信息服务系统和个性化信息服务系统。从服务类别上看，包括公交信息服务系统、城市交通信息服务系统、驾驶员车载信息服务系统和城市停车诱导系统。作为交通信息化建设示范工程之一，交通信息服务系统近年来取得了较大的进展。全国大部分城市已建立了面向公众的交通信息系统，如北京、上海、山东、天津、广州等城市都建立了交通信息服务综合平台，向公众提供动态交通信息、交通基础设施信息、客运信息、交通黄页、出行常识等信息服务。

二、应用价值

智能交通系统在缓解交通堵塞、减少环境污染、降低物流成本、减少交通事故等方面有着积极的社会、经济效应，是提高交通效率的重要手段。同时，智能交通已经被公认为是优先落实物联网产业化应用的产业之一，借助物联网技术可感知与可交互的特点，可以实现交通管理的精细化、行业服务的全面化、出行体验的人性化，从而推动传统的交通运输向现代的智能交通全面转变。近年来，国家发改委、交通部、公安部、科技部等多个部门相继发布了多项支持智能交通发展的政策和规划，体现了国家对智能交通的重视。

第四节 发 展 趋 势

一、行业趋势

（一）城市智能交通信息化将加大发展力度

目前，我国城市交通发展仍处于基础建设高投入、快速建设阶段，随着城市交通的发展，智能交通系统行业亦将快速成长。根据国家未来的发展规划，城市智能交通系统的建设将继续加大发展力度。首先将在 50 个左右的城市推广交通信息服务平台建设，提供交通信息查询、交通诱导等服务；在 200 个以上的城市发展城市智能控制信号系统，形成智能化的交通指挥系统；在 100 个以上的城市推进城市公共交通区域调度和相应的系统建设，加大电子化票务的建设与应用。所以，未来几年我国智能交通管理系统行业仍将保持高速增长。

（二）车联网将成为智能交通建设的重点

早期的智能交通主要是围绕高速公路而展开的，其中最主要的一项就是建立了全面的高速公路收费系统，对全国的高速公路收费进行信息化管理。而目前我国交通问题的重点和压力主要来自城市道路拥堵，在道路建设跟不上汽车增长的情况下，解决拥堵问题，主要靠对车辆进行管理和调配。

未来，智能交通的发展将向以热点区域为主、以车为对象的管理模式转变。因此，智能交通亟待建立以车为节点的信息系统——车联网。车联网就是综合现有的电子信息技术，将每辆汽车作为一个信息源，通过无线通信手段连接到网络中，进而实现对车辆的统一管理。随着智能交通发展的不断深入，车联网作为智能交通框架下的典型应用，将成为智能交通建设的重点。

二、技术趋势

（一）新一代信息技术将极大地促进智能交通的发展

物联网、云计算等新一代信息技术被称为继计算机、互联网之后世界信息产业的第三次浪潮。"十二五"时期我国将大力推进物联网、云计算等新一代信息技术产业的发展，全面提高信息化水平。近年来，国家有关部门采取了一系列政策措施，以重大应用需求为导向，以试点示范为重点，促进新兴科技和新兴产业深度融合，推动物联网、云计算等新一代信息技术产业发展。

智能交通是物联网等新一代信息技术的典型应用示范，在智能交通行业中无处不在利用物联网技术来实现交通运输的智能化。因此，从发展的趋势来看，物联网和智能交通的结合将是必然的选择，物联网、云计算等新一代信息技术将成为未来智能交通发展的核心技术。随着物联网、云计算等新一代信息技术的深入发展以及各城市交通基础建设的投入不断加大，智能交通的发展也会迎来新的飞跃。

（二）加强智能交通标准化将是政府未来工作的重点

近年来，交通运输部不断加大智能交通标准的修订力度，先后编制了《交通行业信息标准体系》、《2007—2010 年公路水路交通信息化标准建设方案》，并按照方案组织制定了 13 项交通信息基础数据元标准，31 项智能交通和 20 多项物流信息化标准。这些标准的出台对于规范行业信息化发展，促进交通信息资源整合发挥了重要的作用。

然而，与发达国家相比，我国智能交通的标准化工作还处于比较滞后的阶段，很多单位缺乏主动学习和采纳国家及行业标准的意识，自行设计开发，从而导致交通运输信息资源难以整合。同时，部省之间、省与省之间无法实现信息共享等诸多问题，也成为制约智能交通发展的瓶颈。未来几年，加强标准的制定、宣贯和执行，将是中央及各地政府推进智能交通进一步发展的工作重点。

智能电网：基建工作有序展开，智能电网成效初现

智能电网，顾名思义就是电网的智能化，它是建立在集成的、高速双向通信网络的基础上，通过先进的传感和测量技术、先进的设备技术、先进的控制方法以及先进的决策支持系统技术的应用，实现电网的可靠、安全、经济、高效、环境友好和使用安全的目标，其主要特征包括自愈、激励、抵御攻击、提供满足用户需求的电能质量、容许各种不同发电形式的接入、启动电力市场以及资产的优化高效运行。《国民经济与社会发展第十二个五年规划（纲要）》中提出新能源产业"重点发展新一代核能、太阳能热利用和光伏光热发电、风电技术装备、智能电网、生物质能"，这标志着智能电网建设已经全面纳入国家发展战略，上升为国家意志。2012年年初工业和信息化部发布的《物联网"十二五"发展规划》将智能电网列为未来物联网发展的九大重点应用领域之一。

第一节 发展环境

一、政策环境

2011年3月发布的《国民经济与社会发展第十二个五年规划（纲要）》将智能电网列为能源领域的重要组成部分，并指出，"要适应大规模跨区输电和新能源发电并网的要求，加快现代电网体系建设，进一步扩大西电东送规模，完善区域主干电网，发展特高压等大容量、高效率、远距离先进输电技术，依托信息、控制和储能等先进技术，推进智能电网建设，切实加强城乡电网建设与改造，增强电网优化配置电力的能力和供电可靠性"。国家《能源科技"十二五"规划》、《电力行业"十二五"规划》均将智能电网建设列为规划期的重要建设内容。

此外，《物联网"十二五"发展规划》也将智能电网列为未来主推示范工程的九大应用领域之一。国家多项政策、规划文件的出台进一步从战略层面保障了智能电网建设的稳步推进。

二、市场环境

2011 年国家电网建设完成投资 3682 亿元，同比增长 6.77%。根据国家电网的相关投资计划，在"十二五"期间国家电网将投入 1.7 万亿元用于电网建设，相当于每年投入 3400 亿元左右。南方电网预计在"十二五"期间，电网建设年均投资额将达到 1000 亿元。在 2011 年年初召开的农电工作会议上，南方电网还宣布在"十二五"期间，将投资 1116 亿元用于县级电网建设改造，同时对未改造的农村电网全部进行改造；对已改造过但因电力需求增长又出现供电能力不足的农村电网，将实施升级改造。持续、稳定的巨额投资将有力保障国内智能电网建设的有序展开。

三、技术环境

2011 年智能电网试点工程陆续投产运行，发、输、变、配、用、调度等各环节智能化关键技术取得了重大突破，为下一步智能电网全面建设奠定了良好的技术基础。风光储输示范工程投产运行，标志着中国在世界范围内首创了新能源发电的联合运行模式，并具备了联合发电智能全景优化控制系统自主研发能力。此外，直升机智能巡检、机器人除冰、输电线路在线监测等试点建设成功，风电场柔性直流输电工程也在上海南汇成功投运。

第二节　行业现状

一、行业构成

对于"智能电网产业"，目前国内外均未给出明确定义。但从其发展目标和特征来看，智能电网产业主要有以下几个特征：一是参与者的范围比较广，除原有的传统电网、电力设备制造商及技术服务商以外，还有大量的集成电路、通信、软件、电器制造以及分布式电源开发企业参与其中；二是企业的研发和开发强度高，在各类企业的产品及服务中技术研发所占比重较高，研发人员（包括科学家、工程师、技术工人）占总员工数的比重较大；三是相关产品具有很高的技术含量，是现代通信技术、半导体技术、信息技术与电力技术高度融合的高科技产品。因此，从上述角度来说，智能电网产业通常是指围绕智能电网建设开展相关设备制造、产品研发、技术服务、工程建设、电力运营及增值业务，拥有大量知识产权，资金密集、知识密集、技术密集的企业组织及其在市场上的相互关系的集合。智能电网产业是工业与信息化融合大背景下电力与信息融合的体现。

根据对智能电网产业的界定，进一步剖析其产业链结构。智能电网的建设覆盖了电力发、输、变、配、用以及调度六个电力价值链环节；从产品结构来看，可以分为智能电网基础设施设备研发与制造、电力自动化设备研发与制造、电力信息化技术研发、电力通信技术研发、智能电网运营与增值业务开发以及智能化电器及终端研发制造。因此智能电网产业链可以通过如图 14-1 所示的一个二维结构图来表示。

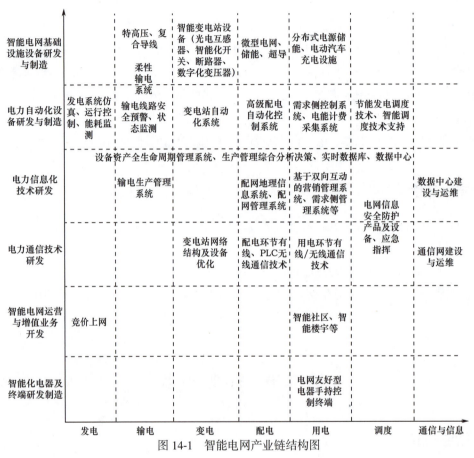

图 14-1   智能电网产业链结构图

资料来源：赛迪顾问，2013-02。

二、行业现状

　　"坚强"与"智能"是现代电网的两个基本发展要求。"坚强"是基础，"智能"是关键。国家电网智能化是"以现有电网发展成果为基础，以实现电网的信息化、自动化和互动化特征为目标，以先进适用技术为支撑，以满足多元化电力服务需求为目的"。因此，智能电网是未来电网的基本模式，而智能化是其中的关键内容。电网总投资可以认为是每阶段电网企业用于建设智能电网的总投入，而智能化投资是与智能化关键设备和技术研制、信息系统的开发与应用等相关的投入。根据测算，2011 年智能电网建设从试点工程向全面建设过渡，国家电网全年电网智能化投资约为 518.3 亿元，按照南方电网投资额通常为国家电网 30% 的比例推算，2011 年，电网企业电网智能化总投资约为 674 亿元。

2011 年，智能电网产业处于扩张初期，各环节智能化逐步从试点向全面建设过渡。智能电网产业链可细分为智能发电、智能输电、智能变电、智能配电、智能用电、智能调度、信息通信等环节。2011 年智能电网产业链各环节投资额最大的是通信信息，达 224.1 亿元，占总投资额的 33.3%（见图 14-2）。

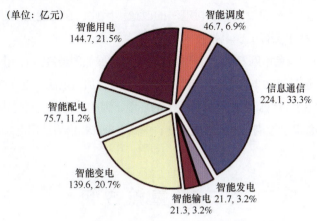

图 14-2　2011 年中国智能电网产业链各环节投资额

资料来源：赛迪顾问，2013-02。

三、发展特点

（一）智能电网试点工程基本完成，诸多技术达到世界领先水平

2011 年，智能电网进入全面建设阶段，发电、输电、变电、配电、用电、调度、信息通信各环节智能化建设均取得突破，如世界上规模最大，集风电、光伏发电、储能、智能输电于一体的新能源综合利用平台——国家风光储输示范工程在河北省张北县建成投产。亚洲首条柔性直流输电示范工程——上海南汇风电场柔性直流输电工程投入正式运行。这是我国首条拥有完全自主知识产权、具有世界一流水平的柔性直流输电线路，也是我国在大功率电力电子领域取得的又一重大创新成果。世界上功能最全、规模最大、服务能力最强的电动公交车充换电站——青岛薛家岛电动汽车智能充换储放一体化示范电站投入运行。这一系列工程的建成投运，代表着中国智能电网的诸多技术已经达到世界领先水平，并且具备了相关技术研发、产品制造和工程实施的能力。

（二）智能电网建设全面、有序推进，新兴领域显现强劲发展势头

目前，智能电网已基本完成了从试点工程向全面建设阶段的过渡。相应地，传统电力设备也正在快速地升级和创新，逐步向智能化设备过渡。一次设备二次化；二次设备网络化、信息化；电力设备整体小型化、节能化、智能化趋势明显。例如，智能变电站、在线监测设备、配电网通信设备等的应用需求不断扩大，进一步带动了相关行业的快速发展；此外，电动汽车充电站设施设备、特高压交直流输电设备也显示出强劲的发展势头。

（三）国家电网侧重坚强智能，南方电网侧重节能低碳

目前，国家智能电网建设的主力军是国家电网和南方电网。

国家电网提出的"坚强智能电网"理念，包含了坚强和智能两层含义。坚强是智能电网的基础，因此国家电网在建设坚强智能电网时，更加重视打造坚强骨干网架结构，投入大量的资源用于特高压、超高压的建设以及农村电网的改造。因此，在智能电网建设初期，国家电网更加侧重特高压输电技术、智能变电站技术等。

南方电网则主推"绿色电网"概念，积极配合国家发展低碳经济。而电网的智能化是实现绿色电网的重要内容。通过更加丰富的技术手段，南方电网将加强电源、电网和用电环节的清洁能源利用、节能降损以及营造低碳生产和低碳生活的环境，因此在智能电网的建设和技术应用方面，将更侧重与支持清洁能源的上网、电网节能调度、提高电网降损潜力、用电需求侧的管理。

第三节　重 点 应 用

目前，物联网技术在智能电网中的应用已扩展到智能发电、智能输电、智能变电、智能配电、智能用电、智能调度、信息通信等各个领域（见图14-3）。

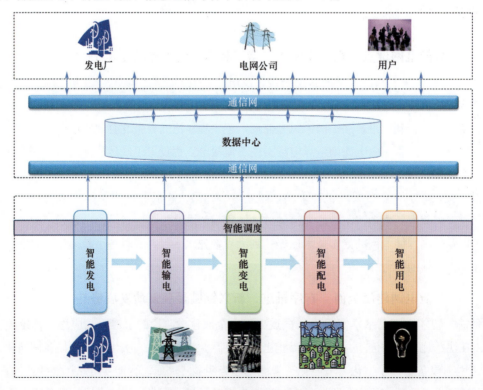

图 14-3　智能电网体系架构图

资料来源：赛迪顾问，2013-02。

一、应用领域

（一）智能发电

2011 年，电网企业清洁能源并网试点和大容量储能设备实验工作推进迅速。由财政部、科技部、国家能源局和国家电网公司联合推出的"金太阳示范工程"首个重点项目——国家风光储输示范工程竣工投产，这意味着国家电网已经掌握了风光储系统联合运行模式以及相关设备技术。

（二）智能输电

在智能输电环节特高压建设仍是重点。围绕网架结构的建设和升级，相应输电环节智能化建设在机器人除冰、直升机智能巡线、输电线路在线监测系统、风电场柔性直流输电工程、特高压输电线路串补平台建设等领域取得工程建设突破。因此，以柔性输电为重点领域的电力电子装备产业大受裨益。

（三）智能变电

近年来，智能变电站试点工程取得突破性进展。目前世界电压等级最高的智能变电站——国家电网陕西 750 千伏延安智能变电站正式投运，综合运用智能传感、网络通信、实时监测等技术，采集全景数据、应用高级功能，从主系统到辅助系统全面实现变电站测量数字化、控制网络化、状态可视化、操作程序化、检修状态化，具备无人值班功能。同时，中国也制定了世界首个智能变电站标准。智能变电站标准的制定及试点工程的突破，为大规模推广智能变电站奠定了基础，从而相关继电保护及变电站自动化系统等二次设备制造的企业将受益。

（四）智能配电

智能配电环节主要是在加强配电网架建设的基础上，推进配电自动化系统和配网调控一体化智能技术的研究和应用，实现对配电网的灵活调控与优化运行，提高配电网的可靠性水平与电能质量；加强配电网规划、生产指挥和管理运维的智能化；研究和推广分布式发电、储能及微网接入，充分提高供电可靠性和系统削峰填谷的能力。

（五）智能用电

智能用电主要内容包括建立智能双向互动服务平台，实现与电力用户的能量流、信息流、业务流的双向互动，全面提升用电服务能力；还包括用电信息采集系统建设，用户侧智能用能服务系统建设，开展电网企业与用户之间的双向互动，提高终端用户能源利用效率和电网运行效率；建设电动汽车充放电设施，满足电动汽车能源供给需求，提高终端能源消费中电能比重，实现电动汽车与电网的双向能量交换等。国家电网电动汽车充换电站的基本商业模式确定为换电为主、插电为辅、集中充电、统一配送，并发布了覆盖电池更换站、电池配送中心、电池配送站三类电动汽车电池充换电站工程设计内容的详细规定，同时新建了 156 座充换电站和

6252 个充电桩。南方电网在广州启用了中国第一个电动车电池换电站体验中心。

（六）智能调度

智能调度主要实现电网调度的信息化、自动化、互动化，进一步精细化电网调度的计划安排，提高基础自动化和实用化水平，提高电网调度驾驭大电网的能力，全面提升电网调度的资源优化配置能力、纵深风险防御能力、科学决策管理能力、灵活高效调控能力和公平友好市场调配能力，全面提升电网安全、经济运行水平。2011 年，苏州智能电网调度技术支持系统全面通过国家电网验收，这标志着国家电网统一部署并组织研究开发的智能电网调度技术支持系统试点项目在国网、省、地的试点取得成功，也标志着国内最大规模地区智能电网调度技术支持系统的成功建设完成。

（七）信息通信

随着智能电网的建设推进，电网企业在通信领域也开展了大量的工作，以电力光纤入户为代表的电力信息通信产业快速发展。2011 年，国家电网首批电力光纤到户试点小区在沈阳开建，标志着国家电网系统内的电力光纤入户工程试点工程建设全面启动。同年，国网信息通信有限公司在无锡建立了研发和产业化基地。同时，电网企业与通信运营商开展合作，在光纤接入、宽带业务、融合业务、行业应用等综合业务领域实现资源互补。

二、应用价值

物联网技术在电网领域的应用，使得电网可以通过连续不断的自我监测和校正，实现其最重要的特征——自愈特征。它还可以监测各种扰动，进行补偿并重新分配潮流，避免事故的扩大。物联网技术还可以使各种不同的智能电子设备、智能表计、控制中心、电力电子控制器、保护系统以及用户进行网络化的通信，提高对电网的驾驭能力和优质服务的水平。

第四节 发 展 趋 势

一、行业趋势

（一）特高压装备将是"十二五"智能输变电环节的投资重点

根据国家电网公司和南方电网公司的规划，直流输电将成为"十二五"期间电网发展的亮点：将有 12 条 ±800 千伏特高压直流线路开工建设。2020 年前，全国将建成特高压直流输电工程 24 项，直流换流容量达 3.5 亿千瓦，直流线路长度 4.8 万千米。未来几年，国家电网将投资 5000 亿元上马特高压工程，建成坚强电网网络架构。到 2015 年，国家电网 110 千伏及以上线路长度将超过 100 万千米、变电容量超过 40 亿千伏安，年均分别增长 8.4% 和 12.5%。

"十二五"期间，特高压、骨干网输变电工程的大量建设将对特高压装备市场的发展起到巨大的促进作用。

（二）电力通信设备将成为智能电网建设新的增长点

通信设施作为智能电网的基础设施，将在"十二五"期间迎来黄金发展期。光纤将成为变、配电自动化通信的主流技术，载波通信将是光纤通信的有力补充，国家电网计划每年投资10亿元左右用于农网改造和成熟老社区的中压载波通信架构的搭建。此外，用电端的电力光纤入户也开始逐步推广开来。入户光纤可采集用户的用电信息，并可提供数据、语音、视频等业务的融合服务。2011年，国家电网在全国14～18个省份推广电力光纤入户，并要求各地的新建小区全部实现光纤到户。为此，国家电网已经完成了三个方面的工作：第一，确定方案和技术标准，选定相关供应商；第二，选定试点，明确年内规划；第三，选定通信运营商开展战略合作，争取政策支持。此外，国家电网下属的国网信息通信有限公司在无锡建立了研发和产业化基地，从事新一代宽带无线移动通信网的研发、物联网在电网中的应用研究、智能电网发展战略规划等工作。电网企业涉足通信领域将使电力通信成为智能电网建设的新增长点。

（三）配、变电智能化将成为电力自动化的重点发展方向

随着城乡配电网改造的加速，以及智能电网建设的推进，配、变电智能化将成为未来几年智能电网投资的热点领域。2012年，国家电网将完成配网自动化第二批试点，并陆续在直辖市、省会城市、计划单列市推广应用，2020年以前在有条件的地方全部建成配电自动化。智能变电方面，2011年国家电网智能变电站招标281座，占总量的28.0%，且这一比例将逐步增加。目前，中国已有多个地区建设了智能变电站，初步显示出节约资源、绿色环保、设备智能、技术先进等特点，起到了较好的示范作用。

（四）配、用电端持续投资将促进智能电表市场稳健发展

从2011年国家电网对智能电表的招标情况来看，2级单相智能电能表占81.51%，1级三相智能电能表占6.79%，0.5S级三相智能电能表占0.69%，0.2S级三相智能电能表占0.02%，智能电表总量占比达到89.01%，是招标总量增长的主体。这预示着在智能电网总体建设中，国家电网对配电智能化的投资已经开始发力。根据规划，2010—2014年国家电网将更换3亿只单相智能电表，而2011年国家电网的智能电表招标总量就达到了5970万台，使得2010年和2011年两年的智能电表招标总量达到了1亿台。因此未来三年国内智能电表至少还有2亿台的市场空间。

（五）四大电动汽车充换电示范工程将引领新应用模式

近年来，国家电网电动汽车充换电站示范工程相继投入运营：智能充换电服务网络浙江示范工程、青岛薛家岛电动汽车智能充换储放一体化示范电站、苏沪杭城际互联工程和北京高安屯循环产业园示范充换电站。这四项工程将对"十二五"期间各地建设智能充换电服务设施产生了巨大的示范意义。其中，若大规模推广薛家岛示范电站工程，就可以在不具备建设抽水蓄

能电站的我国西北部地区，实现与抽水蓄能电站相同的削峰填谷功能，这对将来大规模吸纳风电、太阳能等新能源入网，保持电网的平稳运行具有重要意义。北京高安屯示范充换电站充分利用了循环经济的发展思路，由垃圾发电厂、太阳能发电和城市配电网提供电源，实现了电动汽车充换电服务与可再生能源发电的结合应用。其他两项工程则代表着智能充换电服务网络的互联，该模式应用推广后，环渤海地区以及其他省市相关的服务网络建设也将加速推进。

二、技术趋势

（一）清洁能源应用促进三大储能电池技术快速发展

随着清洁能源应用的兴起，钠硫电池、液流电池和锂离子电池作为三大电化学储能方式，在可再生能源发电、分布式电源和智能小区供电等方面表现出较好的应用前景。目前，国内相关科研院所已加快了这三种电池的研发进程。在钠硫电池储能领域，中科院上海硅酸盐所实现了钠硫电池制备关键设备的国产化，并与上海电力公司共建了上海钠硫电池研制基地，从事大容量城网储能电池模块、电网接入系统和储能系统的研制。在全钒液流电池领域，北京普能世纪科技有限公司是目前全球唯一可以提供兆瓦级发电池商用化系统的企业，掌握全球钒电池领域超过 50% 的专利。未来，全钒液流电池在国内的产业化生产还需要进一步实现配套材料的国产化。在锂电池领域，随着其应用范围、市场空间的不断拓宽，人们将投入更多的力量进行新品研发。目前，锂电池寿命期及成本问题还有待突破。

（二）环保性能成为智能电网设备的重点发展方向

同智能化一样，环保性也是电力设备的发展方向之一。例如，由于 SF6 气体会产生温室效应，国外已开始使用氮气或部分氮气与部分 SF6 气体的混合气体来代替 SF6 气体；接触器等触头不使用银镉合金等。《关于报废电子电气设备指令》与《关于在电子电气设备中限制使用某些有害物质指令》中明确要求从 2006 年 7 月 1 日起要确保投放市场的新电子和电气设备不包括铅、汞、镉、六价铬、聚溴二苯（PBB）和聚溴联苯（PBDE）六种有害物质。此外，降低电力变压器、电抗器、风机、油泵噪声，研究输、配电设备的电磁兼容性能，关注变电站设备的景观设计和协调问题等都是未来电网设备的重要发展方向。

智能环保：节能减排美丽中国，智能环保前景广阔

智能环保是物联网技术在环保领域的智能应用，通过综合应用传感器、全球定位系统、视频监控、卫星遥感、红外探测、射频识别等装置与技术，实时采集污染源、环境质量、生态等信息，构建全方位、多层次、全覆盖的生态环境监测网络，推动环境信息资源高效、精准的传递，通过构建海量数据资源中心和统一的服务支撑平台，支持污染源监控、环境质量监测、监督执法及管理决策等环保业务的全程智能，从而达到促进污染减排与环境风险防范、培育环保战略性新型产业、促进生态文明建设和环保事业科学发展的目的。

第一节　发展环境

一、政策环境

20 世纪末期，我国启动传感网研究后，环保领域作为应用试点领域之一，开始 RFID 等技术的初步应用。1999 年原国家环境保护总局发出《关于使用国家环境监理信息系统对污染源进行实时监控试点的通知》，提出了污染源自动监控的具体要求。随后，国家环保总局在全国开始推广的环境在线监控系统是对智能环保的最早探索和实践，为下一步发展积累了经验。当时的传感网只在局域范围内实现物物相连，与现在的物联网主要区别在于其技术架构不涉及互联网。

2001 年，全国环境保护工作会议部署了重点污染源监控试点，在国家的推动和指导下，一些地方环保部门逐步开展本辖区重点污染源自动监控系统的建设，并应用到环境监督、执法管理工作中，污染源自动监控进入了大规模发展阶段。

2005 年，国家环保总局发布 28 号文件，公布了《污染源自动监控管理办法》，并定于当

年 11 月 1 日起开始实施。此后，智能环保得到越来越多的关注，产业化进程加快，相关技术在环保领域已经取得了小范围的应用，如一些市、区建成环境质量监测和污染源在线监控系统，对空气质量、企业环保设备等基本情况进行自动监测。

2007 年，为全面完成主要污染物减排任务，中央财政安排 20 亿元专项资金用于建设污染减排指标体系、监测体系和考核体系"三大体系"。在约 7000 个重点排污单位安装污染源监控自动设备，同时，建设国家、省（自治区、直辖市）、地市三级污染源监控中心并联网，从而将污染源自动监控设备监测到的国控重点污染源排放数据及时传送到三级监控中心，为排污收费、排污执法、排污治理提供依据，为环境应急、减排决策提供支撑。

2009 年，自时任国务院总理温家宝提出要加快推进物联网发展、建立中国感知中心以来，物联网技术的重要性进一步凸显，并成为国家重点发展的战略性新兴产业的重要组成部分。同年，中国环境一号卫星在轨交付，支持通过光学、红外、超光谱等多种遥感探测设备采集数据，可用于大型水体蓝藻水华监测、沙尘暴监测、秸秆焚烧监测、区域生态环境动态变化监测、地震环境风险排查等方面。智能环保建设热潮在全国各级环保部门迅速展开，各地纷纷启动环保自动监控、应急处理等系统的建设。例如，山西省提出打造全国规模最大的省级智能环保物联网，并投资 10 亿多元建成山西省环境监测和污染源自动监控系统；成都、无锡、山东被确立为国家物联网智能环保示范城市、示范省。随着智能环保技术的不断成熟和应用规模的不断扩大，一个集监测、监控和监管三位于一体的全国智能物联网智能环保应用体系初步形成。

二、应用环境

发展以物联网为代表的新一代信息技术有利于加快经济发展方式转变，促进经济结构调整，对国民经济发展意义重大。因此，开展物联网研究和进行物联网建设逐渐成为政府和社会的共识。在环保领域，物联网建设与应用成为推动环境管理升级、培育和发展战略性新型环保产业的重要手段，对促进我国环保事业的发展已经并将继续产生深远影响。

物联网将促进环境保护管理模式革新与环保效能倍增。通过智能环保应用，能够对环境质量、污染要素进行实时监测、过程监控，将环保管理模式由事后处理为主转向以事前预防为主，由粗放式监管转向精细化监管，由单纯政府监督扩大到政府、企业、社会公众共同参与。因此，智能环保应用不仅是一种新型技术手段的应用，而是新技术应用推动了环保体系从理念、方法、机制等多个层面的变革创新。这一管理模式的革新不仅提升了环保效率，而且使环保效能倍增。

物联网将提升环境保护乃至经济与社会发展的决策能力。通过智能环保的建设与应用，可以实现对水、气、声、土壤、生态等环境要素由点到面的监测，及时、全面地获取环境质量、污染源、环境风险等方面的信息，实现对环境保护总量核算、环境执法、环评指标制定、生态保护等业务的支撑，提升环境管理决策能力，促进环保事业科学发展。此外，通过环保和经济社会其他领域物联网应用关联，能够全面提升经济与社会发展的决策能力，如通过将环保污染监控信息预测分析与城市环境承载力相关联，可为经济结构调整与招商引资提供有力支撑；将智能环保监控信息与社会卫生相关联，可为疾病防疫提供有力支撑，真正实现环保能力与经济社会可持续发展需要相匹配。

物联网将提高环境的民生服务能力，促进社会和谐。环境保护工作的根本理念是服务，服务经济发展、服务民生改善。通过智能环保的建设与应用，实时监测和分析环境要素，能够为企业改善生产工艺、节能降耗服务，促进污染减排，优化经济发展环境。同时，智能环保的应用可促进环境信息公开，方便群众办事，更好地为社会公众服务。此外，智能环保通过和其他物联网有效协同，可丰富数据来源，扩大服务范围，如与城市管理系统结合支持改进城市环境质量、排查环境风险等，进而促进环保工作和城市发展相协调，增进社会和谐。

三、技术环境

智能环保技术架构分为数据源、硬件支撑基础设施、信息资源共享平台、中间件服务、应用系统、集成门户六层架构，以及支撑保障体系。以物联网、云计算等信息技术为基础，通过移动终端、数采仪等环保设备及技术，实现环境质量和污染相关信息感知，通过移动互联、智能宽带、VPN 等技术实现信息承载和传输，通过 GIS、视频监控等技术支持各类环保应用与服务。可采用云计算模式提供计算资源、存储资源与软件资源，支持以虚拟化技术作为计算资源、存储资源，降低智能环保建设投资，提升资源利用率。

智能环保的支撑保障体系主要包括运维管理、标准规范管理以及信息安全管理。

运维管理是智能环保应用系统正常运行和可持续发展的必要保证，除保证软/硬件正常运行、设备维护、数据备份外，还包括人员培训、系统运行优化、局部操作调整、技术服务、运维组织管理、项目管理、质量管理等，需要融合运营模式、组织、制度、流程及技术，并通过持续改进、完善，确保系统健康运行。

智能环保信息安全管理贯穿于信息系统应用的各个层面，目的在于通过安全保护和防御确保智能环保应用及数据的保密性、完整性、可用性、可控性和不可否认性。通过结合智能环保应用需求和特点，融合安全意识教育、安全技术应用、安全管理制度等方面，提升应用系统的信息安全防护能力，保证智能环保应用系统持续、稳定运行。

智能环保的标准规范包含数据标准规范、技术标准规范、管理标准规范以及相应的标准管理制度，保证标准持续性的升级与完善。

第二节　行业现状

一、行业构成

随着国内外物联网在环境与安全监测领域的大量应用，其各项技术也逐步趋向成熟，同时大量技术的成熟和产品的应用也为物联网环境和安全监测应用产业的发展奠定了良好的基础。智能环保产业链主要由零部件供应商、感知设备生产厂商、系统集成厂商、网络及通信服务商、应用服务及平台运营商和终端客户构成（见图15-1）。从总体上看，国外发达国家和地区，如欧、美、日、韩等物联网环境和安全监测应用的发展代表了国际先进水平，其产业链已经初步形成，产业链各环节的分工较为清晰，以全球领先的跨国企业为核心，带动其产业链能力的总体提升，各产业环节已初步形成了产业的相关能力。另外，由于全球运营商寻求新的增长驱动，将物联网作为新的发展契机，同时新兴的服务商也积极推动物联网的产业发展，因此环境与安全监测物联网作为整个物联网产业的重要部分，其产业链的发展也得到了强有力的推进。

图 15-1　智能环保产业链简图

资料来源：赛迪顾问，2013-02。

　　总体而言，我国物联网环境和安全监测应用产业环境建设正处于起步阶段。产业链面临着企业分散、规模小、技术能力薄弱等不利因素，全国知名研究机构和物联网行业内的产、学、研机构正在积极推进物联网环境和安全监测产业环境的发展。在物联网环境和安全监测产业链的各环节中，终端及应用技术环节较为薄弱，技术标准紧跟国际步伐并有一定的影响力，国内通信模块厂商发展较为成熟，中间件、软/硬件集成、应用开发划分尚不清晰。现有国内物联网环境与安全监测产业链各环节合作模式比较单一，主要集中于产业联盟，运营商是产业链的主导力量，扮演集成商和服务商角色，通过产品和服务购买的形式向产业链下游渗透。

二、发展现状

　　"十一五"期间，中央财政在国家环境监管能力建设方面累计投入68.09亿元（2007—2010年），主要完成环境监察执法、环境监测、环境应急、核与辐射安全监管和环境统计等能力建设。其中大部分投资都直接或间接和物联网建设与应用有关，如国控重点污染源自动监控、环境质量监测、重点城市应急监测、环境统计能力建设及运行、重点城市109项水质全分析能力建设、边境河流水环境监测、京津冀区域空气质量监测能力建设、核安全监督站监管执法能力建设等。

　　"十一五"期间，在基层环境监测站能力建设方面，建成1072个环境监测站，占全国环境监测站数量的 41.83%；空气监测质量能力建设覆盖 113 个环保重点城市；饮用水源地水质全分析能力建设覆盖 82 个环保重点城市和省级环境监测站；重金属监测能力建设完成 176 个环境监测站建设；空气背景站能力建设完成新建 14 个国家空气背景站。

在国家环境质量监测网络建设方面，水质自动监测完成新建 39 个，更新 107 个；农村空气自动监测完成 31 个省（自治区、直辖市）各建 1 个；温室气体监测完成 31 个省（自治区、直辖市）各建 1 个；臭氧监测完成 7 个城市和地区 18 个点位的建设；酸沉降监测完成 358 个城市 439 个点位的建设；沙尘暴监测完成 15 个省（自治区、直辖市）85 个监测站 80 个点位的建设；区域空气质量联动监测完成京津冀地区 19 个点位的建设。

在环境应急能力建设方面，使环境应急与事故调查中心及 6 个区域环境保护督查中心配备了基本应急指挥装备和 40 余辆执法车辆；国家和省级环境监测站配备了水、气突发环境事件应急监测车及仪器设备；地市级配备了必要的应急监测设备和防护装备。在核与辐射安全监管能力建设方面，完成 754 个辐射监测点位，100 个辐射环境质量监测自动站，21 个重要核设施在线预警监测点的建设；为 99 个重点城市配置便携式辐射应急监测设备各 1 套，同时，配置核与辐射安全监督执法用的辐射监测仪器、取证设备及车辆。在环境统计能力建设方面，建立了 397 个地市级国控重点企业的环境统计数据直报系统，4 个辐射监测数据汇总中心。

据赛迪顾问调查研究，2008—2010 年中国环保行业的信息化投资规模近 130 亿元。每年投资金额及增长如图 15-2 所示。

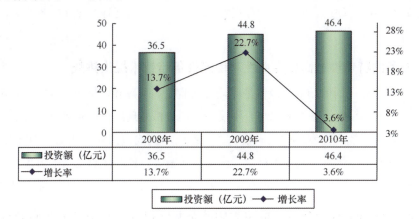

	2008年	2009年	2010年
投资额（亿元）	36.5	44.8	46.4
增长率	13.7%	22.7%	3.6%

图 15-2　2008—2010 年中国环保行业信息化投资规模及增长

资料来源：赛迪顾问，2013-02。

2011 年，中央投入近 30 亿元进行环境监管能力建设，主要用于重点地区环境突发事件应急监测能力建设（12.5 亿元）、环境监测站标准化建设（19500 万元）、新增主要污染物自动监控能力建设（21971 万元）、国控重点污染源监督性监测运行费（23904 万元）、国控重点污染源监控中心运行费（4000 万元）、中央本级能力建设项目（6000 万元）、重点省市核与辐射应急监测调度平台及快速响应能力建设（15000 万元）。

三、发展特点

（一）传感器种类多、数据多源异构、技术综合导致建设和应用的高复杂性与高难度

物联网智能环保应用需要感知水体、大气、土壤等环境的质量和多种污染物的多种信息，需要综合应用声、光、电、化学、生物、位置等多种传感设备。同时，智能环保要使用来自不同来源，包括卫星、摄像头、传感器等，甚至人工的数据，这些数据类型不一、结构各异。此外，智能环保要融合传感器、射频识别、激光扫描、卫星遥感等多种技术，实现丰富多样的数据采集、安全快捷的数据传输、稳定的数据存储、完善的分析处理、及时的报告预警等功能，最后形成全天候、多区域、多层次的监控体系，因而导致智能环保建设的复杂性高、难度大。

（二）信息服务范围要求打破地域限制，对信息资源整合共享提出高要求

相对于城市管理、交通、卫生等领域，物联网智能环保采集的数据除在行政地域范围内应用外，还会在如水流域等跨行政区域的范围内应用。相应地，根据环境保护和污染治理的系统性管理需要，信息资源的整合需要打破地域的限制。这就要求物联网智能环保全国联网，信息服务范围可根据环保工作需要在特定区域范围内灵活应用，可以覆盖不同省、市、区、县，并且环保数据可供污染治理、排污交易、环境监管等不同系统使用。此外，通过与交通、安全等领域的系统对接，物联网智能环保的数据和系统可以为交通运输、城市管理、风险防范等服务，更具综合性。

（三）业务的特殊性和高度专业性对传感设备与技术提出挑战

物联网智能环保中的前端采集设备是环境自动监控的基础和数据源，同时更是污染防治的重要组成部分，前端采集设备的准确与否不仅关系到分析处理结果的正确性，更涉及多方的利益。此外，物联网智能环保发展中仍面临一些关键技术挑战，如复杂环境下传感器组网技术、能耗问题、传感器节点部署模式及策略、安全隐私问题等，这些关键技术的解决是物联网智能环保大规模推广应用的必要条件。目前，国内相关技术还不成熟，和实际需要有较大差距。

（四）物联网智能环保建设与应用需要政企共同投入、社会各方共同参与

物联网智能环保需要监控的要素多、范围广、投资规模大，仅依靠环保部门投资是远远不够的，需要有效激发企业的积极性，鼓励企业积极参与，通过自我投入控制和改善污染排放。此外，物联网智能环保建设后的持续应用需要全社会地参与，通过政府、企业和社会公众的共同努力，形成全面、多方位的监督体系，才能更好地促进污染治理和环境质量改善。

将物联网技术应用到智能环保领域，将使我们实时、准确、连续、完整地获取环境信息，在信息手段的辅助下更加科学、有效地管理环境，将对环境问题由事后监管转为事先预防。物联网在智能环保领域的应用，将对环境保护产生极大的推动作用。具体表现在：提升现有节能

减排技术、设备的水平；利用物联网技术对生产进行有利于节能减排的全过程控制，推动结构调整和产业技术升级；将消费者的能耗、物耗具体量化并及时反馈给消费者，促使其选择绿色且经济、适度的生活消费方式，从而促进可持续发展；在物联网的大背景下继续完善环境监控，使管理者在第一时间全面、及时、准确掌握环境状况和点源排放情况，在信息手段的辅助下更加有效地管理环境，逐步由对环境问题的事后监管转变为事先预防，从而更好地处理环境保护与经济发展的关系，以环境保护优化经济发展方式；将环境自动监控系统得到的环境状况和点源排放情况信息自动、及时地向社会公开，保障公民的环境知情权，将环境保护从环保工作者手里解放出来，动员全民参与环保，促使环保部门更好地管理环境和服务社会；预防和处置环境突发事件，保障环境安全。

第三节　重点应用

一、应用领域

智能环保应用系统功能主要包括四个方面：污染源监控、环境质量监测、环境风险应急管理、综合管理和服务应用。其中，污染源监控重点建设包括污染源在线监测、机动车尾气监测等在内的系统。环境质量监测主要包括水环境、大气环境、土壤及噪声等环境质量监测系统。环境风险应急管理包含环境风险监测预警、应急事件处理、应急处置恢复等在内的环境应急管理以及放射源监控管理。综合管理和服务应用包含排污申报及许可证管理、移动办公、监督执法以及管理决策等系统，同时与环境质量监测、污染源监控、应急处理等系统对接，实现环保应用系统的整合协同应用。

（一）环境质量监测

环境质量监测主要包括地表水环境质量监测、饮用水源地环境质量监测、城市空气质量监测、土壤和噪声污染监测等（见图15-3）。智能环保在环境质量监测领域的应用主要是通过物联网、GIS等技术，对地表水断面、饮用水源地环境、土壤、城市空气质量和噪声情况进行远程监测、现场数据采集、超标分析、报警以及数据展现，确定污染程度，支持实现环境质量的日报和预报，确保公众的环境知情权，提高环保部门对环境质量的监控管理能力，同时保护居民生产和生活的环境安全。

应用环境质量监测系统主要实现以下功能。

通过监控终端、数采仪、视频等设备，自动采集地表水质、饮用水环境、土壤环境和噪声污染的实施数据；同时可以对监测设备进行反控，如设置和调整某一环境监测点实时数据采集的频率与条件，启动、暂停或终止数据采集等活动。

通过环境监测站点、通信、设备管理，结合各类环境质量监控管理的标准和规则，对监测周期、监测频率等操作进行安排和调整，并通过流域、断面、责任单位的级联管理，实现水环境、空气质量、土壤环境和噪声污染等的监控管理。

图15-3　环境质量监测系统框架

资料来源：赛迪顾问，2013-02。

监测数据可通过报表和图表形式展现，包括环境质量的实时数据、监测点监控设备运转情况、实时数据地图、工艺流程图、实时曲线等。

能够根据各种环境质量标准对水环境、空气和土壤环境以及噪声污染的监测数据进行实时分析，自动判断环境污染是否超标，发现超标自动产生超标警告并上报。

能够提供环境质量历史数据查询，对环境质量监测历史数据、监控仪器启停历史数据等进行统计分析，形成历史环境质量曲线、历史环境质量专题图等，实现环境质量情况的分析和评估。

（二）污染源自动监控

污染源自动监控系统主要完成工业企业重点污染源排放的自动监控，统一管理重点污染源的信息，可根据重点污染源的地理位置、所在流域、污染物排放等信息，快速检索出相关污染源信息，支持总量控制、排污收费、管理决策以及污染事故的排查和分析等。

通过监控前端、数采仪、视频系统等设备实现对废水、废气等污染源的实时在线监测，通过对污染监测数据的采集、传输、统计、分析等，实现污染源监测数据的统一管理、数据超标预警、监测设备的管理及反控，统计分析结果以报表、图表等多种方式展示。通过污染源在线监控，动态掌握污染源状况，全面地控制重点区域的污染源及其变化趋势，全面提升污染源监控水平，为管理和决策提供支持。

污染源自动监控系统框架如图 15-4 所示。

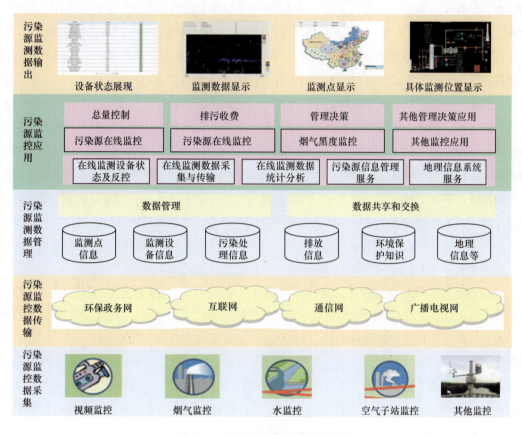

图 15-4　污染源自动监控系统框架

资料来源：赛迪顾问，2013-02。

目前，污染源自动监控系统是我国物联网智能环保领域的最大应用之一。国控重点污染源自动监控项目物联网体系是"三大体系"建设的重要组成部分，该项目的目标是通过自动化、信息化等技术手段，更加科学、准确、实时地掌握重点污染源的主要污染物排放数据、污染治理设施运行情况等与污染物排放相关的各类信息，及时发现并查处违法排污行为，对于加强现场环境执法，强化环境监管措施与手段，有力查处环境违法，监督落实污染减排的各项措施，确保污染减排工作取得实效，切实改善环境质量具有十分重要的意义。国控重点污染源自动监控系统是推进我国环保部门建立一套顺应世界潮流、符合中国国情、具有时代特色的环境管理体系和科技支撑体系的重大突破。项目分三级六类建设国家、省（自治区、直辖市）、地市三级 300 多个污染源监控中心并联网，对占全国主要污染物工业排放负荷 65% 的近万家工业污染源和近 700 家城市污水处理厂安装污染源自动监控设备，并与环保部门联网，实现实时监控、数据采集、异常报警和信息传输，形成统一的监控网络。

截至 2011 年上半年，全国已建成 349 个各级污染源监控中心，并已全部与环境保护部污染源监控中心联网；共对 15559 家重点污染源实施了自动监控，其中国控重点污染源 7931 家（监控排放口数 11632 个），与环境保护部污染源监控中心联网的企业达 8788 家。国控重点污染源自动监控项目的成功实施，提高了全国污染源监管能力，向建设具有我国特色的自动化、信息化的环境监管体系迈出了重要一步，对全国环保信息化建设产生了重要的引领与带动作用。

污染源自动监控系统建立了一整套部、省、市三级上下联通、纵向延伸、横向共享的物联网智能环保体系。国家组织省、地市的近万家排污企业共同实施，实现了数万个点位的信息联通，实现了对排污口、环保治理设施以及生产工艺的全方位监控，构建了一个庞大的物联网智能环保体系，打造了集监测、监视和监控三位于一体的量化执法体系。污染源的排污信息从企业上传到市、省和国家，各级环保部门实现了实时数据共享。污染源自动监控系统的建成，用数据说话、用事实执法，不仅提升了环境监管水平，加强了环境执法能力，而且推动了环境监察的发展，丰富了环境监测的手段。污染源自动监控中心不仅是单纯的数据汇聚中心，而是不断发展成为了环境监管执法、环境应急预警和指挥中心，这使得环保部门以自动化、信息化为主要特征，逐步形成了由环境卫星（宏观）、环境质量自动监测（区域流域）、重点污染源自动监控（微观）三个空间尺度构成的"天地一体化"的环境监管体系。

国控重点污染源自动监控能力建设项目是第一个全国性环境管理业务与环境信息化结合的项目，技术性强，涉及面广，实施难度大。要保证项目的成功必须对项目管理的模式进行创新。为此，环境保护部领导明确要求"三大体系"建设要充分论证、周密安排、科学组织、明确责任，要"严管源、慎用钱、质为先"，并就项目建设的目标、任务、组织实施工作进行了专门部署。项目的实施，推动了环境自动监测产业行业的科技创新。各自动监测、监控仪器厂商纷纷加大研发力度。国外知名厂商的全面进入，带来了先进技术，努力开发适合中国的产品；国内仪器厂商努力提高技术水平，不断发展壮大，推动了国内自动监控仪器仪表技术的创新和制造水平的提高，促进了一些企业的上市。

（三）移动监察、执法、办公

智能环保的移动应用主要是利用互联网、3G 通信、全球定位系统、三维地理信息系统等技术，支持移动环境监察、现场执法、移动办公等。

智能环保的移动应用系统建立在环境质量监测、污染源监控、风险管理和综合管理与服务系统基础之上，其整合了环境质量在线监测、污染源管理、应急处理、环境监察及执法管理等数据资源，能实现移动执法、移动办公、应急指挥等。

通过移动执法终端、数据采集通信终端、高端智能手机、PDA、笔记本电脑、平板电脑、便携打印机、便携扫描器、便携摄像机、录音终端、数码相机以及各种便携环境检测仪等终端设备，实现现场信息（包括视频、音频信息、监测信息、定位信息等所有数据信息）的处理，采用 3G/ 卫星或微波等技术，完成现场取证、信息查询、现场检测、现场执法，远程实现环保案件管理、执法任务管理，绩效考核及日常办公等功能。

移动监察、执法、办公应用系统框架如图 15-5 所示。

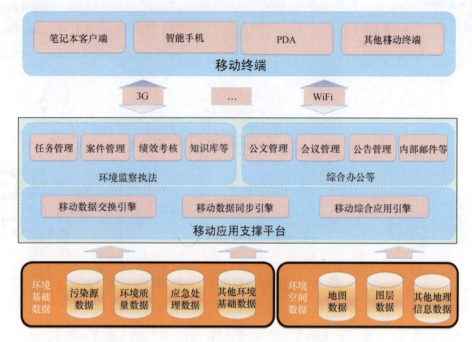

图 15-5 移动监察、执法、办公应用系统框架

资料来源：赛迪顾问，2013-02。

（四）环境应急管理

通过物联网、移动互联网、视频终端等装置和技术，自动监控环境质量和污染源情况，特别是危险性、放射性污染源，及时、全面、准确地掌握核、辐射等物质、放射性废物库、重点放射源运行状况，在环境突发事件出现前完成电子预案、应急资源和应急组织、应急信息的管理，实现应急准备；在环境突发事件出现时，在现场或指挥中心利用通信和指挥系统，通过任意地点的环境监测、视频信息传输，完成应急指挥和处置的整个过程。

突发事件监测与指挥系统框架如图 15-6 所示。

环境事故预警预测结合在线监控设备、移动监控车等，通过环境和污染隐患、风险源的监测监控，实现环境突发事件的预测预警，成为突发事件信息报告、综合研判、辅助决策、处置方案和总结评估的基础，可满足重点污染源及污染事故处理的需要。

环境事故应急准备对常态信息和资源进行整合和管理，包括建立和维护应急管理所需的基础数据信息，涉及应急机构、应急人员、应急物资、应急预案、环境专家、危险品、隐患源（放射性废物库、重点放射源、涉氯单位、加油站、危废产生单位、化工生产企业）的管理，并管理日常监测和检查的数据。

突发事件发生后，进行应急响应与处置，主要实现包括污染事故应急向导、污染事故应急响应、地理信息数据响应、电子地图的环境应急决策支持、污染扩散模型和空间分析以及污染事故发展过程分析等功能。

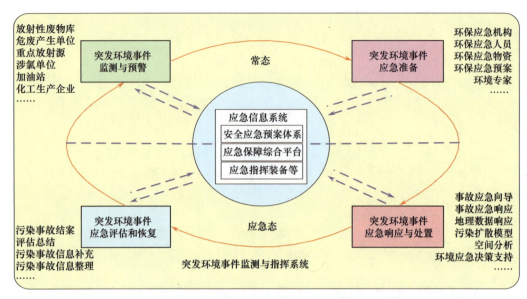

图 15-6　突发事件监测与指挥系统框架

资料来源：赛迪顾问，2013-02。

　　环境污染事故发生的评估和恢复工作主要包括污染事故结案、补充污染事故的信息及整理，并根据事故现场资料、监测工作结果，编制事故处理和评估的总结报告。

二、应用价值

（一）改善循环经济建设效果，促进资源充分利用

　　智能环保应用可为污染物利用提供信息支持，服务于污染物、废弃物的处理。基于智能环保的建设和应用，一方面可以密切监控产生废气、废水等废弃物的生产过程，把对环境有害的污染物、废弃物减少到最低限度；另一方面可以辅助对废气、废水、污染物等进行深入分析，进而辅助进行废弃物的资源化和无害化处理，使部分污染物或废弃物进行循环再利用，如对排污进行余热回收、物质提取等。

（二）提高环境控制的实时性，助力环境风险防范

　　近几年，全国突发环境事件居高不下，环境应急管理面临严峻挑战。智能环保中的环境实时监测和环境突发事件应急指挥系统具有强大的综合信息处理和分析功能，特别是通过GIS 的强大空间分析能力，可以将监测数据以多媒体形式呈现，分析结果以直观的图表形式呈现，从而更好地支持全面的环境信息获取，可以保证环境保护管理部门对环境突发事件做出快速反应，对事件的影响程度和危害性做出正确估计，有效地促进环境风险的防范和突发事件的处理。

第四节　发 展 趋 势

物联网智能环保未来应用发展方向主要有两个：广度和深度。所谓广度就是物联网智能环保的应用范围。目前，我国物联网智能环保的应用主要集中在几个有限的方面，如污染检测、环境质量监测等。随着物联网智能环保应用各项技术的不断成熟，标准体系的不断完善，未来在海洋环境监测、空间环境监测、电磁或核辐射监测、固体或化学废弃物监测等领域的应用还有极大的发展潜力。

所谓深度，就是物联网智能环保应用水平。未来物联网智能环保应用的各项业务能力将愈发成熟，各个应用系统将愈发完善，同时，不同应用系统间的信息互联及共享机制将更加发达，物联网智能环保的应用水平将得到整体提升。

现阶段，物联网智能环保应用还只是一个个比较孤立的应用，距离规模化应用差距还比较大。未来要实现物联网智能环保的规模化应用，必须要实现不同应用系统之间的信息互联和共享以及智能化处理，建立新的业务平台——物联网智能环保业务支撑平台，全面实现综合监控和应急处理是必然趋势。

一、行业趋势

（一）市场扩容，新产品开发周期加快

频繁的政策法规出台将导致市场需求的变化，以 PM2.5、O3 等列入约束性指标为例，由此带来的投资需求即达 8 亿元左右，PM2.5 监测仪器市场有望迎来一轮爆发行情。而国内首批 PM2.5 监测仪器以进口产品为主，国内企业也因此不得不将更多精力集中于新产品研发，尤其是开拓高端市场份额，来满足不断变化的市场需求。

（二）物联网智能环保应用将以服务为根本理念全面展开

环境保护的根本出发点是服务社会，服务对象包括政府的环境管理、监测和研究部门、污染排放及污染治理企业、其他社会机构和社会公众等。通过物联网智能环保整合现有应用和信息资源，建立集环境质量监测、污染源监控、环境风险防范等于一体的环保管理和服务体系，为政府改进环境质量、实现节能减排目标、防控环境风险服务。通过物联网智能环保将环境要素的实时监测、分析和节能降耗关联起来，进而服务企业改善生产工艺不合理情况，有效提升生产企业积极性，使降低能耗和排污成为企业的自觉行动。此外，物联网智能环保通过和其他物联网有效协同可以使数据来源多样化，扩大服务对象，更好地为社会公众服务，如与食品检测系统协同保证食品安全，进行空气质量预测为公众旅游、出行等服务。

（三）建立起信息共享机制，支撑跨区域协同应用与统筹管理、决策

通过统一基础平台和标准建设，推动物联网智能环保应用的信息资源开发与利用，实现全国环保数据的统一与共享，推动气象等其他领域和环保领域的信息互通。各种环境质量、污染源、气象、生态等信息可以根据需要，快速、顺畅地传输到国家、省、市、区、县，特别是支持流域范围或污染扩散范围内的各行政区域间的信息交互，发现环境恶化现象时，可通过跨区域的协同、合作追溯问题根源，进行协同治理、协同决策；发现超标排污或违法排污行为时，可以通过跨区域协同控制污染排放行为；发现重大环境问题时，可以通过物联网智能环保实现高效、科学的跨区域协同决策。

（四）环保与相关领域物联网关联应用，支撑城市环境和经济协调发展

在物联网智能环保应用的同时，应不断强化和其他物联网的关联应用，如加强和城市管理、交通、卫生、食品安全等相关领域的信息共享与业务协同。一方面，物联网智能环保可以为城市的安全管理、交通管理、食品安全监管等服务提供支撑，支持环境保护和城市、经济的协调发展；另一方面，其他领域的物联网也可以为物联网智能环保更好地发挥效用提供支持，进一步扩大物联网智能环保覆盖的范围和作用的效果，使环保工作不仅成为环保部门的"事情"，还要变成整个城市的"事情"。

（五）全国各地加强废气、废水等资源的利用，促进循环经济建设

物联网智能环保应用可为污染物利用提供信息支持，服务于污染物、废弃物的处理，促进循环经济建设，促进各区域按照生态规律利用自然资源和环境容量，实现经济活动的生态化转向。

（六）环境监控由点及面，全方位满足环境监测、控制、治理的需要

随着物联网智能环保的建设和应用的不断深入，环境监控将逐渐由污染点源监控向污染面监控扩展。首先，物联网智能环保的监控对象范围将不断拓展，从废水、废气排放监控扩展到危废、重金属、辐射源、环境风险监控等，从城市监控、工业监控向城镇、农村污染监控扩展；另一方面，监控深度将不断加强，在污染源末端监控污染物的排放浓度、排放量的基础上，还将监控企业污染排放和治理设施的工况运行情况，为政府污染治理、企业生产工艺改进提供决策建议。同时，还可和其他领域的物联网共享信息，形成范围更广、更全面的监控体系，如结合气象、交通等数据分析原因、追溯源头，实现协同治理。

二、技术趋势

（一）性能提升，实现现场、快速、在线连续、智能

未来物联网在线监测工作的复杂性要求仪器拥有更为卓越的性能，不但要满足室内分析工作的要求，还要满足现场、在线连续和应急监测的要求，能够适应各种恶劣工作环境，又不

能显著降低仪器的测试精度。物联网在线监测对设备仪器的准确性、可靠性要求更加严格；对数据通信、维护、日常运营等要求的日益规范，要求智能环保仪器设备具备更高的精度、更稳定的运行可靠性、更完善的功能。在监测设备的智能化方面，处理性能低下、功能简单的远端数据采集单元——单片机会逐步退出市场，嵌入式平台将得到更大发展，现场设备将走向智能化。相关产业升级将更加趋向设备的小型化和专有化，更加符合实际需要。总之，具有高智能化、高稳定性、高集成性、高精度、便携特性的监测仪器是我国物联网智能环保仪器设备的发展趋势。

（二）自主研发，大型分析仪器国产化进程加快

目前，我国物联网智能环保领域中关键核心零部件和高精尖仪器核心技术还受制于人，特别是大量的检测分析仪器（GC/MS、LC/MS/MS、ICP/MS、便携 GC/MS 等）和环境检测车及其装备仍然依赖进口。"十二五"期间，国家将重点加强核心技术的研发，提高产品的技术含量和国产化率，实现功能多样化，扩大环境监测指标与范围，不断拓展温室气体、土壤、固体废物、生物、生态等监测领域，以适应我国日益多样化的环境监测需求。

智能安防：基础设施持续更新，智能功能还需提升

智能安防是由各种传感器、传输网络以及决策系统共同构成的安防体系，是主动安防的实例化，是物联网在社会公共安全维护领域的应用。智能安防系统旨在将入侵报警系统、视频安防监控系统、出入口控制系统、防爆安全检查系统等与多传感器融合及智能化处理技术相结合，从而实现对公共安全图像信息、空间信息、人口信息、管理信息进行存储、检索、处理和分析的目的。依托物联网所建立的庞大传感网络，针对国家、社会、家庭的需要，实现安防行为的主动化、系统化，并提供满足用户需求的统计、回放、取证等各类功能，提升城市、区域的安全等级，维护社会治安稳定。

第一节　发展环境

一、政策环境

2011 年 3 月，《中国安防行业"十二五"发展规划》正式获批，并将智能安防作为未来发展的重点方向。《中国安防行业"十二五"发展规划》提出，发展智能安防就要"加强多信息系统、多技术的融合，研究和开发适应城市报警、监控以及综合安防集成应用的平台和关键技术，如 GIS、可视化技术、联动技术、物联网平台技术、模糊图像清晰化处理技术、移动视频技术、信息与通信共享及其他关联技术等。大力发展中间件产品，实现各类信息资源之间的关联、整合、协同、互动和按需服务，解决系统间的互操作、可靠性、安全性等问题，实现应用系统从硬件为核心向以软件为核心的转变。加强安防应用中信息安全、网络安全等技术的研

究，研发在虚拟世界的安防解决方案和技术产品，有效实现虚拟世界的安全防范，积极探索'云计算'在安防的应用，研究以网络化平台为基础的开放性安防服务平台技术，向其他相关应用提供信息及个性化服务，创新服务模式"。

公安部发布的《安全防范视频监控联网系统信息传输、交换、控制技术要求》更是对安防系统的互联互通提供了顶层设计方法，为实现智能安防奠定了基础。此外，《物联网"十二五"发展规划》也从侧面促进了智能安防的发展。国家多项政策、规划文件的出台进一步从战略层面保障了智能安防建设的稳步推进（见表16-1）。

表16-1　安防行业国家相关支撑政策

序号	名称	发布时间	主要内容
1	《中华人民共和国国民经济和社会发展第十二个五年规划纲要》	2011年3月	以重大技术突破和重大发展需求为基础，促进新兴科技与新兴产业深度融合，在继续做大做强高技术产业的基础上，把战略性新兴产业培育发展成为先导性、支柱性产业
2	《2011—2015年天津市技术防范网络体系建设实施方案》	2011年3月	推进全市社会技防系统建设，实现对易发案部位、繁华地区、物业小区、交通路口、景观设施、广场和水域等的技防覆盖。统筹农村技防系统建设，逐步实现城乡全域覆盖。2011年新建监控点位8万个，2012年新建6万个，2013年新建6万个，2014年新建5万个，2015年新建5万个，至"十二五"末，全市监控点位总数累计达到60万个
3	《中国安防行业"十二五"发展规划》	2011年3月	到"十二五"末期，要实现安防产业规模翻一番的总体目标，年增长率达到20%左右；2015年总产值达到5000亿元，实现增加值1600亿元，年出口交货值达到600亿元以上；产业结构调整初见成效，安防运营及各类服务业所占比重达到20%以上。2011年，公安部对全国城市报警与监控系统建设试点工程（即"3111"试点工程）也将进入整体推进阶段，直接投资近1000亿元
4	《哈尔滨市城市管理公安交通公安天眼视频资源整合工作方案》	2011年4月	2011年，公安天眼拟新建778个监控点、数字城管拟新建1041个监控点。建成后，哈尔滨市公共视频点位将达到5034个（其中公安天眼2843个、数字城管2191个）。整合后的系统可实现公安、城管、交警部门共享使用全部视频监控点，并向全市有视频资源需求的部门开放、共享
5	《2011年为民办实事项目之南宁市社会管理监控报警联网系统建设实施方案》	2011年7月	通过建设全市统一骨干网络、统一信息共享应用平台、统一信息技术标准、一网多用的南宁市电子视频监控网络及系统，为广大市民创建平安、和谐、文明的社会治安环境。2011年，南宁市在全市范围内新增建设了2000个视频监控点，实现在全市建成区域内重点监控面的全覆盖、无盲区，重点监控"三区三口"，即案件多发区域、商业金融集中区域、人口密集区域和城市进出口、区域进出口、重点单位门口

资料来源：赛迪顾问，2013-02。

二、市场应用环境

在国际经济形势不稳、国际需求萎缩的背景下，扩大内需是中国经济发展的战略基点，也是加快转变经济发展方式最关键的突破口。扩大国内需求，开拓国内市场，是我国经济发展的基本立足点和长期战略方针。目前，我国智能安防行业已发展成具有视频监控、出入口控制、入侵报警、防爆安检等十几个大类、数千个品种的产业。

安防行业经过30多年的发展，已经逐渐走进大众的视野，进入民用安防市场。然而，由于行业发展历程较短，产业链不完善，网络基础薄弱，价格居高不下等多种原因，民用安防市场现在更多的表现还是叫好不叫座。而智能安防产品难以在民用市场普及的一大原因是，国民消费购买力比较低，有待提高。十八大进一步扩大内需的要求将带动民用安防市场的火热发展。

近年来，物联网、云计算、平安城市、智慧城市都由概念走向实际应用，一些安防企业也将物联网、云计算等高科技纳入产品中。平安城市、民用安防、安防产品的更新换代等在未来都具有非常大的市场空间。种种政策及市场的趋势都预示着安防行业即将迎来又一个黄金期。随着安防行业数字化、网络化、高清化的发展，安防产品对技术的更高要求成为行业门槛的一大屏障。传统安防制造业已处在价格战之中，产品利润率不断被压缩，未来支撑安防企业走向更远的将还是以技术为根本动力。目前，安防行业许多企业通过向高新技术企业及行业整体方案解决商等进行升级和转型，成为智能安防的坚定拥护者。

三、技术环境

随着"上海世博会"、"广州亚运会"等国际重大活动的举办，以及"平安城市"、"平安建设"、"科技强警"等工作的推进，国内的安防需求仍然保持较快的增长。智能安防系统建设已由国家初期的要害部门扩展到了当今的公共场所、大型建筑、金融、交通等各个领域。

智能化、高清化、网络化是目前安防行业的主要技术趋势，高清和网络化的安防行业已经进入了蓬勃发展阶段。各个平安城市已经开始使用高清摄像头、网络摄像头，并且对已有的城市系统进行全面改造，有效提高工作效率。

近年来，在数字化、网络化、智能化、集成化的技术创新趋势下，原始的视频监控安防正在向智能安防时代过渡。由于客户对于安防的更高要求，促使了智能化的发展，亦凭借物联网、云计算等技术的成熟，智能安防能够越过满足用户需求的技术门槛。通过对众多摄像头的采集能力管控、对海量视频数据的分析，形成决策依据，提供有效的辅助资料，并与GIS等广泛融合，形成完整的安防联动系统。

更重要的是，目前安防技术正处于一个高速发展和快速变革的时代，数字化、网络化、智能化、集成化等技术发展趋势十分明显，半专业和消费级市场的崛起，对新产品的需求非常旺盛。在这种情况下，先发优势就显得非常重要，应依靠技术创新，提高产品的性价比，从而实现企业引领市场动向的目标。

第二节　行业现状

一、行业构成

对于智能安防，国内外现在尚未给出明确的定义，一般是指具有智能行为识别，能够对画面场景中的物体行为进行识别、判断，并在适当的条件下，产生报警提示用户，达到主动安防效果的一类防范手段。

智能安防产业主要有以下几个特征：一是需要在复杂的场景下实现准确的安防行为，要完成繁复的工作，需要设备制造、运营服务、后期维护、用户业务流程规划等企业参与其中；二是企业的研发速度要求高，各项技术之间融合紧密；三是对于使用者具有一定的技术门槛要求，需要拥有过硬的业务处理方法、计算机操作水平等技术能力。

根据对智能安防产业的界定，进一步剖析其产业链结构。智能安防的建设覆盖了芯片设计、设备制造、系统集成、施工改造、运营维护四个关键环节（见图16-1），涉及图像捕捉技术研发、通信技术研发、网络互联技术研发、视频云计算技术研发、高端设备研发制造等。智能安防的应用领域无处不在，从人口信息管理到平安城市建设，从交通领域的应用到排污、金融等专业领域都有智能安防的身影。

图 16-1　智能安防行业结构

资料来源：赛迪顾问，2013-02。

智能安防含义广阔，市场规模难以统计。以使用最多的视频监控市场为例，可以将安防电子产业规模划分为安防电子产品规模和工程、集成与运营服务规模。2011年，中国安防电子产品规模达701.4亿元，占安防产业的比重为50.4%；工程、集成与运营服务规模达690.2亿元，占比为49.6%（见表16-2）。

表 16-2　2011 年中国安防电子产业结构

	安防电子产品规模	工程、集成与运营服务规模
产值规模（亿元）	701.4	690.2
比重	50.4%	49.6%

资料来源：赛迪顾问，2013-02。

二、发展现状

备受关注的全国首批 21 个科技强警示范建设城市、22 个城市报警与监控系统建设试点、第二批 38 个科技强警示范建设城市和"3111"工程试点已经全部结束，试点城市的示范效应已经全面释放。

2008 年后，公安部进一步推动了探索、总结和推广试点城市的经验的活动，通过以点带面，推动全国平安城市建设工作的全面开展。例如，全国许多地方都在不同程度、不同范围地开展平安城市建设，而不再限于试点城市和地区，全国平安城市的投资规模也随着应用市场的不断扩大而快速增长。

2008 年，中国平安城市建设投资规模达 62.7 亿元，2009 年投资额为 76.9 亿元，2010 年投资额为 96.6 亿元，2011 年上半年全国已开工项目总投资为 57.8 亿元，全年总投资额达 122.5 亿元。从最近 3 年的全国平安城市投资额来看，整体呈现建设加速的态势，这主要归结于两个方面的因素：一是随着城市化进程的加速发展，各地政府对城市安保的重视程度日益加深，对平安城市建设系统的投资随之加大；二是试点城市带来的示范作用不断扩大，对周边城市建设的带动作用日益体现。从各省市平安城市的投入情况来看，广东、北京与上海三省市位列全国前三位，3 年累计投资规模都超过了 20 亿元，其中广东省 3 年总投入达 34.15 亿元，北京 3 年总投入达 27.5 亿元，上海 3 年总投入为 24.6 亿元。三大省市平安城市的大投入除了跟城市发展水平密切相关外，主要还是依靠如北京奥运会、广州亚运会、上海世博会、深圳大运会等大型活动的带动。

以最为突出的视频监控市场来看，近几年，中国安防电子产业的发展非常迅速。2006—2010 年的年复合增长率达到了 26.3%，高于同期全球的平均增长速度。这一方面源于奥运会安防建设，"平安建设"项目中的"平安城市"、"平安校园"、"科技强警"、"3111 报警示范城市建设"等重大政府工程的开展，以及银行、矿区、工厂、商场等行业用户信息化的不断升级和中国民众安防意识的提升；另一方面，国外安防大企业为了降低产品生产成本，抢占中国巨大的安防市场份额，避免较高的进口关税，纷纷向中国市场进军，如霍尼韦尔、博世、松下、索尼、三星等已经将生产基地逐步转移到中国。国际企业的进入也大大推动了中国安防电子产业的快速发展。

2011 年，中国安防电子产业规模达到了 1391.6 亿元，同比增长 24.2%，增长速度较 2010 年有所下降（见表 16-3 和图 16-2）。智能安防随着安防电子产业的高速增长而增长，逐步渗透至各个行业，被越来越多的用户接受。

表 16-3　2007—2011 年中国安防电子产业规模与增长率

	2007 年	2008 年	2009 年	2010 年	2011 年
产值规模（亿元）	540.4	676.5	829.3	1120.2	1391.6
增长率	34.2%	25.2%	22.6%	35.1%	24.2%

资料来源：赛迪顾问，2013-02。

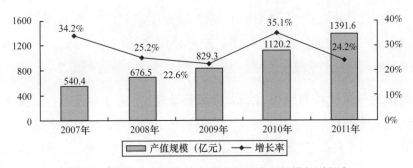

图 16-2　2007—2011 年中国安防电子产业规模与增长率

资料来源：赛迪顾问，2013-02。

三、发展特点

（一）全球化特征明显，产业进入梯次转移阶段

目前，从产业全球化的视角来看，智能安防的核心技术无论是光学成像技术、音/视频解码技术、算法技术、硬件芯片技术、智能技术，目前均存在着日趋明显的产业全球化趋势，中国企业在这些领域都面临着激烈的市场竞争，技术落后必然遭到市场的淘汰。但从另一方面来看，中国企业在进入这些领域后，如果能生存下来将代表着技术实力的先进，就能够参与更多的国际竞争，逐渐在国际市场中取得一定的地位。

智能安防产业的一个特点是产业进入梯次转移阶段，即全球的视频监控产业已经将生产、制造环节逐渐转移至中国，现在智能安防设备的生产、制造基本上都在中国完成，中国已经成为承接发达国家这部分业务的制造中心。由此可见，随着中国研发环境的不断成熟，未来国外企业在中国进行技术研发的可能性越来越大，全球产业的研发环节将会逐步转移至中国，届时，中国也会将附加值低的制造环节梯次转移至具有劳动力成本优势的发展中国家。

（二）智能安防应用从"单点"走向"大安防"

中国智能安防产业在这几年的快速发展很大程度上得益于下游应用市场的快速发展，而其中最重要的一个因素是"平安城市"建设的推动作用。平安城市的建设初衷虽然是以公安治安监控的应用为主，但由于其启动伊始就定位于对整个城域范围的视频资源和信息进行有效管理和应用，由此确立的平台化、集成化、网络化的视频监控建设理念很快就得到了业界的普遍认同，不仅是公安部门的治安视频监控应用，其他包括安全生产监督中对重大危险源的监测监控、城市管理和综合执法中对城市三乱现象及重要城市部件和事件的监控、教育系统对考场和校园环境的监控、环保系统中对重大排污源的监控、边防口岸对反走私活动的监控、电力系统对无人值守设备的监控，以及城市重大活动中的临时可布置监控等业务领域在内也都开始有很明确的联网视频监控需求。

从政府资源的统一利用角度来讲，各专项职能单位都独自建设一套安防系统既不经济也不现实。因此，实现各专项职能部门安防系统的资源整合和信息共享是必然趋势，这种趋势反过来又会对视频监控系统向平台化、集成化、网络化发展起到进一步的推动作用，从而达到技术和应用的良性循环。"智能安防"已经具有了从作为单个部门或行业安防业务的支撑系统向作为整个城市信息化建设和管理应用的支持系统进行转变的趋势。

（三）高清视频监控成为应用的热点及主要趋势

随着网络监控的推广应用，越来越多的厂家推出了高清网络摄像机，高清产品竞争形态已经形成。从国内市场来看，高清视频监控的主要应用领域集中在交通、金融领域。从全球市场来看，由于之前国内 IP 监控系统的发展速度慢于国外，使得国内的高清视频监控的应用率要比国外同类产品低很多。不过随着网络摄像机的普及，高清视频监控的应用将越来越多，而在解决硬件成本、存储成本和应用方案后，高清的大规模应用时代也将会到来。

另外，大型活动毫无疑问是高清视频监控大规模应用的绝好机会。2010 年上海世博会安防项目中，占"重中之重"的上海浦东城区高清视频监控总投资超过 10 亿元，是迄今为止最大的单一视频监控项目。此项目大规模采用了数字高清技术，成为中国监控市场上第一个名副其实的大型高清视频监控工程。

（四）"平台"概念与技术仍处于推广期

随着安防项目的规模越来越大，作为系统核心的监控平台软件正在由过去的"客户端"时代逐步向真正的"平台化"阶段过渡。同时，由于智能安防所涉及的领域越来越多，平台软件的种类也正在随着这个趋势逐步细化，以满足不同行业的个性需求，通用型平台正逐步失去其地位。未来的平台，一定是伴随着网络化、智能化和行业化共同发展的。网络化决定了平台的技术架构，智能化决定了平台的价值取向，而行业化决定了平台的用户基础。

经过这几年的发展，监控管理平台的概念已经逐步得到人们的认可，但是从现状看，中国的监控管理平台发展仍处在一个相对初级的阶段。由于在前端设备（DVR/DVS/编码器/解码器等）和管理平台之间缺乏真正的管理协议和标准，当前的监控管理平台大多只能通过 DVR 厂商提供的 SDK 获取对前端设备的管理能力，通过对分散的各种 DVR SDK 编程来分别完成对前端设备的设备设置、图像获取、云台控制能功能管理。目前，监控管理平台更多的是完成监控基础业务的调度和控制功能，真正属于设备管理范畴的内容很少。

（五）行业龙头地位不断加固，竞合模式日趋稳定

近年来，在安防市场大力发展的背景下，智能安防产业各环节的总体竞争态势是价格战和品牌战略并存。中国安防行业发展较晚，但借助中国强大的电子制造基础及国内庞大的应用市场规模优势，许多国内企业抓住了安防行业从模拟化、半模拟半数字到全数字化转换的机遇，迅速做强做大，使中国安防产业发展成为集研发、生产、销售、工程与系统集成、报警运营与中介服务等于一体的朝阳产业，其中视频监控行业在 DVR 等部分产品领域已达到了国际水平。在中高端产品市场中，国内视频监控行业完成了一次"洗牌"的过程，产业集中度大幅提高，现在处在第一梯队的就是海康威视、大立科技与大华股份等企业，使得国内 DVR 市场

基本处于寡头垄断的格局。行业龙头企业不断加大自主研发投入，技术实力雄厚，且重视品牌培育，因此盈利能力高于普通业者。另外，目前龙头之间是一种竞合的关系，这种关系有利于市场地位的进一步巩固。

第三节　重点应用

一、应用领域

目前，智能安防广泛应用于各个领域，尤其以平安城市、交通、环保等最为突出，有效地提升了各个行业的管理效率，带来了隐性的价值。物联网智能安防应用体系架构如图 16-3 所示。

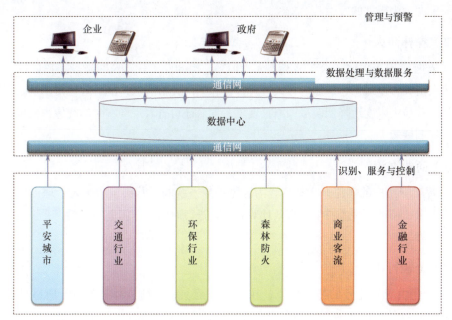

图 16-3　物联网智能安防应用体系架构

资料来源：赛迪顾问，2013-02。

（一）平安城市

2008 年，中国平安城市建设投资规模达 62.7 亿元，2009 年投资额为 76.9 亿元，2010 年投资额为 96.6 亿元，2011 年上半年全国已开工项目总投资为 57.8 亿元，全年总投资额达 122.5 亿元。平安城市是安防的最大应用领域，也是智能安防的示范地点，城镇化带来的安防需要促进了智能安防的应用规模快速增长。

（二）交通行业

《交通运输"十二五"发展规划》提出，未来 5 年，实现对国家高速公路、国省干线公路、重要路段、大型桥梁、车辆区域、交通运输状况等的感知和监控；实现对危险品运输车辆、船舶、长途客运以及城市公交、出租车和轨道交通的全过程监控；基本建成全方位覆盖、全天候运行、快速反应的水上交通安全监管系统和海事信息服务系统。智能安防与交通相组合形成了智能交通的一部分。交通运输作为国民经济的重要产业门类，已经取得了长足的进步。

（三）环保行业

智能安防应用已经成为环境监控的主要手段。高清技术、IP 技术、智能技术相结合，可适用于更多环保监控系统中污水、大气、粉尘的现场监控。高清视频监控将为环境监控带来更强的易用性、清晰度，以及更多复杂环境的监控应用。

智能安防系统则通过对视频、音频以及数据的获取和分析，判别环境状况是否正常，如出现污染物超标等异常情况，则会自动进行报警，提示环境监测和管理部门注意并及时进行处理，遏制重大污染事件的发生。

（四）森林防火

智能安防应用于森林防火能够实现无人值守、不间断工作，及时发现监控区域内的异常烟雾和火灾苗头，以最快、最佳的方式进行告警和提供有用信息；能有效地协助消防人员处理火灾危机，并最大限度地降低误报和漏报现象；同时还可查看现场实时的图像，根据直观的画面直接指挥调度救火。

（五）商业客流

通过智能安防中的客流分析技术，为大型商业系统的运营决策和综合管理提供准确、及时的数据参考，帮助管理者科学、有效地对客流量进行时间、空间上的分析，并快速、及时地做出经营决策。

（六）金融行业

金融行业由于其业务的特殊性质，在安全防范上每个细节都是重点，所以是较早涉足和使用安防设备的行业之一。但是由于金融行业相关部门职能，以及原先所采用设备、技术等方面的限制，之前只是做到了只"监"而不"控"，安防系统功能仅限于存储录像、事后取证查询。随着物联网的兴起，智能安防充当了金融安全护卫着的角色，不仅实现了监管功能，还通过互联互通以及智能分析的功能，实现了"监"的同时"控"的作用，满足了银行的安防需求。

（七）出入口检测

出入口检测是智能安防的重要应用领域，主要根据出入口安全技术防范管理的需要，采用身份识别技术，并结合计算机技术、控制技术和网络通信技术，对需要控制的各类出入口，按各种不同的通行对象及其准入级别，对其进出时间、通行位置等实施实时控制与管理，同时具有自动报警功能。通过智能安防的大量应用，使得出入口安防实现质的提升。

二、应用价值

物联网技术的普及应用，使得安防从过去简单的安全防护系统向综合化、智能化体系演进。安防涵盖众多的领域，有街道社区、楼宇建筑、银行邮局、道路监控、机动车辆、警务人员、移动物体、船舶、物流、机场等。特别是针对重要的场所，如机场、码头、水电气厂、桥梁大坝、河道、地铁等场所，引入智能安防技术后可以通过无线移动、跟踪定位等手段建立全方位的立体防护。兼备整体城市管理系统、环保监测系统、交通管理系统、应急指挥系统等应用的综合体系，配合视频分析、卫星导航、云计算等新兴手段，可以确保安防的实时性、主动性、高效性。2011 年 3 月，《中国安防行业"十二五"发展规划》正式获批，智能安防作为发展重点在未来大有可为。

第四节　发 展 趋 势

一、行业趋势

（一）"平安城市"工程的持续推进，引领智能安防产业规模扩张

平安城市建设对于城市管理具有重要作用，其意义在于：平安城市建设是国民经济和社会信息化建设的重要组成部分，是维系社会治安的重要手段，是方便公安系统打击罪犯的重要途径。2011 年是中国颁布《关于加强社会治安综合治理的决定》的 20 周年，国家对社会治安综合管理会进一步持续重视，充分运用现代信息技术，建立全面覆盖、动态跟踪、联通共享、功能齐全的综合信息管理系统，不断提高社会治安综合治理的信息化水平。在"十二五"的开局之年，国家和部分省市又对平安城市建设制定了新的规划和新的政策，以求更加有效地推进平安城市的建设。

（二）提供系统解决方案是产业运营发展趋势

智能安防系统的良好运行除了需要前端采集设备外，更离不开传输、控制和后端的显示、存储设备，产品线的完善和产品的配套性在一定程度上将影响公司产品的竞争力和普及度。在市场规模占领上具备优势的标准化产品，有利于获取未来行业标准化制定的话语权，而完备的产品结构将积极推动公司从前端和后端两方面扩大其营收规模和市场份额。

安防服务在欧、美等发达国家和地区占重要角色，其服务业产值是设备销售产值的 10 倍，而目前中国国内安防服务产值约为 120 亿元，占安防产业产值的 5% 左右，因此从全球整体发展趋势来看，仍有较大的发展空间。从区域对比看，中国与发达国家相比，中国人均安防支出远远低于发达国家水平，特别是前端市场差距更大。美国是安防第一大国，摄像头总数

超过 1500 万台，仅美国国安局迄今为止就已下拨超过 10 亿美元资金用于各地城镇的公共场所摄像头安装，民用市场规模更大，而中国摄像头总数不到 700 万台。中国安防服务市场需求巨大，但渗透率远远低于发达国家，未来行业发展空间巨大。

从产业链来看，国内智能安防市场前端产品市场布局较为分散，中高端产品由松下、索尼、三星、Honeywell 等外资厂商占据，其技术优势明显。国产前端产品价格优势明显，服务较好，同时在技术上正不断追赶国际厂商。例如，海康威视的前端产品线已经形成一体化摄像机 / 芯片、标清 / 高清网络摄像机、高清化摄像机等一系列产品；大华股份也开发出网络存储摄像机、网络摄像机等部分产品。后端 DVR 市场呈现出寡头垄断的态势，海康威视和大华股份占有后端 DVR 市场超过半数以上的份额。未来，随着 DVR 产品成本的进一步降低，个体商业和家庭用户安装视频监控系统的意愿将会大幅提升，这将推动后端 DVR 设备产品市场的稳步增长。

智能安防作为物联网产业的一个分支，进入门槛并不高，但是更新速度非常快，企业研发实力和综合服务能力直接决定了其产品竞争力和生存能力。一般来说，监控系统平台更新周期多为两年，而设备产品更新周期更短，为一年左右；同时，客户愈发呈现出对整体系统的全面需求，客户方面对于系统解决方案的需求也愈发增加。

随着安防市场的进一步发展，市场对前端采集设备的综合性、多样化需求，将推动产品供应商从半数字化时期 DVR 的标准化产品生产向定制化服务方向发展。同时，下游客户的多样化需求，也需要产品供应商能够提供更多具体的设计安装服务、综合化的安防整体解决方案。因而，未来行业的领先企业，将凭借较高的产品开发能力和整合能力，逐步向位于产业价值链核心位置的行业整体方案提供商转型，"纵向一体化"的系统解决方案提供能力是志存高远的行业领先企业的产业运营趋势。

（三）竞争日益激烈，产品创新与服务增值市场带来新机

根据中国安防协会的统计，中国安防企业达到 2.5 万家左右，从业人员 120 万人，年销售额不到 1000 万元的小企业占 90% 以上。由于产品同质化现象严重，降价成为中小厂商的唯一竞争手段。由于技术门槛低，疯狂的价格战和低附加值竞争令安防行业企业陷于一片红海。

随着众多的中小企业在竞争中败北，行业必将迎来新一轮洗牌。例如，在 DVR 领域，三家已上市的龙头企业——海康威视、大华股份和大立科技市场占有率合计超过 70%。行业剩余的市场空间已经不多，战略模糊、反应迟钝的企业未来很有可能被挤占出局。从未来发展趋势来看，市场竞争日趋激烈，企业要在市场中继续保持稳固的市场地位，必须加大产品技术创新，提升企业核心技术实力，加大对新产品的技术研发；此外，要积极开拓服务市场业务，在产品激烈的市场空间中寻找另一片蓝海。

（四）更多本土企业参与国际竞争

随着国内视频监控产品研发、生产水平的提高，越来越多的国内企业将有实力参与到国际化的竞争中，海外销售在国内企业收入中的比例将进一步提升。针对竞争趋势的变化，中国

有实力的企业一方面要充分利用数字化技术优势切入数字摄像机产业，并加大研发投入，强化技术优势；另一方面要迅速扩张生产规模，提高公司综合实力，通过规模效应降低成本，以确立国内行业领先地位；同时，利用中国研发人力资源充足和低成本的优势，逐步加大投资，提升企业开拓国际市场的能力。

二、技术趋势

（一）高清智能安防系统方案技术成为竞争焦点

随着监控技术的发展，高清视频监控作为监控技术发展的主要方向被广大厂商看好。但在实际应用中，高清方案还存在诸多技术和非技术障碍。就高清网络摄像机来讲，模拟摄像机应用已有成熟经验，但高清IPC缺乏经验的支持，例如，交通卡口的补光、曝光时间等问题，后端的存储、视频分析、数据处理等问题。高清推广成功的关键因素在于有效为客户提供高清产品及相关建设方案，让前/中/后端产品性能相匹配，最终达到高清效果。

由于高清视频监控比普通的分辨率需要更多的存储空间、传输带宽以及高质量的网络环境，因此，高清IP摄像机的应用必须要解决上述诸多问题。同时，它要在监控系统中尽快发挥作用，还要考虑成本、用户接受度、使用维护等因素，最好原有系统中各个环节能平稳过渡、渐进式升级。

从用户需求出发，真正优良的高清IPC产品应具有稳定、可靠的质量，采用当前最先进的压缩技术，具有双码流功能并适应不同的网络条件，适应各种复杂环境下的监控，同时还得具有较好的性价比。网络视频监控的成熟催生了高清监控的需求。而同时，高清监控是网络视频监控从诞生到现在为止最为热门的应用，也是最能体现客户价值创新的应用。因此，随着高清监控需求的快速升温，高清网络摄像机市场也将获得高速增长。

（二）无线传输代表未来发展方向

3G时代的到来为承载智能安防数据的传输提供了有利条件，智能安防无线化应运而生，行业应用也迅速发展起来。电信运营商也相继对无线视频监控进行技术研发并推出了相关服务，如中国电信的"无线全球眼"、中国联通的"手机视频监控"、中国移动的"TD视频监控"。在不久的将来，无线视频监控业务将因3G具备更多的功能和应用，具有广阔的发展前景。

与传统的有线视频监控网络相比，无线视频监控不仅工程施工简单、成本低，而且能够满足更多行业用户的需求，如交通巡逻、城管巡逻与执法（含单兵巡逻与取证）、临时危险场所的监控点设置等。从目前的发展情况看，无线视频监控正处于以行业大客户无线视频监控应用为主的行业典型应用阶段。随着无线带宽承载能力的不断增强和用户需求面的扩大，无线视频监控将逐渐进入以商业监控的创新性应用为主和部分家庭推广的小众化应用阶段，进而达到广泛的个人和家庭应用、商业和行业应用。

（三）标准的确立使得各个系统互联互通

随着数字视频监控系统的不断普及，视频监控系统的标准化也将取得突破性进展，不同厂商的前端、平台、存储、浏览等各个环节能够实现兼容和互联互通，将会给网络化监控带来更为迅猛的发展机遇和更为广阔的市场空间。目前，视频监控虽然还没有一个统一的国际和国内标准，但在一些企业联盟或者运营商领域已经都制定了一些相关的业内规范和标准，如中国电信和中国联通制定的"全球眼"和"宽视界"标准，这个标准已经在实际部署中得到了充分的体现。此外，还有面向全球的 ONVIF 标准，由安讯士、博世、索尼三家企业联合推出。

（四）融合是物联网发展的必然趋势

智能安防的融合体现在四个层面：第一个层面是不同数据格式之间的融合。由于智能安防目前还没有实行统一的建设标准，各个区域的数据格式互不兼容，为了实现互联互通，智能安防最迫切需要解决的就是数据格式的融合问题，除了使用统一的标准之外，兼容性也是考量系统的重要因素。第二个层面是安防系统与其他系统的融合，实现各类数据的有效共享，提升安防效率。第三个层面是业务融合，重点体现在定制化与智能处理能力，打造一体化的业务流程，减少人工操作的复杂度。第四个层面是终端融合，安防、报警、监控等各类终端有效整合集成，形成整体的解决方案。

智能医疗：政企联手共促发展，智能医疗蓄势待发

智能医疗是物联网技术在医疗卫生事业上的应用。智能医疗以民生健康为主旨，以物联网等新一代信息技术为驱动，综合应用电子、信息、通信和生物科技技术，以推进公共卫生、医疗服务、医疗保障、药品供应保障、综合管理信息化建设为重点，推动医疗卫生信息资源高效、精准地采集与传递，实现医疗卫生管理与服务的全程智能，促进健康事业科学发展。其内涵是智能化、共享化、无线化和个性化。随着云计算、移动互联等技术的迅猛发展，智能医疗必将成为实用性强、贴近民生、市场需求较为旺盛的重点发展领域。2012 年年初工业和信息化部发布的《物联网"十二五"发展规划》将智能医疗列为未来物联网发展的九大重点应用领域之一。

第一节　发展环境

一、政策环境

我国政府十分关注物联网技术在医疗领域的应用。2008 年，国家出台了《卫生系统"十一五"IC 卡应用发展规划》，提出加强医疗行业与银行等相关部门、行业的联合，推进医疗领域的"一卡通"产品应用，扩大 IC 卡的医疗服务范围，建立 RFID 医疗卫生监督与追溯体系，推进医疗信息系统建设，加快推进 IC 卡与 RFID 电子标签的应用试点与推广工作。2009 年 5 月 23 日，卫生部首次召开了卫生领域 RFID 应用大会，围绕医疗器械设备管理，药品、血液、卫生材料等领域的 RFID 应用展开了广泛的交流和讨论。在《卫生信息化发展纲要》

中，IC 卡和 RFID 技术被列入卫生部信息化建设总体方案。同时，相关部门正在加快制定 IC 卡医疗信息标准、格式标准、容量标准，积极推进 IC 卡的区域化应用，开展异地就医刷卡结算，实现医疗信息区域共享等。2010 年，中央财政转移支付地方 27 亿元专门用于卫生信息化建设，其中 3.22 亿元作为引导资金，支持 16 个试点城市建立区域卫生信息平台。在国家制定的《物联网"十二五"发展规划》中，明确提出加快推进医疗卫生信息化。研究建立全国统一的电子健康档案、电子病历、药品器械、医疗服务、医保信息等数据标准体系，加快推进医疗卫生信息技术标准化建设；加强信息安全标准建设；利用"云计算"等先进技术，发展专业的信息运营机构；加强区域信息平台建设，推动医疗卫生信息资源共享，逐步实现医疗服务、公共卫生、医疗保障、药品监管和综合管理等应用系统信息互联互通，方便群众就医。此外，在物联网智能医疗方面，将重点关注药品流通和医院管理，通过以人体生理和医学参数采集及分析为切入点，面向家庭和社区开展远程医疗服务。智能医疗是未来重点发展的物联网应用领域之一，未来国家将大力扶持智能医疗行业的发展。

二、市场环境

从智能医疗及医疗信息化的应用深度、投入金额和地区差异三方面来看，中国医疗信息化尚处于起步阶段，未来发展空间巨大。目前，除来自新医改的投入外，医院自筹以及社会资本的参与都将促使智能医疗的快速发展。预计未来医疗信息化行业至少将以 30% 的速度增长。从企业方面来看，近几年，企业纷纷加快智能医疗产业链布局。中国移动已与剑桥大学联合开展移动医疗信息化应用研究，其通信研究院成立了专注移动医疗的项目小组，目前在超过 20 个省通过 12580、手机 WAP、无限城市门户等开展预约挂号服务。中国联通建立了"云存储"服务平台，用于医疗健康数据采集、传输和检索，以及移动医疗救护定位、生命体征信号实时传递；中国电信则在国内 200 多个医院展开移动医疗试点，并得到大中型医院的高度肯定。

三、技术环境

智能医疗技术以信息和通信技术为基础，通过 IC 卡、RFID、移动终端、医疗设备等设备及技术，实现健康信息感知，通过移动互联、智能宽带、VPN 等实现信息承载和传输，通过云计算等信息处理模式实现健康事业发展的各类应用与服务。我国当前医院信息系统的规范、标准制定起步较晚，还不能完全满足国内医院信息系统建设的基本要求。国外一些相对成熟的规范与标准，由于与国内实际情况有相当的差距，因此应用起来较为困难。目前，在我国医院信息化建设的过程中，采用的规范和标准还不够完善且覆盖面小，这种方式不但不能实现信息在区域内的共享、分析和利用，并且不可持续，一旦出现系统升级或更换厂商的情况，往往会带来严重的后果。标准化建设的滞后已严重阻碍了医院之间信息系统的互操作性和信息共享以及区域医疗信息系统建设等智能医疗发展后续工作的开展。

第二节　行 业 现 状

一、行业构成

　　智能医疗行业由公共卫生、医疗服务与管理、新农合、基本药物制度监管和综合卫生管理等信息系统构成，按照"总体设计、系统集成、分步实施、突出重点、实用高效"的原则，对智能医疗信息系统进行优化设计，促进信息互认共享，利用物联网技术改进数据采集和通信方式，增强卫生工作的透明度，提高服务效率。

　　公共卫生信息系统主要支撑疾病预防控制、妇幼卫生管理、食品安全与卫生监督和卫生应急等业务，典型应用包括传染病与突发公共卫生事件监测信息系统、孕产妇健康管理与服务评估信息系统、卫生监督综合管理信息系统、突发公共事件卫生应急辅助决策与应急处置信息系统等。

　　医疗服务与管理信息系统主要支撑电子病历、血液安全、医疗服务质量监督和远程医疗等业务，典型应用包括基于电子病历的医院信息平台、血站血液信息系统、医疗质量安全管理信息系统、远程医疗（会诊）信息系统等。

　　新农合信息系统作为医疗保障信息系统（包括医疗保险和新型农村合作医疗）的一部分，主要支撑新农合业务，典型应用包括新农合信息系统等。

　　国家基本药物制度监管信息系统主要支撑药品质量监管和国家基本药物制度的执行情况监管业务，典型应用包括基本药物制度监管系统等。

　　综合卫生管理信息系统主要支撑医学教育、科研、财务管理、绩效考核和统计决策等业务，典型应用包括全国卫生财务运行监督管理信息系统、大型医疗设备配置与使用管理信息系统、医学科研教育管理信息系统、综合统计决策支持系统等。

　　智能医疗行业架构如图 17-1 所示。

图 17-1　智能医疗行业架构图

资料来源：赛迪顾问，2013-02。

二、行业现状

（一）智能医疗发展概况

随着物联网、云计算、移动互联技术在医疗卫生领域的广泛应用，智能医疗在北京、上海、沈阳、苏州、无锡、扬州、镇江、温州、福州、厦门、淄博、广州、深圳、昆明等城市正处于如火如荼的建设之中。以上海为例，一个智能化医疗信息网络已覆盖上海市 23 家市级三甲医院以及长宁、闵行、闸北等区域的二级医院和社区卫生服务中心。这个网络名为医联工程，自 2006 年 10 月启动以来，已为 1600 万人建立了档案，其中可供查阅的诊疗记录 6500 万份，医嘱信息 3.2 亿条，检查报告 350 万份。目前，医联工程已实现了"一卡、一库、一网、一平台"，即一张社保卡或医联卡，一个包括患者基本信息、临床信息和管理信息的中心数据库，一个连接各医院的网络，一个医院间临床信息共享平台。除了信息共享外，医联工程还为抑制医院过度医疗、重复检查、重复用药提供突破口。而医联工程上的医院就诊量、医生检查检验情况、医保基金使用等数据，还将作为医院管理者绩效考核的重要依据之一，这为卫生机构提高服务效率和服务能力提供了可靠保证。

例如，无锡市通过打造"感知健康·滨湖先行"数字化医疗卫生健康服务示范工程，旨在用最经济、最有效的信息和物联网技术，让群众得到"方便看、看得起、看得好"的医疗卫生服务。该示范工程运用物联网科技，围绕人的全生命周期的健康档案，应用智能健康监护一体机系统实时记录人们的健康状况，动态反馈居民健康信息。通过以健康咨询和健康关爱服务为后台，以三家滨湖区级医院为依托，以区级公共卫生服务机构、社区卫生服务中心及社区卫生服务站为三级服务网络，构建辐射全区的健康、医疗和公共卫生一体化服务联盟。

（二）智能医疗发展存在的问题

缺乏整体规划，标准规范不统一。缺乏长远的战略、完善的整体规划以及完备的标准制度，信息化建设是基于业务的应用而不是基于整体规划。规划建设不统一是造成低水平重复建设的重要原因之一，各地区和单位根据自身需要独自建设信息系统，导致信息不能交换和共享，相互封闭、信息分散，连续性和协调性差。医疗卫生信息系统因业务复杂，对标准规范提出了更高的要求。仅以医院的收费系统为例，就涉及几千个专业的检查项目、几十万个药品名称，各种医学术语就达 200 多万条。而信息标准建设由于研究起步较晚，远远滞后于信息系统的建设速度。

信息孤岛严重，数据可用性不高。疫情网络报告系统、应急指挥系统、妇幼保健系统、医院信息系统的建设大大提高了相关部门的管理能力和应急反应速度，但由于信息系统垂直建设的特点，原本业务上独立的各个部门在信息沟通上更为复杂，形成大量"信息烟囱"和"信息孤岛"。同时，各系统虽然采集了不少的数据，但这些系统多是为解决本部门单一问题而独立开发的，各应用系统所采集的数据既不能相互利用，更没有进行深层次的数据挖掘与分析，难以产生可以为市民、卫生技术人员、医药卫生机构和各级政府所利用的有价值的信息。

信息网络不通畅，基层信息化建设滞后。我国医疗卫生事业目前没有覆盖全业务的卫生专网，尤其是地市级各医疗卫生单位的网络还未完全实现互联，网络通畅能力较差。大部分二级以上医院已实现局域网络建设，但网络带宽不足，医院之间、医疗与卫生行政部门之间没有实现互通。医学影像资料具有容量大的特点，对网络质量要求极高，要想实现区域医疗资源共享，实现物联网的感知应用，网络基础建设必须跟上。

信息化投入不足，专业人才短缺。我国卫生事业投入占 GDP 比重已超过 5%，并呈逐年增长态势，但医疗卫生信息化投入仍明显不足，据 2009 年卫生部统计信息中心进行的信息化现状调查结果显示，55.3% 的医院信息化建设年投入额在 100 万元以下。同时，在信息化人才建设与储备方面，本科及以下学历依然是医院信息化部门的主体人群，占到了 61.2%，高端人才和复合型人才相对匮乏，成为多年来困扰卫生信息化发展的难题之一。

（三）智能医疗应用需求

1. 居民个人与家庭

随着经济的发展，城乡居民迫切需要享受更高品质的医疗卫生服务，及时获取有效的医药保健信息，提高生活质量。这种需求主要体现在以下几个方面。

优质的卫生服务：通过提高医疗机构的医疗服务质量和服务效率，降低医疗成本，有效缓解"看病贵"的状况。通过区域卫生信息平台，医院开展专家门诊预约、远程咨询会诊、转诊、转检、慢性病跟踪监控等服务，使居民就医更方便。建立区域性健康档案，实现健康信息共享，改变城乡居民的就医观念，逐步实现"小病在社区，大病在医院、慢病在家庭"，有效缓解"看病难"的状况。

连续的医疗信息：按照统一的标准收集、整理各卫生机构的健康信息，建立贯穿居民整个生命周期的健康档案，群众可以查询自己的健康资料，或使用全区域统一的标识在各医疗机构中进行就诊，享受便捷、全方位的疾病诊治、医疗咨询、健康教育、医疗保健等健康服务。从而进行自我医疗管理，自我疾病防范及维护自己的健康档案信息。

全程的健康管理：各医疗机构可运用卫生信息平台为居民提供主动、人性化的健康服务，一方面为城乡居民提供方便、快捷、全面、科学的健康服务和保障；另一方面将有助于增强居民的健康保健意识，极大地提高居民的健康水平与生活质量。

2. 医疗卫生服务机构

医院可以通过查阅居民的健康档案及诊疗信息，使就诊医生提供更好的服务，并可以通过治疗安全警示、药物过敏警示等有效减少医疗事故，对不必要的检验、检查进行提示。另外，在进行远程会诊时，所有专家都可以调阅到当前患者的检查报告、医学影像，并可从电子病历中自动获取并提交疾病控制、妇幼保健、精神卫生等公共卫生业务单位或部门需要的数据和信息。

社区卫生服务中心可以通过查询、分析特定时间与特定范围内人群的健康或疾病状况，诊断确定社区的主要卫生问题、优先考虑的问题、危险因素，为制定社区卫生规划、合理分配利用有限资源、最大限度地促进人群健康、实施有效管理、进行科学评价提供依据。

妇幼保健院的各种业务数据离散度较大，分布在医院、社区、围产保健机构，需建立与其他机构和卫生行政部门的横向网络体系，完成妇幼保健信息与其他信息系统数据的共享与交换，实现妇幼保健业务与医疗业务数据一处录入，多处利用，实现妇幼保健行政管理业务的全面整合。

3. 公共卫生专业机构

疾病预防控制中心希望实时从各医院、社区卫生服务中心（站）获取疾病个案信息，智能分析出区域群体疫情信息；与医疗机构完善传染病上报流程的智能模式，提高上报效率和质量，实现传染病、慢病、精神病等疾病的实时监控和预警报告。

卫生监督机构希望建立起管理对象档案，通过管理对象档案实现不同机构、不同业务间的信息共享，通过对象档案管理和居民健康档案相互关联，实现将个人的健康管理和人群管理统一起来。通过信息共享，加强执法力度，杜绝人工管理的弊端，实现卫生监督的实时、动态的高效管理，并覆盖到各卫生监督所、医院、娱乐场所、食品加工、餐饮、公共卫生、学校等。

急救中心希望及时、准确地进行急救医疗信息资料、声像、业务档案的自动采集、分类和智能归档，完成各类院前急救医疗数据、报表的统计工作，实现急救业务的日常受理和派车，医疗救助及应急事件急救的指挥和调度；应急指挥部门希望在疫情和突发公共卫生事件等重大危害时期，实现医疗资源统一调度、智能决策、院前急救、医疗救治、过程跟踪与反馈等医疗救治信息服务和管理职能。

4. 卫生行政部门

为了满足更深入的卫生体制改革，卫生行政部门需要加强智能化建设的广度和深度，实现数据更广泛的共享与交换，充分利用数据统计实现医疗卫生管理与服务的需求；同时可以通过物联网全面掌握医疗卫生服务体系、救助体系、保障体系等方面的详细资讯，为卫生行政部门进行宏观管理、宏观调控和决策支持提供数据采集和智能分析。

5. 其他卫生相关单位与部门

医药监管部门可以通过智能医疗网络获得丰富的药品使用数据，进行实时、在线的不良药物事件的监测，提供用药分析服务；通过建立医药供应链的智能系统，实现对医药质量的监管和追踪。

医疗保险部门通过智能医疗网络，掌握所需健康数据，对这些数据进行统计分析，了解医疗整体面貌，进一步辅助和推动医保/新农合业务的开展，并完成审核监督、定点医疗机构布点、医保政策制定或更新等辅助管理；通过与医疗机构的智能联网，为居民提供实时、便捷的医疗保障服务。

三、发展特点

（一）政府加强智能医疗建设，加速推动医疗产业发展

2011 年年底，由工信部牵头制定的《物联网"十二五"发展规划》正式出台。在此次规划中，把物联网技术用于医疗领域的智能医疗行业将成为未来给予重点支持的行业之一。同时，《中国卫生信息化"十二五"规划》的出台，也明确了要利用医疗信息化建设，推动医药卫生体制改革，并进一步明确了"3521"工程建设要求，即建设国家级、省级和地市级 3 级卫生信息平台，加强公共卫生、医疗服务、新农合、基本药物制度、综合管理 5 项业务应用，建设健康档案和电子病历 2 个基础数据库和 1 个专用网络。在政府的引导与扶持下，中国智能医疗行业取得了快速的发展。

（二）企业纷纷加紧产业链布局，医疗信息化并购市场升温

随着物联网、云计算、移动互联网的迅猛发展，智能医疗成为实用性强、贴近民生、市场需求较为旺盛的领域之一。近几年，设备商、软件开发商和系统集成商等都开始积极向这一领域扩张。目前，国内医疗信息化及软件生产供应商约有 500 家，由于尚未形成统一的行业标准，市场集中度较低。一些资金实力雄厚的企业将通过并购方式扩大其市场份额。2011 年，东软集团以 1.141 亿元完成国内最大一笔医疗信息化领域并购案。同年 8 月，上海金蝶医疗卫生软件以约 1.2 亿元收购广州市慧通计算机 75% 的股权。未来医疗信息化市场并购将逐步升温。

（三）行业起点较低，标准尚未统一

目前，我国智能医疗行业起点较低，但是发展速度较快并逐步开始向高端智能医疗领域迈进。如今我国智能医疗行业处在业务管理系统、电子病历系统向临床应用系统发展的阶段。由于数据科学性和准确性不高、供应商欠缺临床背景、缺乏临床应用经验，因此从电子病历系统进入区域医疗信息交换阶段还需要假以时日。同时，目前国内许多医院信息化建设都是各自为政，开发的系统数据结构和格式不统一，无法互联互通，造成资源和资金的浪费。另外，国内的医疗信息化建设还存在个人隐私、信息安全等问题。

第三节 重点应用

我国在智能医疗行业的物联网应用主要体现在医用物资智能管理、医疗信息流程管理、远程医疗监控系统与临床护理监控系统等多个方面，但多数处于试点和起步阶段（见图 17-2）。

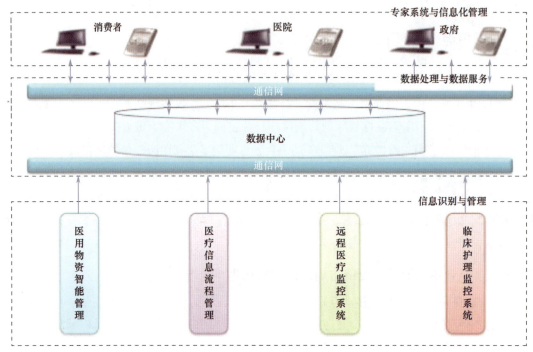

图 17-2　智能医疗系统总体架构图

资料来源：赛迪顾问，2013-02。

一、应用领域

（一）基于健康档案的区域卫生信息平台

以居民健康档案为基础，以面向服务的软件架构（SOA）技术为手段，制定统一的标准，形成一个互联互通的区域卫生信息平台，通过 RFID 等传感技术，实现实时感知居民健康信息以及医疗卫生资源，协同各个应用系统，实现业务整合、服务整合和信息共享。该平台的特征如下所述。

该平台是一个信息交换的通信枢纽，是大量可重用服务的供应中心，提供包括数据交换协议标准、数据采集服务、数据共享服务和数据交换服务等功能。

该平台服务构成包括数据库存储策略、通信实现与控制、标准化词典与可控医学词表管理，居民、机构、卫生服务者管理，安全与隐私保障，实现各类、各种不同业务领域应用的连接、通信、服务调用流程。

该平台强调物联网、云计算和移动互联网技术应用扩展，为感知健康打好技术基础和扩展基础。实现医院内的 HIS、LIS、RIS、PACS 等系统，社区服务中心内的保健、体检等系统，公共卫生的疾控、妇幼等系统的互联互通，实现健康全领域的资源整合和业务协同。

（二）公共卫生应急指挥与智能决策平台

建设区域公共卫生应急指挥平台，通过物联网技术，实现突发公共卫生事件的动态监测，并提供专业预警信息，实现对本级突发公共事件卫生应急有关资源信息的有效管理。该平台的特征如下所述。

基于 GIS 系统，实现网络分析、图层叠置分析和空间统计分析，提供综合查询、分析决策和虚拟现实等功能。

以物联网、GPS、视频等技术为支撑手段，面对各级各类突发公共事件，能够快速采集数据和传递信息，为领导提供决策依据和命令指挥工具。

提供预警分析和应急预案模拟等功能，生成针对不同事件的多种处理预案，提高对突发事件的辨别、处理和反应能力。

通过网络与省级和国家级应急指挥系统联接，实现信息报送、指令传递与信息资源共享。

（三）卫生监督与移动执法系统

通过 RFID 技术建立医疗卫生监督和追溯体系，实现网上受理审批，监督信息公布查询等功能，广泛应用无线设备、移动互联等信息设备及技术，加强执法力度，杜绝人工管理的弊端，实现卫生监督的实时、动态的高效管理。该系统的功能如下所述。

建立卫生监督执法信息数据库，包括监督对象、监督执法工作、监督执法结果、卫生监督资源等。

建立卫生监督机构与监督对象、疾病预防控制、医院和其他医疗卫生机构数据接口，保证信息交流和监督实施。

实现网上办公、网络审计、网上审批、监督信息公布及查询等应用，为社会公众提供更好的卫生监督服务。

普及移动终端、IC 卡等终端设备进行现场执法检查和处罚，建立卫生监督执法过程中科学的现场数据采集方式，规范卫生监督执法程序，保证执法的公正。

（四）血液智能追溯与预警系统

通过建设基于物联网技术的血液管理系统，建立集用血预警、血源采集、检测监控、血液调配、临床输血管理、献血宣传、信息公开、决策分析于一体的信息平台，形成血液安全服务体系，实行血液管理的实时监测、预警和智能追溯。该系统的功能如下所述。

自动跟踪、记录各种操作信息，自动进行信息一致性检查，智能提示各种报警信息。

通过 RFID 技术，实现对血液采集、检验、存储、配送、用血流通各个环节的自动化和信息化管理。

实现从血液采集到使用的全程跟踪和追溯，为血液质量问题提供线索，提高在献血、验血、用血环节的规范管理。

通过数据统计与报表自动化，实时采集血源分布情况、采集情况、用血情况、不良反应情况、储备情况等数据，实现血液管理的预警分析和决策支持。

（五）无线一体化智能医院

采用 NGN、无线网络、移动终端、RFID 及条码识别技术，实现医院信息网络的智能化、无线化和一体化，在病人身份管理、移动医嘱、诊疗体征录入、移动药物管理、移动检验标本管理、移动病案管理、婴儿防盗、护理流程、临床路径管理等方面发挥重要作用，使有限的医疗资源得到充分的利用。其实现的功能如下所述。

无线查房改变了医生推着病历车查房的历史，使用"无线医护工作站"可以随时调阅病人病历、记录最新医嘱要求，护士可以使用 PDA 做床边护理记录。

无线定位系统可以对传染病人、精神病人、智障老人实现在人、地、时、事方面的全方位的监控管理，病人佩戴腕带可帮助医生或护士对交流困难的病人进行身份的确认。

利用二维条码和 RFID 技术，标志和识别药品、门诊输液、生化标本以及医疗设备等身份信息，实时了解医药物质的使用情况及使用期限，实现质量监管和全程追溯。

在重点区域布置 RSSI 指纹无线定位、固定式读写器，满足身份检查和安全检查要求，实现婴儿防盗等功能。

（六）知识管理与临床路径智能管理系统

基于物联网技术的临床路径智能管理系统以"信息采集—数据传输—数据临床技术处理"为基础架构，通过感知网络实现信息实时采集和监控，智能化的临床决策支持系统把临床指南、路径、证据、电子病例等信息结合起来，使医生真正在临床路径指导下自动地进行规范化诊疗，进一步提高医疗质量。该系统的功能如下所述。

建立临床路径智能知识库，包含不同单病种的临床路径知识，提供药剂、检查、检验、营养、护理等医疗临床专业知识及经验，知识库具备自动识别和完善的特征。

实现对临床路径与医生的诊疗流程的整合，智能感知医生对路径的执行情况，且在 CIS 中及时反馈，给予患者最规范、最个性化的诊疗行为。

实现对临床医疗过程进行全方位自动监控，对于不合理的医疗行为进行提醒，使医疗服务过程变得清晰、具体、可控。

自动实现对患者人数、住院天数、住院费用、差异率、完成率、单病种指标达标率等指标的统计，辅助决策者及时了解临床指标和进行决策分析。

（七）家庭无线健康监护与智能呼叫终端

基于社区卫生网络，推广使用家庭医疗传感终端，试点应用重点人群生理指标的实时监测、传输和预警，提供紧急呼叫救助服务、专家咨询服务、终生健康档案管理服务等。该终端的功能如下所述。

通过无线网络、医疗传感设备，实现在家实时监测体温、血压、心跳等生命体征，并将生理指标数据反馈到社区、护理人或相关医疗单位。

利用 RFID、无线定位技术识别病人身份，对传染病、慢性病等特殊人群实施管理和有针对性的服务。

实现家庭健康档案的实时管理，及时提供饮食调整、医疗保健方面的建议，也可以为医院、研究院提供科研数据。

通过"一键式"紧急呼叫救助终端，可以为病人提供呼救定位、吃药提醒等功能。

（八）农村、社区远程医疗会诊平台

通过物联网、移动互联、视频技术，将农村、社区居民的有关健康信息传送到远程网络，提供远程医疗诊断、监护和虚拟会诊等功能，为基层医院提供大医院、名专家的智力支持，将优质医疗资源向基层医疗机构延伸，满足医疗资源相对匮乏地区的居民健康服务需求。该平台的功能如下所述。

实现远程预约和登记功能，将病人基本资料通过远程网络传送到医疗中心，请求会诊预约，自动建立相应的电子病历。

实现远程诊断和会诊功能，专家可通过观察远端患者的医学图像和检测报告进行诊断和会诊，提供准确的咨询诊断建议。

实现远程医疗监护功能，对重点人群进行心电、体温、呼吸、血氧饱和度等的实时监测，提供远程医疗咨询、指导。

实现远程医疗教育及视频会议功能，构建远程医疗教育服务体系，提升基层医疗机构医务人员的诊断技术和救治水平。

（九）健康服务智能一卡通

在医疗和医保信息共享方面，充分应用 IC 卡和 RFID 技术，建设集身份识别、医疗服务、医疗保险、新农合、电子货币于一体的"一卡通"业务系统，逐步实现多卡合一、一卡多用，实现医疗资源的一站式服务。一卡通的功能如下所述。

以医保卡为基本卡，实现医疗机构、社保部门和银行的数据交换，实现群众就医看病时异地就医及实时结算。

通过一卡通实现医院挂号、划价、交费、诊断、取药的一站式服务，实现医院间、医院与社区卫生服务机构间的个人医疗服务信息共享。

全面整合医疗卫生领域的 IC 卡，包括就诊卡、体检卡、糖尿病病人卡、儿童计划免疫卡、孕产妇围产期保健卡等。

通过一卡通实现检验检疫信息采集和疾病监测预警，为管理部门科学决策提供支持，也为突发公共卫生事件处置提供支持。

二、应用价值

（一）节省患者医疗费用，提升治疗过程安全性

应用智能医疗，患者可在县级医院享受省级医院专家的服务，基层危重患者远程会诊后平均住院费用下降约 10%，并能够节省交通、住宿、陪护等费用。同时，智能医疗系统能够根据患者病理特征对医护人员的系统操作进行全流程实时审核，减少医疗差错及医疗事故的发

生。利用智能医疗系统也可实施各级医生权限控制，避免抗生素的滥用等现象，使整个治疗过程安全、可靠。

（二）减轻医护人员劳动强度，提高医院工作效率

智能医疗通过快捷、完善的数字化信息系统使医护工作实现无纸化、智能化、高效化。在减轻医护人员工作强度的同时，提升诊疗速度，让诊疗更加精准、快速。整合的智能医疗体系除去了医疗服务当中各种重复环节，在降低医院运营成本的同时，提高了运营效率和监管效率。通过信息交换平台提供对于疾病数据的实时访问，不仅能够提高医疗机构的医疗水平，起到良好的品牌效应，也有助于用户预测和分析健康风险。

（三）保证医院数据安全，实现数据最优存储

医院的信息系统是一个数据量巨大、数据类型复杂的实时系统。由于医院业务的特殊性，对 IT 系统的持续、稳定运行提出了非常苛刻的要求。智能医疗根据数据的类型，自动将不同生命周期阶段的数据存放在最合适的存储设备上，按照集中、整合的方式统一构建医院信息系统需要的存储资源，当风险发生时能够自我修复，自动重建。

第四节　发 展 趋 势

一、行业趋势

（一）物联网在智能医疗领域应用潜力巨大

物联网技术在医疗领域的应用潜力巨大，能够帮助医院实现智能化的医疗和管理，支持医院内部医疗信息、设备信息、药品信息、人员信息、管理信息的数字化采集、处理、存储、传输、共享等，实现物资管理可视化、医疗信息数字化、医疗过程数字化、医疗流程科学化、服务沟通人性化，更能够满足医疗健康信息、医疗设备与用品、公共卫生安全的智能化管理与监控等方面的需求，从而解决医疗平台支撑薄弱、医疗服务水平整体较低、医疗安全生产隐患等问题。

（二）远程医疗服务迅速兴起

远程医疗服务是指医疗机构之间利用通信技术、计算机及网络技术，与医疗技术相结合而开展的异地、交互式的指导、检查、诊断、治疗等医疗会诊活动的行为。随着网络技术的飞速发展，远程医疗服务也以惊人的速度兴起。未来，具备远程联网功能的便携医疗电子设备需求将随之增多，远程医疗也将逐渐渗透到医学的各个不同领域，以及包括远程医学咨询、远程会诊、远程手术、远程医学教育培训、远程学术交流在内的各类服务。

二、技术趋势

（一）医疗系统智能化程度将不断提高

"智能医疗"具备互联性、协作性、预防性、普及性、创新性和可靠性六大特征。信息技术将被应用到医疗行业的方方面面，并催生许多过去无法实现的服务，实现智能医疗。医疗服务的电脑化和系统化，可以全方位最大化医疗信息的收集和存储。互联互通的信息系统使各医疗机构以信息和通信技术为基础，通过 IC 卡、RFID、移动终端、医疗设备等设备及技术实现健康信息感知，通过移动互联、智能宽带、VPN 等实现信息承载和传输，通过云计算等信息处理模式实现健康事业发展的各类应用与服务。数据管理中心具备监视和控制的手段，避免网络拥塞和信息流的非必要的重复性传输，实现网络、应用系统、数据库与主机系统以及安全防护措施和策略的一体化管理。平台采用面向服务的架构（Service Oriented Architecture，SOA）作为技术架构的核心架构模式，能够按照模块化的方式来添加新服务或更新现有服务，满足新的业务需要，并可以把已有的应用作为服务，从而可以有效地降低和保护平台的建设投资。共享、智能的医疗系统更可以全面提升患者服务的质量和速度，更加智慧、惠民、可及、互通的医疗体系必将成为未来发展的必然趋势。

（二）计算机和信息技术应用更加广泛

未来计算机和信息技术在医疗电子领域将得到更为广泛的应用。这将表现在计算机和信息技术结合后，使各自独立、单一的模式系统成为向信息技术、医疗设备和手术治疗充分整合方向发展的综合性数字平台，未来将大范围的应用在电子病历、社区医疗以及健康管理等方面，从根本上改变基础医学和临床医学的应用面貌。同时，计算机和信息技术的广泛应用也将推动中国医疗电子市场对影像化和数字化等高、精、尖医疗电子产品需求的增长。计算机和信息技术的发展将为中国医疗电子产业的建设提供重要保障与支撑。

第十八章 CHAPTER 18

智能家居：无线控制优势凸显，标准制定尚待统一

　　智能家居产业链长、渗透性广、带动性强，是物联网背景下的最佳应用载体，是未来家居的发展趋势。从广义上讲，智能家居是以住宅为平台且安装有智能家居系统的居住环境，即利用先进的计算机技术、网络通信技术、综合布线技术，将建筑、网络通信、信息家电、设备自动化等系统、结构、服务、管理结合为一体的高效、舒适、安全、便利、环保的居住环境。它包括了智能家电、智能照明、家居控制、信息通信、家庭安防、采暖节能、背景音乐、家庭影院等系统，本章将主要涉及智能家电、家居安防和信息通信等应用。

第一节　发展环境

一、政策环境

　　国家推进物联网建设带动了市场对智能家居的关注，一系列与智能家居相关政策的陆续出台，让智能家居产业发展切实、有效地落到实处。2012年2月发布的《物联网"十二五"发展规划》将智能家居列为未来主推示范工程的九大应用领域之一。同一时段出台的《数字电视与数字家庭产业"十二五"规划》中也提到，以发展智能家居带动消费升级，助推数字家庭产业发展。行业内的相关机构已根据智能家居的发展现状，重点开展技术融合标准、设计安装标准、现场施工标准的制定工作，并已经形成了《智能家居技术导则》、《智能家居施工图集》等标准规范。中国家电业协会颁布的《中国家用电器工业"十二五"发展规划的建议》，全国家用电器标准化技术委员会、中国家用电器研究院颁布的《智能家用电器的智能化技术通则》

等都将智能家居列为发展重点。此外，《"十二五"国家战略性新兴产业发展规划》和十大扩大内需措施中，都将智能家居业列为未来重点发展的领域。

二、市场应用环境

智能家居概念在中国市场上已经酝酿了近十年的时间，但国内消费者对于智能家居产品的接受程度并不高。首先，由于智能家居产品的高技术性与高价格，其目标消费群体主要集中在富裕阶层和高知阶层，目标受众群体较小。其次，由于中国家庭生活消费习惯、家庭人员构成的特殊性，使得一些在国外市场上反映良好的产品在中国市场显得水土不服。再次，最早的智能家居系统是总线型智能家居系统，布线烦琐，且工程后期维护成本高，市场推广情况一直不佳。近年来，随着无线技术及物联网技术的突破，智能家居产品技术更新换代速度得到改善，传统的家电业、IT业、安防业巨头也纷纷试水智能家居市场。伴随着新进入者带来的新产品、新模式，以及物联网技术发展带来的新机遇，智能家居应用市场也被注入了新的活力。

三、技术环境

智能家居运用计算机技术、通信网络技术和综合布线技术，将各家居子系统有机结合。智能家居一方面实现家庭内部信息共享和通信，另一方面通过家庭智能网关与家庭外部网络进行信息交换。随着物联网与无线技术的发展，智能家居设备借助无线传感器设备，通过蓝牙、WLAN、WiMAX、家庭网关等家庭局域网的无线宽带接入手段融入3G网络，构成智能家居服务泛在化的网络基础。目前，在家庭应用领域，无线解决方案已经成为智能家居的主流。这其中以ZigBee为代表的先进无线方案发展最为迅猛。

第二节　行业现状

一、行业构成

中国智能家居已初具规模，从业企业大致分为四大类：传统的安防与照明控制企业、相关集成与工程施工企业、家电与IT企业、服务运营企业。中国智能家居产业链已较为完整，主要由上游零部件供应商，中游设备生产厂商，下游渠道商、集成商、工程商、服务运营商和终端客户等环节构成，如图18-1所示。

中国智能家居产业链各个环节的发展情况差异较大，行业发展主要集中在产业链中下游。

图 18-1　智能家居产业链简图

资料来源：赛迪顾问，2013-02。

上游零部件供应商：包含提供生产智能家居产品中所使用的显示模组、面板、镜头、IC 芯片等核心零部件生产供应商。中国智能家居产业链上游环节薄弱，基础研发投入不足，行业配套能力欠缺，部分底层核心技术和关键元器件仍依靠进口，且面临国外专利和知识产权保护，导致目前国内智能家居产品价格偏高，很难进入对价格极度敏感的家用消费市场。

中游设备生产厂商：是智能家居产业链的关键一环，从业企业众多，既有专业的智能家居生产制造企业，也有传统的安防企业、照明企业、IT 企业和家电企业。由于智能家居系统设备种类众多，且标准和设备体系存在兼容上的障碍，现阶段的中国智能家居产业仅形成了家电行业、IT 行业内的企业技术和标准联盟，缺乏能够领衔全行业的创新型企业。

处于产业链中游的设备生产厂商一方面受制于上游零部件企业，成本比较高；另一方面又无法对下游用户形成较强的议价能力，利润率相对较低。越来越多的设备生产厂商已经逐渐将自身的业务向产业链上下游转移，如参与上游核心技术的研发，开拓下游系统集成服务和运营服务等，从而提高企业利润率。一些拥有技术、品牌、资金优势的大型设备生产厂商纷纷向解决方案提供商转型，通过"产品＋方案"的配套服务达到捆绑销售产品的目的，实现向价值链前端转移。

下游渠道商、集成商、工程商、服务运营商：是智能家居产业链的重要环节。

渠道商：随着市场竞争的加剧，产业价值链的变化，独立软件开发商、集成商、解决方案提供商势力的兴起，智能家居企业的渠道日益扁平，渠道商地位的日渐势微。除了一些实力雄厚的大渠道商，中小渠道商难以维持企业运转，纷纷向工程商或集成商转型。

工程商与集成商负责根据房地产商或者客户需求向设备生产厂商采购智能家居产品，对系统进行布线设计和施工，并提供技术支持和售后服务。由于智能家居项目的定制性，随着智能家居市场的发展，集成商地位日益重要。集成商一般由弱电、智能化系统集成企业、新型集成企业组成，市场需求较大，地位不断提升。

服务运营商是指能够提供信息通信、防盗报警、远程控制等平台服务的电力、电信、有线电视、互联网等运营。以移动、联通、电信为代表的通信运营商，正在通过物联网、家庭网关、数字机顶盒、3G 手机等产品来涉足智能家居的相关产业。

终端客户可以是项目招投标采购的开发商或总包商，也可以是传统市场的家庭消费者。

二、发展现状

随着人们生活水平和行业认可度的提高，智能家居技术应用进一步普及，消费者对智能化的家居控制需求将越来越旺盛，智能家居产业的发展前景非常广阔。目前，智能家居在中国仍处于起步阶段，其规模较小，2011 年，智能家居产业规模为 23.9 亿元，同比增长 29.7%。随着智能家居应用的不断成熟，产业的不断完善，产业规模将持续增长。

2011 年，中国智能家居的产品结构依然是家庭安防类产品占据了相对较高的份额，达到 26.6%；智能家电位居第二，占据了 18.1% 的份额（见表 18-1 和图 18-2）。

表 18-1　2011 年中国智能家居产品应用结构

类　　　别	智能家电	智能照明	家居控制	家庭安防	采暖节能	其　　他	合　　计
产业规模（亿元）	4.31	2.79	2.81	6.37	3.91	3.67	23.86
份额	18.1%	11.7%	11.8%	26.6%	16.4%	15.4%	100%

资料来源：赛迪顾问，2013-02。

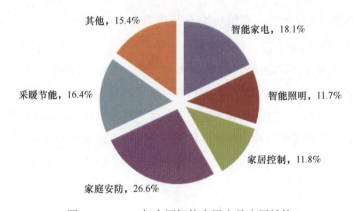

图 18-2　2011 年中国智能家居产品应用结构

资料来源：赛迪顾问，2013-02。

三、发展特点

（一）智能家居仍在社区，家庭应用指日可待

智能家居目前还未真正落实到家庭，目前普遍应用的是智能化小区、智能楼宇以及高档住宅。智能化小区往往以家庭网络为依托，在小区内实现多种信息服务，主要包括：小区的水、电、气、暖计量表集中抄表；家庭安防系统直接与小区保安室或公安局联网；与小区服务和社区医疗服务机构的联网。智能家居技术用在智能楼宇以及高档住宅可实现照明、水 / 电 / 气 / 暖计量表和简单家用电器的联网，但通常成本较高，针对国内家庭用户的支持比较有限，对公众网接入以及高速家电产品的支持较差。

（二）行业标准尚未统一，捆绑式方案被推广

　　智能家居产业尚未形成统一的行业标准，仅在家电业及 IT 领域出现了龙头企业主导的企业级标准，这导致市场上存在众多互不兼容的产品类别，给消费者选购带来了一定的困难。由于智能家居产品本质上是提供一种服务，其专业性强，系统定制化程度高，在缺乏行业级标准的情况下，用户对一体化解决方案需求强烈。不同类型的企业立足自身硬件优势，整合产品资源，以提供产品及方案捆绑式销售居多。

（三）规模效应尚未形成，高端市场需求旺盛

　　国内从事社区防盗报警的企业数量较多，但规模型企业较少，没有形成一定的市场规模和品牌效应。而国外市场至少都有一两家领导型的知名企业，他们拥有庞大的用户群体，产品营销服务体系完善，商业化运作模式非常成熟，对整个国家产业的发展有很好的带动作用。

　　此外，国内智能家居产品多集中在别墅和复式住宅等高端家庭，高端智能化产品在智能家居销售份额中占很大的比重，中低端产品市场普及率较低。并且各地区间发展不平衡，主要集中于东部沿海发达城市，而中西部城市智能家居市场相对空白。

（四）智能家电整体升级，实用功能有待提升

　　智能家居控制系统的核心之一就是智能家电系列产品。在传统的家电上进行技术升级改造，增加信息化、网络化、智能化的智能家电控制模块，在智能技术的管理下，家用电器可以帮助人们做得更多。但是智能家电并没有如火如荼地发展起来，原因是家电厂商的智能家居方案主要位于家庭网络内部，多数为实现家庭内部的计算机和大型家电的联网控制，对公众网接入实体和家庭控制子网的考虑较少。不同品牌相互之间的产品基本不兼容，往往要求消费者淘汰原有的家电产品；同时，含智能家居功能的家电产品种类较少，价格过高，很难得到消费者的青睐。

第三节　重点应用

　　中国智能家居系统的典型应用场景有：别墅、智能小区、智慧酒店、智能化办公和普通住宅。其中，别墅和智能小区是智能家居系统的传统应用场景，智慧酒店、智能化办公和高端公寓是市场需求增长最快的应用场景，而普通住宅领域是最值得期待的智能家居应用市场。智能家居体系架构如图 18-3 所示。

　　不同应用场景的产品营销模式、采购习惯、常用配置和重点厂商都有其特点。除了一部分别墅和普通住宅智能家居项目具有零售市场特性外，其余大部分智能家居项目都采用工程运作方式进行。工程运作模式的市场发展迅猛，零售市场发展困难较多。

　　智能家居典型应用场景特点如表 18-2 所示。

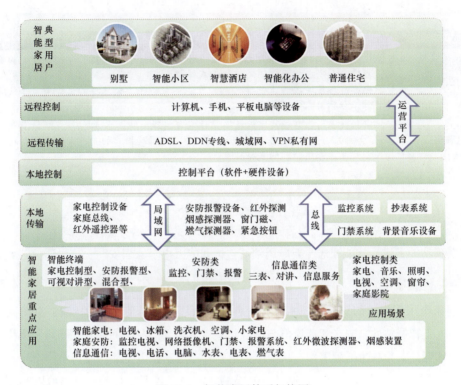

图 18-3　智能家居体系架构图

资料来源：赛迪顾问，2013-02。

表 18-2　智能家居典型应用场景特点

重点应用场景	特　　点
别墅	●采用产品注重品牌的高端性和先进性 ●目标客户为富裕人群，产品附加有身份标示，产品定价高 ●市场占比较大，仍将保持良好发展趋势 ●商务模式为工程运作模式和家庭消费市场采购模式，这类工程选择知名品牌产品、工期短、收款快 ●配置较为齐全，基本包括智能家居的全部子系统 ●重点厂商为 ABB、GE、德国莫顿、美国 Honeywell、澳洲奇胜
智能小区	●智能化小区以家庭网络为依托，着重在小区内实现多种信息通信服务和小区整体安防 ●通常与楼宇对讲系统整合进行设计和施工安装 ●智能家居传统的市场领域，占比较大，且未来市场前景良好 ●商务模式为工程运作模式 ●配置较为固定，集中在社区安防和信息通信，不包括家庭范围的家电控制 ●楼宇对讲厂商及其合作伙伴主导着这一市场领域，目前 60% 以上的智能家居应用属于与楼宇对讲系统整合在一起的应用，安装在房地产智能小区中
智慧酒店	●注重系统的舒适、智能、交互体验 ●市场前景广阔，发展势头迅猛 ●多采用无线技术，提高智能和舒适体验 ●商务模式为工程运作模式 ●配置较为齐全，尤其注重灯光、门禁控制、查询系统和电视电影系统 ●酒店客房是智能家居系统广泛应用的一个场所

（续）

重点应用场景	特　点
智能化办公	● 智能化办公（工程）是指在办公等公共空间的智能家居应用，包括会议室的智能控制，教室、会所、娱乐空间的智能化装饰 ● 智能化办公环境主要考虑便捷控制、节能。智能化办公环境的设计与施工安装是通过装饰工程项目来完成的
普通住宅	● 智能家居技术用在智能楼宇以及高档住宅可实现照明、水／电／气／暖计量表和简单家用电器的联网，但通常成本较高，针对国内家庭用户的支持比较有限，对公众网接入以及高速家电产品的支持较差

资料来源：赛迪顾问，2013-02。

一、应用领域

从实现功能上讲，智能家居主要应用领域包括智能家电、家居安防、信息通信三大方面。

（一）智能家电

智能家电采用先进的智能化技术，实现自动监测、自动测量、自动控制、自动调节与远程控制等人工智能特性。未来智能家电与电脑、手机等跨界产品之间的互联互通，将构建起一套"从家庭到社会、从生活到工作、从个体到全家"的全新家电生活环境。

智能控制功能主要包括家电控制、灯光控制、家庭背景音乐控制，具体可以实现集中控制、远程控制、组合控制、条件控制、情景控制和家庭背景音乐控制等功能。智能控制功能组成图如图 18-4 所示。

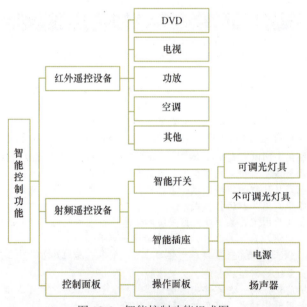

图 18-4　智能控制功能组成图

资料来源：赛迪顾问，2013-02。

智能家电系统是智能控制系统最常见的应用，具有极大的发展潜力。中国家电市场上众多龙头企业已加入中国家庭网络标准产业联盟——"e家佳联盟"，以促进家电产品的智慧互联。

智能家电应用体系架构如图18-5所示。

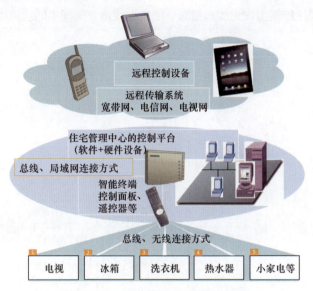

图18-5　智能家电应用体系架构

资料来源：赛迪顾问，2013-02。

智能家电网络包括智能家电网关、外部网和局部网、家电等，实现智能家电互联的关键在于家庭网关的开发与应用。在家庭信息化网络技术体系中，家庭与互联网的连接需要一个家庭网络中央控制器（家庭网关）。家庭网关对外与Internet网络连接，对内通过家庭内部局域网将家电互联互通且进行集中控制与管理。家庭网关作为智能家电网络化的核心设备，管理或控制家中家电的网络访问。

（二）家居安防

安防行业是智能家居产业中发展最早、势头最迅猛的部分，广泛应用在小区建设层面。其系统可单独建设，也可集成到智能家居系统中。已经有许多安防厂商在原有安防系统基础上集成更多智能家居系统功能，依靠原有的渠道优势进军智能家居市场。

智能家居中的安防系统实现的功能主要为监控、门禁、布防，即包括监控系统、门禁系统、报警系统三个方面（见图18-6）。

家庭监控系统多采用网络摄像机，需要远程监控、录像。目前较理想的网络接入方式是ADSL，随着3G的普及，通过无线传输视频图像将成为可能。

门禁系统本身并不集成到智能家居系统中，一般单独建设，但在住宅环境中，门禁读卡器嵌入在可视对讲系统中，并且智能终端和室内分机具有遥控开锁功能，常列入智能家居系统。家庭门禁系统多用于小区楼宇的出入口，集成在门口主机之内，也有部分高档住宅提供独门独户的门禁系统。

防盗报警系统可单独建设，也可集成到智能家居系统中。智能家居系统中的防盗报警较简易，一般不接入专业报警中心，而是接入住宅安保中心。采用智能终端本身带有防盗报警功能的系统被广泛应用在家居环境中。在智能家居系统中实现防盗报警功能，可以通过智能终端，此外还可以配置遥控器实现无线布撤防，配置有线键盘实现不同地点的布撤防操作。

图 18-6　家庭安防功能组成图

资料来源：赛迪顾问，2013-02。

家居安防应用体系架构是指智能家居集成安防系统，不包括专业的报警运营系统。安防家庭端设备主要有监控设备摄像机、布防类探测器如窗门磁、红外探测器、微波探测器、烟感探测器、燃气探测器、紧急按钮，以及遥控器和智能终端。监控设备主要是摄像机，网络摄像机通过家庭局域网和智能终端相连接，模拟摄像机通过家庭总线和智能终端相连接。家居安防应用体系架构如图 18-7 所示。

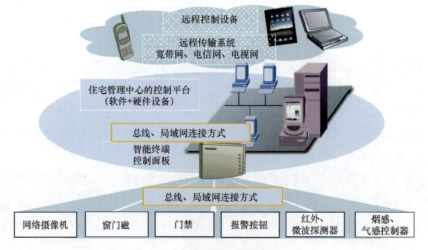

图 18-7　家居安防应用体系架构

资料来源：赛迪顾问，2013-02。

本地控制中心一般指位于住宅管理中心的智能家居管理设备控制平台，可提供远程管理和控制服务，如报警信息接收处理、信息采集、远程布撒防、远程视频监控。手机、电脑的远程控制设备通过远程传输网络连接到本地控制中心，实现小区外远程控制和管理功能。

（三）信息通信

信息通信功能是智能家居最重要的功能之一，能够给人们的生活带来极大的便利。

信息通信功能涵盖范围较广，主要包括信息服务功能、可视对讲功能、三表抄送功能、多媒体系统功能（见图18-8）。

图 18-8　信息通信功能组成图

资料来源：赛迪顾问，2013-02。

电话系统、有线电视、网络通信是最常见的信息通信功能，一般由家庭多媒体系统构建，通常体现在多媒体配线箱中。信息服务功能依据不同的智能终端有所区别，大体上讲主要包括信息浏览功能，如查询物业费、电话号码等，语音留言功能，短信功能和便民功能。

可视对讲系统较多媒体系统而言算是一种内部通信系统。三表抄送严格来说不算信息通信功能，但大多数智能终端能够实现三表抄送功能。信息通信系统有独立型和联网型两种。独立型适用于独栋别墅、单体住宅建筑，不需要联网，独立使用；联网型楼宇对讲系统适用于大型小区，是目前的主流方式。

各种信息服务多通过室内分机或智能终端实现，可视对讲系统是信息通信功能中最广泛的应用。

室内可视对讲设备通过智能终端与本地控制服务器相连，集中管理和控制对讲系统，以实现更强大的功能；业主也可以通过室内分机呼叫管理中心，进行相关问题咨询，报修设备等。三表抄送功能大多需要第三方扩展设备支持。

信息通信应用体系架构如图18-9所示。

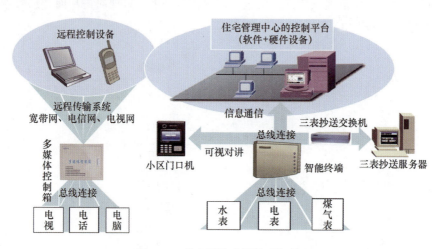

图18-9   信息通信应用体系架构

资料来源：赛迪顾问，2013-02。

二、应用价值

（一）推动多领域融合发展

智能家居产业链长、渗透性广、带动性强，是物联网背景下的最佳应用载体。智能家居产业是一个围绕家居环境的专业化、智能化、综合性平台。由于智能家居涉及的业务关系到生活的方方面面，因此其产业链长，导致其行业的渗透性强。智能家居产业涉及土建装修、通信网络、信息系统集成、传感器件、家电、医疗、自动控制等多个领域。同时，智能家居产业与房地产业关联性高，能够带动建筑、制造业、信息技术的诸多领域发展。

（二）提高社会管理水平

智能家居结合了下一代互联网、下一代广播电视网、物联网、云计算、新一代显示、人机交互等新技术的广泛应用，是物联网应用于社会民众的重要落脚点，其战略性产业地位已日益凸显。通过家庭远程控制业务、家庭安全监控业务、养老服务、远程医疗、智能家电等领域创新应用，可方便实现家庭与社区、社会的互联互通，为政府实现阳光政务、实名网络听证、推动社会互助等提供了畅通渠道，为提高社会管理水平提供了有力支撑。

第四节　发 展 趋 势

一、行业趋势

（一）家庭云备受关注

我国的智能家居行业还处在初级发展阶段，从智能家居产品来看，更多的是安防报警、对讲、灯光控制和空调控制等方面的产品，而具有超前的控制功能和人性化功能的产品却并不多。但是随着战略性新兴产业特别是云计算的迅速推进，智能家居将被赋予更人性化的内容。当前，云计算技术正以大容量、高便利性和按需使用等众多优势引导信息技术产业的跨越式发展，衍生的云应用更是备受业界和用户关注。当前，家庭云战略开始被业内企业推广，目标是能够让用户轻松管理家中的智能手机、平板电脑和笔记本电脑以及智能家电等设备。随着家庭网络环境的改善，家庭云将早日普及。

（二）实用化、模块化

从产品角度来讲，以后的智能家居产品会朝着实用化、模块化的方向发展，所谓模块化就是产品开发商把智能家居产品做成模块化的，可以根据用户的实际需求任意搭配。这样不仅可满足不同层次用户的需要，而且可以节约成本，也可以节约不必要的端口模块的浪费。

（三）市场细分更加专业

目前的智能家居产品主要停留在家居的智能化应用上，而从广义角度来说，智能家居产品可以有更多的细分市场应用，像商业场所的智能化（例如，酒店、会所、餐厅等商业场所的智能化控制功能），办公场所的智能化（例如，办公场所，会议室、电教室等办公、教学工作空间的智能化等）。而目前根据不同细分市场专业设计的细分化智能家居产品还相对较少。所以，未来会更有很多的厂家参与到智能家居产品不同细分市场的竞争，而不只是住宅领域方面。

二、技术趋势

（一）低碳、节能是必由之路

智能家居作为高科技的产物，在"十二五"的利好政策下如沐春风，将逐渐迎来高速发展。从长远来看，社会发展在实现现代化的过程中增加资源消耗量难以避免，因此走节约能源之路是必然选择。低碳、智能家居是节约能源的重要途径，虽然该行业在发展过程中受到标准未统一，产业政策不健全，相关技术不成熟等因素制约，中国市场上还未出现真正的无线智能家居产品的制造商和运营商，但国内对智能家居的需求已经形成。

（二）朝数字化与网络化方向发展

数字化和网络化是智能家居系统发展的趋势，也是智能家居技术中必不可少的要素。基于小区宽带网络应用基础上的智能家居管理系统可以在物业管理、公安、消防、远程医疗、房产、自来水、电力、煤气等多方面为管理部门和广大居民提供多方位的服务，具有良好的社会效益和经济效益；而未来的发展一定是以 TCP/IP 协议为主流传输协议的产品，这样可以解决兼容问题，从根本上维护用户的利益，这也符合全球控制系统产品的发展趋势。

（三）远程控制应用发展迅速

无线技术及物联网技术的发展，使得产品间便捷的互联互通成为可能。由于传输系统及控制系统技术及产品的限制，传统的智能家居系统多局限在小区层面上的互联。物联网技术的发展，3G、WiFi、GPRS 无线通信技术的成熟，以及终端电子产品——手机及平板电脑的快速普及，使得远程访问极为便利。在这种有利的条件下，远程智能家居控制应用将迅速发展、成熟。

智能楼宇：功能服务多元发展，智能楼宇较快增长

在数字化技术飞速发展的今天，具备 IT "智慧"应用的智能楼宇正在逐渐成为建筑行业信息化发展的主要方向。智能楼宇的概念来自建筑物设计中的 5A 系统，是以建筑为平台，兼备信息设施系统、信息化应用系统、建筑设备管理系统、公共安全系统等，集结构、系统、服务、管理及其优化组合于一体，向人们提供一个安全、高效、便捷、节能、环保、健康的建筑环境。其具体内涵是：以综合布线为基础，以计算机网络为桥梁，综合配置建筑内的各种功能子系统，全面实现对通信系统，智能办公系统，建筑内各种设备（空调、供热、给排水、变配电、照明、电梯、消防、公共安全等）的综合管理，使建筑物实现和支持流程自动化、信息处理的数字化、传送的网络化，以及系统的集成化。目前，智能建筑行业发展最突出的特点就是集成化程度不断提升。

第一节 发展环境

一、政策环境

2000 年，国家技术监督局和建设部颁布了国家标准《智能建筑设计标准》（GB/T50314—2000）。这部由上海现代设计集团作为主编单位，北京市建筑设计院、中国电子工程设计院和建设部建筑智能化系统工程设计专家工作委员会作为副主编单位制定的国家标准，总结了近十年智能建筑的建设经验。该标准于 2000 年 10 月实施，对统一技术要求起到了一定作用。与此同时，有关智能建筑的施工验收规范亦已开始制定。

2003 年，国家开始实施《智能建筑工程质量验收规范》。该规范是我国第一部较全面的关于智能建筑工程实施及质量控制、系统检测和竣工验收的规范，是《建筑工程施工质量验收统一标准》（GB50300）建筑工程施工验收系列规范之一。该规范对工程承包商（施工单位）、建设单位、工程监理和质量检测部门的职责均进行了明确规定，对于我国智能建筑工程规范化发展起到了极大的推动作用。

2006 年 12 月，国务院发表《中国的能源状况与政策》白皮书，详细介绍了中国能源发展现状、能源发展战略和目标、全面推进能源节约、提高能源供给能力、促进能源产业与环境协调发展等政策措施。其中的诸多内容都与智能建筑行业相关，同时也指出了智能建筑行业未来的发展方向：①推出更好的建筑节能产品与智能建筑系统集成解决方案。②做好节能工程，从前期设计、中期施工、后期调试做到全面、高效的节能。③做好政府机构节能改造工程，树立样板工程。④积极利用可再生能源，与建筑节能有效结合。该白皮书的发布为智能建筑行业发展带来了深远影响。

2007 年，我国开始实施新的《智能建筑设计标准》（GB/T 50314—2006）。该标准适用于新建、扩建和改建的办公、商业、文化、媒体、体育、医院、学校、交通和住宅等民用建筑及通用工业建筑等智能化系统工程设计，进一步完善和规范了我国智能建筑工程设计，将提高智能建筑工程设计质量，并促进国家关于建筑节能、环保等方针政策的实施。该标准还要求，智能建筑的智能化系统设计应以增强建筑物的科技功能和提升建筑物的应用价值为目标，以建筑物的功能类别、管理需求及建设投资为依据，具有可扩性、开放性和灵活性。该标准对我国智能建筑行业的发展具有显著的指导作用。

2008 年，由住房和城乡建设部推出的《智能建筑发展纲要》正式发布。该纲要主要对我国智能建筑行业历史、技术现状进行了回顾与展望，对智能建筑施工管理、建筑智能化系统工程监理、检测与验收、维护与管理、新技术 / 新产品的开发等进行了研究，并对政府加强行业管理、行业标准与法规建设提供了建议。《智能建筑发展纲要》的推出，有利于为政府决策提供指导，并能及时引领智能建筑行业和企业的发展，有利于提高我国智能建筑的发展水平。

二、应用环境

近年来，我国经济发展态势良好，据国家统计局公布，2011 年全年 GDP 增速为 9.2%，2011 年，全国建筑业新开工项目 332931 个，全国建筑业房屋建筑施工面积 84.62 亿平方米，增长 19.5%，建筑业总产值高达 117734 亿元，比上年增长 22.6%。另外，全国房地产开发投资 61740 亿元，比上年增长 27.9%，其中，住宅投资 44308 亿元，比上年增长 30.2%，占房地产开发投资的比重为 71.8%。按施工面积统计，房屋施工面积 50.80 亿平方米，比上年增长 25.3%。其中住宅施工面积 38.84 亿平方米，比上年增长 23.4%。房屋新开工面积 19.01 亿平方米，比上年增长 16.2%；住宅新开工面积 14.60 亿平方米，比上年增长 12.9%。房屋竣工面积 8.92 亿平方米，比上年增长 13.3%；住宅竣工面积 7.17 亿平方米，比上年增长 13.0%。

从目前的发展态势来看，随着全国 20 余个区域经济规划的推出与实施，高铁建设的巨大投资以及大规模保障性住房的开工建设等，预计未来几年建筑市场仍将保持增长态势。都市圈、城市群、城市带和中心城市的发展预示了中国城市化进程的高速起飞，也昭示了建筑业更广阔的市场与机遇。

在经济发展促进智能楼宇建设的同时，楼宇的自动化、智能化和数字化管理也能够大大提高工作效率和经济效益，反过来推动经济的发展，实现相互促进。

三、技术环境

随着时代的进步，我们的生存环境将变得越来越数字化。目前，在安全防范技术中仍有许多技术沿用的是模拟技术，特别是音 / 视频传输技术，在系统布线时，采用的是专门的音 / 视频线路，不对音 / 视频进行任何压缩与处理，造成带宽资源的严重浪费。虽然现在有许多厂家都宣传自己利用了先进的音 / 视频技术，但还没有完全应用于实际中，将来的发展必将对音 / 视频进行压缩，以便进行分析、传输、存储。在信号检测处理单元部分，将更多地利用无线技术减少布线，特别是一些新的技术将会应用在这个领域，例如，多媒体技术、流媒体技术、软交换技术、蓝牙技术、WiFi（Wireless Fidelity）无线高保真技术、ZigBee 技术等。

随着各种相关技术的不断发展，人们对安防系统提出了更高的要求，安防系统将进入智能化阶段。在安防系统智能化后，可以实现自动数据处理、信息共享、系统联动、自动诊断，并利用网络化的优势进行远程控制、维护。先进的语音识别技术、图像模糊处理技术将是安防系统智能化的具体表现。

第二节　行业现状

一、行业构成

智能建筑大幅提高了信息资源的管理和分配效率，通过机电联动，实现了建筑内各子系统运行的智能化流程，有效提升了系统运营效率，对我国建筑业发展具有重要的意义。目前，智能建筑的发展仍处在起步阶段，各智能子系统有待进一步完善和融合。根据现阶段智能建筑的发展，其产业呈现以下特征：①系统集成商合作成为行业普遍主体形态。目前中国智能建筑的主要业务模式还是提供系统集成和相关软、硬件设备。然而，随着市场竞争的进一步加剧和市场需求的变化，各大主流智能建筑提供商都在扩大业务范围、提高盈利能力上制定了一系列计划，纷纷提出新的盈利模式，系统集成商合作将成为行业普遍主体形态。②智能化建筑热潮悄然掀起，建筑物智能化水平也在逐步提高。③生态智能建筑、节能建筑、智能家居将成为行业未来的发展方向。随着世界生态环境问题、能源问题的日益突出，能够较好地对生态环境问题及缓解能源危机做出响应的建筑，开始受到社会的重视和欢迎，这类建筑通常被称为生态建筑或节能建筑。生态智能建筑的建设、建筑的节能改造将是未来智能楼宇建设的热点之一。

根据智能建筑的上述特征和产业链的深度剖析，智能建筑行业涉及芯片制造与技术提供商、应用设备制造厂商、系统集成商、网络提供商、运营及服务提供商六个产业链环节；从应用领域来看，可分为商业建筑、工业建筑、基础设施、消费电子与家庭、医疗看护、远程医疗、远程教育、公共安全、IT 网络服务等多个领域。智能建筑产业链结构如图 19-1 所示。

图 19-1　智能建筑产业链结构图

资料来源：赛迪顾问，2013-02。

二、发展现状

在我国建筑业不断发展的背景下，楼宇智能化市场随之迅速成长。楼宇智能化的概念已经越来越深入人心，鸟巢、水立方、上海金茂大厦、环球金融中心等应用智能化的建筑不断出现就是很好的例证。目前，建筑智能化在北京、上海、广州、深圳等一线城市高档住宅中已得到广泛应用，成为高档建筑的新潮流。闭路电视监控、门禁管理、停车场管理、防盗防灾报警系统等也已经较为普遍。经过多年来的探索、推进，我国在楼宇智能化理论、建设法规、设计施工、物业管理等方面取得了较大发展。

1984 年，北京发展大厦诞生，标志着中国第一幢智能楼宇的问世。20 多年来，中国国内智能建筑领域的研究、开发与实践蓬勃发展，市场逐渐形成。上海金茂大厦（88F）、深圳地王大厦（81F）、广州中信大厦（80F）、南京金鹰国际商城（58F）等一批智能大厦闻名世界。中国共有上千幢智能大厦，大部分建筑规模均在 3 万平方米以上。

建筑智能化行业的发展与新增建筑和基础设施，以及建筑和基础设施存量的智能化改造高度相关。得益于宏观经济的持续高速发展对建筑智能化的强大需求，2011年，该行业市场规模达到3311.6亿元（见图19-2）。

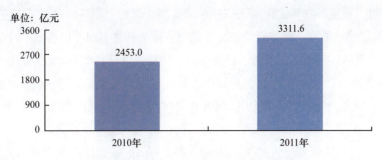

图19-2　2011年中国智能楼宇市场规模

资料来源：赛迪顾问，2013-02。

2011年，中国智能楼宇市场主要分布在一些大的城市，如上海、北京、广州等地。在这些大城市，一方面，由于经济发达，人民的生活水平比较高；另一方面，大型城市的现代化程度比较高，对智能楼宇的需求更大。同时，二线城市智能楼宇市场发展迅速。中国智能楼宇市场的重心依然在东部，但是有往中西部偏移的趋势，中西部地区智能建筑市场获得较大发展空间。从增长速度来看，中部和西路略高于东部，中部是35%，西部是34%，东部是31%。

2011年，国内智能化楼宇市场品牌虽然增多，但是小品牌的竞争力不强，仍然无法撼动国外几个大品牌的优势地位。目前，国内楼宇智能化产品市场被国外几家公司占据，如霍尼韦尔、IBM、西门子、江森自控等。我国仍缺少高技术的楼宇智能化系统集成产品。另外，我国在准确把握智能建筑的设计定位、高质量的工程实施与系统有效运行管理方面，与国外发达国家相比还有一定的差距。由于缺少相应的规范，楼宇智能化设计也存在缺乏全面性和长远性设计的问题，造成一些应用楼宇智能化系统的建筑缺少各系统的整体运作，造成投资的浪费。

三、发展特点

（一）系统集成商合作成为行业普遍主体形态

中国智能建筑的主要业务模式还是提供系统集成和相关软、硬件设备。根据有关调查，采用与系统集成商（弱电总包）合作的占到了85%，这说明在目前的智能楼宇市场中，大多数项目采用弱电总包，只有极少数项目中楼控、安防、消防等部分分别由几家工程商完成。集成商的工作主要包括帮助开发商合理表达自己的需求，根据开发商需求提供建议方案，提供具体的系统设计图纸资料，系统硬件和软件选型及配套，接口软件、硬件的开发，系统的安装调试。然而，随着市场竞争的进一步加剧，以及市场需求的变化，各大主流智能建筑提供商都在扩大业务范围，并在提高盈利能力上制定了一系列计划，纷纷提出了新的盈利模式。

（二）智能化建筑热潮悄然掀起，智能化水平逐步提高

目前，国内楼宇建设中流行一股"智能化"热潮，冠以"3A 智能建筑"、"5A 智能大厦"的广告屡见不鲜，而建筑物智能化水平也在逐步提高。智能化建筑的发展可以分成三个阶段：6 ~ 7 年前的智能建筑只有一些智能功能，如消防自控，其他方面的设备根本没有自控。4 ~ 5 年前的智能建筑基本具有楼宇、消防、保安等自控功能，以计算机为主控机，多采用集中控制方式和 DOS 操作系统，监视和控制多为简单模式，软件水平较低。近 1 ~ 2 年落成的智能建筑很多都具有较完善的建筑设备自动化（BA）、通信自动化（CA）和办公自动化（OA）系统（简称 3A 系统）。这些系统多以计算机网络为基础，采用集散式甚至分布式控制，监视和控制可以采用精确方式，且有较先进的 Windows、OS/2、Android 操作系统及中文图形方式界面，软件编程方便，面向对象。可见，近年来建筑的智能化水平有长足的发展。

（三）行业集中度逐步上升，品牌效应开始显现

在经过一轮新的市场整合之后，中国智能建筑行业集中度有所上升，大企业的品牌效应开始显现。据统计，目前中国从事建筑智能化实施的企业至少有 3000 家左右，产品供应商也将近 3000 家，具备智能化工程承包资质的企业有 1100 家左右。截至 2011 年 11 月，已经获得建设部智能建筑系统集成技术专项甲级资质的单位 210 家，获得建筑智能承包一级资质的企业 756 家。在这个市场中，逐渐有一批方案商走向成熟，2011 年，年营业额超过亿元的智能建筑系统集成商约有 60 家，这些公司大多分布在北京、上海、广州、浙江、天津等省市，它们的市场份额约占行业的 25% 以上。

（四）新一代信息技术在智能楼宇领域应用广泛

随着物联网技术和云计算技术的成熟，物联网、云计算等新一代信息技术在智能楼宇领域的应用越来越广泛。物联网以其高精度定位、智能分析判断与控制、智能化交互的特点，弥补了现在安防系统的短板，促进了安防系统智能化水平的不断提高。作为物联网应用相对较为成熟的智能楼宇安防行业将迎来快速发展。在智能住宅安防系统中，物联网利用现有的电信网等固定网络及互联网，采用 RFID、传感器、智能图像分析、网络传输等信息技术，建设具有人口动态实时管理功能的社区智能对讲门禁、社区单元视频拍照记录、家庭安防综合应用系统，并实现门禁管理与公安人口信息平台的对接，随着中国楼宇市场的快速发展，物联网的应用市场前景将非常广阔。

第三节　重点应用

目前，物联网技术在智能楼宇中的应用因其设计上不同的侧重点，已扩展到通信、联动、办公、消防、安防、管理等各个智能控制领域（见图 19-3）。

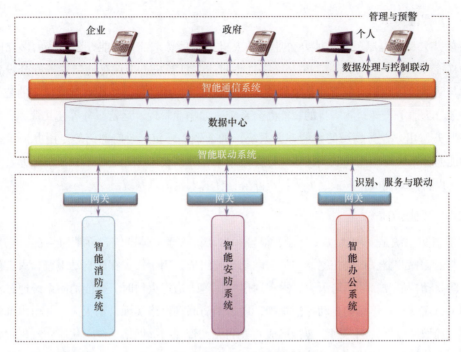

图 19-3　智能楼宇应用体系结构图

资料来源：赛迪顾问，2013-02。

一、应用领域

（一）智能通信

智能建筑中的智能通信系统是大厦智能化的基础，用来保证建筑物或建筑群内、外各种通信联系畅通无阻，并通过网络支持，实现对智能建筑内外各种语音、图像、文字、数据、电视及控制信号的收集、传输、控制、处理和利用。通信网络包括：以数字程控交换机（PABX）为核心、以语音为主，建有数据与传真通信的电话网，连接各种高速数据处理设备的计算机局域网（LAN）、计算机广域网（WAN）、传真网、公用数据网、卫星通信网、移动通信网和综合业务数字网（ISDN）等。借助通信网络可以实现建筑物或建筑群内外、国内外的信息互通、资料查询和资源共享。

（二）智能联动

智能联动系统实现建筑物或建筑群内的各种机电设备的自动控制，包括供暖、通风、空气调节、给排水、配供电、照明、电梯、消防、安防、车库管理等。通过信息网络组成分散控制、集中监视与监控管理一体化系统，实时监测、显示设备运行参数；监视、控制设备运行状态；根据外界条件、环境因素、负载变化情况自动调节各种设备，使其始终运行于最佳状态；自动实现对电力、供热、供水等能源的调节与管理；提供一个安全、舒适、高效且节能的办公环境。

（三）智能办公

智能办公系统是服务于具体办公业务的人机交互信息系统。智能办公系统由多功能电话机、高性能传真机、各类终端、PC、文字处理机、主计算机、声像存储装置等办公设备、信息传输与网络设备和相应配套的系统软件、工具软件、应用软件等组成。智能楼宇的智能办公系统一般分为服务于建筑物本身的智能办公系统，如物业管理、运营服务等公共管理、服务部分，和服务与用户业务领域的智能办公系统，如金融、外贸、政府部门等专用办公系统。总之，智能办公系统是应用物联网技术、计算机技术、通信技术等先进技术，使部分办公业务借助自动化设备高效完成，并最终形成特定办公目标的人机信息系统。

（四）智能消防

智能消防系统是一项集火灾监控、报警和自动灭火于一体的综合性消防系统。它是由各类火灾与烟雾探测器、报警控制器、消防联动装置组成，用于火灾探测自动报警、火灾信息传输、消防联动控制、自动消防灭火、火灾通信指挥等。遭遇火情时，智能消防系统通过消防自动控制网络实现火灾信息的自动探测报警，通过消防联动网络实现自动灭火，并由内部消防控制网络与局域网、因特网等网络连接形成开放的火灾管理指挥网络系统，从而实现现代化的防火、灭火指挥管理。智能消防系统是物联网技术、新一代信息技术与现代建筑技术相结合的产物，它的质量将直接影响人民的生命和财产安全。

（五）智能安防

智能安防系统是指在建筑物或建筑群内及周边地域，通过自动化系统有效结合人力、技术、物理等防范方式，实现对人员、设备、建筑或区域的安全防范。一套完整的智能安防系统需要包含防范、报警、监视、记录、自检、防破坏等功能，实现防范的最终目的都要围绕探测、延迟、反应这三个基本要素，用于识别风险事件的发生、推迟危险的发生，以及提高危险反应能力。就像物联网与现代通信技术的发展一样，数字化、网络化、智能化、集成化、规范化将是安全防范自动化技术的发展方向。

二、应用价值

随着物联网技术在智能领域的广泛应用，使得计算机技术能够对建筑物内的设备进行自动控制，对信息资源进行管理，为用户提供信息服务，使智能化建筑完全向 IT 化和 IP 化方向迈进。物联网技术还将通过其内网、外网或互联网的环境，采用适当的信息安全保障机制，提供安全可控乃至个性化的在线检测、定位追溯、报警联动、调度指挥、预案管理、远程维保、在线升级、统计报表、决策支持等管理和服务功能，实现对"万物"的高效、节能、安全、环保的"管、控、营"一体化。智能建筑作为物联网技术、新一代信息技术、自动控制技术和计算机技术等高新技术与建筑技术相结合的产物，改变了传统的产业结构，囊括了建筑业、信息产业、邮电业、环保、建材、消防、机械、光电、电信、电力、安防等行业，已呈现出巨大的市场潜力和商机。

第四节　发 展 趋 势

一、行业趋势

（一）建筑智能化的投资比重逐年加大

中国家庭户均年收入在 5.6 万元以上的人口约 4460 万人，1400 多万户，占城市人口的 10%，总人口的 3.5%，占全社会消费购买力总和（6 万亿元）的 17% 左右，主要针对这部分人的智能家居系统其市场总量为 1400 万套。正是在这种情况下，近两年来，智能家居系统的销售数量和总销售额都呈现连续攀升的势头，智能家居市场从南方沿海地区和内地大中型城市已经辐射到西部地区。

几年前，楼宇智能化主要集中在少数新建的高级饭店、宾馆、商贸、金融（银行、证券、期货、保险）等办公大厦，现在新上的大中型公共建筑项目多数都有不同程度的智能化的需求，应用范围已经扩大到了机场候机楼、车站楼、办公楼、博物馆、图书馆、医院、院校、商场、娱乐场所以及住宅小区，而且住宅小区及其物业管理的发展更是相当迅速。其他水利、电力、邮电工程枢纽等也提出了建筑智能化的需求。这说明随着我国经济与技术实力的增强，以及改革开放的不断深化，对建筑智能化、信息化需求不断增长。

国内已建成的具有一定程度的智能化建筑已经超过千座，用于建筑智能化的投资比重逐年增加，最初大约占建筑总投资的 5%，现在大约占 15%；国内智能建筑总投资每年超过百亿元。2011 年，各类建筑（楼、馆、场等）的智能化工程投资约占工程总投资的 5% ~ 8%，有的已高达 10%；居住小区的智能化系统建设投资平均在每平方米 60 元左右（占土建投资的 5% ~ 8%），如按中国每年竣工面积计算总投资为几十亿元。智能建筑这个新的"经济增长点"促使智能建筑相关企业迅速增长。粗略估计，目前全国从事智能建筑的企业超过 3000 家，产品供应商近 3000 家，其中有 152 家设计院和 127 家系统集成商具有智能建筑专项设计资质。

同时，中国工程建设正处于前所未有的历史高峰期，大量的住宅、公共建筑和城市基础设施等正在建设和投入使用，而且随着中国经济社会的进一步发展，新的建设工程仍将不断涌现。

据住宅与城乡建设部预测，中国建筑业每年新增的建筑面积为 16 亿 ~ 20 亿平方米，到 2020 年，中国将会新增各类建筑大约 300 亿平方米，而且，中国智能建筑占新建建筑的比例在持续增长，因此建筑业仍将保持持续、快速发展的趋势。另外，都市圈、城市群、城市带和中心城市的发展预示了中国城市化进程的高速起飞，也预示了建筑智能化领域更广阔的市场即将到来。

（二）产业链内细分行业市场增长迅速

目前，消费者对智能化产品越来越重视，楼宇的智能化水平也逐渐成为众多大型企业和公司选择办公场所的重要依据。例如，智能系统中的安防系统在中国的市场日益发展壮大，目前中国已成为全球最大的安防市场。中国安防产值从十年前的 200 多亿元增长到目前的 2000 亿元，安防各类产品、系统、解决方案的应用层出不穷，安防市场呈现"百花齐放"的景象。这一方面是由于安全问题日益受到人们的关注和重视，由此带来了安防市场的巨大需求。2004 年，"平安城市"活动在全国各大城市陆续拉开帷幕，"平安校园"与"平安农村"也渐受关注。据统计，自 2004 年以来各地平安城市的建设投入，加在一起每年估计都在百亿元以上。2008 年的北京奥运会斥巨资打造"安全防线"，安防投入达 3 亿美元，是仅次于奥运基建设施费用的第二大投入。另一方面，安防的市场容量也进一步扩大。不仅传统安防需求较为旺盛的行业（金融、公安行业等）对安全监控需求与日俱增，交通、电力、医院和园区也成为监控快速增长的新兴行业。

二、技术趋势

（一）多种技术融合发展成智能楼宇发展的趋势

到目前为止，楼宇设备的自动化系统已经经历了四代产品：第一代是 CCMS 中央监控系统（20 世纪 70 年代产品），一台中央计算机操纵着整个系统的工作。中央站采集各分站信息，做出决策，完成全部设备的控制，中央站根据采集的信息和能量计测数据完成节能控制和调节。第二代是 DCS 集散控制系统（20 世纪 80 年代产品），主要特点是只有中央站和分站两类节点，中央站完成监视，分站完成控制，分站完全自治，与中央站无关，保证了系统的可靠性。第三代是开放式集散系统（20 世纪 90 年代产品），DDC 分站连接传感器、执行器的输入 / 输出模块，应用 LON 现场总线，从分内部走向设备现场，形成分布式输入 / 输出现场网络层，从而使系统的配置更加灵活，由于 LonWorks 技术的开放性，也使分站具有了一定程度的开放规模。第四代是网络集成系统（21 世纪产品），随着企业网 Intranet 的建立，建筑设备自动化系统必然采用 Web 技术，并力求在企业网中占据重要位置，BAS 中央站嵌入 Web 服务器，融合 Web 功能，以网页形式为工作模式，使 BAS 与 Intranet 成为一体系统。企业楼宇集成系统（Enterprise Buildings Integrator，EBI）是采用 Web 技术的建筑设备自动化系统，它有一组包含保安系统、机电设备系统和防火系统的管理软件。EBI 系统从不同层次的需要出发提供各种完善的开放技术，实现各个层次的集成，从现场层、自动化层到管理层。EBI 系统完成了管理系统和控制系统的一体化。

（二）智能、节能、安全、舒适成智能楼宇应用发展的新方向

智能楼宇的基本要求是有完整的控制、管理、维护和通信设施，便于进行环境控制、安全管理、监视报警，并有利于提高工作效率，激发人们的创造性。简言之，楼宇智能化的基本要求是办公设备自动化、智能化，通信系统高性能化，建筑柔性化，建筑管理服务自动化。未来智能楼宇的应用趋势会表现在舒适性、安全性、智能化等多个方面。

（1）舒适性提高。使人们在智能化楼宇中生活和工作（包括公共区域），无论是心理上还是生理上均感到舒适，因此，空调、照明、噪音、绿化、自然光及其他环境条件应达到较佳或最佳状态。

（2）安全性、可靠性加强。提高建筑物的安全和高效、便捷性。除了要保证生命、财产、建筑物安全外，还要考虑信息的安全性，防止信息网中发生信息泄露和被干扰，特别是防止信息数据被破坏、被篡改，防止黑客入侵。

（3）节能效果显著。对空调、照明等设备的有效控制，不但提供了舒适的环境，还有显著的节能效果（一般节能达 15% ~ 20%）。

（4）节省设备运行维护费用。一方面系统能正常运行，发挥其作用可降低机电系统的维护成本；另一方面由于系统的高度集成，操作和管理也高度集中，人员安排更合理，从而使人工成本降到最低。

（5）产品差异化趋势，满足用户对不同环境功能的需求。

智能金融：金融应用边际拓宽，智能金融提供保障

　　智能金融是指物联网、云计算等新兴技术和产品在金融行业信息化过程中的应用，金融行业的信息化既包含金融机构内部系统的信息化，也包含金融机构和用户互动过程中的智能化和信息化。智能金融涵盖的产业领域比较广，主要包括两大领域，即金融电子领域和金融 IT 应用领域。

第一节　发展环境

一、政策环境

　　金融 IC 卡以及移动支付是物联网技术在金融领域的重要应用，随着物联网应用技术的逐步成熟，国家开始完善这两大领域的政策法规，提升扶持力度。在金融 IC 领域，2010 年 5 月，央行颁布了《中国金融集成电路（IC）卡规范》（以下简称《规范》），《规范》进一步丰富了中国金融标准化的内容，完善了金融标准化体系，推动了中国金融标准化进程。2011 年 3 月，央行发布《中国人民银行关于推进金融 IC 卡应用工作的意见》（以下简称《意见》），《意见》就金融 IC 卡的受理环境改造及发行提出了时间表，并提出"十二五"期间推进金融 IC 卡应用的总体目标：加快银行卡芯片化进程，形成增量发行银行卡以金融 IC 卡为主的应用局面。推动金融 IC 卡与公共服务应用的结合，促进金融 IC 卡应用与国际支付体系的融合，实现金融 IC 卡应用与互联网支付、移动支付等创新型应用的整合。2012 年 7 月 19 日，央行宣布从 2013 年 1 月 1 日起，全国性商业银行均要发行金融 IC 卡。在移动支付领域，2012 年，央行开始牵

头起草《中国移动支付标准》，该标准的制定将为行业的发展奠定了良好的基础。

二、应用环境

在我国，金融行业的信息化还处在起步阶段，在物联网、互联网、移动互联网日益成熟以及政策的不断推动下，近几年以智能金融为核心的市场规模增长快速。例如，银行 IC 卡市场，2011 年国内银行 IC 卡销量达 1454.0 万张，同比增长 531.7%，销售额达 20929.0 万元，同比增长 498.0%，银行卡进入爆发式增长的阶段；金融社保卡市场，2011 年，人保部提出了金融社保卡发卡计划，将在未来 5 年内发行 8 亿张金融社保卡，而之前已经发行的社保卡将陆续开通金融功能；银行安防市场，据统计，我国银行业金融机构包括政策性银行及国家开发银行 3 家，大型商业银行 5 家，股份制商业银行 12 家，城市商业银行 147 家，农村商业银行 85 家，农村合作银行 223 家，农村信用社 2646 家，邮政储蓄银行 1 家等，营业网点总计 19.6 万个，随着银行联网监控安防系统建设的帷幕逐步拉开，如此众多的银行和营业网点，为银行安防市场提供了广阔的空间。因此，我国智能金融的建设拥有巨大的市场潜力。

三、技术环境

基于政策和市场的双轮驱动，智能金融的技术环境呈现良好的发展态势，各个环节的技术标准不断完善，技术水平不断提高。例如，《中国金融集成电路（IC）卡规范》的出台，规范了金融 IC 卡标准体系；金融 IC 卡应用的逐步普及，推动了金融电子产品的技术升级，移动 POS 机的普及推广就是一个很好的例证，目前市场已有 200 多万台 POS 机已可受理金融 IC 卡，此外 POS 机产品也加强了新产品的研发，以集成更多新的功能来满足顾客的多样化要求；另外，移动支付技术取得了快速的发展，基于 NFC 技术或 RF-SIM 技术的移动终端类型逐步丰富，与之相关的一些软件应用也层出不穷；在银行安防领域，涉及感知、传输以及数据处理的物联网技术和产品也不断成熟，应用水平不断提高，为智能金融的发展奠定了良好的基础。

第二节　行业现状

一、行业构成

智能金融的产业涵盖范围比较广，主要涵盖金融电子和金融 IT 应用两大领域。金融电子领域既包含银行系统本身的智能化金融电子产品，也包含面向用户、商家的相关智能化终端。银行系统本身涉及的智能化金融电子产品主要包括金融结算设备、货币处理设备、票据处理设备等金融电子产品，面向用户的相关智能化终端主要包括金融 IC 卡、带有金融功能的社保卡、

USB-KEY 等相关金融产品。此外，智能金融涉及的 IT 应用技术及产品包括 IT 硬件设备及相应的软件产品。

金融结算设备：POS 机、自助服务终端、收款机、ATM 机、税控机、银税一体机等；

货币处理设备：点钞机、验钞机、清分机、复点机等；

票据处理设备：存折打印机、票据打印机、电子回单柜等；

金融安全终端设备：USB-KEY、金融 IC 卡、社保卡（具有金融功能）等；

金融 IT 应用：交易系统、风险监控系统、CRM、深入数据研究与挖掘系统、混业经营管理系统、移动信息系统等银行相关系统所涉及的硬件产品、软件产品以及相关的服务。

二、发展现状

随着物联网技术的日益成熟，以及金融系统信息化改造速度的不断加快，智能金融产业规模也保持快速增长态势。

（一）金融电子

2011 年，中国经济整体趋好，中国金融市场保持平稳发展。货币交易市场比较活跃，流通中货币供应总量逐年增长，带动了整个中国金融电子市场的平稳增长。另外，政府从政策层面开始关注包括货币处理设备等在内的研发和升级以及金融电子企业的持续创新，推动了中国金融电子市场的发展和技术的不断升级。2011 年，中国金融电子市场实现销售额 250.33 亿元，同比增长 17.8%。

其中，随着国内 EMV 迁移的全面启动，金融 IC 卡巨量市场的大门已然打开，金融 IC 卡市场将迎来一个快速发展期。各大银行也纷纷发行各类金融 IC 卡（见表 20-1）。

表 20-1　国内各大银行已发行的金融 IC 卡情况统计

发卡银行	银行卡名称	发卡范围	首发时间	卡类别
中国工商银行	牡丹星耀卡（普卡）	云南	2007	联名卡
	牡丹同德联名卡（普卡）	云南	2007	联名卡
	牡丹交通卡	北京	2007.09	主题卡
	牡丹俊发卡	云南	2007.11	联名卡
	VISA 白金芯片卡	北京	2008.04	标准卡
	牡丹中油车队卡	北京	2008.04	联名卡
	牡丹百盛信用卡	北京	2008.05	联名卡
	牡丹海信广场信用卡（金卡）	青岛	2008.05	联名卡
	牡丹畅通卡（普卡）	上海	2008.06	汽车卡
	南航明珠牡丹信用卡（金卡、普卡）	全国	2008.06	联名卡
	1872 牡丹信用卡	北京	2008.07	联名卡
	广深铁路牡丹金融 IC 卡	广东	2009.02	联名卡
	牡丹爱购芯片	深圳	2009.03	联名卡

（续）

发卡银行	银行卡名称	发卡范围	首发时间	卡类别
中国工商银行	牡丹国民旅游休闲卡（金卡、普卡）	广东	2009.04	旅游卡
	建国60周年芯片卡	北京	2009.06	标准卡
	理财金账户芯片卡	全国	2009.09	标准卡
	牡丹芯片白金卡	全国	2009.09	标准卡
	银联品牌白金芯片卡	北京	2009.09	—
	牡丹畅通卡	南京	2009.11	主题卡
	亚运联名卡	全国	2009.12	联名卡
	牡丹交通信息信用卡	苏州	2010.02	联名卡
	牡丹光明卡（金卡、普卡）	广东	2010.08	联名卡
	快乐湖南国民旅游休闲信用卡（金卡）	湖南	2010.09	旅游卡
	牡丹新加坡旅游卡	全国	2010.09	旅游卡
	百联信用卡（白金卡、金卡、普卡）	上海	2010.10	联名卡
	牡丹海南旅游信用卡	全国	2010.11	旅游卡
	北高协联名信用卡（白金卡、金卡）	北京	2010.11	联名卡
	工行银联闪付信用卡	澳门	2011.10	标准卡
	工行北京朝阳医院卡	北京	2011.11	联名卡
中国农业银行	金穗公共自行车诚信贷记卡	湖北	2009.07	联名卡
	金穗康帝五星联名卡（金卡）	广东	2009.11	联名卡
	张家界旅游卡	湖南	2011.04	联名卡
中国银行	羊城通联名卡	广州	2009.07	联名卡
	中银粤通联名卡	广东	2009.11	联名卡
	粤通联名卡	广东	2009.11	联名卡
	天翼长城卡	宁波	2010.10	标准卡
	中行长城白金信用卡	全国	2011.01	标准卡
中国建设银行	龙卡交通卡（金卡、普卡）	黑龙江	2007.08	联名卡
	龙卡粤通卡	广东	2008.06	主题卡
	淮北一卡通	安徽	2011.11	标准卡
交通银行	太平洋世博非接触芯片预付卡	全国	2009	标准卡
兴业银行	联洋百货联名信用卡	太原	2008.7	联名卡

资料来源：赛迪顾问，2013-02。

　　此外，包括金融POS机、ATM机等在内的金融结算设备产品2011年实现销售额139.51亿元，其市场份额达到55.7%，位居各类产品首位。特别是在刷卡受理环境方面，各大银行加快推进受理环境建设。截至2011年年底，国内各大银行金融POS机投放量累计达到279.4万台。其中，工商银行的投放量最多，达72.4万台，占总投放量25.9%的份额（见图20-1）。

　　在金融IC卡受理环境方面，各大银行也在积极推进现有POS机的改造工作。工商银行POS机在2011年上半年已基本升级改造完成，中国银行、建设银行、农业银行POS机在2011年年底升级改造完成，交通银行与其他银行已于2012年年底升级改造完成。同时，各大银行也在加大支持金融 IC 卡 POS 机的投放力度。截至 2011 年年底，国内各大银行支持金融 IC 卡 POS 机累计投放量为 193.4 万台，其中工商银行共投放 72.8 万台，占有 37.0% 的市场份额（见图 20-2）。

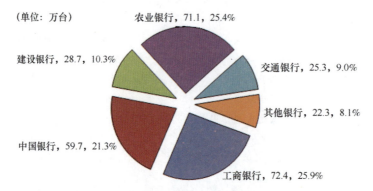

图 20-1　2011 年国内银行金融 POS 机投放结构

资料来源：赛迪顾问，2013-02。

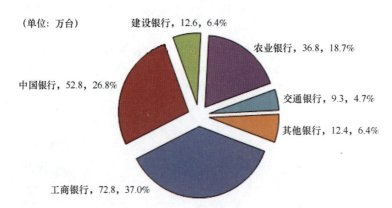

图 20-2　2011 年国内银行支持金融 IC 卡 POS 机累计投放量

资料来源：赛迪顾问，2013-02。

（二）金融 IT 应用

2011 年，中国金融业 IT 应用市场的增长速度虽然放缓，但在完善用户基础设施建设，加强核心业务系统与电子银行升级改造和管理信息系统及商业智能系统建设需求增长的带动下，其投资速度依旧保持了较快增长。根据赛迪顾问统计，2011 年中国金融业 IT 投资规模为 997.1 亿元，同比增长达 9.1%（见图 20-3）。

在产品投资类别方面，硬件依旧是 2011 年金融行业用户投资购买最重要的产品类别，达 477.6 亿元，占整体 IT 应用市场的 47.9%；其次是 IT 服务，投资规模为 353.0 亿元，占整体 IT 应用市场的 35.4%；2011 年金融行业用户对软件产品的投资购买需求规模为 166.5 亿元，占整体 IT 应用市场的 16.7%（见图 20-4）。从需求增长趋势看，用户对硬件产品的购买需求增长速度明显低于软件和 IT 服务，根据赛迪顾问统计，2011 年中国金融业对硬件产品的投资规模增长速度仅为 6.0%，而对软件和 IT 服务的投资增长则分别达到 9.7% 和 13.3%。

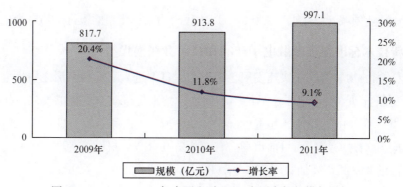

图 20-3　2009—2011 年中国金融业 IT 应用市场规模与增长

资料来源：赛迪顾问，2013-02。

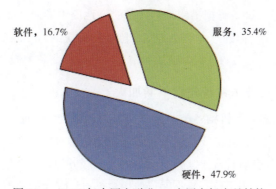

图 20-4　2011 年中国金融业 IT 应用市场产品结构

资料来源：赛迪顾问，2013-02。

三、发展特点

（一）政策出台促进金融电子市场快速发展

2011 年 3 月 15 日，中国人民银行发布《中国人民银行关于推进金融 IC 卡应用工作的意见》（以下简称《意见》），决定在全国范围内正式启动银行卡芯片迁移工作，"十二五"期间将全面推进金融 IC 卡应用，以促进中国银行卡的产业升级和可持续发展。《意见》指出，"十二五"期间推进金融 IC 卡应用的总体目标是：加快银行卡芯片化进程，形成增量发行银行卡，以金融 IC 卡为主的应用局面。推动金融 IC 卡与公共服务应用的结合，促进金融 IC 卡应用与国际支付体系的融合，实现金融 IC 卡应用与互联网支付、移动支付等创新型应用的整合。

《意见》还就金融 IC 卡受理环境改造、商业银行发行金融 IC 卡提出了时间表。在受理环境改造方面，在 2011 年 6 月底前直联 POS（销售点终端）能够受理金融 IC 卡，全国性商业银行布放的间联 POS、ATM（自动柜员机）受理金融 IC 卡的时间分别为 2011 年年底、2012 年年底前，2013 年起实现所有受理银行卡的联网通用终端都能够受理金融 IC 卡。在商业银行发行金融 IC 卡方面，2011 年 6 月底前工、农、中、建、交和招商、邮储银行应开始发行金融 IC 卡，2013 年 1 月 1 日起全国性商业银行均应开始发行金融 IC 卡，2015 年 1 月 1 日起在经济发达地区和重点合作行业领域，商业银行发行的、以人民币为结算账户的银行卡均应为金融 IC 卡。

（二）新技术标准促进金融电子产品和技术升级换代

2011 年，国内物联网产业快速发展，手机支付日渐进入人们的生活之中，金融领域技术标准的不断更新推动着金融电子产品的不断发展，特别是移动 POS 机的发展。按照央行的规划，2015 年起，在经济发达地区和重点合作行业领域，商业银行发行的、以人民币为结算账户的银行卡应为金融 IC 卡。而目前市场已有 200 多万台 POS 机已可受理金融 IC 卡，尚有 150 万台左右的存量 POS 机需要加载可读取金融 IC 卡信息的读头。

为应对市场的需求变化，POS 机产品也加强了新产品的研发，以集成更多新的功能、满足顾客的要求。PDAPOS 终端 P890 的推出就是一例，其融合了金融 POS 与传统 PDA 的功能，通过非接触 IC 卡与一维或二维条码扫描阅读器，随时随地提供集强大计算、安全支付、快速数据采集和信息访问功能于一体的产品解决方案，除支持传统的 GPRS、CDMA 通信方式外，还支持 3G 通信。

（三）金融机构核心业务系统建设不断加大

核心业务系统是面向金融机构各类业务的交易处理系统，其通过管理客户信息，处理客户账户及核心总账，提供基础业务支持服务。该系统是金融机构生产营运的重要平台，直接影响到公司的服务能力与经营管理水平，是公司做好金融服务的重要基础和核心。因此，其历来是各金融机构系统建设的重中之重，是金融行业用户重点投资建设的不变主题。

2011 年，对核心业务系统进行更新改造也仍在不断持续之中，辽宁抚顺市商业银行、石嘴山银行、广发银行广州分行、成都银行、兴业银行、中国银行、太平洋寿险北京分公司、天安人寿、生命人寿保险股份有限公司等对其核心业务系统进行了更新和改造，在有效推动业务发展的同时，也促进了对 IT 应用投资的增长。

（四）金融 IT 服务需求明显提升

随着用户基础设施建设的逐渐完善，其对服务的需求正在不断快速增长，以保证相关系统及基础设施持续、稳定的运行，提高 IT 设施的运行效率，支撑公司业务的发展。根据赛迪顾问研究统计，近年来金融行业用户对 IT 服务的投资需求增长速度明显高于对软、硬件产品的投资增长速度，如 2011 年其对 IT 服务投资的增长速度为 13.3%，明显高于对软、硬件产品的投资需求增长。预计未来，这种发展趋势仍将继续持续。

第三节　重点应用

目前，物联网技术在银行支付、银行管理、票据防伪、银行安防等领域的应用开始越来越广泛。智能金融体系架构如图 20-5 所示。

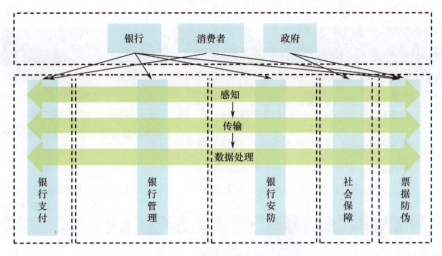

图 20-5　智能金融体系架构图

资料来源：赛迪顾问，2013-02。

一、应用领域

（一）银行支付

从 2003 年 12 月 17 日中国人民银行组织召开的"中国银行卡应对国际 EMV 迁移战略研讨会"，到 2005 年 3 月 17 日中国人民银行专门召开的"我国银行卡应对国际 EMV 迁移及 IC 卡发展规划讨论会"，再到 2011 年 3 月 15 日中国人民银行发布的《中国人民银行关于推进金融 IC 卡应用工作的意见》（以下简称《意见》），一系列举措或政策推动了金融 IC 卡市场的启动。《意见》就金融 IC 卡受理环境改造、商业银行发行金融 IC 卡提出了时间表，如表 20-2 所示。

表 20-2　央行对 EMV 迁移的计划和要求

步　骤	内　容	2010 年《拟定》	2011 年《意见》
第一阶段	发卡时间	2010 年年底前	2011 年 6 月底前
	发卡银行	国有商业银行	工、农、中、建、交、招商、邮储
第二阶段	发卡时间	2012 年年底前	2013 年 1 月 1 日
	发卡银行	全国性股份制商业银行	全国性商业银行
第三阶段	发卡时间	2015 年 1 月 1 日	2015 年 1 月 1 日
	发卡区域	全国	经济发达地区和重点合作行业
	发卡银行	所有银行	商业银行
终端机具			
终端投放	投放时间	2010 年 7 月 1 日	无要求
	投放要求	新投放的 POS 和 ATM 应具备金融 IC 卡受理功能	无要求
直联 POS	改造时间	2010 年年底前	2011 年 6 月底
	改造要求	完成受理 IC 卡功能改造	能够受理金融 IC 卡

（续）

步　骤	内　容	2010 年《拟定》	2011 年《意见》
终端机具			
间联 POS	改造时间	2011 年年底前	2011 年年底
	改造要求	完成受理 IC 卡功能改造	能够受理金融 IC 卡
ATM	改造时间	2012 年年底前	2012 年年底前
	改造要求	ATM 机完成受理 IC 卡功能改造	全国性商业银行布放的 ATM 受理金融 IC 卡
其他终端	改造时间	2012 年年底前	2013 年起
	改造要求	非现金自助终端完成受理 IC 卡功能改造	所有受理银行卡的联网通用终端都能够受理金融 IC 卡
试点计划			
第一阶段	完成时间	2011 年年底前	未提到
	试点城市	上海、重庆、深圳等 13 个首批重点试点城市完成试点	未提到
第二阶段	完成时间	2012 年年底前	未提到
	试点城市	天津、哈尔滨、厦门等 30 个扩大试点城市完成试点	未提到

资料来源：赛迪顾问，2013-02。

随着移动互联网以及电子商务的兴起，移动支付成为未来必然的发展趋势。早期的移动支付是以远程支付为主，即通过 STK、短信、WAP、USSD、手机客户端、应用支付插件等方式完成远程交易。2009 年年底，联动优势与中国工商银行、美国运通合作发行了业内第一张移动支付信用卡，全面支持远程支付，远程支付成为移动支付的主要应用。然而，随着物联网技术在支付领域的应用，近场支付成为移动支付的新热点和发展方向。近场支付是指利用装置在手机上的 NFC 芯片、RFID 芯片、蓝牙、红外等感应设施，实现与自动售货机以及 POS 机的本地通信，不需要移动网络。目前，成为市场热点的是中国移动主导的具有自主知识产权的 2.4GHz 支付标准与银联主导的 13.56MHz 金融支付标准。对于 2.4GHz 支付标准来说，用户不需换手机，只需要更换一张 2.4GHz 的 RFID-SIM/SD 卡，即可通过刷手机实现购物，但目前的 POS 机不适用，需要更换新的设备，投资成本较大。中国银联主导的 13.56MHz 支付方案是国际移动支付标准，发展较为成熟，目前广泛应用在金融支付领域，适用于大部分现有的 POS 机，特别是随着 NFC 手机的渗透率不断提高，基于 13.56MHz 标准的移动支付将会取得快速的发展。无论是采用 RFID 技术还是采用 NFC 技术，都意味着物联网技术在移动支付领域起着重要的作用，也将会推动移动支付应用的快速发展。

（二）银行管理

物联网技术和云计算技术已经开始逐步应用到金融管理当中，如对银行数据中心的监测。目前，我国商业银行基本都已实现全国数据大集中，数据中心的建设需要大量的 IT 设备，对这些 IT 设备的监测管理一直以来难度都比较大，物联网技术的应用解决了这个问题。有些银行已通过应用 RFID 技术，对银行数据中心的机柜及内部相关设备加装 RFID 电子标签，在机房出入口及机柜内部安装 RFID 识别设备，再结合软件平台，共同构建完整的数据中心监控平台，实现对 IT 设备全面可视化的跟踪监控。此外，物联网技术也已经应用到银行的客户管理当中，如有些银行通过给贵宾客户发送将普通银行卡与 RFID 电子标签融合在一起的银行卡，当客户持该银行卡进入该银行网点时，安装在银行网点内的 RFID 阅读器会自动感应到客户的到来，RFID 系统会立即提取该客户信息并通知客户经理做好接待工作，为贵宾客户提供高品质的服务体验。

（三）票据防伪

物联网技术在票据防伪方面已经得到了广泛的应用，特别是在电子门票应用领域已经进入大规模推广、普及阶段，例如，在飞机场、火车站、地铁、旅游景点、比赛场、演出场所等人流多的地方，采用 RFID 电子门票代替传统的手工门票，不仅不再需要人工识别，实现人员的快速通过，还可以做到"次数防伪"，防止门票被再次使用。此外，物联网技术在金融票据防伪领域的应用也开始尝试，其中，中钞实业公司实施的"基于 RFID 的银行票据防伪应用研究"项目，在"RFID 银行存折"标签研制、生产工艺研究上已取得一定进展。

（四）银行安防

为确保国家和人民的财产安全，银行安防一直是银行系统的工作重点。随着互联网、云计算等技术的革新，银行安防也开始从传统的独立网点单一功能安防系统向现在的联网监控多功能安防系统转变。银行联网监控系统中以数字硬盘监控录像为主的数字化监控系统，通过在银行各网点、ATM 机、金库等区域布置传感器、摄像头等信息采集设备，实现防盗报警、电视监视、出入口控制、巡更报警等监控功能，并通过后台的管理平台将省行、分行、支行和自助银行等多级银行组织机构联系起来，实现对各个前端网点的工作状况进行实时监控和监督管理，从而为银行安全方案的设计、内控工作的规范提供参考和保障。联网监控系统的建立涉及大量的视频监控设备连接以及海量的视频资源信息集，因此物联网技术和云计算技术成为系统建设的重要技术保障。从 2006 年中国银行试点，正式拉开了银行联网监控安防系统建设的帷幕后，各大银行相继展开金融联网监控的建设，目前做得比较早的银行基本上都已经做到省级联网监控，有些大型银行已经开始启动全国性联网监控系统的建设工作。

（五）社会保障

2011 年 8 月 11 日，人社部和央行向地方社保局和国有商业银行、股份制商业银行、邮政储蓄银行、中国银联联合下发了《社会保障卡加载金融功能的通知》。该通知要求推行社会保障一卡通，加快社会保障卡发放进度，扩展社会保障卡应用领域，促进金融服务民生，到 2015 年完成对社保卡加载金融功能的普遍覆盖。同时要求切实加快发行具有金融功能的社会保障卡，尚未发行社会保障卡的地区，应加快发卡相关准备工作，并积极联合商业银行，在发卡伊始即加载金融功能；已经发卡但尚未加载金融功能的地区，要创造条件，适时在新发的卡中加载金融功能；对已经发出的未加载金融功能的社会保障卡，通过适当的金融应用方式为持卡人提供便利。加载金融功能的社保卡首先具有社保应用功能，是持卡人享有社会保障和公共就业服务权益的电子凭证，具有信息记录、信息查询、业务办理等社会保障卡基本功能；同时，加载金融功能的社保卡还具有金融应用功能，该卡可作为银行卡使用，具有现金存取、转账、消费等金融功能。

二、应用价值

（一）增强金融系统安全，提升银行管理效率

银行的所有业务区域的安全防范都列为高风险等级，而仅依靠一些传统的安防技术难以实现全方位的安全防范，容易存在安全漏洞和隐患。随着物联网技术在金融安防领域的应用，通过在银行业务涉及的区域加装信息采集设备，实现全方位的监控，并通过后台的管理平台将多级银行组织机构联系起来，实现对各个前端网点进行实时监控，有效提高了金融系统的安全性；与此同时，物联网技术也可以实现对银行数据中心大量 IT 设备的实时监控，减少人工的管理，同时也提高管理效率和安全保障；而物联网技术与银行卡的结合，如携带 RFID 电子标签的银行卡到银行后可自动感应，加强了银行对客户的管理，提高了客户的满意度。

（二）提高银行支付的便捷性，拓展金融电子产品的功能性

电子商务的兴起，为移动支付的应用提供了市场条件，物联网技术和产品在金融电子产品中的应用，为移动支付应用奠定了基础。金融 IC 卡的推广、NFC 技术的应用、RF-SIM 卡的应用、POS 机的改造等物联网相关技术的应用，提高了银行支付的便捷性，进一步改变了金融业态，促使银行实现从固定性向可移动性转变，为未来银行业务的开拓提供了更广阔的空间。此外，物联网技术的应用还可进一步拓展金融电子产品的功能，如带有金融功能的社保卡的推广，加强了金融业务与其他业务之间的结合，提高了金融业务在其他领域的渗透，进一步拓展了金融在多领域的服务功能，使金融的价值得到了更加充分的体现。

第四节　发展趋势

一、行业趋势

（一）政策落实持续深入，金融电子市场需求旺盛

随着《中国人民银行关于推进金融 IC 卡应用工作的意见》等相关政策的落实，以及金融行业信息化的持续深入，未来 3 年金融电子市场需求仍将旺盛，预计 2014 年，中国金融电子市场规模将达到 408.2 亿元，3 年的复合增长率将达到 15.2%（见图 20-6）。

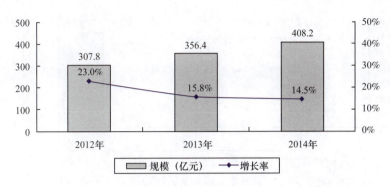

图 20-6　2012—2014 年中国金融电子市场规模及增长预测

资料来源：赛迪顾问，2013-02。

2012—2014 年，中国金融电子产品结构中，金融结算设备由于其旺盛需求仍将保持在较高水平，其市场规模将持续保持在第一位，但其增长率将有所下降，预计到 2014 年，中国金融结算设备销售额将达到 214.9 亿元，复合增长率将达到 15.1%。金融安全终端设备在移动支付和电子支付等支付模式快速增长的带动下，增速将高于整体市场增长率，2014 年，市场规模将达到 61.2 亿元，复合增长率将达到 14.2%（见表 20-3）。

表 20-3　2012—2014 年中国金融电子市场产品结构预测

产品类型	2012 年	2013 年	2014 年	复合增长率
金融结算设备	162.1	186.2	214.9	15.1%
货币处理设备	55.0	64.0	73.8	15.8%
票据处理设备	35.4	40.4	46.6	14.6%
金融安全终端设备	46.9	54.7	61.2	14.2%
其他	8.3	10.4	11.8	19.2%
合计	307.8	356.4	408.2	15.2%

资料来源：赛迪顾问，2013-02。

（二）金融 IT 应用规模稳步增长，IT 服务将成亮点

未来 3 年，在国内经济继续稳步增长，资本市场市场化程度逐步提升，以及金融行业用户业务范围持续扩张和业务创新不断提高的形势下，中国金融业 IT 投资仍将保持持续增长。其中，大型金融机构设备的更新换代、信息系统的更新升级以及相关服务业务需求的持续增长将是带动中国金融业 IT 应用投资发展的主要力量，而中小型金融机构 IT 应用需求也将保持快速增长。预计，未来 3 年中国金融业 IT 应用市场投资规模的年均复合增长将会在 8.3% 左右，到 2014 年的市场规模将达到 1265.9 亿元（见图 20-7）。

未来 3 年，金融行业用户在硬件产品上的投入将会达到 1573.6 亿元，实现 4.6% 左右的年均复合增长；在软件产品上的投入将会达到 590.2 亿元，将实现 8.4% 的年均复合增长；在 IT 服务方面的投入将会在 1357.6 亿元左右，并实现 12.8% 左右的年均复合增长。

2012—2014 年中国金融业 IT 应用市场结构预测如图 20-8 所示。

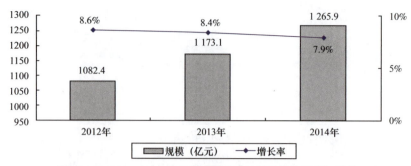

图 20-7　2012—2014 年中国金融业 IT 应用市场规模与增长

资料来源：赛迪顾问，2013-02。

图 20-8　2012—2014 年中国金融业 IT 应用市场结构预测

资料来源：赛迪顾问，2013-02。

二、技术趋势

（一）金融电子新技术不断涌现，传统产品改造工作持续深入

由于金融电子产品的特殊性，其安全性、精密性和易用性都成为用户关注点。国家出台了相关政策保证金融交易的安全性，并对金融电子产品和智能芯片等核心技术做出相关规定。2011 年发布的《中国人民银行关于推进金融 IC 卡应用工作的意见》规定，全国性商业银行布放的间联 POS、ATM（自动柜员机）受理金融 IC 卡的时间分别为 2011 年年底、2012 年年底前，2013 年起实现所有受理银行卡的联网通用终端都能够受理金融 IC 卡。未来，金融电子产品能否获得市场认可，除了与质量、服务等因素密切相关外，与是否能提供安全系统解决方案也密不可分。POS 机方面，突破传统 POS 机在移动办公、数据采集方面的瓶颈，具有亲和、耐用、实用等使用特征，并且能提供基于产品的解决方案将成为未来 POS 机领域竞争的关键因素。

（二）用户需求向纵深化方向发展，新兴技术为 IT 服务应用注入活力

从用户需求发展特点看，随着行业信息化基础设施建设的逐渐完善和用户信息化知识水平的逐步提高，国内信息化建设重点也已从大规模网络、平台、业务系统的建设阶段转向以深化应用、提升应用效益为主要特征的"运行维护"阶段。用户对 IT 服务的纵深需求快速增长，

对服务商的服务模式也提出了新的要求，已经逐渐在由分离分立式服务需求向全面综合式服务需求方向转变，由传统的被动式服务需求向主动式智能化服务需求方向转变。用户需求的转变为中国金融行业 IT 服务市场发展提供了新的动力和新的方向。

继个人计算机变革、互联网变革之后，云计算被看成第三次 IT 变革，是中国战略性新兴产业的重要组成部分。云计算的发展带来了人们生活、生产方式和商业模式的改变，成为当前全社会关注的热点。作为新一代产业变革的重要驱动力，云计算将对经济社会发展产生深远影响，推动中国信息基础设施建设和信息化进程，提振中国 IT 产业，提升产业科技创新能力。云计算的兴起也为中国金融行业 IT 运维服务市场的发展注入了新鲜活力，并带来了前所未有的变革和机遇，促进了服务产品类型的拓展和服务模式的变革，使 IaaS、PaaS、SaaS 新模式逐渐成为 IT 运维服务市场中的重要组成部分。

实践案例篇

第二十一章 CHAPTER 21

区域创新发展

第一节　北京市：科研实力首屈一指，聚焦城市管理应用

一、发展概况

（一）产业基础

北京市物联网技术研发及标准化优势明显，拥有中科院、清华大学、北京大学、北京邮电大学等众多科研院所，以及全国信息技术标准化技术委员会、中国电子技术标准化研究所等标准化组织。同时，北京市拥有中星微电子、大唐电信、清华同方、时代凌宇等业务涉及物联网体系各架构层的物联网企业，其中天地互连、中星微电子等牵头制定了 IEEE1888、SVAC 等国际和国家标准，占领了物联网技术创新的制高点，在核心芯片研发、关键零部件及模组制造、整机生产、系统集成以及软件设计等领域已经形成较为完整的产业链。北京市发展物联网重在应用，主要聚焦在城市应急管理、社会安全、物流、市政市容管理应用、环境监测监管、水资源管理、安全生产监管、节能减排检测监管、医疗卫生及农产品和产品监管等领域。

此外，北京市经济实力较为发达，信息化水平相对较高。随着北京市城市建设步伐的逐步加快，人口数量的持续增长，交通、医疗等资源将呈现日趋紧张的局面，为物联网产业的发展创造了良好的应用市场。目前，北京市已在水文水质监测、供水监测、环境质量监测、污染源监测、车辆监督、交通流监测、电梯监测、一氧化碳监测等领域实现了物联网应用；在智能交通领域建成了指挥调度、交通管理、交通监控、公交服务与监测、货物运输、电子收费、交通信息服务等方面的 80 多项应用系统；在城市管理领域建成了城市运行监测平台和覆盖城八区的信息化城市管理系统。

北京市中关村国家自主创新示范区如图 21-1 所示。

图 21-1　北京市中关村国家自主创新示范区

资料来源：中关村管委会，赛迪顾问整理，2013-02。

（二）政府行动

2009 年，北京市发布了《北京市政府部门物联网"十二五"应用规划（初稿）》，力争在 3 年内初步建成北京市政务物联网应用支撑平台，促进政府工作机制改革，形成较为完备的政务物联网标准规范体系，为北京市建设"三个北京"和"五个城市"的总体目标打下良好的基础。

2011 年，北京市经信委发布的《关于在政务和公共服务领域开展物联网应用的指导意见》中指出，要重点发展十大应用领域，统一建设物联网无线专用网络，以及物联网专用平台基础设施。同时，为了保证全市物联网体系顶层设计方案，北京市经信委还出台了《关于加强本市物联网基础设施建设的通知》，要求各部门利用物联网专网和已建成的电子政务网络开展物联网应用建设。此外，北京市经信委还会同市应急办、发改委等部门共同制定了《北京市城市安全运行和应急管理领域物联网应用建设总体方案》，方案中指出要重点发展十大应用示范工程。

（三）发展重点

北京市物联网产业的发展将以智慧城市建设为契机，按照"1+1+N"的总体架构，即 1 个市应急指挥平台、1 个市物联网应用支撑平台、多个由部门和区县建设的物联网应用管理系统和平台，重点推进物联网在公共安全、城市运行管理、生态环境、城市交通、农业、医疗卫生及文化等领域的应用。

北京市政府物联网应用系统框架如图 21-2 所示。

二、应用示范

北京市将重点打造十大应用示范工程，即

- 城市安全运行和应急管理物联网应用辅助决策系统；
- 物联网应用支撑平台；
- 春节期间烟花爆竹综合管理物联网应用；
- "城市生命线"实时监测物联网应用；

- 安全生产物联网应用；
- "政治中心区"综合管理物联网应用；
- 轨道交通安全防范物联网应用；
- 极端天气条件下保持道路交通畅通物联网应用；
- 城市运行保障和应急抢险车辆卫星定位管理物联网应用；
- 区县和社区综合监管物联网应用。

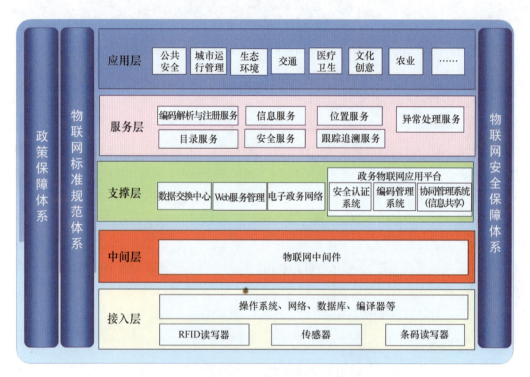

图 21-2　北京市政府物联网应用系统框架

资料来源：北京市政府，赛迪顾问整理，2013-02。

三、创新特点

（一）多层面、多领域积极探索利用物联网技术，实现多项成功示范应用，形成产业链合作创新机制

充分利用中关村在物联网领域的"产、学、研、用"资源基础，搭建公共创新平台，在物联网的关键应用、技术研发、上下游产业化配套合作、技术和产品标准创制等方面发挥重要作用，并致力于承接物联网领域的国家科技重大专项，参与国家物联网产业共性技术标准的研制并促其成为国际应用标准，不断推出具有国际竞争力的先进技术和解决方案；重点发展十大应用领域，打造十大应用示范工程，形成"产、学、研、用"一体的产业链合作创新机制。

（二）以普及城市运行、市民生活、企业运营和政府服务等领域的智慧应用为突破点，明确主题、聚焦重点，通过政府引导、多方参与的方式，全面提升社会信息化应用水平

北京市未来将建成泛在、融合、智能、可信的信息基础设施，基本实现人口精准管理、交通智能监管、资源科学调配、安全切实保障的城市运行管理体系；基本建成覆盖城乡居民、伴随市民一生的集成化、个性化、人性化的数字生活环境；基本普及信息化与工业化深度融合、信息技术引领企业创新变革的新型企业运营模式；全面构建以市民需求为中心、高效运行的政府整合服务体系，形成信息化与城市经济社会各方面深度融合的发展态势，信息化整体发展达到世界一流水平，从"数字北京"向"智慧北京"全面跃升。

（三）打造中国领先的物联网技术研发中心、应用中心和核心技术产业化集聚地，促进物联网领域关键技术研发与标准制定，建设中国最权威的物联网产业技术平台，占领产业链制高点

以北京亦庄高科技产业园区为依托，由北京亦庄投资和中欧基金两大风投机构提供资金支持，中国电子技术标准化研究所牵头进行行业标准的制定与研发，重点突破 ZTI-WSN1188 等三大核心技术／芯片，并以产业应用为主要方向，建立物联网技术的公共技术平台和检测平台；创建专利池及一站式专利咨询平台，推动物联网创新成果的转化和产业化，促进产业的集聚发展。

第二节　上海市：产业技术基础雄厚，应用示范全面推开

一、发展概况

（一）产业基础

长三角地区是中国物联网技术和应用的起源地，在发展物联网产业方面拥有得天独厚的先发优势。凭借在电子信息产业领域的深厚基础，长三角地区物联网产业发展主要定位于产业链高端环节，从物联网软、硬件核心产品和技术两个环节入手，实施标准与专利战略，形成全国物联网产业核心与龙头企业的集聚。

上海市在 RFID 研发方面具有一定的基础，从"十五"起，上海市在 RFID 技术研发方面已经累计投入了 6000 多万元；"十一五"期间，上海市有关单位承担了 10 余项与物联网相关的国家科技重大专项（主要是短距离无线通信技术），总经费超过 1 亿元。在标准推进方面，上海市正牵头推进中国无线传感网标准化工作并代表中国参加国际传感网标准工作组，此外，上海市还制定了国内首个城轨反恐技防地方标准。在产业化方面，上海市是国内信息产品制造业的重要基地，已经形成了以集成电路、计算机、通信设备、信息家电等为主的信息产品制造

产业群。上海市企业在物联网领域积极布局，开展相应的设备开发；在无线传感网与移动通信网融合、设备与设备间通信（M2M 通信）等方面取得一定的技术成果；开始构建提供公共服务的物联网网络体系，并推进各类行业应用。在推广应用方面，防入侵传感网防护系统已在上海机场成功应用；基于双向时分双工-正交频分复用技术（TDD-OFDM）的多用户高速移动中程多媒体传感器网络在上海合作组织峰会、特奥会期间的交通流量监测、安防等方面发挥了重要作用；基于物联网技术的电子围栏已在世博园区安装，实现了智能安防；集数据采集、传输、处理和业务管理于一体的"企业一卡通"项目投入应用，意味着上海市首例基于 RFID 技术的企业级物联网商业应用正式运行。

上海市物联网产业链完善。在物联网支撑层，上海市拥有上海物理技术研究所、桑集斯、桑锐电子等代表企业；在物联网感知层，上海市拥有上海华虹、华虹计通、上海彬德等代表企业；在物联网传输层，上海市拥有中天科技、上海贝尔等代表企业；在物联网平台层，上海市拥有普元、世全智维、昂科等代表企业。

上海市张江高科技园区如图 21-3 所示。

图 21-3　上海市张江高科技园区

资料来源：赛迪顾问，2013-02。

（二）政府行动

上海市根据国家战略要求和上海市经济社会发展实际，制定了《上海推进物联网产业发展行动方案（2010—2012 年）》，将上海市物联网产业发展纳入市高新技术产业化发展范畴并加以推进。上海推进物联网产业发展行动方案（2010—2012 年）内容摘要如表 21-1 所示。

表 21-1 上海推进物联网产业发展行动方案（2010—2012 年）内容摘要

发展重点	具体内容
先进传感器	研发低功耗、小型化、高性能的新型传感器，着力研发各类物理、化学、生物信息传感器的设计、制造和封装技术并实现产业化，支持上海优势企业通过收购、并购国外公司的方式迅速掌握世界先进传感器制造技术，占领高端传感器市场
核心控制芯片	开展应用于物联网各环节的控制芯片的设计和制造，形成包括 MCU、协议芯片、微电源管理芯片、DSP、ADC、接口控制芯片和一体化芯片在内的系列化芯片产品
短距离无线通信技术	集中攻关 WLAN、UWB、ZigBee、NFC、高频 RFID 等核心技术，研制相关接口、接入网关设备，着力形成短距离无线通信模块化产品，并推动接口和设计的标准化工作
组网和协同处理	重点研究网络架构、网络与信息安全、节点间通信与组网、协同检测与数据处理等技术，解决物联网节点间的双向通信、路由和协同；研究物联网地址编码技术，推动相关协议、技术标准的建立，并形成专利
系统集成和开放性平台技术	重点研究网络集成、多功能集成、软/硬件操作界面基础、系统软件、中间件软件等技术，按照不同应用场景建立完整的解决方案，创新商业模式
海量数据管理和挖掘	重点研究海量数据存储、云计算、模糊识别等智能技术，针对行业应用示范工程建立专家模型，对海量数据和信息进行存储、分析和处理

资料来源：《上海推进物联网产业发展行动方案（2010—2012 年）》，赛迪顾问整理，2013-02。

（三）发展重点

上海市将依托自身产业优势，重点发展先进传感器、核心控制芯片、短距离无线通信技术、组网和协同处理、系统集成和开放性平台技术、海量数据管理和挖掘技术。同时，制定物联网专项，组织实施物联网重大应用示范工程，在环境监测、智能安防、智能交通、物流管理、楼宇节能管理、智能电网、医疗、精准控制农业、世博园区、应用示范区和产业基地等领域实施物联网应用示范工程。

二、应用示范

上海市物联网产业的发展将从示范应用和产业落地两个角度进行，其中在物联网示范应用方面，上海市正积极推进应用示范工程，通过示范工程探索完善的运作模式，形成长效运作机制，将上海市打造成国家物联网应用示范城市。上海市率先在世博园区进行物联网应用示范；在嘉定、浦东等地区建设物联网产业基地，形成若干个物联网应用示范区和产业集聚区，展示物联网应用技术和示范工程，集聚上海市物联网优势企业，发挥产业集群优势，形成技术创新、应用方案创新和商业模式创新的合力；设立"上海物联网中心"，形成高端产品研发和产业化能力。

三、创新特点

建成上海市物联网中心。上海市重点推进物联网中心建设，并形成了遗留的物联网研发中心、物联网应用创新中心、物联网联合实验平台、物联网技术孵化平台和国际学术交流中心。

以中心建设吸引高校、科研院所和企业集聚，从而促使上海市成为物联网技术研发、应用创新、产业合作的有效载体。

以物联网技术带动传统产业发展。物联网技术和理念对经济社会发展有着重大意义，积极推进工业化和信息化融合是实现产业转型升级的重要手段。上海市利用物联网大规模产业化和广泛应用对传统产业转型升级的带动作用，重点推进新能源汽车、电子商务、装备制造、现代物流、现代农业等领域的企业应用物联网技术，改造提升产品和服务，带动产业转型。

第三节　无锡市：传感产业实力强大，产业集聚加速发展

一、发展概况

作为"物联网"概念的发源地，无锡市物联网产业与应用得到了国家政策的大力支持。2009 年 11 月 13 日，国务院正式批准同意无锡市建设国家传感网创新示范区（国家传感信息中心）。2012 年 8 月 5 日，国务院正式批复《无锡国家传感网创新示范区发展规划纲要》，明确了无锡示范区的发展目标，将无锡市建成国内物联网技术创新核心区、产业发展集聚区、应用示范先导区。

无锡市中国物联网研究发展中心如图 21-4 所示。

图 21-4　无锡市中国物联网研究发展中心

资料来源：赛迪顾问，2013-02。

（一）产业基础

1. 经济与科技综合优势突出

无锡市地处江苏省东南部、经济发达的长江三角洲地区，经济、科技、交通、文化等基础条件优越。2011 年，无锡市生产总值 6880.15 亿元，位列全国大中城市第九位，人均地区生产总值 1.7 万美元，位列江苏省首位。规模以上工业总产值 14813.18 亿元，位列全国大中城市第七位，其中高科技产业产值 5337 亿元，占规模以上工业总产值的比重达 36%。无锡市全社会研发投入占地区生产总值比重的 2.6%，获省级重大成果转化项目立项累计 124 个，建设省级以上企业工程技术研究中心 252 家。

2. 产业初具规模并迅速增长

2011 年，无锡市示范区内拥有物联网核心企业 361 家，实现销售收入 475 亿元，同比增长 25.8%，物联网及相关产业总产值达 796 亿元。示范区内一批优秀物联网企业迅速成长壮大，2012 年第一季度物联网核心企业已经增至 608 家，从业人员突破 10 万人。2012 年上半年销售收入超 1000 万元的企业有 193 家，合计销售 297.7 亿元，约占无锡市物联网产业总销售额的 90%。

3. 产业链条基本构建完成

近两年来，国内外优秀物联网企业和项目在无锡示范区迅速集聚，物联网从业人员快速增长，包括感知、网络通信、处理应用、关键共性、基础支撑的物联网产业链条基本构建完成，初步形成了具有较完备配套能力的物联网产业集群。2012 年第一季度，无锡市物联网核心企业达到 608 家，物联网设备制造类企业 332 家，物联网软件产品开发类企业 134 家，物联网系统集成类企业 137 家，物联网网络及运营服务类企业 5 家（见图 21-5）。

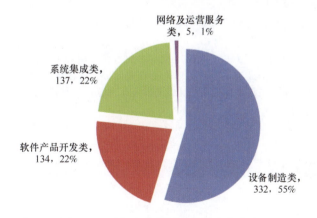

图 21-5　无锡市物联网产业链企业分布

资料来源：赛迪顾问，2013-02。

4. 重点企业向核心区域聚集

无锡市集成电路、智能计算、无线通信、传感器、软件和信息服务业等支撑产业基础较好，初步形成了以新区、滨湖区、南长区为重点的产业聚集区。作为重点区域，无锡新区近两年来集聚了中兴智能交通、中微凌云、艾立德等物联网企业 209 家；滨湖区集聚了格林通、鹏讯科技、芯奥微等物联网企业 170 家；南长区集聚了中科怡海、中科南扬、必创传感等物联网企业 99 家（见图 21-6）。新区、滨湖区、南长区的物联网企业共计 478 家，2012 年上半年实现销售收入 266.1 亿元，在整个无锡示范区中的比重分别达到 70% 和 82%。

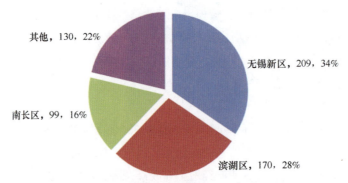

图 21-6　无锡市物联网产业区域分布

资料来源：赛迪顾问，2013-02。

无锡市物联网产业重点区域发展方向如表 21-2 所示，无锡市物联网产业园区如表 21-3 所示。

表 21-2　无锡市物联网产业重点区域发展方向

区　　域	内　　容
无锡新区	重点推进核心技术研发和高端产品制造，着力建设传感网创新园、产业园、信息服务园、大学科技园和传感网应用展示中心（感知中国博览园）
滨湖区	重点以物联网应用技术研发为导向，大力发展低成本和支持多功能的物联网系统集成技术，打造特色产业集群，重点建设大企业聚集区和中小企业孵化聚集区两大功能区
南长区	重点围绕感知节点高端制造和感知技术创新应用两大基地建设，着力形成感知技术研发应用区域特色
其他	其他六个市（县）区立足现有产业基础，明确重点发展领域，发展特色化产品与服务，形成为全市物联网产业服务配套、资源支持和功能延伸的分工合理、特色明显、优势互补、互动共赢的综合支撑区

资料来源：赛迪顾问，2013-02。

表 21-3　无锡市物联网产业园区列表

序　　号	名　　称
1	江阴高新技术产业开发区
2	江阴软件园
3	宜兴环保科技产业园
4	宜兴经济开发区
5	南长科技创新及服务外包集聚区
6	蠡园高新技术产业园区
7	无锡山水城科教园
8	滨湖（国家）传感信息中心

（续）

序　号	名　称
9	无锡（国家）软件园
10	太湖国际科技园
11	无锡科技创业园
12	锡山经济技术开发区
13	惠山经济开发区
14	崇安区上马墩传感园区
15	北塘区北创科技园

资料来源：赛迪顾问，2013-02。

（二）政府行动

1. 坚持规划引领，科学统筹示范区产业布局

无锡市根据示范区实际，制定出台了科技创新、产业倍增、行业应用、金融服务、载体建设等一系列政策意见和配套措施，并参与了工信部联合起草小组制定《无锡国家物联网创新示范区发展规划纲要（2012—2020年）》的工作。以规划为指导，产业空间布局逐渐清晰，基本形成了以新区无锡（太湖）国际科技园、滨湖经济开发区和南长创智园为核心，新区、滨湖区、南长区为重点，全市其他六个市（县）、区为支撑，一核多元的物联网产业空间发展格局。

2. 突出创新驱动，大力增强产业核心竞争力

无锡市积极争取国家和省级物联网相关的各类科技项目，以MEMS设计制造、传感网节点、核心芯片、高端RFID、无线数据传输、物联网与云计算融合等课题为重点，组织攻克制约物联网产业发展和应用的核心关键技术。同时，通过政策文件进一步引导创新资源的集聚和本土企业创新能力的提高：2011年出台了《无锡市政产学研合作研发机构评价办法》，进一步推进创新要素在无锡整合提升；为提高示范区物联网企业与国内外优秀企业的合作、交流水平，组织编制了《物联网产业国内和国外重点企业参考目录》，支持企业通过引进、合作、转让等方式，消化、吸收、再创新，以便快速掌握核心关键技术。

3. 强化应用牵引，着力培育壮大产业规模

无锡市坚持以应用示范促产业发展，积极组织实施物联网应用示范工程，着力培育市场，有力拉动物联网产业发展。依托示范区物联网龙头企业，按行业领域组建了8个物联网产业联盟，以促进资源共享和优势互补，形成市场开拓合力。编制了《无锡市物联网产业发展指导目录》，推动一批主业突出、核心竞争力强的企业，集中政策资源手段，引导企业做强主业。深入实施科技企业家培育工程，探索"技术＋人才＋资本"的发展路径，引导企业不断做大做强。积极推动物联网企业在创业板上市，培育了一批创业板上市后备企业。组织物联网企业参加江苏产品万里行、无锡名特优产品展示展销会等多项产品推介活动，为示范区物联网企业开拓全国市场搭建桥梁。

4. 推进平台建设，充分发挥支撑保障作用

无锡市在示范区内建设的物联网公共服务平台已有38个，实现了物联网技术创新链的全

覆盖。已累计建设物联网研发创新载体 200 多万平方米，形成了包括技术研发与成果转化中心、公共技术平台与专业孵化器在内的一批重要科技基础设施。无锡新区的传感网国际创新园规划建设 670 亩，开发建设规模约 50 万平方米，已经建成一期载体 10 多万平方米，企业孵化载体 7 万多平方米，利用率已达 80% 以上。

无锡市物联网产业重点公共服务平台如表 21-4 所示。

表 21-4　无锡市物联网产业重点公共服务平台

序　号	名　　称
1	国家物联网工程技术研究中心
2	物联网软件开发测试平台
3	物联网应用系统验证测试平台
4	物联网知识产权服务平台
5	物联网工业应用技术研究中心
6	物联网核心芯片和系统集成应用研发平台
7	物联网应用仿真试验平台及成果评估与转化平台
8	面向物联网超级计算机技术应用服务平台
9	面向物联网应用的泛在网络与共性支撑技术平台
10	低功耗传感器网络系统系列节点设备研发平台
11	先进光纤传感器件工艺、制造及测试平台
12	高精度气象辐射传感器与装备研发试验平台
13	微纳传感网产业化公共服务平台
14	无锡清华高新技术研究所物联网研究中心
15	东南大学传感器网络技术研究中心
16	南理工无锡特种传感网应用技术研究中心
17	江南大学无锡传感器网络工程技术研究中心
18	无锡移动通信技术研发中心
19	通信系统与芯片设计测试验证平台
20	SIP 封装公共技术平台
21	MEMS 公共技术平台

资料来源：赛迪顾问，2013-02。

5. 完善服务体系，注重优化发展环境

无锡市设立了无锡示范区建设领导小组，实现了信息畅通和工作联动，为无锡示范区建设提供了有力的指导和体制机制保障。专门成立了物联网产业专项推进办公室，各市（县）区以及重点园区也成立了相应的推进机构，指导和服务物联网发展的环境进一步优化。出台了《无锡市物联网与云计算产业资金管理办法》、《关于更大力度实施无锡物联网应用示范工程建设 3 年行动计划》、《关于实施新兴产业双倍增工程的意见》等系列政策文件。建立了市、区两级长效投入机制，市级财政设立了每年 2 亿元的物联网专项资金，区级财政提供配套资金，立体聚焦物联网发展。

（三）发展重点

1. 聚集高端创新要素

无锡市先后承担各类物联网技术研发项目近 900 项，其中国家级项目 39 项，省级项目 61 项，拥有国内外知名的物联网重点研发机构 32 家。

中国航天科技集团在无锡建立了物联网研究院，将把国家核心战略资源——天基网络等空间资源引入无锡市，为我国抢占全球物联网领域制高点奠定坚实基础；IBM 在无锡市建立了系统与科技开发中心，将致力于物联网关键产品的开发与系统集成；西门子公司在无锡市建立了物联网创新中心，将致力于发展基于物联网技术的创新产业和应用。上海交大与无锡市合作，建立了上海交大无锡研究院，设立了智能通信与网络工程、智能建筑、光纤传感等 11 个研究中心，致力于提升示范区物联网产业技术研发能力。全球最大的卫星宽带网络服务商——美国休斯网络公司与无锡市签署了合作建设亚洲地区"下一代宽带卫星网络运营中心及研发生产基地"的框架协议，建成后将成为亚洲地区功能最完善的卫星网络研发基地。

2. 聚焦关键技术环节

无锡市瞄准传感器、传感器节点、核心芯片、网络软件、系统集成、服务应用等制约产业化和行业应用的关键环节进行重点突破，授权和申请专利数分别为 571 项和 702 项，其中发明专利授权 103 项，申请 374 项。无锡清华物联网技术中心的"基于非测距的无线网络定位理论与方法研究"项目荣获 2011 年度国家自然科学奖年度最高奖。美新半导体的 MEMS 磁性传感器性能达到国际领先水平，其自主研发的磁传感器核心芯片量产平台，打破了国外的技术壁垒。

3. 抢占技术标准制高点

2010 年以来，无锡示范区内相关机构牵头或参与编制各类标准 40 项，其中物联网国际标准 9 项，国家标准 12 项，行业标准 19 项。无锡物联网产业研究院成为国家传感网标准化工作组和国家物联网基础标准化工作组双组长单位，在国际传感网标准化工作组 WG7 中占据了"标准体系与系统架构项目组"主编辑席位和另外两个项目的联合主编辑席位。

二、应用示范

（一）示范工程百余个，覆盖多种应用领域

作为国家传感网创新示范区，无锡市科学选择、务实抓好一批应用示范工程，积极探索商业模式，加快行业和领域的信息化进程。目前示范区内的物联网应用示范项目已达 125 个，涵盖工业、农业、电力、物流、交通、安防、环保、医疗、家居等多个领域。

（二）部级示范项目十个，主推市场化运行机制

示范区内建设的部级物联网应用示范项目有 10 个，应用示范技术水平稳步提升（见表 21-5）。示范项目的应用模式由政府引导向市场主导转变，由企业投资建设、依靠商业模式形成市场化运行机制。

表 21-5　无锡市部级物联网应用示范项目

序　号	主管部委	名　　称
1	国家发改委	无锡物联网综合示范工程
2	工信部	无锡机场周界防入侵工程
3	工信部	220 千伏西泾智能化变电站
4	工信部	太湖蓝藻爆发监测工程
5	商务部	肉类蔬菜流通追溯体系建设项目
6	科技部	农业物联网与食品质量安全控制体系研究项目
7	环保部	"感知环境·感知环保"项目
8	水利部	"感知太湖·感知水利"项目
9	司法部	"感知监狱"示范项目
10	全国供销合作总社	供销合作社系统农村商品流通公共服务平台项目

资料来源：赛迪顾问，2013-02。

（三）成功经验向外输出，带动作用逐渐显现

依靠物联网行业应用逐渐成熟带来的成功经验，无锡市的应用示范工程不断向示范区外推广。无锡市企业在全球 17 个国家和地区、200 多个城市承建或参建应用示范工程，示范区的影响带动作用正逐渐显现。在安防、交通、电力、环保、水利等领域，中兴智能交通、大为科技、感知集团、中科泛联、鹏讯科技等一批有技术、有市场的企业开始在示范区外承接业务，建设应用项目。

三、创新特点

（一）有针对性地突破物联网核心关键技术，提升示范区自主创新能力

无锡市瞄准物联网核心技术和关键技术，加快发展物联网高端产品制造业、网络传输业和应用服务业，切实增强物联网产业核心竞争力，大幅度提升示范区自主创新能力。选择具备突破条件的物联网产业化和行业应用的关键技术和前沿技术作为主攻方向，实施一批重大科技成果转化项目和高技术产业专项，形成一批具有自主知识产权和自有品牌的高附加值终端产品。加强对物联网系统结构、信息安全、网络管理等基础共性标准，以及智能传感器、传感器网络等关键技术标准的研制，依托国家立项的重点应用示范工程，加快制定和报批物联网相关行业标准和规范。

（二）大力推动物联网企业加快发展，提升示范区产业整体实力

无锡市发展产业突出企业主体地位，着力推动各类要素向物联网企业集聚，培育发展创新型企业群，形成一批亿元级企业群体。有效发挥国家、省、市物联网产业资金的引导带动作用，对无锡市重点培育的物联网骨干企业，在政策落实、项目实施、人才培养、能力建设等方面给予集成支持，鼓励和支持企业做大做强。支持产业联盟以整合资源为目标，以标准制定、技术攻关、项目合作、企业服务等为着力点全面开展工作，探索建立有利于调动各成员单位积极性的合作模式和运作机制。积极引导市内外各类资本投资物联网产业，支持企业在海内外资本市场直接融资。

（三）高水平建设物联网应用示范工程，提升示范区辐射影响力

无锡市按照分类指导、分步实施、统筹推进的原则，引导全市各地区、各行业有组织、大范围地开展物联网应用，进一步拓展产业发展空间，积极探索可复制、易推广的物联网应用模式和商业模式。充分发挥财政政策的导向作用和政府专项资金的杠杆作用，坚持市场主导与政府引导相结合，支持和鼓励有需求、有条件、有意愿的企事业单位开展应用示范，着力培育市场需求。支持和帮助本地企业拓展外地市场，承接外地的应用示范项目。争取国家各行业主管部门和江苏省在无锡示范区部署建设应用示范工程，争取无锡示范区取得的物联网应用示范优秀成果在全国复制和推广。

（四）深入整合、完善物联网公共平台，提升示范区产业服务功能

无锡市整合、完善各类物联网公共平台，逐步形成较完备的物联网产业发展公共服务支撑体系。针对技术研发、产业化和行业应用需求，健全技术服务平台，提供面向软/硬件、系统集成方面的共性技术服务。整合物联网信息服务平台，为政产学研用各类主体提供及时、丰富的物联网各类信息和一站式信息服务。发挥江苏省物联网知识产权联盟的优势，搭建物联网知识产权平台，开展知识产权保护和预警工作，抢占技术制高点，推动物联网专利形成相关标准。不断更新和完善物联网应用展示平台，及时展示新产品、新应用，大力提高感知中国博览园展示内容的技术先进性和应用展示水平。

（五）广泛引进、培养物联网创新创业人才，提升示范区人才结构层次

无锡市着力推进国家海外高层次人才创新创业基地建设，打造人才特区。依托国家重大专项、工程和重点企业，采用人才与项目一体化的模式，引进科技创新人才和产业领军人才，聚集一批由高层次海内外人才领衔的研发团队。建立以企业、院校、科研机构、培训机构为载体的多层次人才培育体系。建设一批校企结合人才综合培训和实践基地。加强同国际知名教育培训机构的交流合作，积极推进高层次、多类别人才教育和培训，满足物联网产业发展和示范区建设的需要。

第四节　福州市：感知领域优势独具，智慧海西初见成效

一、发展概况

（一）产业基础

福州市已形成了完整的集信息感知、传输、处理、应用于一体的物联网产业链，在传感仪表、自动化控制、电子回执、射频读卡器、自助终端、物联网操作系统级中间件平台、智能家居系统等领域的研发居国内领先水平，并形成一定研发生产和集成应用基础。同时，福州市物联网应用市场持续拓展，产品在全国城市管理、智能监控、食品追溯、水质监测等系统应用较为广泛，传感仪表已进入国外市场，二维码智能识读机具、各式标签、智能卡、RFID读写

设备、网络终端等已在国内广泛应用。其中，福州市经济技术开发区在传感仪表、智能家居、物联网信息安全等领域涌现出一批突出的企业，如上润精密、伊时代等。这些企业是福州市物联网产业快速发展的支撑载体和受益者。

福州市经济技术开发区如图 21-7 所示。

图 21-7　福州市经济技术开发区

资料来源：赛迪顾问整理，2013-02。

（二）政府行动

福州市委、市政府在《福州市国民经济和社会发展第十二个五年规划纲要》中提出建设海峡西岸先进制造业基地，大力发展新兴产业，积极发展物联网产业，发展电子标签、传感器、视频监控终端等，加快推进物流信息化、标准化建设，建设区域性物流公共信息平台，促进物联网技术在物流业的应用，加强"数字鼓楼"和"智慧鼓楼"建设，打造物联网鼓楼示范区，提升城区宜居品质。

此外，福州市经济技术开发区立足自身优势，服从福建省物联网产业发展布局，定位于物联网技术及产品研发生产基地、物联网应用示范和推广基地及闽台物联网技术交流合作基地，制定出台配套政策；加强园区内物联网产业链上下游企业与主管部门、科研机构合作，以虚拟园区模式加强园区内外企业互动交流和优势互补，加强对台合作；通过 3 ～ 6 年的时间，培育、扶持和引进一批有影响力的龙头企业，完善产业链条，打造福建省物联网产业聚集基地和闽台物联网合作前沿基地，争取成为"国家新型工业化产业示范基地"。

（三）发展重点

福州市重点开展物联网芯片技术、RFID 技术、光纤传感技术、各种传感器融合技术、嵌入式智能装备技术、物联网 IP 组网技术、通用中间件平台等关键技术攻关，推动物联网标准、交换接口、信息安全、公共数据服务技术、云计算协同等共性技术研发及产业化，积极开展物联网底层智能终端研发，强化传感器件、关键设备制造、核心芯片、平台软件、系统集成与服务等方面的技术创新和信息运营服务的模式创新，形成一批具有自主知识产权的物联网产品和解决方案，培养一批各领域物联网信息运营服务商。鼓励企业参与物联网技术研究与标准制定，扩大福州市企业在物联网领域的话语权。支持福州市经济技术开发区发展物联网产业，完善物联网产业链。

二、应用示范

物联网鼓楼示范项目以福州市便民呼叫中心12345为支撑，其中"社区智能居家养老应用"应用示范具有亲情通话、位置定位、活动轨迹回放、区域告警、紧急呼叫功能。在发生意外或遇到困难时，老人只需按下"亲情通"上的SOS按钮，系统则会将求助信息发送至社区楼长，社区工作人员将及时上门帮助，解决老人的紧急事件及生活中的实际困难。同时，SOS反应系统还提供了双重保证，即呼叫社区楼长50秒未应答则自动转至社区服务中心，有专人为其服务。此外，鼓楼区委大院智能停车场、三坊七巷旅游自助导览及网格化城市管理等应用项目已投入使用。物联网鼓楼示范项目让人们看到了物联网智能平台，给市民带来物联网生活新体验。

三、创新特点

（一）实施重点示范，建设智慧中心城区

鼓楼示范区依托福建移动传输网，以福州市便民呼叫中心12345平台为支撑，以智能交通为重点，突出城市管理、交通物流、公共安全、商贸流通、民生服务等惠民领域，重点做好城市网格管理、智能交通管理、社会治安防控、旅游自助导览、移动电子商务、社区惠民服务6类项目先行先试，建设海峡西岸省会智慧中心城区（见图21-8）。

图 21-8　福州市物联网鼓楼示范项目

资料来源：赛迪顾问整理，2013-02。

（二）制定优惠政策，积极鼓励企业发展

福州市软件业、高新技术、信息化等方面财政扶持资金向福州市物联网项目倾斜，同时，积极组织企业争取国家资金支持，重点扶持关键技术研发、重点领域示范应用、人才培育、技术评估和质量控制公共服务平台建设。充分运用政府部门掌握的行政和市场资源，优先为物联网相关企业提供市场空间。财政性资金用于物联网技术应用及信息化建设的项目在同等条件下优先选择福州市产品和服务。支持市内物联网企业参加境内外各类相关展览、国内外推介会、国际性及国家组织的资质认证等，在市内先行先试的基础上向市外、省外、国外拓展。

（三）加强榕台合作，实现两岸共同发展

福州市充分利用沿海近台的区位优势，立足本地应用需求和产业配套需求，加强与中国台湾地区在物联网领域的优势互补和对接合作，发挥龙头企业的行业牵引作用，以行业商协会为桥梁，建立"园"对"园"、"园"对"厂"的直接合作模式，取得的成果包括引入华映光电和形成与中国台湾地区物联网产业的优势互补、共同提升产业链国际竞争力的局面，共同推动新产品、新技术和新设计的研发试验，推动两岸合作制定的标准上升为国家或国际标准，实现榕台的互利合作，促进两岸物联网产业共同发展。

第五节　广州市：产业链各环节贯通，核心园区统筹发展

一、发展概况

（一）产业基础

广州市物联网产业已具备一定的基础，并逐步在相关领域展开应用推广。目前，广州市共有 M2M 终端 24 万个，广泛分布在能源行业、工程制造业、海洋潮汐监测、航海、航空行业等高端制造业，物流行业、公交行业、车辆运输等运输物流业，政府信息化管理、环保污染数据采集、社会治安监控管理、桥梁隧道、铁路 / 公路、水 / 煤 / 电等公共事业，智能家居、社区服务、医疗保健等民生保障业，应用规模、广度和深度处于国内领先地位。广州市在高频无线射频标签芯片、天线、读写机具、中间件等方面拥有一批具有自主知识产权的技术成果和产品，包括龙芯、中大微电子高频 RFID CPU 芯片、北斗 /GPS 芯片、直通电信 RF-SIM 技术等；已建立广东省 RFID 公共技术支持中心等公共服务机构；物联网相关专利数达到 222 项（发明专利 185 项，实用专利 35 项，外观专利 2 项），软件著作权 141 项，标准 10 项，专利申请数 425 项；拥有无线射频识别（RFID）、二维码、条形码、传感器、卫星导航、视频监控等物联网企业近 700 家，产业规模达 300 亿元；广东省无线射频识别产业（番禺）园区、中国移动南方基地、广东省卫星导航产业示范基地等功能园区已成为广州市物联网产业的重要载体。

广州市高新技术产业开发区如图 21-9 所示。

图 21-9　广州市高新技术产业开发区

资料来源：赛迪顾问整理，2013-02。

（二）政府行动

2010 年广州市科技和信息化局发布的《广州市加快物联网应用与产业发展行动方案》指出，到 2015 年，实现物联网相关电子信息制造业规模达到 500 亿元，物联网信息集成服务业规模达到 1000 亿元，推动电子信息产业增速比工业增速高 1 ~ 2 个百分点；力争创建广东省物联网产业基地，形成较大规模物联网产业集群；培育出 50 家年收入超过亿元的物联网企业，集聚无线射频识别、传感器、卫星导航等设备制造企业 500 余家，物联网相关应用企业 1000 余家；发展一批芯片研发设计和智能终端制造的特色功能产业园；设立物联网示范应用扶持资金。

2011 年，广州发布了《广州市国民经济和社会发展第十二个五年规划纲要》，提出了建设智慧城市的目标："把握世界科技产业和智慧地球发展新趋势，加快物联网等智能技术研发和全方位应用，促进智能技术高度集中、智能产业高端发展、智能服务高效便民，建设全面感知、泛在互联、高度智能的智慧城市。"

（三）发展重点

广州市物联网产业将重点发展 RFID 芯片设计和设备制造、传感器节点芯片设计和设备制造、卫星导航芯片设计和终端制造、智能装备制造、软件和系统集成服务、信息运营服务六大领域；重点在城市运行管理、环境保护、医疗卫生、智能家居、食品安全、现代物流、智能交通、智能制造、智能金融和智能电网十大领域进行物联网推广普及；着力打造物联网核心产业区：广州科学城、天河软件园、番禺科技园；完善两大物联网基础设施：泛在网络体系、高性能计算和云计算平台（见图 21-10）。

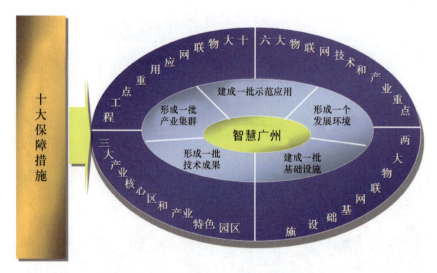

图 21-10 广州市物联网发展规划总体框架

资料来源：广州市科技和信息化局，赛迪顾问整理，2013-02。

二、应用示范

重点打造十大应用示范工程，即

- 智能物流；
- 智能制造；
- 智能交通；
- 智能安全监管；
- 智能食品溯源；
- 智能环保；
- 智能电网；
- 智能医护；
- 智能支付；
- "智慧广州"示范区。

三、创新特点

（一）制定行业标准，抢占产业链制高点

广州市与中国科学院工业技术研究院、广州香港科大霍英东研究院合作，分别成立国家级智能工业研究中心和穗港物联网研究中心，并联合中山大学、华南理工大学、广州工业大学等科研院校，组建智慧城市研究院和物联网工程中心。广州市将力争制定一批物联网的行业应用标准、创建国家级物联网行业应用研究中心，到 2015 年申请物联网相关专利达 1000 项以

上，产业竞争力处于全国领先行列。

（二）优化产业布局，实现错位、有序发展

为实现错位发展和差异化发展，广州市明确下辖各产业园区在物联网产业链中的分工和发展重点：发展一批芯片研发设计和智能终端制造的特色功能产业园——依托广州科学城发展传感器、移动通信设备等物联网相关电子信息制造产业聚集区，进一步加强广东射频识别（RFID）产业（番禺）园区和广东省卫星导航产业示范基地建设；在本田汽车生产基地、中船龙穴造船基地、国家级数控产业基地等一批产业集群的基础上，形成重大装备制造及配套的信息化、智能化；在天河软件园、国家数字家庭产业园等信息产业高科技园区发展物联网信息服务产业；在物联网基础设施建设上，依托广州科学城建设无线网络芯片和设备的产业聚集区。

（三）构建多元化、多渠道投融资体系

在资金保障方面，广州市将设立物联网示范应用扶持资金，每年安排 2000 万元用于鼓励企业开展物联网示范应用项目建设，支持物联网核心技术研发与产业化，开展物联网相关公共服务平台建设等；在现有电子信息产业发展重大专项、软件和现代信息服务业发展重大专项、高新技术产业资金和中小企业创新资金中加大对物联网相关产业的扶持力度，每年安排不低于 5% 的资金比例用于支持相关项目；建立政府引导、市场化运作的科技风险投资模式，盘活广州市现有科技风投存量资金，设立物联网领域创业投资基金，引导社会资本进入广州市投资物联网产业，形成多元化、多渠道物联网产业投融资体系。

第六节　深圳市：产业创新活力强劲，抢先发展产业高端

一、发展概况

（一）产业基础

在感知层方面，深圳市在 RFID 领域具有较强的产业基础，拥有包括国民技术、远望谷、先施科技、鼎识科技在内的 330 多家相关企业，产品包括电子标签、读写器具、系统集成，其中约 80% 的企业有自主开发的产品。而与物流和供应链密切相关的 EPC 标准产品占据国内70% 以上的市场份额；先施科技、远望谷等企业在超高射频领域具有较高的市场占有率。

在传感器技术领域，中科院深圳先进技术研究院成立了智能传感中心，致力于现代传感器及智能处理的前沿研究和应用开发；清华大学深圳研究生院与思科公司于 2009 年联合组建了智能传感网联合实验室。

在传输层领域，深圳市是国内通信产业发展的主要聚集区，拥有包括中兴、华为在内的600 多家通信设备制造企业和 100 多家通信技术服务与内容服务企业。深圳市企业在 GSM、GPRS、CDMA、3G 领域掌握了一批核心专利，具有较强的市场竞争力。

在应用领域，运营商已经在深圳市推出了警务通、城管通、物流通、手机深圳通、企业一卡通等应用解决方案，在物联网应用领域有一定的积累。广深铁路高速客运专线是国内第一条应用 RFID 电子客票的铁路线路，广深直通车沿线各车已全部使用纸质 RFID 电子车票。此外，深圳海关作为海关总署物联网应用示范单位，采用自动感应和跟踪识别技术使每辆车的平均通关时间由 2 分钟缩减到 5 ~ 6 秒。

（二）政府行动

《深圳市国民经济和社会发展第十二个五年规划纲要》中明确指出了未来 5 年"深圳物联网"产业发展的定位与方向：要促进物联网等重点领域跨越发展，推进三网融合，加强物联网关键技术攻关和应用，抢先布局移动互联网，建设物联网传感信息网络平台、物联信息交换平台，提高信息服务支撑能力，建设高效、低碳的智能交通系统，积极应用物联网技术对食品、药品领域进行全程监管，推进城市管理智能化。

《深圳推进物联网产业发展行动计划（2011—2013 年）》中明确提出，将用 3 年时间将物联网产业打造成为深圳市新的经济增长点，将深圳市建设成为创新能力强、服务体系完善、应用模式可持续、产业发展领先的物联网技术产业和应用先导城市。

在具体工作方面，深圳市在南山蛇口工业区建设深圳物联网应用示范产业园，充分利用南山区集聚大量物联网企业的产业基础优势，2012 年年底前扶持至少 40 家相关企业入园孵化发展。该产业园将重点建设物联网在智慧社区、智慧家园及智慧物流三方面的示范应用，带动系统集成、通信、云计算和元器件产业的集聚发展，促进物联网行业相关产业和投资业的发展。另外，为了抢占物联网市场，加快培育物联网的龙头企业，深圳市科技工贸和信息化委员会于 2010 年 9 月决定组建深圳物联网公共技术服务平台，为深圳市、广东省及华南地区的物联网企业提供技术支撑。

深圳南山科技园如图 21-11 所示。

图 21-11　深圳南山科技园

资料来源：赛迪顾问，2013-02。

（三）发展重点

深圳市将从核心产业、支撑产业、关联产业三个层面推动物联网产业的发展，建设"智慧深圳"。

核心产业。重点发展物联网相关硬件、软件、系统集成及运营服务四大领域。打造传感器与传感节点、射频识别设备、物联网芯片、中间件、智能控制系统及设备、系统集成、数字内容管理等产业。

支撑产业。发展微纳器件、集成电路、网络与通信设备、新材料、计算机及软件等相关支撑产业。

关联产业。重点推进带动效应明显的装备制造业、现代物流业、现代交通、电力、水务和社区管理等产业的发展。

2011—2013 年，围绕物联网终端核心芯片、RFID 读写机具、传感设备、新型综合业务终端、集成设备、系统平台及中间件等重点领域，深圳市将组织开展 20 个以上物联网产品研究及产业化示范项目，加快自主创新成果产业化，带动产业规模化发展。

二、应用示范

为了推动产业发展，深圳市还将大力拓展相关应用服务，围绕交通、物流、电网、水务、金融、社区、安防、医疗等领域，研究并提供物联网应用解决方案，着力建设智慧交通、智慧物流、智慧电网、智慧水务、智慧环保、智慧民生等一系列实用性强、经济效益高、社会效益明显的应用示范工程。

智慧交通。实施"智慧车牌"工程，建设"智能交通"系统，建设特种运输车辆监管系统等。具体包括在深圳市主要路口布设基站查验点，为深圳市机动车安装电子车牌，通过获取车辆电子轨迹信息，实时掌握交通流量信息，提高交通管理的信息化水平。加快建设停车场智能诱导和管理系统，实现信息查询、车位预约和自动收费功能，并结合实时交通流量信息，提供点到点服务。

智慧物流。实施"智慧港区"、"智慧口岸"工程，同时依托中欧安全智能贸易航线试点计划的实施，应用集装箱通关的 RFID/GPRS/GPS/GSM 等技术，推动智能集装箱在全球物流运输的运用。

智慧电网。开展适应智能电网的计量自动化系统架构研究与试点应用。建立覆盖深圳电网 20 个重要变电站的气体绝缘组合电器局部放电在线监测系统，实现设备生命周期智能管理和故障智能预警。

智慧水务。实施"数字水务"一期工程，加快深圳水务信息采集监控系统、通信网路系统、数据中心、应用系统和指挥中心的建设，高标准构建水务信息化综合体系。2012 年启动"智慧水务"工程，建立深圳市范围内雨水量 / 水质、大坝安全、水土流失的实施监测系统。

智慧环保。建立废水、废气、重金属等污染物排放的在线监测系统。利用 RFID、GPS、

3G 及 4G 通信技术，建立危险废弃物转移监督管理系统。建立于环境质量分析预警和决策辅助目标相适应的水、空气和噪声环境质量检测体系。

　　智慧民生。依托社区智能物业管理服务平台，建设智慧社区应用系统平台。重点推广市民健康卡、电子健康档案和预约挂号系统的应用。选择在龙岗区建设城市生活垃圾分类收运"从源头到去向监控感知"物联网平台。

三、创新特点

　　（1）产业创新活力强劲，抢先发展产业高端。深圳市从技术创新、产业集群以及应用示范三个方面推动物联网产业的发展。为分担企业技术创新风险、降低研发成本，建成了包括物联网产业联盟、公共技术研发平台、检测认证服务中心、物联网展示平台等在内的一系列物联网产业发展支撑体系，推动物联网产业高端环节在深圳市聚集。

　　（2）通过建设物联网产业示范园区统筹物联网产业发展。园区采用"政企合办"的形式，政府牵头、企业联动。例如，南山物联网应用示范产业园依托南山蛇口工业区，充分利用南山区集聚大量物联网企业的优势，扶持相关企业入园，并带动系统集成、通信、云计算和元器件产业的集聚发展。

　　（3）产、学、研合作具备先天优势。深圳市的高校和科研机构在物联网领域具有很强的市场敏锐性，能够超前布局前瞻技术并积极寻求突破，通过和产业的互动，把市场需求、技术研发及产业发展结合起来，这也使深圳市的企业、技术、应用方案能够快速在全国形成其规模优势。

　　（4）大力推进产业链协同创新。深圳市在推进物联网源头技术创新的同时，也大力扶持开展产业链的协同创新，借助物联网产业联盟，通过举办国际物联网博览会、各种学术讨论会等开展产、学、研合作。

　　（5）物联网应用深入民生领域。将物联网核心技术引入社会民生领域，推动面向民生领域的应用创新，如重点推广市民健康卡、电子健康档案和预约挂号系统的应用，门禁管理、停车管理、社区安全监控等智能物业管理服务平台建设等。

第七节　重庆市：示范基地全面开花，重点打造平安城市

一、发展概况

（一）产业基础

　　重庆市是国家电子信息产业发展的重要基地。目前已初步建立了以两江新区和西永微电子产业园为核心的产业集聚区；初步形成了软件及信息服务、集成电路、通信设备、汽车电子、

数字仪器仪表、信息家电、计算机及外设、LED 及光伏、动漫、电子材料和新型元器件等产业集群；并在笔记本电脑、手机、数码相机等方面实现了从整机到配套的优势产业集聚。

目前，重庆市已与中国移动联合建立了物联网基地，并成功申请了国家物联网产业示范基地。在物联网运营平台上，重庆市已建成了中国移动物联网全国运营管理平台、中国移动农信通全国平台、中国移动二维码全国管理平台、远程医疗物联网全国平台、车联网平台、社会公共安全视频信息管理平台、中国电信智能调度与实时监控平台、中冶赛迪冶金行业远程监控与设备管理平台。

重庆市还成功的聚集了包括北大方正、上海展讯、南天信息、清华同方在内的多家企业，同时拥有中国移动物联网基地、中国移动研究院物联网支撑中心、国家仪表功能材料工程技术研究中心、电信研究院西部分院、中科院软件所重庆分部、中国电子科技集团第 24 所、26 所、44 所、四联集团企业研究中心等科研机构。这为重庆的物联网产业发展奠定了良好的基础。

西永微电子产业园如图 21-12 所示。

图 21-12　西永微电子产业园

资料来源：赛迪顾问，2013-02。

（二）政府行动

重庆市在承接国家产业转移的过程中抓住了难得的历史机遇，实现了跨越式发展。面对新兴的物联网产业，重庆市政府通过一系列举措，有效地推动了重庆物联网产业的发展。

重庆市成立了物联网产业发展联盟，在相关技术交流、行业标准制定、应用推广、产品制造等方面发挥了重要作用；出台了《关于加快推进物联网产业发展的意见》，在财政、土地、税收、政府采购、人才等方面给予相关扶持；重庆市各级政府还设立了物联网专项资金，在物联网规划、应用示范、产业发展、人才培养等方面加大投入。在符合用地政策的前提下，优先安排物联网产业重点建设项目用地；通过政府直接投入、财政补贴、贷款贴息、落实税收优惠等方式，鼓励物联网企业加大研发投入，在专利申报、品牌创建、标准制定和规模发展方面给予扶持。除此之外，针对物联网重点项目和具有核心专利的企业，重庆市政府还通过资金支持、经费补助和奖励为物联网工程中心和重点实验室的建设创造条件。重庆市政府还将对物联网企业在境内外上市、发行债券、短期融资券、中期票据及上市公司再融资给予优先支持。同时，鼓励和支持重庆市大专院校开设物联网相关专业，扩大学位点布局和人才培养规模。

（三）发展重点

重庆市物联网产业的发展集中在关键技术攻关和共性研发平台开发、物联网运营平台建设方面，将着力打造物联网硬件产品制造、软件和信息服务业产业集群。

在关键技术攻关与器件设备研发方面，实现嵌入式 SOC 和各类传感器在材料、结构、工艺等方面的技术突破，研发新型传感器及相关器件；实现大规模组网与协同、网络安全认证、网络节点维护与故障处理以及传感网的可编程、测试、环境建模等技术突破，加快推进传感网组网和测试设备研发，加快推进传感网与通信网、广电网等网络互通的网关设备和集成组件的开发。

在共性基础平台研发方面，加快推进由嵌入式操作系统内核、驱动、多种软件组件、协议栈等组成的嵌入式系统开发平台的研发，支持无线移动、车载、传感、仪器仪表等物联网产品开发，加快可配置、可适应、可集成的物联网应用服务开发平台研发，支持物联网应用系统的开发。

二、应用示范

重庆市计划在物联网城市、智能工业、智能交通、智能电网、智能物流、智能农业、智能医疗、环境监测八大领域内推进一批应用示范工程，并着力加快国家物联网产业示范基地的建设。

三、创新特点

（一）采取物联网和云计算协同发展的策略

云计算作为重庆市重点发展的战略性新兴产业已在重庆整体产业布局中占据重要地位。2011 年重庆市提出要将重庆建设成国内最大的云计算中心。除数据中心的建设之外，为了让云计算更好地服务重庆，在"智慧重庆"建设中发挥更大的作用，重庆市还着力在"云"与"端"的结合发展上进行了重点突破。依托现有的云计算资源及技术优势，重庆市更好地发挥物联网技术的作用。

（二）结合重庆城市需求，重点发展特色物联网

随着城市化进程的不断加快，重庆市的城市管理面临着诸多问题，亟待以新兴的技术来提升城市的整体管理水平。随着重庆市由传统工业向现代工业的转型逐渐深入，其独特的地域

环境和产业特点都对物联网技术的应用提出了更为迫切的需求。为此，重庆市委提出了造福民生的"五个重庆"工程，分别在智能家居、教育、商贸、电力、农业等领域大力推广物联网应用，实现了城市需求与物联网特色发展的良性互动。

（三）通过与优势企业的合作，实现重点突破

重庆市在发展物联网的过程中，十分注重与业内重点企业的合作。重庆市人民政府与中国移动签订了《创新物联网应用——共建云端智能重庆》战略合作协议，与中国联通联合设立了 NFC 产业基地，与中国电子科技集团公司签署了《重庆市公共视频信息管理系统总承包框架协议》。借助企业的技术和资源优势，在相关技术攻关、应用及服务平台建设和市场化推广等方面取得了良好的成效。随着一批有实力的物联网企业相继落户重庆市，重庆市物联网产业基础正在不断加强。

重庆市物联网产业发展创新特点如图 21-13 所示。

图 21-13　重庆市物联网产业发展创新特点

资料来源：赛迪顾问，2013-02。

第八节　成都市：信息基础独树一帜，产业应用潜力巨大

一、发展概况

（一）产业基础

成都市是我国中西部发展的重点地区之一，现已成为国家电子元器件制造和信息产品生产基地，也是国家集成电路设计产业化、信息安全成果产业化和软件及服务外包产业基地。目前，成都市在嵌入式软件、中间件软件、集成电路设计和系统集成等领域处于西部领先地位；RFID（射频识别）产业已具备芯片设计与封装、读写器产品制造和应用系统集成等研发生产

能力；电子科大红外成像传感系统、川大智胜视频处理和模式识别系统、国腾集团MEMS惯性器件和卫星导航定位终端、和芯微电子数模混合IP核（知识产权核心）和编解码器芯片等在国内视频识别与定位跟踪行业领域处于领先水平。此外，千嘉科技在光电直读式远程数据系统、安可信电子在智能型气体检测设备制造等方面处于行业领先水平。成都（双流）物联网产业基地已初具规模，占地3.5平方千米，位于天府新区核心区域，紧邻成都电子信息制造业核心承载基地、成都（双流）综合保税区、国家新能源产业基地。该基地已形成了以嘉石科技微晶园项目为代表的高端芯片制造，以大唐电信为代表的系统集成，以感知中国成都中心为代表的服务总部基地等产业布局。

成都市物联网技术研究院有限公司如图21-14所示。

图21-14　成都市物联网技术研究院有限公司

资料来源：赛迪顾问，2013-02。

（二）政府行动

为了推动产业的发展，成都市启动并实施了一系列信息化重大应用和示范工程。成都市开展了食品安全溯源、数字城管、智能交通、现代物流等物联网试点应用，为产业的进一步发展创造了良好的条件。

2010年，成都市发布了《成都市场联网产业发展规划（2010—2012）》，设立了物联网产业发展专项资金。对物联网相关企业从事技术开发、技术转让和与之相关的其他技术咨询、技术服务等取得的收入免征营业税；生产企业进口自用设备及相关技术（含软件）、配套件、备件，符合国家税收优惠政策的，免征关税和进口环节增值税。鼓励产、学、研结合及成果转化，支持金融机构通过各种途径支持物联网产业发展，支持物联网企业上市融资。

（三）发展重点

成都市在发展物联网产业中将重点发展上游感知层和下游应用层。在上游感知层方面，成都市将重点发展 RFID 与定位跟踪产业和新型传感器产业；在下游应用层方面，成都市将重点发展软件及信息服务业。此外，为了保障产业的顺利发展，成都市还将建成物联网应用中心、物联网研发中心和物联网信息安全中心。在物联网产业发展过程中，成都市将加快成都（高新）物联网产业科技园、成都（双流）物联网产业园建设。以两大园区为载体，抓好九洲物联网工业园、凯路威 RFID 产业园、红宇科技总部、电子科大红外传感产业基地、金蝶物联网中间件产业基地、中电科技 30 所物联网信息安全产业基地、成都物联网工程技术学院等项目的推进。

二、应用示范

成都市面向生产制造、社会管理和民生领域，积极引导和组织开展物联网示范应用工程，着力打造物联网技术体系、应用体系和服务运营体系，重点在以下六个领域开展物联网示范应用。

（1）智能交通。公交智能高度监控中心投入运行，并完成 500 个电子站牌建设；完成公安交管指挥中心技术支撑系统、警力定位及无线通信系统建设并投入试运行；完成三环路智能交通管控系统、智能交通综合数据管理信息平台系统方案编制并启动实施。

（2）食品安全。在生猪等食品安全溯源示范应用的基础上，扩大基于 RFID 标签的食品安全可追溯物联网体系建设，建成成都市统一的综合食品溯源管理基础平台、数据资源平台和呼叫服务平台，实现对食品生产、流通过程的全程追溯和安全监管。

（3）环境监测和灾害预警。成都市水务局重点实施中心城区排水监控管理系统和新津水资源监测管理系统工程建设，基本建成中心城区排水管理及设施 GIS 专题数据库和运行平台，完成 3 个节点中心城区排水管网传感器的布设，并在新津部署传感器，对河流断面、地下水位、雨情雨量、水源地水质、污水排放口水质等进行全面监测，这是目前全国自动化程度最高、监测种类最齐的水资源监测管理应用模型。

（4）现代物流。叶水福成都仓库示范应用项目完成 205 和 208 号库房立体货架、RFID 标签、自动货运分拣线、仓库管理系统等设备安装调试并投入使用；机场第二货运站围界防入侵系统投入使用；"智慧物流"公共信息平台已完成需求梳理，进入方案设计阶段。

（5）城乡管理。完成道桥安全监测试点点位设施的安装，通过重车行驶诱导避免道桥过载；垃圾清运系统进入工程招标阶段；智能化城市照明物联网管理系统完成方案编制；数字城市管理系统逐步延伸到三圈层。

（6）安全监管。完成 CNG 信息化集成监管系统中心平台建设，即将启动成都市范围的推广应用，带动了相关产业企业的合作，形成了 CNG 加气机具、防爆标签及读写设备的生产能力；完成燃气运行安全监控示范项目建设方案编制和危险化学品重大危险源监管系统的调研、需求梳理和建设方案公开征集。

三、创新特点

成立成都物联网全资国有公司。2009 年，由成都市委、成都市人民政府、双流县人民政府为推进物联网产业共同设立的全资国有公司——物联网技术研究院有限公司正式成立。这是一家拥有自主知识产权的，集研发、生产、销售、服务于一体的高新物联网技术企业。根据成都市委、市政府城乡统筹、建设世界田园城市的要求，目前该公司正利用物联网技术，实施城乡医疗一体化示范工程。从技术应用和商业模式上讲，就是利用"感知健康舱"，将体检功能逐渐从传统医院剥离到城乡小区的群众身边；利用"物联网连锁诊所"，实现远程问诊与电子处方的开具。以此为核心理念打造新的健康医疗模式，探索解决群众看病难、看病贵问题的新道路，同时为中国防止重大传染病流行提供实时、高效的监测报警触角。

创建国内首个物联网安全产业基地。成都慧安物联网安全技术产业园区位于成都（双流）物联网产业园内，其以物联网技术研发和成果转化为主导，通过物联网技术对环境因素、物体状态等信息的精确感知、及时传输和智能分析控制，将安全生产监控方式从"间断性检查"变为"连续实时监控"，大大提高了事故预防预警和控制处理能力，为最终实现本质安全提供了重要的技术支撑。建成后的成都慧安物联网安全科技产业园将是一个集科研、生产、展示、交易和推广于一体的现代安全生产物联网主题园区，将全力推进矿山、交通、危险化学品、烟花爆竹和职业健康等安全生产重点行业和领域的物联网应用关键技术的攻关和标准制定等工作。

第九节　杭州市：产业先发优势明显，智慧杭州初步显现

一、发展概况

（一）产业基础

杭州市物联网企业技术研究和产业化应用起步早，技术起点高，应用亮点多，目前已基本形成了从关键控制芯片设计、研发，到传感器和终端设备制造，再到物联网系统集成以及相关运营服务的产业链体系。杭州市物联网产业在产业基础、技术研发与应用以及网络资源等方面已形成一定领先优势，为下一阶段推进物联网产业发展奠定了良好的基础。

首先，杭州市企业起步早，产业发展基础好。2011 年，杭州市共有 150 多家物联网企业，其中 5 家上市公司，年产值超过 300 亿元。杭州市作为全国唯一的集国家电子信息产业基地、服务外包基地、高技术产业基地、电子商务之都等称号于一体的城市，拥有国家电子信息产业基地、国家软件产业基地等物联网基础产业基地，具备较强的信息产业配套协作能力。

第二，技术起点高，产业发展后劲足。集聚了一批在物联网技术研发领域具有一定优势的研究机构和骨干企业，在射频识别、无线传感器网络、物联网系统集成等方面掌握了一批核心技术。中国电子科技集团公司第 52 研究所，浙江中控科技集团等在传感器、以太网和交通

智能化方面拥有多项技术。同时，浙江大学、杭州电子科技大学等在杭高校电子信息、计算机、通信专业学科和人才资源丰富，建有多个物联网技术国家级、省（部）级重点实验室，具备较强的基础研究开发能力。

第三，应用亮点多，产业化经验丰富。杭州市物联网企业和研究机构已在智能电网、节能减排、安防监控、环境监测等领域成功实施了一批物联网技术应用项目，积累了一定的技术应用和服务经验。

第四，运营商谋划早，网络基础扎实。杭州市已拥有大容量程控交换、光纤通信、数据通信、卫星通信、无线通信等多种技术手段的立体化现代通信网络。不断推进中的 3G 通信网络又为物联网信息传输增添新平台。另外，杭州市数字电视网络建设领先全国，是网络资源的又一大优势。

（二）政府行动

杭州市于 2010 年发布了《杭州市物联网产业发展规划（2010—2015 年）》，提出在示范应用、核心产业、关键技术以及公共平台建设方面取得关键性突破，率先将杭州打造成为国内领先、世界一流的综合性物联网技术应用城市。同时，杭州市委、市政府还将实施一些举措来推进物联网产业发展进程，包括成立组织机构，加强组织领导；推进园区建设，促进集聚发展；加强企业培育，完善产业体系；拓宽资金来源，加大资金扶持等。

2011 年杭州市政府发布《杭州市战略性新兴产业规划（2011—2015）》，提出将物联网作为杭州市新一代信息技术产业中的重点发展方向，建立以感知层、物联网和数据应用层等为主要内容的物联网产业结构，以"智慧中国·智能杭州"4433 工程建设为重心，推进物联网技术向经济社会发展的各领域渗透融合。

杭州市高新技术开发区如图 21-15 所示。

图 21-15　杭州市高新技术开发区

资料来源：杭州市高新区网站，赛迪顾问整理，2013-02。

（三）发展重点

杭州市提出结合物联网感知层、网络层和应用层三层网络架构体系，着力提升先进传感器及无线传感器网络、网络传输与分析决策、物联网系统集成及标准化推广和物联网关键技术支撑四大重点产业领域，全力突破核心关键技术，带动物联网产业链体系协同发展（见表21-6）。

表21-6　杭州市物联网发展重点

重点领域	具体内容
先进传感器及无线传感器网络	围绕物联网感知层关键技术，抢先发展先进传感器、无线传感器网络及智能终端设备制造产业，提升物联网感知层信息获取能力，抢占物联网产业发展关键点
网络传输与分析决策	围绕物联网网络层数据传输、存储、处理以及控制等环节，优化提升大容量数据传输、存储和分析处理软/硬件产业，培育物联网网络关键设备制造及服务企业
物联网系统集成及标准化推广	围绕物联网应用层关键技术，立足已有产业基础，把握技术和市场发展趋势，探寻适宜商业模式，创新发展物联网系统集成产业。重点突破物联网系统集成与解决方案提供、网络运营以及信息服务等物联网相关高新技术服务业，全面提升在智能城市、智能生活、智能"两化"、智能环境监控等领域的物联网系统集成开发能力
物联网关键技术支撑	围绕物联网产业链体系建设，培育和孵化一批支撑物联网技术产业化应用开发的集成电路、计算机与通信设备、电子元器件、仪器仪表、纳米新材料、新能源等相关企业，鼓励企业积极开发物联网产业化应用所需的支撑技术和关键产品、设备，巩固物联网产业发展支撑基础

资料来源：赛迪顾问整理，2013-02。

二、应用示范

杭州市重点推进智能城市试点示范工程、智能生活试点示范工程、智能"两化"试点示范工程和智能环境监控试点示范工程四类试点示范项目（见表21-7）。通过试点示范项目，构建产品、技术与市场之间的桥梁，拓展物联网技术应用市场，壮大物联网产业，完善技术标准体系，打造物联网技术与城市发展有机融合的智慧城市综合体。

表21-7　杭州市应用示范工程

示范工程	具体内容
智能城市	智能交通、智能城乡管理、智能公共安全、智能旅游智能建筑节能
智能生活	智能家居、智能社区、智能医疗保健
智能"两化"	智能电网、智能生产与物流、安全生产与节能降耗、食品安全溯源
智能环境监控	城市水环境监控、大气环境监控、地下管网监控、森林生态安全监控

资料来源：赛迪顾问整理，2013-02。

三、创新特点

杭州市政府高度重视物联网产业的发展，出台了一系列鼓励物联网产业发展的政策方针。杭州市在物联网发展进程中不断创新，通过搭建物联网产业平台和推进物联网的应用实践促进当地物联网产业的发展。

搭建物联网产业公共平台，促进行业交流。杭州市 2010 年 6 月在政府主导下成立了杭州市物联网行业协会，主要任务是协助政府部门推动物联网的发展，进行与物联网行业相关业务的调查和研究，为政府部门制定相关法律法规和政策提供参考建议。同时，为了促进物联网行业信息和产品技术信息的交流，杭州市实现跨区域合作，组建了一批物联网平台，包括中国电子科技集团公司物联网研究院，香港科技大学杭州物联网智能技术中心，中科院杭州射频识别技术研发中心等。

开拓物联网应用领域，丰富产业化经验。杭州市物联网企业和研究机构已在智能电网、节能减排、安防监控、环境监测等领域成功实施了一批物联网技术应用项目，积累了一定技术应用和服务经验。例如，杭州家和智能控制有限公司与浙江省建筑科学研究院合作开发的建筑大楼能耗监测系统，已在浙江省内 15 个酒店建筑中应用；杭州中正生物认证技术有限公司成功将嵌入式指纹识别感应技术广泛应用于电子政务、电子商务和金融机构门禁门锁领域，成为国内领先的生物识别设备供应商；杭州电子科技大学射频电路与系统重点实验室开发的基于无线传感器网络技术的"绿野千传"天目山森林生态保护项目已进入实地部署阶段，实施成功后，有望成为全球规模最大的实际部署的民用传感器网络平台。

第十节　天津市：聚焦感知存储领域，示范应用有序展开

一、发展概况

（一）产业基础

天津市是环渤海物联网产业区域的核心城市之一，其物联网产业起步较早，拥有较好的产业基础，初步形成了从感知、超算、芯片、标准制定、解决方案到系统集成等较完整的产业链。

天津市高性能计算机及存储设备发展程度国内领先。目前已建成天河一号超千万亿次国家超算中心，自主研发制造的百万亿次超级计算机"曙光 5000"、超千万亿次计算机"曙光星云"成为目前国内运行速度最快的商用高性能计算机系统，存储容量 1000TB、带宽 10Gbps 的大型存储系统已形成 200 套生产能力。

传感器产业初具规模，传感器芯片核心技术研发水平位居全国前列。液压传感器、动力传感器、气象传感器、汽车传感器等具备了较强的产业基础，年生产能力达到 4 亿只，广泛应用于手机触屏、汽车防撞、大气监测、汽车尾气检测等领域。

信息安全产业快速发展。天津市信息网络防雷技术与产品居国内领先水平，高端产品占全国 60% 的市场份额。国家计算机病毒应急处理中心、国家信息安全工程技术研究中心、国家灾备实验室、下一代移动通信检测中心相继落户天津市。

天津滨海新区新景如图 21-16 所示。

图 21-16   天津滨海新区新景

资料来源：天津滨海新区政务网，赛迪顾问整理，2013-02。

天津市物联网产业形成了以滨海新区的空港经济区和保税区为主的产业区域布局，初步实现了感知层相关产业集聚。但在其他环节的产业基础比较薄弱，特别是基于共性技术的测试、生产平台支撑层以及传输层环节，目前龙头企业较少，产业规模较少。

（二）政府行动

为发展物联网产业，天津市出台了《天津市物联网产业发展"十二五"规划》，实施"智慧天津"工程，计划到 2015 年，物联网产业实现销售收入超过 2000 亿元，培育和聚集物联网企业 1000 家以上，聚集国家级科研机构与研发中心 20 家以上；掌握一批国内领先、国际先进的物联网核心技术，形成一批在国际和国内发挥关键作用的相关标准；建设标准、检测、认证等十大技术服务平台，实施十大公共云平台和十大行业云平台工程，建成较为完善的产业服务体系；打造两大产业聚集区，形成以滨海新区和"IT 三角"为核心、重点产业园区为支撑的产业发展格局。

（三）发展重点

《天津市物联网产业发展"十二五"规划》中提出，天津市物联网产业要坚持两翼发展、创新引领、示范带动的总体思路，发展壮大以云感知、云存储为代表的"六云"产业，积极推进以政府云、公共云和行业云为代表的"三云"应用（见表 21-8），此外，"十二五"期间天津还将加快构建"智慧天津"的建设。而滨海新区也正在积极实施"智慧滨海"工程，"智慧滨海"工程包括"智慧政府、智慧城管、智慧经济和智慧民生"。

表 21-8 《天津市物联网产业发展"十二五"规划》内容摘要

政策名称	细分领域	具体内容
发展壮大"六云"产业	云感知产业	大力发展通用传感器，积极发展光电传感器和微纳传感器等高端传感器，做大做强 RFID 射频传感器，研发低功耗、小型化、高性能的新型传感器
	云计算产业	大力发展高性能服务器、多媒体服务器、抗恶劣环境服务器和工控服务器
	云存储产业	大力发展存储设备产业及云存储高效优质服务，加快海量数据存储、模糊识别等智能技术研发
	云方案产业	建设物联网公共技术服务平台、公共测试服务平安、综合信息资讯服务平台
	云安全产业	加快天津国家级信息安全产业基地、国家计算机病毒应急处理中心建设，重点发展信息安全检测类、防护类、免疫类、灾备类、应急类技术与产品，突破信息安全硬件的核心技术，攻克信息网络安全的关键技术
积极推进"三云"应用	云灾备产业	大力发展云灾备产业，加强海量数据备份与恢复技术研究，加快建设灾备中心
	政府云	逐步建立起统一的电子政务平台，推动政府云应用的快速发展
	公共云	围绕公共安全、食品安全、环境检测和节能减排等重点领域，建设具备感知、处理和反应能力，具有示范、融合和覆盖效应的"十大公共云"平台
	行业云	加快推进充分利用物联网和云计算技术等新一代信息技术的电子商务平台建设

资料来源:《天津市物联网产业发展"十二五"规划》，赛迪顾问整理，2013-02。

二、应用示范

天津市物联网技术应用示范工程不断取得新进展，在建设"智慧天津"、提升城市管理水平、转变发展方式中发挥着积极的促进作用。天津市已启动建设食品安全追溯、智能社区、智能医疗等七大物联网示范工程，重点将在城市管理、市政交通、社区等十大应用领域发挥作用，进一步提高公共服务水平和能力，确保公共安全，有力地促进节能减排，并将惠及国计民生。一是推广传感、通信、GPS 等信息技术在桥梁负载、楼宇电梯、客运交通（出租、公交和长客）、盘山景区安全监控等领域的应用，确保公共安全。二是推广 RFID、通信、条码等信息技术在生猪、蔬菜、牛奶、葡萄酒等领域产品质量安全监管的应用，初步建立了食品加工、物流和销售环节信息安全追溯系统，确保食品安全。三是推广传感、无线通信等信息技术在石化、纺织、冶金等传统高耗能、高污染行业节能减排中的应用，提升了企业生产过程自动化控制水平，促进了企业节能减排。四是推广传感、无线通信等信息技术在自来水管网、燃气管网、电网安全监控的应用，实现了数据自动实时采集、分析和处理，确保了管网安全，保障了居民生活。

三、创新特点

特色产业集群效应初显。经过 20 多年的发展，天津滨海新区物联网产业已经初步形成国内领先的多个专业特色产业集群。滨海新区已形成了以"天河一号"超级计算中心、曙光高性能计算机、中科蓝鲸高性能存储器和腾讯天津研发与存储中心等为代表的高性能计算与存储产业集群，以中环、中兴、中星微电子等 RFID 为主的物联网产业示范区。

新兴优势领域不断涌现。滨海新区在嵌入式软件、超级计算、传感器等领域逐步形成若干优势特色产品，一批有代表性的企业发展起来。依托重点高校和骨干企业，天津市将在新型传感器及传感节点研发技术、超算技术、物联网共性支撑技术、物联网软件及系统集成技术等环节展开创新研究。

第十一节　武汉市：光电产业全国翘楚，光物联网蓄势待发

一、发展概况

（一）产业基础

作为中国的"光谷"，武汉市是国内开展物联网研究较早、技术研究实力较强的城市之一，在物联网技术研究及产业化方面具有深厚的基础。武汉市拥有华工科技、理工光科、武汉邮科院、709 所、华中科技大学等一大批物联网领域的代表企业和科研院所，在敏感器元件、传感器、光通信模块、激光收发、扫描器等关键技术领域拥有物联网产品和规模化生产条件。华工图像在 RFID 标签领域具有极强的竞争力，武汉理工光科公司开发的物联网用光纤光栅周界入侵防范传感器与系统已投入应用，华中科技大学开发的民用机场周界防入侵监视网络也在进行示范应用等。"光纤通信技术和网络国家重点实验室"、"下一代互联网接入系统国家工程实验室"等与物联网技术密切相关的科研机构均落户武汉市，积攒了一批行业内的顶级人才。在应用方面，通过积极推动各类物联网示范应用，带动产业链上下游发展，目前武汉涉及物联网产业技术研发与示范应用的项目已达 40 多个，物联网产业发展氛围浓厚。

光电子技术是物联网技术的关键技术之一，武汉东湖自主创新示范区是我国重要的光电子信息产业基地，是国家六大建设"世界一流高科技园区"的试点园区之一，光纤光缆、光电器件、激光产品等在全球产业分工中占有一席之地。在感知层，武汉光纤传感器技术全国领先，产品在石油化工领域占国内 90% 以上的市场；在传输层，光通信产业覆盖全产业链，光纤光缆与光电器件国内市场占有率分别超过 55% 和 60%，国际市场占有率分别达到 15% 和 12%；在平台层，武汉市拥有地球空间信息和软件产业基地，拥有一大批诸如武大吉奥、中地数码、立得空间等从事地理信息系统研发的知名企业，同时，中国地质大学、武汉大学等科研院所在地球空间信息技术领域的研究始终走在全国前列；在产业支撑方面，武汉市省、部、国家级实验室集中，拥有全国唯一的光电国家实验室等 4 个国家重点实验室，华中科技大学激光加工国家工程研究中心等 8 个国家工程（技术）研究中心，16 个省部级重点实验室，4 个国家企业技术中心，这些都为武汉市物联网产业在科研成果的转化及技术创新上提供了良好的产业基础。

（二）政府行动

武汉市依托其在科研教育和人力资源方面的优势，积极布局物联网产业，抢占市场先机。

《武汉市国民经济和社会发展第十二个五年规划纲要》明确提出，要"重点培养物联网等新兴产业"，并把"推进物联网建设"作为加强城市信息化建设的重要工作予以重视。

2012 年 8 月，武汉市政府常务会议通过《武汉市智慧城市总体规划》，提出到 2020 年武汉市将率先建成高度信息化的"智慧城市"，这一规划在国内尚属首创。"智慧城市"项目是一项惠民工程，它将整体提升城市管理的效益和品质。按照"智慧城市"设想，武汉市将对武汉通卡、公交卡、社保卡、各类商业用卡等进行统一的融合管理，为行政服务系统提供统一的身份识别模式。通过一张"市民卡"，实现供气供水、轮渡、地铁、电影、电视、超市、图书馆、药店及机场公路的通行支付，同时提供医保、住房公积金、养老金等"五险一金"的办理、提取等多种服务。通过该卡与个人信用关联，建立社会诚信体系，实现"一城一卡，一卡通用"。

另外，武汉市依托东湖开发区光电产业的深厚基础提出创建"智慧光谷"，由武汉邮电科学研究院、华中科技大学等单位发起成立了物联网产业技术创新联盟。政府积极关注"联盟"的发展态势，对"联盟"的各项工作都提出了具体要求，确保"联盟"能够稳步发展，保障物联网的产业化，而且对各企业进行的物联网项目的研究提供资金支持。目前，联盟已拥有包括高校、国家级研究机构、设备制造企业和运营商企业在内的 50 余家会员单位。

在产业布局上，武汉计划全面提高东湖区自主创新能力、辐射带动能力和国际竞争能力，壮大物联网产业发展，培育大型龙头企业和产业集群，打造东湖成为中国光物联技术的先导区、光物联产业的聚集区及光物联应用的创新区；并以武汉经济技术开发区为承载，壮大汽车整车及电子电器产业规模。

武汉东湖高新区如图 21-17 所示。

图 21-17　武汉东湖高新区

资料来源：赛迪顾问，2013-02。

（三）发展重点

政府引导，企业创新和科研创新相结合，集中攻克涉及物联网产业中的核心技术；本地扶持与外部引进相结合，持续发展物联网制造产业、支撑产业及应用、运营等服务业，构建物联网完整产业链条和产业体系。

1. 核心技术

依托华中科技大学、武汉理工大学、光纤传感技术国家工程实验室、武汉光科、长飞光纤光缆、天喻信息、武汉凡谷、烽火通信、凌久信息等科研院所与企业，重点发展光感知技术、光接入及组网技术，开发能够实现多功能的面向不同行业的低成本传感器，尤其是光纤传感器；研究用于物联网的网络集成、多功能集成、软/硬件操作界面基础、系统软件、中间件软件等技术，开发适应光物联的海量信息存储和处理技术；研究光通信密集波分复用等光传输技术和下一代光通信网络组网技术；重点研究感知、传输、信息处理等几个环节的信息安全技术，加强安全终端和安全应用平台功能模块的研发。

2. 核心产业

重点发展传感器件及设备、传输器件及设备、应用产品及设备、软件产品及系统和网络运营及服务五大产业。在传感器件及设备产业领域，重点发展光纤传感器和图像传感器、光电探测器件以及监控摄影机等传感设备产品；在传输器件及设备产业领域，重点发展特种光纤光缆、光通信器件以及光纤到户、下一代广播电视网等领域的产品或设备等；在应用产品及设备产业领域，重点发展新型显示产品、信息存储产品或设备、LED照明及显示屏产品、三网融合产品以及测量/测绘通用仪器和装备的研发制造；在软件产品及系统产业领域，重点发展面向工业、物流、交通、电力、公共安全、医疗卫生等领域的应用软件，并从功能集成、网络集成、软件界面集成方面入手重点发展物联网相关的系统集成产业；在网络运营及服务产业领域，重点发展与物联网应用示范相关的通信传输、智能处理、数据存储、信息安全等网络信息基础设施，培育以信息处理、内容提供以及运营服务为主的物联网企业。

二、应用示范

结合本地光电产业的深厚基础，武汉积极引进和运用物联网、云计算等信息技术，重点推动智能交通、智能安防、智能电网、智能社区、智能环境监测等物联网示范应用工程。

1. 智能交通

依托凌久信息、中原电子、华工科技、天喻信息、中地数码等企业，在城市各个关键道路布局摄像头，在车辆上安装具有定位、双向通信功能的车载电子产品等，在武汉城市交通管理系统推广实时路况监测、动态导航、智能行车管理、智能停车管理、车辆智能调度等典型应用示范工程项目，并建立统一的城市交通管理系统平台。

2. 智能安防

发挥"图像感知"和"视频感知"的优势，依托中地数码、武大吉奥、立得空间、高德红外等企业在地理空间信息领域、安防领域的产品和技术，建设以实景三维方式进行数字化城市管理的城市监控系统。其主要用于实现异常事件自动发现和智能预警的功能，对突发事件、事故灾难、重要场合、大型活动实时全程监控、应急指挥、事后评估等。

3. 智能社区

依托武汉天罡信息技术有限公司、华中科技大学、武汉理工大学、立得空间、天喻信息等单位，建设集城市管理、公共服务、社会服务、居民自治和互助服务于一体的"智慧社区"社会服务管理平台。具体包括社区一站式服务系统、城市建设和管理系统、人口与计划生育管理系统、民政管理系统、信息发布系统等"智慧政务"工程；如虚拟养老院、网上挂号、网上缴费等面向社区各类专项服务的典型应用，实现社区居民生活智能化的"智慧民生"工程；以服务企业为主，建立社区、企业、商家之间便捷的联系，畅通沟通渠道的"智慧商务"工程等。

4. 智能电网

依托武汉南瑞、烽火富华、中原电子、中地数码、武大吉奥等企业，在一些新的社区或者园区开展智能电网示范工程的建设。利用光电互感器、光纤传输等方式对重要输电设备、变电设备、高空塔架等状态进行实时监测并将信息及时发送至后台，实现对设备生命周期管理和故障预警的智能化。

5. 智能环境监测

依托武汉巨正环保科技有限公司、武汉奥源科技有限公司、华中科技大学、华工科技以及省市环保部门，以东湖湖水生态环境监测与保护、城市大气环境监测与维护、重点企业污染治理与管控为主要目标，分别建立东湖湖水生态环境智能监测系统、大气质量实时监测系统、污染源在线监控系统。多个系统可共同构建东湖的"环保云平台"，平台的前端主要通过开发光感知设备，并集成卫星遥感、激光雷达等先进技术，实现对城市内已布设监控设备的智能化改造，达到对环境点面结合、实时连续的监测目的。

三、创新特点

（1）依托光电子技术及产业基础发展"光物联"产业。"光物联"产业是光电技术与物联网产业的融合，一方面体现了光电产业的拓展和延伸，是光电产业拓展与升级的重要方向；另一方面体现了物联网产业差异化及特色化发展，是物联网产业的深入和细化。作为国内光电子产业重镇的武汉具有发展光物联产业的先天优势，借助"中国光谷"的品牌以及发展物联网产业的契机，武汉市大力发展光物联产业，并将其作为实现由"中国光谷"向"世界光谷"跨越的重要内容。

（2）院校和企业结盟的发展模式。武汉市高校云集，科研院所众多，武汉市可以更多地依靠企业自身的技术优势组成物联网战略联盟来促进本地区物联网的发展。例如，政府组织武汉邮电科学研究院、华中科技大学等47家单位成立"武汉·中国光谷物联网产业技术创新联盟"，其宗旨是加强物联网产业链上、下游深层次技术合作，突破物联网关键技术，扩大物联网推广应用，快速拉动东湖国家自主创新示范区战略性新兴产业发展和产业结构升级，形成千亿元产值规模的战略性新兴产业。该联盟结合各会员单位优势，确定了武汉物联网的主要发展方向，包括重大基础设施智能监测及工程应用、智能物流传感及工程应用、智能电网传感及工程应用、智能交通传感及工程应用、智能传感关键器件及标准研究等。

（3）产、学、研科技共同体的特色发展模式。武汉市物联网发展的目标是通过应用示范，将物联网推向产业化，使其成为有武汉特色的产业。武汉光谷的实力以及在光电技术方面的优势，为武汉市在传感器、接入网等方面的研究提供了有力的保障。而且武汉的高校、科研院所众多，研发实力强劲，掌握多种核心技术，从而形成了产、学、研科技共同体的特色发展模式。

行业应用案例

第一节 智能工业：某军区远程监控系统

一、案例概述

（一）实施背景

俗语说"兵贵神速"，自古以来速度都是决定战争成败的关键因素。在当今时代，军队的信息化建设更是决定军队作战速度与水平的重要元素，是全面提升军队作战能力、事关国家安全的重点工程。

（二）主要内容

1. 协同通信系统——打造无时不在的军队沟通新途径

现代化军队的通信，是通过对电脑界面的操作来提供语音、视频与数据之间的随时交互共享，从而实现一种全新的快速、高效的沟通途径。协同通信系统可将部队机构内的所有部门、人员按照实际的组织结构列出，应用该系统的人员通过点击其他在线人员，可以有选择性地与对方进行语音、视频、数据共享、点对点会议等各种操作，将以往"看不见"的对话变为"面对面"的交流。与传统的电话沟通相比，它不仅更畅通、快捷，还可以有效降低沟通成本。另外，数据共享功能还可以将军队里需共同探讨的话题，如作战地图动态研究、工作报告资料等实时显示在数据区中，相关人员通过电脑即可进行远程的话题讨论、圈点批注。

2. 视频会议系统——军队作战指挥的得力装束

视频会议系统在军队中的应用不仅局限于远程会议的沟通功能，而且突破了其原有的局限，比如将其与作战指挥系统配合应用，提高作战指挥中的通信速度，成为部队创新应用的典型代表。该系统还能够有机调用电子地图等军事材料，使不同地域的指挥人员在作战指挥中随时掌握部队瞬间所处的方位，从而有利于野战条件下的机动作战指挥。该系统通过在部队的指挥、控制、通信和情报等系统中的全面、综合应用，在战备值班、战役演习、抢险救灾中发挥了重要的作用。

二、创新特点

（一）可视值班系统，军队应急处理的好帮手

利用网动视频会议系统的"多功能"，可以把视频会议系统与原有的作战值班系统进行结合，通过网络实现值班情况的直播和值班员之间的双向音／视频实时交流，从而实现值班过程中对交接班的工作汇报以及突发事件的应急处理。

通过可视对讲、音／视频报到、汇报工作等几个步骤，一场交班会是否顺利进行，各个值班点值班是否正常、工作状态情况如何，均在上级领导的轻松掌控之中，有效实现了军队的上行下达、下行上报等工作。另外，通过该系统还可随时调用各值班点的视频图像，在发生突发事件时各指挥人员能够通过共同查看相关视频资料来协商处理方案，从而有效地做好应急处理工作。

（二）远程视频监控系统，军队安全的守卫者

该军区在营区的大门口和部队领导的办公室、区内主要道路、区油库、变电站、军需库、军械库、加油站等重点部位设置了视频监控点。相关领导在办公桌前即可随时查看和调用各监控点的视频资料，通过多画面监控、电视墙、移动侦测、报警联动、存储回放等多种功能，实现全面的安全防卫工作。监控过程中，面对突发事件或异常，多人可以随时进入会议室，针对紧急情况进行讨论会商，监控、会议随时联合应用，方便、快捷。监控画面如图 22-1 所示。

图 22-1　监控画面

资料来源：赛迪顾问，2013-02。

三、借鉴价值

本系统为指挥机关和指挥人员提供了崭新的电子指挥工具，提高了指挥方法和水平，实现了高效率、高质量的指挥。该系统通过广泛使用电子计算机及其他技术设备，将信息处理自动化与决策方法科学化相结合，实现了军队的指挥自动化，把指挥人员从大量的重复的事务性劳动中解脱出来，提高了指挥效能。远程监控系统加强了各级指挥机关与部队之间的联系，可以迅速、准确地获取、传递和处理各种信息，提高了指挥机关的工作效能和军队的快速反应能力；同时，有助于军事科学理论的发展和现代科学技术在军事上的应用，推动军队作战指挥方法的改进，促进指挥人员水平的提高。

第二节　智能农业：北京小汤山现代农业科技示范园

一、案例概述

（一）实施背景

北京小汤山现代农业科技示范园位于昌平区小汤山镇，南临亚运村 17 千米；西距八达岭高速公路 5 千米；东临首都国际机场 10 千米，交通便利。园区始建于 1998 年，2001 年被国家科技部等 6 部委命名为北京昌平区国家农业科技园区，2010 年通过国家农业科技园区综合评议验收，是北京市首批的国家级农业科技园区。园区核心区面积 2300 亩，规划辐射面积 111.4 平方千米，涉及小汤山、兴寿、崔村、百善 4 个镇。园区土地肥沃、水源丰富，温榆河、葫芦河、蔺沟河等 8 条河流环绕其间，地热资源可开发利用面积达 100 平方千米。

（二）主要内容

目前，园区发展的物联网现代农业主要分成四大试验区。

（1）大田精准生产试验示范区：集成现代信息技术和智能装备技术，在定量决策的基础上，生成施肥、灌溉和喷药处方图后，由机械进行精准施肥、灌溉和喷药作业，实现了作物管理定量决策、定位投入和变量实施的精准作业管理。

（2）设施精准生产试验示范区：集成传感技术、电子技术、通信技术、计算机技术、网络技术、智能技术，根据作物生长发育规律对温室环境进行智能调控，进行了"温室娃娃"、温室环境智能监控与管理系统、移动式温室精准施肥系统、移动式温室精准施药系统、静电精准施药系统等应用。

（3）果园精准生产试验示范区：重点示范果园精准生产管理技术，包括智能语言驱鸟器、精准自动化灌溉系统、果园对靶精准施药技术等。

（4）精准灌溉试验区：将农艺节水和工程节水有效对接，通过远程监控节水技术、精确灌溉技术、节水专家系统和墒情监测技术实现"工程节水"与"管理节水"的对接，进行了绿水系列节水灌溉信息采集与控制系统、墒情监测系统、地下滴灌系统和负水头灌溉系统等应用示范。

二、创新特点

（一）先进的模式目标促科学发展

北京小汤山现代农业科技示范园根据"政府搭台、企业运作、中介参与、农民受益"的原则和"环境优美、设施先进、技术领先、品种优新、高效开放"五个基本目标建设发展。园区从 1998 年年底至今投入了 1.5 亿元资金用于水、电、路、通信等基础设施建设及绿化美化，通过拆墙透绿和修建电力设施、供水厂、污水处理厂等一系列基础设施，为园区营造了优越的投资发展环境。

（二）优惠政策吸引投资者入园兴业

经北京市政府批准，昌平区政府制定并出台了《关于加快小汤山现代农业科技示范园区发展》的政策，包括入园企业可采用租赁方式获得土地使用权，租赁年限根据不同产业需要一般为 30 ~ 50 年；园区设立融资担保机构，专为入园企业或机构提供贷款担保；此外，昌平区政府还在适当区域规划建设一定数量的专家公寓，以便向为园区建设和发展做出突出贡献的专家和科技人员提供优惠住房等。

（三）生产要素按需精准定位投入

园区实现了肥、水、药等生产要素按需精准定位投入，提高了资源利用率，减少了使用化肥、农药造成的环境污染，成为全国现代农业高技术的示范窗口。依托园区研发出的 50 多个技术产品，已经在全国 14 个省市得到不同程度的示范应用。园区每年接待国内外专家和参观访问人员 1000 人，已经成为我国现代农业高技术的重要交流平台。

三、借鉴价值

目前，北京小汤山现代农业科技示范园已有国家级北方林木种苗示范基地、国家淡水鱼业工程技术研究中心、精准农业项目、台湾三益兰花基地、北京天翼生物工程有限公司、中垦三菱示范农场等 51 家现代农业高新技术企业入驻，总投资达 30 多亿元，其中大型设施达到 60 万平方米。形成了小汤山特菜、林木种苗、花卉、鸵鸟、高档淡水鱼、肉用乳羔羊等一批优势产业。目前，园区创造了大约 10000 个就业机会，吸收了大量农民到园内企业就业，成为农业工人。

北京小汤山现代农业科技示范园的建设为农民就业提供了广阔的空间，为农民创造了更多同科技人员接触学习的机会，在实现提高农民收入的同时，还使他们掌握了更多的现代农业技能，改变了传统的观念，使农民素质得到全面提高。通过以园区的形式进行规模化生产、集约化经营，依托农副产品资源推动加工业发展，促进商贸流通业发展，就能够带动小城镇经济实力的提升，带动周边资源、劳动力向小城镇集聚，促进小城镇加快发展。发展农业科技园区，可有效促进农业科技和管理创新，促进结构调整优化，提升发展速度和水平，提高农业效益；有利于拓展农民增收空间，拓宽致富渠道，增加农民收入。

第三节　智能物流：中国远洋物流公司数据交换平台

一、案例概述

（一）实施背景

当前我国物流业的发展呈现出区域横向整合、行业纵向整合、物流组织流程和物流运营流程不断创新的趋势，但我国现代物流仍然处于初级阶段。我国物流规划和布局存在地区分割、部门分割等问题，各地物流资源难以有效整合，大量的物流资源没有发挥出应有的效用；物流上下游企业之间也存在着多重复杂矛盾，如运输规模与库存成本之间、配送成本与顾客服务水平之间、中转运输与装卸搬运之间的矛盾等。这些都是我国建设现代物流体系所亟待解决的问题。

信息化是提高营运效率、降低成本、提升客户服务质量的核心因素之一，是现代物流的重要支撑和保障。物流信息化建设包括物流信息基础设施建设、统一的物流信息公用平台建设、各类物流信息专业应用系统建设和物流企业信息化建设等。作为实现现代物流信息化的必要步骤，物流公共信息平台建设将在发挥地区优势，促进物流资源良好整合，解决物流企业间错综复杂的矛盾，推动我国现代物流业的发展及经济持续发展等方面起到至关重要的作用。

利用现代信息技术，建设公共信息平台，可实现区域间、区域内物流园区、配送中心、物流中心、交易中心、物流企业等之间的横向整合，做到区域物流资源信息的共享，最大限度地优化配置社会物流资源、降低社会物流成本，提升物流全过程的整体运作水平。

（二）主要内容

Sybase 的应用集成平台 Integration Orchestrator（以下简称"Sybase IO"）解决了中远物流内部系统，如 LMIS 和 DCNET 的相互集成，并通过 B2B 门户网站与客户 / 合作伙伴的业务系统自动地进行信息交换与处理，以及整个商务过程中所涉及的信息加工和业务流程处理等问题。Sybase IO 通过一种总线式结构集成各系统，采用消息机制在各个系统之间以标准 XML 格式进行业务数据的传递，通过 Sybase IO 的图形界面可以无须编程地进行业务流程、消息对应、格式转换等的定制，这样当业务信息进入 Sybase IO 后会自动地进行消息格式检查、消息加工处理、业务逻辑处理、业务流处理，并按照业务要求将消息在各节点间进行传递，使得内部和外部的各个业务系统有机地工作在一起。

二、创新特点

（一）用户编码难度降低，工作效率大幅提高

Sybase IO 将集成的逻辑设计和集成过程与基本的技术细节和物理层实现分离，提高了工作效率和管理功能。这样，商务管理人员就能够采用 Sybase IO 的图形建模工具来设计整体的商务过程和集成组件，而由技术人员来处理基本的体系结构细节和部署要求。由于极大地降低了用户编码的要求，从而显著地增强了灵活性，提高了投资收益，加强了对集成项目的管理。

（二）通过 Internet 实现内外部系统集成

Sybase IO 与外部系统，如客户的 ERP 系统的集成是通过 Internet 完成的，利用 HTTP、FTP、E-mail 或 Web Service 等方式将 XML 格式的业务指令与回执通过 B2B 门户网站进行双向业务数据交换。B2B 门户保存有基本的通信认证控制信息，以便对每个进入的指令和回执进行认证，并能够针对不同的客户选择不同的通信方式，以及具备出错重发等机制。

（三）商务流程建模工具显著提高集成水平

商务过程管理越来越成为集成的焦点，如果在商务过程中缺乏灵活性，就不能根据市场变化进行调整。这一过程必须是由商务驱动并由商务人员设计和管理。因此，有效的集成平台必须包括可靠的、图形化的、易于使用的商务过程管理工具。在这方面，Sybase IO 优势明显，不仅提供了商务流程建模工具，还提供了信息格式定制、格式转换和映射、规则管理及应用部署等全面的设计管理工具，简化了端对端集成，从而显著地提高了集成的水平。

三、借鉴价值

中远物流的客户多样，信息格式各异，但通过 IO 集成一体的设计、开发工具，采用图形化方式进行格式映射，即实现了自动的消息格式转换，而无须编程和中断平台的运行，从而大大提高了整体系统效率。商务规则的制定可以通过规则管理器，在商务流程设计上采用图形化界面的设计工具同样方便，对于业务流程中的操作进行节点定义，包括服务、端口和消息定义（Schema）的关联，并用鼠标拖拽的方式建立和改变流程，整个过程无须编程。同时，Sybase IO 支持一系列的集成标准（商务过程建模标准如 BPMN、消息标准如 JM、编程标准如 EJB、Web 服务标准如 SOAP，以及消息格式标准如 XML），方便用户应用的开放和扩展。

通过建立统一的企业数据信息共享平台，实现了信息的高速流转和集成，以及对当前业务活动的分析、监控和评价。中远物流数据交换平台采用先进的数据仓库技术和分析挖掘工

具，为企业的经营决策工作提供了及时、科学、真实、准确、完整的各种经营管理信息，提升了企业的运营水平和竞争能力。

第四节　智能交通：北京城市智能交通管理指挥控制系统

一、案例概述

（一）实施背景

近年来，北京市机动车保有量呈现逐年增长的态势，2011 年全年北京净增机动车 17.3 万辆，保有量接近 500 万辆。按此增速计算，预计到 2016 年，北京市机动车将突破 600 万辆。同时，随着北京市人口和社会经济发展，全市交通需求持续增长，2010 年年底六环内日均出行总量达 2904 万人次（不含步行），比 2009 年增加了 158 万人次，增长 5.8%。其中，公共汽（电）车出行量为 818 万人次 / 日，比 2009 年增加 25 万人次 / 日；地铁出行量为 335 万人次 / 日，比 2009 年增加 61 万人次 / 日；小汽车出行量为 993 万人次 / 日，比 2009 年增加 59 万人次 / 日。

随着北京经济社会持续快速发展，城市化、现代化、机动化进程进一步加快，人口、资源、环境矛盾日益加剧，人口规模突破城市总体规划预期，出行总量将持续增长、出行需求将更为复杂多样。为应对北京市不断严峻的交通形势，北京市交管部门建设了北京城市智能交通管理指挥控制系统，使首都交通管理步入了智能时代。

（二）主要内容

近几年，由北京市公安局公安交通管理局牵头的交管部门构建了以"一个中心、三个平台、八大系统"为核心的北京市城市智能交通管理指挥控制系统。其中，一个中心是指数据中心；三个平台包括指挥调度平台、业务应用平台、信息服务平台；八大系统包括交通信号控制系统、交通检测系统、信息服务与发布系统、交通诱导系统、数字化执法系统、综合业务应用系统、网络通信系统和指挥调度集成系统。在智能交通管理系统总体框架下，高度集成了视频监控、单兵定位、122 接处警、GPS 警车定位、信号控制、集群通信等 171 个应用子系统，融合了 1000TB 的实时海量数据。依托该技术支撑的现代化交通指挥控制中心，具有指挥调度、交通控制、综合监测、信息服务四大功能群，实现了对城市交通的可视化、扁平化、预案化和统一高效的指挥调度，显著地提高了指挥效率和快速反应能力，并构成三级指挥系统，实现了对社会交通和勤务交通立体掌控、定位到车、交替放行、精确到秒。北京城市智能交通管理指挥控制系统的建设和投入使用极大地强化了北京市智能交通管理的实战能力。

北京城市智能交通管理指挥控制系统架构如图 22-2 所示。

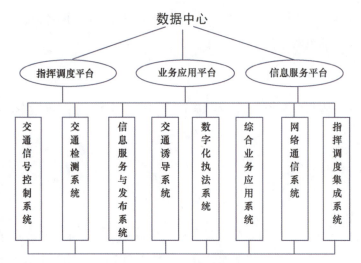

图 22-2　北京城市智能交通管理指挥控制系统架构

资料来源：赛迪顾问，2013-02。

二、创新特点

（一）基于视频多模式检测的混合交通信号控制技术

在对北京市混合交通流特征进行分析的基础上，交通信号控制系统采用了多模式视频检测技术，一方面将视频监测的交通流量、占有率、旅行时间、车辆排队长队等交通流数据引入交通信号控制系统中；另一方面可对信号路口闯红灯、不按车道行驶、违法占用专用车道、非机动车道等多种行为进行记录。通过交通流和违法行为的综合监测和系统的高度集成，不仅提高了信号控制效果，也规范了路口的行驶秩序，并且较好地解决了在城市快速建设期，地理式检测器损坏严重和人们法制观念淡薄导致的违法行为突出等问题。提出并建立了适合城市混合交通特点的信号控制周期、相位差优化算法模型、公交多线路交叉与社会车辆分级优先控制策略和优化模型，结合开放的通信协议和平台化的管理，实现了混合交通流下的交通高峰、平峰、低峰的点线面协调优化控制，有效提高了现有路网的最大通行效率。

（二）实时、动态的交通流预测、预报技术

针对北京市城市交通构成特点和混合交通流的特征，深入分析影响交通流预测精度的主要因素，研究开发了基于交通流跟踪分析模型和神经网络理论的交通仿真和预测、预报系统，实现了道路交通的宏观、中观、微观的交通预测预报，精度达到90%以上。基于该技术建成了交通管理信息发布中心，并通过室外诱导屏、互联网站、手机网站、广播电视等多种形式，向社会公众发布实时路况信息，有效引导交通出行，均衡路网流量，缓解交通拥堵。

（三）高度数字化的交通综合监测技术

根据不同的车道条件，采用微波视频等多种检测技术，建立了覆盖城市主干路和快速路，

具有视频监测、事件监测、交通流监测和违法监测功能的智能交通综合监测系统，为行驶秩序、出行信息服务和需求管理决策提供翔实的数据支持。

三、借鉴价值

随着人民群众生活水平的不断提高，汽车开始进入寻常百姓家庭，机动化社会进程加快，公众出行需求旺盛，预计到"十二五"末，我国民用汽车保有量将达到 1.5 亿辆，许多地区将面临与北京相似的城市交通发展形势。同时，全国城市人均乘用交通工具次数也将显著增加，对各地运输服务的安全性、舒适性、快捷性等都提出了更高要求。北京城市智能交通管理指挥控制系统充分发挥了现有交通基础设施的潜力，提高了运输效率，保障了交通安全，缓解了交通拥挤。北京市建设城市智能交通管理指挥控制系统的成功经验，对全国各地发展智能交通都具有积极的指导和示范作用。

第五节　智能电网：延安 750 千伏智能变电站

一、案例概述

（一）工程概况

智能变电站是采用先进、可靠、集成、低碳、环保的智能设备，以全站信息数字化、通信平台网络化、信息共享标准化为基本要求，自动完成信息采集、测量、控制、保护、计量和监测等基本功能，并可根据需要支持电网实时自动控制、智能调节、在线分析决策、协同互动等高级功能的变电站。

延安 750 千伏变电站作为国家电网公司首批智能变电站试点工程，是目前世界上电压等级最高的智能变电站。北距革命圣地延安市 95 千米，南距古城西安 200 千米。全站建筑面积 1505 平方米，工程总投资 5.8 亿元。工程于 2009 年 4 月 10 日正式开工建设，本期安装 210 万千瓦变压器 1 组，远期 2 组，750 千伏出线本期两回，远期 8 回；330 千伏出线本期 4 回，远期 12 回。该工程于 2011 年 3 月 1 日建成投产。

（二）主要内容

延安 750 千伏智能变电站设计采用智能一次设备，实现在线检测、故障诊断、状态检修和操作上的智能控制；采用智能站用电系统，实现低压交流电源信息化、自动化、互动化；直流一体化系统对直流电源、逆变电源、通信电源系统进行整合，形成唯一直流电源，凸显智能变电站的特点。

变电站实现了全站信息采集数据化、通信平台网络化、应用功能互动化、设备状态可视化。全站采用一体化全景信息平台，优化整合全站数据，提高了变电站运行水平，实现了顺序控制、智能告警、故障推理与分析决策等高级应用，可实现 750 千伏变电站无人值班，是常规变电站的一次根本性变革。

延安 750 千伏智能变电站平台建设目标如图 22-3 所示。

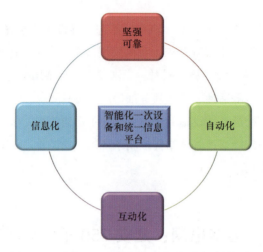

图 22-3　延安 750 千伏智能变电站平台建设目标

资料来源：赛迪顾问，2013-02。

二、创新特点

750 千伏延安智能变电站在一次设备智能化、电子式互感器的应用、变电站自动化配置、二次系统整合、高级应用等方面，均有重大创新和突破，其技术水平已达到国际领先水平。该变电站具有以下特点。

（一）工程建设经济、社会及环境效益显著

变电站实现系统调试工厂化，43 天完成全站二次系统 108 面 348 套装置的工厂联调和数字动模试验，节约现场安装调试 60 天，整体缩短工期 30 天；同时优化设备安装布置，330 千伏电子式互感器与刀闸静触头共柱安装，节约占地约 4 亩；优化二次设备布置，整合监控、五防、保护、在线监测等系统，智能终端就地安装，减少功能冗余房间，主控楼由两层优化为单层，全站减少建筑面积 20%；变电站建成投运后，节约占地 5%，节省电能损耗 7%，减少建筑面积 15%，节约全寿命周期建设成本 6%。

（二）采用先进、可靠、低碳的智能设备

变电站实现电气一次设备智能化，断路器加装机械、气体、局放状态监测单元和智能终端，实现测量数字化、控制网络化、状态可视化，主变压器嵌入油色谱、局放等传感器和智能终端，采用智能通风系统，节能 15%；全站采用电子式互感器，750 千伏采用罗氏线圈电子式

电流互感器，330千伏采用罗氏线圈、全光纤式电流互感器，不仅方便维护、检修，还可以改善互感器电磁特性，提高保护测控装置性能，提高安全、可靠性；实现统一状态监测平台，采用离线和在线相结合的方式，采集一次设备关键状态信息，可实现一次设备状态检修，节约投资约200余万元；实现数据采集信息化，模拟量、开关量采集传输网络化、数字化，相比常规变电站，控制电缆减少50%，电缆沟截面减少1/3；采用一体化全景信息平台，优化整合全站数据，提高了变电站运行水平，实现了一次设备可视化、状态检修、智能告警等高级应用功能，首次实现了750千伏变电站无人值班。

（三）系统、设备的兼容性和集成度显著提升

变电站实行统一通信网络标准，全站采用DL860（IEC61850），实现了二次系统设备之间的通用互换和互操作；实现逻辑回路虚拟化，二次回路由传统电缆"硬"接线方式改变为软件配置"软"接线方式；综合应用顺序控制、智能告警、故障推理与分析决策等高级应用，实现自动操作，改变了传统倒闸操作方式。

延安750千伏智能变电站平台示意图如图22-4所示。

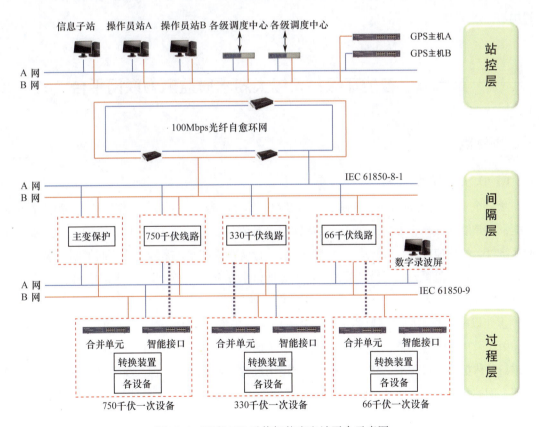

图22-4　延安750千伏智能变电站平台示意图

资料来源：许继电气，赛迪顾问整理，2013-02。

三、借鉴价值

该站从建设规划就考虑采用先进、可靠、集成、兼容、低碳的智能设备，大量使用国产智能一次设备、电子互感器、一体化全景智能平台等关键设备和技术，以及"三通一标"、"两型一化"等标准化成果，统筹安全、效能、寿命期成本关系，节能、节地、节水、节材。同时能实现一二次设备的良好兼容、自动化控制和无人值守等亮点。

"十二五"期间，国家电网与南方电网分别规划了共约5300亿元的特高压直流及特高压交流输电工程。按照国家电网规划，到2015年，华北、华东、华中特高压交流电网将形成"三纵三横一环网"的坚强网架。作为目前世界最高电压等级智能变电站，延安750千伏智能变电站是目前试点站中规模最大、系统最为复杂、设备智能化程度最高的，为智能电网建设的关键节点——智能变电站提供了借鉴经验。智能变电站更紧密联结全网，满足特高电压等级的输电网架要求，允许风能、太阳能等间歇性分布式电源的接入，实现远程的可视化和自动化，装备与设施标准统一等优势，有效地实现电资源的高效、合理、智能利用。

第六节　智能环保：无锡太湖水质监测物联网平台

一、案例概述

（一）实施背景

太湖流域面积3.69万平方千米，具有蓄洪、灌溉、航运、供水、水产养殖、旅游等多项功能，也是沿湖苏州、无锡等地区重要的饮用水源地，承担着向下游地区供水的任务。随着流域经济社会的快速发展，水污染治理相对滞后，近年来太湖水体富营养化不断加剧、水环境日益恶化。太湖蓝藻爆发，对沿湖周边城市水源地供水安全构成极大威胁，制约了流域经济社会的可持续发展。

多年以来，我国的环境监测工作一直采用人工采集、分析数据、手工汇总制表等工作手段，由于采样间隔时间长、数据分析汇总慢、传递不及时，难以准确、及时地对当地的环境现状进行整体把握。近年来，环境监测部门曾试用过数据传输网络，但大多数是上下级环境监测部门之间的数据传输，而基层监测部门对辖区内污染物排放企业的现场网络监控，尚缺乏成熟的经验。

太湖水质恶化对生产生活构成极大威胁，为了解决因为经济快速发展而造成的太湖水环境日益恶化，需要建立有效的水质监测、预警、处理系统，提升现有管理效率和决策水平。

（二）主要内容

无锡太湖水质监测物联网平台基于无锡水利现有信息化系统，应用先进的物联网技术对太湖水质、蓝藻、湖泛等进行智能感知，并实现对蓝藻打捞、运输车船等的智能调度，最终达到无锡太湖水环境智能监测、监控和调度，提升和改进原有水利信息化系统的时效性、准确性、智能性和综合性，极大地提升现有管理效率和决策水平（见图22-5）。

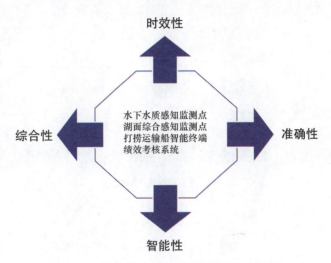

图 22-5　无锡太湖水质监测物联网平台建设目标

资料来源：赛迪顾问，2013-02。

二、创新特点

（一）多层次、多点分布的监测网络

利用卫星遥感技术，建立太湖蓝藻卫星遥感信息接收系统，对卫星遥感信息进行解析，获取太湖蓝藻分布、变化信息；在环太湖周围建设多点蓝藻图像监视站，实时监视太湖重点湖面蓝藻及其变化情况；在太湖、淀山湖建设浮台水质监测站，实时监测太湖重点湖区水质和藻密度变化趋势。

（二）动态数据采集实时进行预警

中心站将大量监测蓝藻动态变化的数据接收、处理和入库，并将人工巡查水体的蓝藻信息录入。在此基础上定制开发基于 Web GIS 的应用软件，满足蓝藻监测实时性的应用需求，提高工作效率，形成全方位的监测网点，构建太湖蓝藻信息采集系统，实现对太湖湖面重点区域蓝藻信息的监测、监视，对水质及蓝藻变化进行预警。

（三）3G 无线传输定时上传数据

由于蓝藻视频图像监视站点都位于太湖的湖岸地区，这里环境相对闭塞，无光纤接入端和交流电源，远离城市及乡镇。视频图像信号如果采用光纤传输，则首先需要拉光纤到运营商的基站，成本很高。因此，采用3G方式传输视频图像信号，选择CDMA2000技术作为视频图像的传输方式；同时考虑到设备供电的问题，蓝藻视频图像监视系统采用在白天定时抓拍图片上传，夜间不工作，需要时人工将抓拍图片改为视频模式，节约了供电、节省了流量费用。

无锡太湖水质监测物联网平台创新特点示意图如图22-6所示。

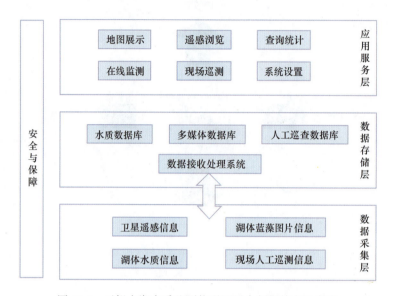

图22-6　无锡太湖水质监测物联网平台创新特点示意图

资料来源：赛迪顾问，2013-02。

三、借鉴价值

无锡太湖水质监测物联网平台是为对太湖蓝藻的发生、生长、爆发等实施全方位监测，收集蓝藻等水质信息而建设的。分别从水、陆、空三位一体来监测太湖的蓝藻，可从宏观到微观对蓝藻爆发的过程、程度实时监测，对趋势进行研判，既有整个太湖蓝藻面积的数据，也有监测点每升湖水中蓝藻个数的数据，还可看到在重要的水源地及蓝藻易发地区，蓝藻所形成的呈颗粒状、条状或油漆状分布的图像。

近几年，全国突发环境事件居高不下，环境应急管理面临严峻挑战。通过无锡太湖水质监测物联网平台的实施，为我国提高环境控制的实时性，助力环境风险防范提供了借鉴经验。借助GIS的强大空间分析能力，可以将监测数据以多媒体形式呈现，分析结果以直观的图表形式呈现，从而更好地支持全面的环境信息获取，可以保证环境保护管理部门对环境突发事件做出快速反应，对事件的影响程度和危害性做出正确估计，有效地促进环境风险的防范和突发事件的处理。

第七节　智能安防：深圳工行联网监控系统建设案例

一、案例概述

（一）实施背景

中国工商银行深圳市分行（以下简称"深圳工行"）在深圳市范围内共设有 129 个营业网点和 162 个离行式自助银行，共 291 个网点；各网点分别设有摄像机、硬盘录像机等监控设备，包含 957 台 ATM-DVR、543 台环境 DVR，共计 1500 台设备，监控点共计 8562 个点，并仍在不断增加。

最初使用的平台仅进行了简单的视频监控系统联网，实现视频预览等功能，但随着银行前端设备的增加，设备品牌、型号、类型等越来越复杂多样，由于技术上的不足以及项目后期的服务不够及时、到位，严重影响了深圳工行视频监控系统的联网进度和安防工作质量。

（二）主要内容

深圳工行与其他银行联网项目最大的不同是其复杂的网络状况：全行的监控网与行内的业务网并未分开，即离行网点的监控系统处于外网，而在行网点的监控系统与联网监控中心处于内网，二者并不相互连通，需要由科技处的代理服务器进行连接转发。深圳工行一级支行为 6Mbps 带宽，二级支行为 4Mbps 带宽，离行式自助银行是 2Mbps 带宽。

系统建设需要将外网的视频码流、报警信号、语音对讲系统进行联网建设，在监控中心实现远程调阅视频、视频轮巡上墙显示、报警接收提醒，并进行统一处理，实现方便地与前端网点间的语音对讲。

为适应安防行业高清化、智能化的发展趋势，项目还要求进行高清监控试点，由于网络带宽限制，选择分行大楼进行高清监控试点，安装了多路 720P、1080P 高清网络摄像机，在中心实现预览、上墙、轮巡、存储等功能，并在原有 ATM-DVR 基本上增加了智能 DVS，要求实现智能识别粘贴虚假广告条、加装读卡器等功能。

系统的离行监控设备与在行监控设备采用不同的联网方式，在行监控设备与中心机房在同一网络，可直接进行对接联网，而离行监控设备与中心机房互不相联，通过银行科技处的代理服务器、报警服务器、巡检服务器等进行数据代理转发，再与中心机房相联。

深圳工行联网系统内网示意图如图 22-7 所示，深圳工行联网系统外网示意图如图 22-8 所示。

在监控中心采用 40 寸 4×8 的电视墙，每块屏为四画面分割，24 小时多任务定时轮切；每个网点实时上传 2 ~ 4 个图像，码速 CIF 512Kbps 全帧率，充分利用各网点的带宽容量。

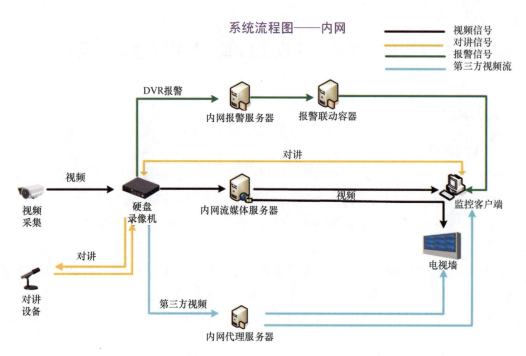

图 22-7　深圳工行联网系统内网示意图

资料来源：赛迪顾问，2013-02。

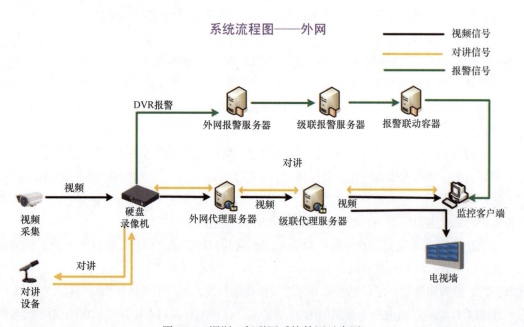

图 22-8　深圳工行联网系统外网示意图

资料来源：赛迪顾问，2013-02。

二、创新特点

（一）高性能、多功能高清摄像机的应用

高清摄像机采用高清 CCD+ ISP+ 高性能 DSP 架构设计，集高清视频采集、高清视频处理、车牌识别、车身颜色识别、视频触发等核心功能于一体。ISP 处理算法拥有独立自主知识产权，可针对现场独特环境进行优化，确保高清图像成像质量优于同类产品。

此外，高清摄像机采用前置三大智能功能，这样的好处是：第一，可分摊系统智能计算压力（在高清摄像机拥有足够处理性能的条件下，省却了后端服务器的投资）；第二，分析所需的图像源最接近真实环境，分析结果更准确。

（二）数据存储安全、可靠

视 / 音频等数据在前端网点的 DVR 主机做本地录像存储，在分行监控中心进行重要数据备份存储，两地分别进行数据存储，杜绝数据丢失现象的出现，保证了数据的安全性和可靠性。

（三）软件级联模式

整个联网架构体系采用以分行监控中心为主要核心节点，其中网点分为两大部分：一是内网营业厅网点；二是 24 小时离行式自助银行。各个营业厅网点的监控图像统一接入深圳市分行监控中心，24 小时离行式自助银行监控点接入分行科技处，在分行科技处提供软件级联模式，在分行监控中心和分行科技处软件实现互联互通，最终在分行监控中心实现深圳市联网监控画面的灵活调度。

（四）数据集中存储与前端缓存相结合

在中心机房部署集中存储系统（IPSAN 或 FCSAN），在外场配置数据缓存设备（工业硬盘或 SD 卡），借助软件平台的调度功能与前后端通信链路构成综合存储系统。

前端系统与中心系统之间通信正常时，数据自动实时上传至中心系统，若发生链路中断或其他故障，数据将缓存在外场系统，待故障恢复后，系统自动将缓存在前端的数据补录至中心系统，确保存储资料的完整性。

（五）带宽流量控制

联网软件可以实现对网络流量的控制，节约带宽，可以对控制权限进行区分，高级别的用户可以浏览全部区域画面，而低级别的用户不能浏览；通过区域和权限的控制，实现对其监控路数的控制，从而控制带宽流量。联网软件可以使银行业务带宽和监控带宽分开，不会给银行正常的业务带来困扰。

（六）融入智能监控元素

在自助行 ATM 监控中加入了智能监控元素，通过在前端的智能 DVR 或者后端的监控软

件中加入智能分析模块，实现变被动监控为主动监控，能够做到智能预警，将报警触发事件前移，减少银行损失。

三、借鉴价值

联网平台实现了智能化、可视化、高清化、业务集中管理、多级联网、分级部署、多业务融合等功能，特别是监控系统与第三方报警系统的联动，实现了花样式联动功能。

复杂的网络环境是智能安防必须面对的问题，如何与已有网络连入、如何提升系统联动的价值是智能安防需要解决的核心问题。近几年，全国安全事件多发，尤其是银行、教育行业，使得普通的监控系统面临挑战。通过工行联网监控系统的实施，借助行业监控管理平台的运行，最大限度地发挥监控系统的作用，达到实时、联网、智能的功效，加快出警速度，第一时间查看情况，加强视频复核，有效解决漏报、误报问题，最大限度地发挥系统的安全防范作用。

第八节　智能医疗：上海闸北区智能医疗信息化服务平台

一、案例概述

（一）实施背景

上海市闸北区是卫生部信息化试点示范区。在国家"十二五"规划将医疗信息化建设提升到战略高度并进一步促使医疗信息化建设快速发展的有利形势下，闸北区率先发挥自身电子信息产业基础优势，与华为合作开创了"智能医疗"的信息化平台服务模式，面向患者和老人提供远程健康监护，面向社区、医院、公共卫生机构和行业管理者提供信息支撑和监管帮助。同时，闸北区"智能医疗"平台还整合了"市医保系统"、"市公共卫生系统"和"医联系统"资源，方便用户了解居民健康档案信息，更好地享受公共医疗服务。

闸北区"智能医疗"的医疗信息化服务平台侧重信息资源的整合，同时对医院经营模式、行业管理模式以及个人享受医疗服务的模式都产生了重大的影响。

在个人享受医疗服务模式方面，远程健康监护更加容易实现。慢性病人、老人等监护对象的信息被采集后传输到医疗机构，随时让医疗机构掌握糖尿病、高血压、慢性阻塞性肺病、充血性心力衰竭等慢性病患者的健康状况，使慢性病人和老人随时随地享受安全的远程监护服务。

（二）主要内容

闸北区通过在医院数据中心、区域卫生数据中心等层面选择性部署 IaaS、PaaS、SaaS，形成了医院、社卫中心之间的信息和业务共享平台，实现了区域一卡通、居民健康档案的管理，加强了医院之间、医院与社区之间、社区之间的医疗业务协同，并通过医院、社区和公共卫生机构之间公共卫生业务的协同，提升了区域内居民的健康公众服务水平。

闸北区智能医疗信息化服务平台结构与内容如图22-9所示。

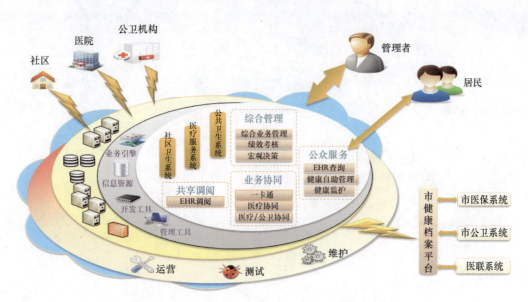

图22-9　闸北区智能医疗信息化服务平台结构与内容

资料来源：赛迪顾问，2013-02。

二、创新特点

（一）智能医疗信息化平台成就了闸北区没有PC的绿色医院

智能医疗信息化平台形成了一个完全没有计算机的工作环境，所有的计算、存储、信息共享都放在数据中心，而所有人实际上现在都是在远端进行办公，排队、叫号、看病信息的录入、开药、电子病例都告别了传统PC。这也使得医院能够达到高效、绿色的高水平运营。同时，终端与信息分离，桌面和数据在后台集中存储和处理的方式也让个人医疗信息的保密性得到有效的保障。此外，节能、无噪声的终端部署，还能有效解决密集办公环境的温度和噪声问题，不仅节约了大量的电能使用，还降低了办公环境的噪声污染。

（二）区域卫生信息化平台实现了资源的高度整合

闸北区共享、协同化、绿色、安全的区域卫生信息化平台，实现了双向转诊、电子病历、虚拟桌面办公等应用和高效运营，在实践中取得了良好的效果，电子病历、彩超、化验可以轻松共享。"智能医疗"的信息化平台充分体现了智能化、远程化和绿色化的理念，实现了三大业务系统——社区卫生、医疗服务、区域公共卫生的高效整合，通过资源整合、互联互通，从而加强卫生管理能力，提高资源利用效率，为医疗服务带来更多的价值创新。

共享、协同化的区域卫生信息化平台如图22-10所示。

图 22-10　共享、协同化的区域卫生信息化平台

资料来源：赛迪顾问，2013-02。

三、借鉴价值

医疗行业信息化发展水平是智能医疗的基础。上海市闸北区构筑具备"分布式、网络化、智能管控、开放性"的医疗行业信息平台，不仅使通常意义上的远程医疗服务能够在更广阔的平台上实现，让患者及监护对象的信息在更安全的范围内实现最及时、最丰富的共享应用，以此为用户提供更准确、更全面、更专业的医疗服务，同时，在信息的传输和使用方面，利用"智能医疗"的信息平台并结合云计算技术实现了整个行业信息资源的有效利用。这为城市或者区域实现"智能医疗"、资源整合提供了借鉴。

第九节　智能家居：上海万科蓝山别墅智能控制

一、案例概述

（一）实施背景

随着互联网技术和信息通信技术的飞速发展，信息化、智能化的浪潮正在席卷世界的每一个角落，智能家居进入豪宅，且正全方位地改变着全社会。人们对家的需求已不仅局限于生活的舒适和安全，把网络通信、信息处理与灯光、暖通等家居环境和家庭电器控制融在一起的简单操作与享受，乃是人们现在的渴望与追求。

上海万科蓝山别墅位于曹路板块，周边有杉达大学等多所高校，是一处符合现代居住观的生态型花园式共有别墅区。别墅业主除了对生活环境的高要求外，更希望在生活中增添一份个性化的智能控制，享受智能家居带来的乐趣。

（二）主要内容

本方案根据别墅业主的要求，施工方在此次项目中为业主设计了智能照明、智能安防、电动窗帘以及家庭娱乐影音等整体式系统。主要实现了以下功能：周界防盗及监控功能；全部房间的智能灯光控制；主要活动区域的背景音乐功能；一键式电动窗帘控制；烟感及燃气泄露感应报警功能；家用净水，中央除尘，中央空调集成等。

上海万科蓝山别墅整体式智能控制系统示意图如图 22-11 所示。

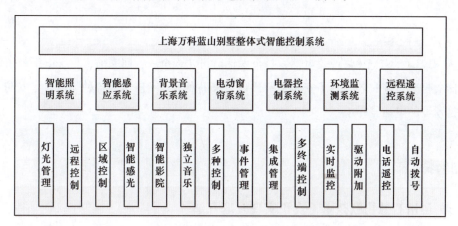

图 22-11　上海万科蓝山别墅整体式智能控制系统示意图

资料来源：赛迪顾问，2013-02。

1. 智能照明系统

实现对全宅灯光的智能管理，可以用遥控等多种智能控制方式实现对全宅灯光的遥控开关、调光、（区域）全开 / 全关及"会客、影院"等多种一键式灯光场景效果；并可用定时控制、电话远程控制、电脑本地及互联网远程控制等多种控制方式实现智能家居功能，从而达到智能照明节能、环保、舒适、方便的特点。

2. 智能感应系统

在门厅、过道、楼梯口及卫生间处设计智能感应系统，当傍晚时，人经过这些地方灯光会自动打开，具体的感应时间及灯光亮多久，系统可根据具体情况人性化地进行调节。

3. 背景音乐系统

智能影院中心内置功率放大器、MP3 和 FM 调频立体声收音机功能，每个房间都可以独立听音乐、切换音源、自由开关、调节音量大小而互不干扰；电脑、CD、VCD、DVD、MP3、FM（调频收音）等均可作为音源输入，并可实现 8 路立体声输出。

4. 电动窗帘系统

电动窗帘系统的功能是对家里的窗帘进行智能控制与管理。可以用遥控、定时等多种智能控制方式实现对全宅窗帘的开关、停止等控制，以及实现一键式场景效果。

5. 电器控制系统

传统电器以个体形式存在，而智能电器控制系统是把所有能控制的电器组成一个管理系统，比如热水器、空调、地暖、车库门、地源热泵主机、新风系统等；除了可以实现本地及异地红外家电的万能遥控外，还可以用遥控、场景、定时、电话及互联网远程、电脑等多种控制方式实现电器的智能管理与智能家居控制。

6. 环境监测系统

环境监测系统是通过安装在家中的探测器实时对家中的温度、湿度、亮度进行监测，并通过墙上的多功能开关实时显示，而且可以设置驱动各种智能化设备，如打开灯光、地暖、除湿机等。

7. 远程遥控系统

主人离家时，忘记关灯或关电器，打个电话就可实现全关；回家前，打个电话就可以先启动热水器，打开空调；若配置了安防系统，则当家里发生入室盗窃等各种险情时，安防系统会自动拨打预设的电话号码。

二、创新特点

（一）运用智慧物联技术，真正实现互联互通

此方案利用物联技术，对家里的窗帘、电器、照明及暖通等系统进行智能控制与管理，真正实现了智能安防、视频监控、可视对讲、智能感应等各大子系统之间的互联互通、无缝对接。

（二）集中操控全部系统，家庭事件尽在掌握

此方案可以实现用电话或电脑远程控制整个智能别墅系统以及实现安防系统的自动电话报警功能，无论用户在哪里，只要一个电话就可以随时实现对别墅内所有灯及各种电器的远程控制；智能手机、PAD可以作为可视对讲终端使用，实现移动可视对讲功能。

三、借鉴价值

完整的智能家居系统主要包括智能灯光控制系统，电器智能控制系统、电动窗帘门控制系统、中央背景音乐系统、视频共享系统、可视对讲系统、门禁指纹系统、安防报警系统、网络视频监控系统等。而目前对于以上各大系统的整合与实际应用，一般销售商都至少要采用 3～4 家不同生产商的产品，才能达到以上整体智能家居的功能和效果。各个厂家之间还存在着因为产品外观、通信技术、功能设计存在着很大的差异，都各自为政，互不开放技术协议的问题。此方案是一个先进、开放的平台，将家中的所有设备通过一个智能化平台管理起来，实现了无论在何地、何时都能把家里的一切展现在眼前的美好设想，同时也达到了比较理想的智能控制效果，揭示了整体式智能家居系统解决方案是未来智能家居发展的必然方向。

第十节　智能楼宇：中国财税博物馆智能化改造

一、案例概述

（一）实施背景

中国财税博物馆原为中国财政博物馆，始建于1999年，2003年更为现名，为财政部直属单位，由财政部中国财税博物馆和国家税务总局共同主管。博物馆占地27亩，建筑面积1.2万平方米，为现浇混凝土框架结构，地下一层，地上四层，由展览区、门厅区、办公区和接待楼组成，接待楼2层，最大建筑高度47.85米，是集展览、库房、办公和接待于一体的大型博物馆。博物馆致力建设一个平台和三个中心，即一个融实体建筑和虚拟数字化于一体，面向社会各界和财税系统的宣传教育、交流沟通的平台；财税历史文化展示中心、学术交流研究中心及财税信息资料中心。

为了给参观者提供高效、可靠的信息化服务，带来更加舒适的参观体验，同时进一步提高工作效率，降低运行成本，实现对场馆内集成的各智能化子系统的综合管理，中国财税博物馆对其弱电系统按照甲级智能建筑的功能及标准进行设计改造，力求建设配置标准高、功能完备的智能化系统。

（二）主要内容

本改造项目基于博物馆原有的弱电系统和综合信息服务系统，应用先进的物联网技术、电子信息技术、通信技术等对弱电系统及信息服务系统进行智能化改造，通过计算机网络系统将各子系统集成，以实现各子系统的统一监测、控制、管理与信息的资源共享，并对全局事件进行综合处理，实现流程自动化，最终大幅提高现有运行效率，同时为游客带来良好、舒适的参观环境与体验。

二、创新特点

（一）对各机电子系统进行统一的监测、控制和管理

集成系统将分散、相互独立的弱电子系统，用相同的环境、相同的软件界面进行集中监视。各部门以及管理员可以通过自己的桌面计算机进行监视；可以看到环境温度、湿度等参数，空调、电梯等设备的运行状态，建筑的用电、用水、通风和照明情况，以及保安、巡更的布防状况，消防系统的烟感、温感的状态等。这种监控功能是方便的，可以以生动的图形方式和方便的人机界面展示人们希望得到的各种信息。

（二）实现跨子系统的联动，提高建筑的功能水平

弱电系统实现集成以后，原本各自独立的子系统从集成平台的角度来看，就如同一个系统一样，无论信息点和受控点是否在一个子系统内都可以建立联动关系。这种跨系统的控制流程，大大提高了建筑物的自动化水平。例如，当有人上班进入办公室，用智慧卡开门时，楼宇自控系统将办公室的灯光、空调自动打开，保安系统立刻对工作区撤防，门禁、考勤系统能够记录上下班人员和时间，同时中央视频监控系统也可通过摄像机记录人员出入的情况。当建筑物发生火灾报警时，楼宇自控系统关闭相关空调电源，门禁系统打开房门的电磁锁，中央视频监控系统将火警画面切换给主管负责人，同时停车场系统打开栅栏机，尽快疏散车辆。这些事件的综合处理，在各自独立的弱电系统中是不可能实现的，而在集成系统中却可以按实际需要设置后得到实现，这就极大地提高了大楼的集成管理水平。

（三）提供开放的数据结构，共享信息资源

随着计算机和网络技术的高度发展，信息环境的建立及形成已不是一件困难的事。虽然系统产品供应商们正在努力制定各种应用层次的通信协议标准，在目前条件下，真正限制信息系统发展的是不同数据类型之间的信息交换或者说是系统之间的通信接口。如果集成信息系统无法得到需要的数据，就不能发挥有效的作用。弱电系统控制着建筑物内所有的机电设备，包括空调系统、通信系统、广播系统、安保系统等，传统上各系统自成体系工作，并不和外界交换信息。由于数据结构、通信格式的不同，集成系统无法采集所需的资料，用户花费大量资金建立的信息服务系统、物业管理系统、设备维护系统、决策辅助系统等就不能发挥应有的作用。计算机集成网络系统将真正解决这样的数据、信息交换问题。它建立一个开放的工作平台，采集、转译各子系统的数据，建立对应系统的服务程序，接受网络上所有授权用户的服务请求，即实现了数据共享。这种网络环境下的分布式客户机／服务器结构使集成信息系统能够充分发挥其强大的功能。

三、借鉴价值

中国财税博物馆智能化改造项目在为使用者提供高效、舒适、便捷及安全服务的前提下，大幅降低了建筑的经营费用，提高了运行管理的智能化水平，更可以在博物馆发生突发事件时对全局事件进行快速响应和控制，将灾害损失或公共安全危险减少到最低程度。该项目基于物联网技术，将多种传感器、智能图像分析、网络传输等弱电系统有机结合，实现楼宇、安防、消防、管理的自动化控制。

近几年，全国突发的公共安全事件屡有发生，加之建筑运营成本不断增加，对突发事件应急管理及处理能力带来严峻挑战。通过中国财税博物馆的智能化改造，为我国提高博物馆等公共场所安全防范及控制能力提供了借鉴经验。通过对原有弱电系统的集成，将传感器系统、视频智能分析系统、机电联动系统等相互融合，能够对博物馆内机电设施运营状态进行统一监

视、控制与管理，对全局突发事件进行快速响应与综合处理，并实现流程自动化。同时，借助信息共享系统为其他外部系统提供信息数据支撑，能够大幅提高设备利用率，减少管理人员数量，降低管理成本。

第十一节　智能金融：交通银行信息交换平台

一、案例概述

（一）实施背景

　　面向未来，交通银行的战略目标是朝着"国际公众银行、创新型银行、综合性银行、经营集约化银行、管理先进型银行"的目标迈进，努力创办一流的金融控股集团。但是，随着中国金融业的逐步开放，以及经济全球化进程的加快，中国经济持续、健康的发展和人们对金融产品需求的升级，交通银行也和其他银行一样面临着种种挑战。为此，交通银行在完善公司治理、健全机构网络、提升经营管理以及优化金融服务、提升财务状况等方面不断努力，增强自己的创新能力，提升客户满意度，打造独特的核心竞争力。合理利用现有的存储系统，实现效益最大化，采用以光纤附加存储（FAS）为核心的统一存储，把 NAS、SAN 及多元化存储功能融会贯通，满足不同存储需求，减少所需的磁盘和设备以及在数据中心所占据的物理空间。这样不仅可以简化整体存储架构，提高利用率，又能节省不必要的成本及管理资源。

　　作为提升竞争力的重要手段，信息化一直是交通银行建设的一个重点。不过，由于历史原因，存储系统造成的数据"信息孤岛"林立，成为交通银行提升内部管理水平和效率以及市场和客户反应速度的一个障碍。交通银行以前的数据存储缺乏统一的部署和管理，各种应用系统使用不同的形式存储数据，而且数据存储在不同的设备上，这样，就难以快速地进行数据交换，不能有效地进行数据共享、整合，从而形成信息孤岛，难以满足交通银行在新形势下快速发展的需求。为此，交通银行决定建设一套统一的存储解决方案，在保证安全、稳定性的基础上，实现数据存储的统一管理，最终实现数据的快速交换、高效信息传递和分享。

（二）主要内容

　　针对交通银行对数据整合、分享和交换的存储需求，以及确保安全、稳定性和业务连续性的需要，NetApp 为其定制了一套企业信息交换平台解决方案，彻底解决了交通银行的数据信息孤岛问题，释放出数据的巨大力量。整个方案由两台 NetApp FAS6030A 高端存储设备、Snapmirror 数据复制软件以及 10Gbps 以太网卡、快速部署服务等构成。

　　交通银行信息交换平台解决方案如图 22-12 所示。

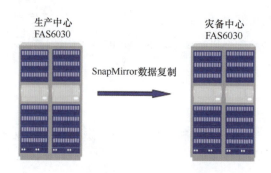

图 22-12　交通银行信息交换平台解决方案

资料来源：赛迪顾问，2013-02。

其中，NetApp FAS6030A 是最高端的 NetApp 系统，将 NetApp FAS 产品线的性能和可扩展性拓展到了更高的层次。FAS6030A 完全适合大规模存储整合的需要，能够同时支持数百个基于 SAN 和 NAS 的应用。该系统存储容量可扩展至 500TB，这是一个以前只有最昂贵的存储系统才能实现的水平。与竞争对手的高端存储系统不同，FAS6030A 采用模块化存储设计，能够方便地"随需"部署，提高业务灵活性并降低成本。

性能强大的 FAS6030A，配合 10Gbps 以太网卡，不仅可让来自不同设备、以不同格式存储的数据实现统一、打破彼此的隔阂、实现共享和交换，同时把速度和效率提升了到一个新的水平，大大提高了数据传输能力，可以全面满足应用系统数据交换的需要。

NetApp SnapMirror 软件功能强大且易于实施和管理，通过在一个简化的解决方案中提供灾难恢复和数据分发功能，为当前全球企业提供了强有力的支持。SnapMirror 是一款非常具有成本效益的解决方案，具有充足的存储空间和网络宽带，通过灾难恢复站点有效地为企业应用提供增加价值，其简单、灵活且经济有效的复制，实现了灾难恢复和数据分发。

二、创新特点

（一）出色的性能

需要把以前存储在不同节点、不同设备以及以不同格式存储的数据统一起来，提供稳定、快速和简易的数据搜索、共享，提高数据交换的速度，进一步挖掘数据的价值。能支持数据交换的巨大吞吐量，甚至应对所有网络节点用户的访问高峰。同时，数据的存储容量、存储构架能灵活性地进行拓展。

（二）易于管理

随着数据的不断积累和日益复杂化，存储系统能对数据进行统一的管理，遵循和按照数据的生命周期进行管理。同时，让管理变得更加简捷、直观，从而减少管理和维护的成本，使总成本更低。

（三）灵活的容灾技术

数据安全是银行业的生命线。因此，交通银行信息交换平台拥有多种数据安全机制，确保数据安全的万无一失。同时，还具有灵活的容灾技术和科学的容灾策略，确保在灾难发生时不影响业务的连续性，并保证数据安全，而且可以在第一时间快速恢复数据。

三、借鉴价值

NetApp 企业信息交换平台解决方案给交通银行带来了立竿见影的效果，不仅彻底消除了以前数据存储和利用的"信息孤岛"现象，而且在保证稳定性的情况下，大大提高了数据传输速度，满足应用系统数据交换的需要。更为重要的是，通过构建多层数据保护机制，大大提高了数据安全和容灾恢复的能力。

通过信息化来提升银行的竞争力，是各家银行的长期策略。采用 NetApp 的存储实现交换平台解决方案后，银行就可以比较好地解决由于历史原因而造成的数据"信息孤岛"林立问题。在 NAS 性能方面，NetApp FAS6030 也有着明显的优势，实现了数据高效的交换和共享，大大提供了效率，发挥了 IT 投资的价值。与此同时，交通银行在安全性、稳定性等方面也前进了一大步，大大提高了其数据安全和容灾恢复能力。此外 NetApp FAS6030 还面向未来提供了灵活的拓展性。

企业应用案例

第一节　无锡物联网产业研究院

一、企业概况

　　无锡物联网产业研究院（原名中科院无锡高新微纳传感网工程技术研发中心，以下简称"研究院"）是在中科院、江苏省的合作框架下，由中科院上海微系统与信息技术研究所、无锡高新区合作成立的独立法人事业单位，位于无锡高新区太科园境内，于 2009 年 1 月 7 日登记成立，主要从事物联网的研发、设计以及中试、生产。

　　研究院发展迅猛，目前研发、生产及管理团队总体规模达 500 多人，同时申报组建了科技部国家传感网工程技术研究中心、国家发改委物联网工程实验室。团队自 1999 年开始从事物联网研究，与国际主要研发机构处于同等水平，部分技术达到领先水平，同时，研究院负责牵头制定国家标准，技术主导国际标准化进程。

　　研究院现有 6000 余万元的测试设备、2000 余万元的环模试验设备、市值上亿元的仿真设计工具，是一流的研发、试验平台，为产品的可靠性和质量提供了保障。以需求为牵引，研究院产品在公共安全、民航、智能交通等行业得到初步应用。同时，研究院与中国移动、Nokia 等企业积极合作，推动物联网在公众应用领域的拓展。

二、产品系列

（一）共性模块产品

　　通过拥有自主知识产权的核心技术，以市场为导向，设计制造物联网自主创新产品，如共性平台相关共性模块产品，可广泛应用于工业自动化、智能建筑、智能交通、智能电网、无线抄表、管线监控等领域。

1. 区域警戒核心产品

区域警戒核心产品，如振动融合感知节点、激光雷达融合感知节点等产品通过公安部认证、军品认证和国家 3C 认证，已成功应用于浦东机场、无锡机场、世博园区、上海工行数据中心、无锡市民中心、成都双流机场航空港等要地。

2. 车辆检测核心产品

车辆检测核心产品，如车流量磁敏检测器、电子警察磁敏检测器、交通信号控制磁敏检测器、智能停车场车位磁敏检测器等产品已通过中国测试技术研究院测试认证，其中智能停车场车位检测器是国内首家采用磁敏与红外复合算法传感技术对车位状态进行感知的车位检测器。目前相关产品已成功应用于上海，山东，黑龙江，浙江杭州、宁波、嘉兴、湖州，江苏无锡、南通等省市和美国旧金山。

3. 感知煤矿核心产品

感知煤矿核心产品，如动态目标识别器、人员识别卡、手持检卡设备，能够及时、准确地将井下各个区域人员和移动设备情况动态反映到地面计算机系统，使管理人员能够随时掌握井下人员和移动设备的总数及分布情况，相关产品已广泛应用于四川各主要煤矿。

4. 共性平台核心产品

共性平台核心产品，如 MicroNet 系列无线模块类产品集成最新一代 SoC 无线通信解决方案，兼容 IEEE 802.15.4/RF4CE 等多项国际标准协议，内嵌自主知识产权的嵌入式低功耗网络协议栈，符合国家传感器网络通信相关标准规范。在工业自动化、智能建筑、智能交通、智能电网、无线抄表、管线监控等各种物联网应用中均具有极强的应用潜力。

（二）解决方案

1. 区域警戒

利用物联网技术进行协同感知的新一代区域警戒系统可实现对入侵目标的探测、定位、分类识别、轨迹跟踪等功能，并可通过前端探测设备与声光电联动机制，对攀爬翻越、掘地入侵、低空抛物、围栏破坏等行为发布报警信息，实现全天候、全天时的实时主动防护，对于我国当前平安社区和平安城市建设意义重大。

区域警戒系统工作流程图如图 23-1 所示。

2. 智能监控

研究院与四川省安监局等行业用户紧密合作，研发出矿山安全生产物联网综合监管平台、矿井人员管理系统、重大危险源监管系统等解决方案，利用当前先进的物联网技术，基于地理信息系统，能够对安全生产企业的作业环境、设备运转状态、人员分布情况、生产调度情况等信息进行全面、清楚、及时、准确的监测，从而实现灾害的有效预防以及应急管理。

感知安监解决方案系统架构如图 23-2 所示。

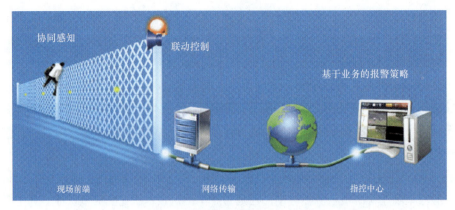

图 23-1　区域警戒系统工作流程图

资料来源：赛迪顾问整理，2013-02。

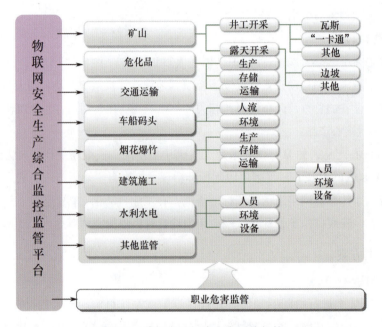

图 23-2　感知安监解决方案系统架构

资料来源：赛迪顾问整理，2013-02。

3. 智能电网

通过对电力企业的并购转型，整合电力行业传统产品，形成了新的物联网解决方案，成功推出 SF6 气体微水与密度在线监测系统、变电站状态监测与智能辅助系统综合平台等电力行业物联网产品。产品现已稳定、可靠地服务于全国 11 个省部分的电力网局和发电厂站。

基于物联网技术的物联网智能变电站状态监测及辅助系统解决方案可以实现变电站智能数字化。2011 年，成功建立无锡西泾 220 千伏智能化变电站状态监测及辅助系统，这是国内首个智能变电站，其采用物联网技术解决智能化变电站一次设备状态检修、消防报警、防入侵、站用动力节能、变电站防漏水、水浸报警等复杂烦琐的问题。

4. 智能交通

基于自主研发的地磁车辆检测节点产品，已形成以智能交通指挥平台为主体的，包括交通诱导系统、治安卡口系统、电子警察系统、交通信号控制系统、特勤车辆管理系统、三车管理系统、交通车辆信息采集与统计系统、停车诱导系统等在内的系列解决方案。目前已在国内13个省市以及美国、加拿大、阿联酋等国家得到成功应用。

5. 感知热网

研究院开发的智能热表综合管理系统，可以实现高效的热量统计分析、低用量报警、设备状态监控报警、热计量远程抄表、热计量缴费查询、节能管理等功能；此外，还可以通过提供共性模块，兼容多种协议，为电表、水表、燃气表、热量表提供自动远程抄表管理，实现水、电、气、暖"四表集抄"。

6. 感知烟草

借助物联网"共性平台"的核心技术来实现业务链中不同信息系统之间的数据链路，研发的感知卡、电子许可证、手持终端等系列产品已经得到运用，已形成实时在线、全程透明管理的烟草管理优化平台。全面支持烤烟、卷烟生产及销售的全生命周期，包括烟叶种植、育苗管理、烟叶收购、运储、工业公司生产、配送、销售等各环节业务流程。

感知烟草解决方案系统架构如图 23-3 所示。

图 23-3　感知烟草解决方案系统架构

资料来源：赛迪顾问整理，2013-02。

三、企业案例

　　无锡市感知市民中心物联网示范工程采用传感网核心技术，选择太湖新城无锡市民中心及周边在周界安全、车辆停泊管理、交通以及智能楼宇等领域作为实施对象，建设"传感网"这一新兴信息化应用领域的示范工程。将"感知中国"这一产业发展远景在江苏落地，在无锡落地，在无锡市民中心以实质性的方式推进先进技术与应用效果的落地。

　　为充分展示传感网在实际生产、生活中的应用示范，令无锡市公众能够感知市民中心因此技术的应用而带来的变化，本工程整合周界虚拟围栏子系统、智能停车场子系统、智能交通子系统、智能楼宇四套典型传感网应用构成整个示范工程。整个系统的逻辑架构自下而上分为检测控制层、网络传输层、应用层三个部分，其作用分别如下。

　　（1）检测控制层：通过多传感器完成监测数据的采集，同时接收指挥控制中心根据对所采集数据分析处理后发出的调度指令做出联动响应，从而实现入侵报警、车位引导、道路信息、楼宇设备工作状况等客户化回馈。

　　（2）网络传输层：是检测控制层与应用层的数据链路，通过有线链路、无线链路、公众网络等多种传输手段实现现场数据的回传和中央指令的下达。

　　（3）应用层：传感网中各传感节点实现相互感知，实现现场数据的处理与分析，依据所处理数据和分析结果做出指挥调度指令，实现智能化的物物感知。

四、创新特点

（一）引领国际标准制定，推进国家标准建设

　　国际标准化组织中主要参与的有 ISO/IEC JTC1 WG7、IEEE 802.15.4、ZigBee 联盟、OGC 等，其中研究院是推动 ISO/IEC JTC1 WG7 成立的四个发起者之一，在物联网国际标准化组织（ISO）中，有 32 个成员国参与物联网国际标准的制定，研究院拥有过半的主编辑席位及联合主编辑席位，是 IEEE 802.15.4e 和 4g 的主要贡献者。

　　研究院牵头国家传感器网络标准工作组（WGSN）和国家物联网基础标准工作组的组织协调工作，同时还牵头 SN PG2、PG4、HPG1 项目组、国家物联网基础标准工作组总体项目组的工作。此外，研究院还积极参与物联网交通领域应用标准工作组和农业物联网行业应用标准工作组，推动物联网技术在行业应用领域的发展。

（二）持续开展基础科学研究，建立共性技术平台

　　研究院与国际同步持续推进基础理论前沿研究，主持了国家 973 物联网项目课题、国家 03 重大专项传感网总体课题、物联网总体课题、设备研制及产业化课题、重大应用示范等 19 项课题，被科技部授予组建国家传感网工程技术研究中心，组建传感网产业化公共服务平台。目前，研究院在物联网基础理论、物联网基础通信网络、物联网服务集成平台与服务、物联网应用提供（防入侵、电网等）等方面已取得一定的科研成果。目前已出版《物联网之感知社会

论》专著，理论上对物联网进行了顶层设计。

第二节　大唐电信

一、企业概况

大唐电信科技产业集团（以下简称"大唐电信"）成立于 2001 年，前身是 1957 年成立的邮电部邮电科学研究院，2000 年由电信科学技术研究院改制为企业，隶属国务院国资委管辖，集团拥有或控股大唐电信科技股份有限公司、大唐高鸿数据网络有限公司、中芯国际集成电路制造有限公司等产业单位和科研院所 20 余家，总部位于北京，在上海、天津、成都、西安、重庆、深圳等主要经济发达城市设有研发与生产基地。

大唐电信目前拥有无线移动通信、集成电路设计与制造、特种通信、产业金融和战略性新兴产业五大产业板块。在无线移动通信领域，大唐电信主导了我国 3G、4G 产业的发展，通过成功推动自主创新的 TD-SCDMA 和 TD-LTE 技术的产业化，探索了一条"技术专利化、专利标准化、标准产业化、产业市场化、市场国际化"的自主创新发展之路，实践了全新的"中国创造"发展模式。

二、产品系列

"十二五"以来，大唐电信进一步推进 TD 与物联网深入融合发展，全面布局物联网产业，现已初步形成了覆盖物联网全产业链的产品技术体系（见图 23-4）。针对智慧城市和行业物联网两大目标市场，大唐电信已经打造出一批成熟完整的解决方案并在市场上得到成功应用和广泛认可。

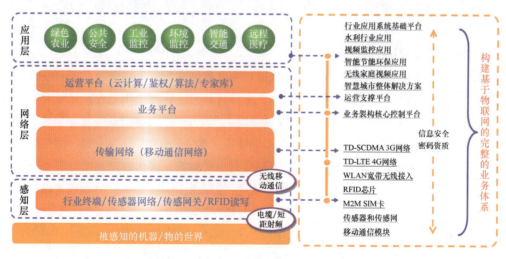

图 23-4　大唐电信物联网产品技术体系

资料来源：大唐电信，赛迪顾问整理，2013-02。

（一）智慧城市

1. 智慧城市开放式架构解决方案

智慧城市开放式架构解决方案依托大唐电信的智慧城市运营服务平台，总体规划三个体系，即整体体系、整体应用布局体系、整体运营管理体系。主要包括四大平台功能，即统一接入平台、业务能力开放平台、业务协同管理平台和运营支撑管理平台。通过这四大平台实现开放式的业务接口，可关联的业务互通，可运营可管理的规范平台，全面的网络和终端管理，泛在化终端的行为感知，高效、便捷的资源策略。

2. 智慧城管解决方案

智慧城管解决方案包括以下 10 个核心子系统，即无线数据采集子系统、呼叫中心受理子系统、协同工作子系统、地理编码子系统、监督指挥子系统、评价统计子系统、应用维护子系统、基础数据资源管理子系统、视频监控子系统和城市部件在线更新子系统，充分满足各地城市精细化管理的需要。

3. 城市综合管理和应急联动解决方案

城市综合管理和应急联动解决方案充分利用各类智能终端，实现城市管理空间细化和管理对象的精确定位，形成一个精确、高效、全时段、全方位的集成化信息平台，建立闭环的城市管理工作流程和科学的绩效评价体系，实现城市管理的精确和高效，形成物联化、移动化、数字化、无线化的智慧城市管理系统，实现管理对象数字化、评价标准公开化、管理资源整合化、业务流程规范化的目标。

4. 平安城市解决方案

平安城市解决方案是综合利用有线／无线通信技术、视频监控技术、传感探测技术、智能分析技术、GIS 及数据库技术、GPS 卫星定位和移动通信基站定位技术等多种前沿科技，集城市报警与社会联动系统、社会治安视频监控系统、交通视频监控系统、交通管理系统、智能分析与识别系统、移动目标定位系统、有线／无线通信系统、警力调度和视频会议系统于一体的综合性城市安全管理系统。

5. 智能交通管理指挥系统解决方案

智能交通管理指挥系统解决方案以地理信息综合数据库和电子地图为工作平台的主要界面支撑，以交通指挥中心计算机网络为载体，建设智能交通管理指挥平台、交通信号控制系统、车辆智能监测记录系统、多功能电子警察系统、卡口系统、智能分析系统、交通事件检测系统以及交通信息采集系统等，并与已有的车辆管理、驾驶员管理、违法处理、事故处理等道路交通管理信息系统集成，实现各种交通管理信息集成整合，深化处理和增值服务，使各种动、静态公安信息浑然一体、相互补充，便于交通指挥人员迅速决策、快速反应与出警，使广大交通出行者全面掌握监控区域的交通状况，及时修正交通计划，保证交通的安全与畅通。

6. 智慧养老解决方案

智慧养老解决方案在深刻了解我国养老现状的基础上，借鉴国外不同养老保障模式的优点，逐步推行智能化的居家养老系统，利用现代信息网络手段，为居家老人提供实时、便捷的服务。智慧养老系统包括业务管理平台、综合服务平台、呼叫中心平台、综合监控平台四大业务平台，以及共享数据中心、统一接口服务平台两个基础平台。六大平台既相对独立，各自提供专业的服务，又相互关联，满足多种渠道一站式服务的需求。

（二）行业物联网

1. TD-LTE 行业专网解决方案

TDiN 专网系统将 TD-LTE 技术引入行业应用领域，根据各行业用户业务特点量身定制，包含了行业核心网、行业业务平台、行业基站、行业终端、行业统一网管等组建 TD-LTE 端到端网络的完整产品线。该系统有效地提高了频谱效率，减小了传输时延；采用载波聚合和感知技术，有效利用 230MHz 频率资源，解决频谱资源紧张问题；按照业务提供优先级，保证重点业务的实时性和可靠性；针对不同业务需求，提供不同类型终端，降低成本和功耗；单基站覆盖能力强，有效解决了广覆盖问题，降低了网络建设成本。

2. "感知矿山"解决方案

"感知矿山"综合信息化解决方案由矿山综合自动化信息平台、井下人员管理系统、井上井下光纤环网络系统、有线 / 无线一体综合通信调度系统、工业电视监控系统、大屏幕显示系统等组成。以物联网技术为基础，在综合自动化和信息化上进行提升，实现数据采集自动化、业务信息集成化、信息管理网络化，最终为煤矿安全生产管理决策的科学化、现代化和智能化服务。

3. 可视化物流解决方案

可视化物流系统利用先进的射频识别技术，整合全球定位系统、地理信息系统和安全证书认证等现代化管理手段，打造全程可视、可控、可追溯的物流信息管理平台体系，能够为物流园区物流企业提供信用信息查询、综合企业信息、网上交易、电子仓储等服务；为物流园区管理方提供园区物流规划、智能调度、实时监控等管理手段；为政府和监管方提供结构整合、高层决策所需的科学数据信息。

4. 智慧水利解决方案

智慧水利解决方案将物联网的泛在感知、可靠传送、智能处理等特点应用到水利信息化领域，使用了自动化信息采集监测设备，对雨量、水位、水量、水质等信息进行实时的采集，通过无线网络、有线网络进行传输汇集，通过灌区信息化管理、城市排水应急管理、大型泵站综合自动化控制和水资源管理等多种应用，服务于防汛抗旱、城市水务信息化、水资源监测管理等多项业务管理。从而切实提高水利行业管理的综合能力和管理水平，使水利行业从数字化逐步向智能化迈进，实现向动态管理、精细管理、定量管理和科学管理的转变。

5. 智慧农业解决方案

远程农业监控解决方案是智慧农业的一种典型应用，通过系统可以实时采集温室内视频图像和温 / 湿度、CO_2 浓度、光照度、叶面湿度、露点温度等环境参数，并上传到处理中心；通过远程客户端连接到处理中心即可浏览实时视频，同时以直观的图表和曲线的方式观察现场环境数据；系统可根据种植作物的需求提供各种环境参数自动监测和声光报警功能，并可根据需求自动控制指定设备，随时对温室环境进行及时干预。系统利用环境数据与作物信息，指导用户进行正确的栽培管理，实现农业设施综合生态信息自动监测，为农业生产环境自动控制和智能化管理提供科学依据，可广泛应用于设施农业、园艺、畜牧业等领域。

三、典型案例

（一）南京市建邺区智慧新城城市运营管理中心

2012 年 9 月，大唐电信启动南京市建邺区"智慧新城城市运营管理中心"项目建设。该项目分三期建设，主要功能包括城市运营管理指标统一展现、智能业务协同、智慧综合决策支持等。

该项目基于 SOA 思想、采用开放式的分层架构，为南京市建邺区搭建标准化、统一运营、统一管理的城市智能化基础平台——城市运营管理中心（COC）。城市运营管理中心是智慧城市体系中面向城市运营管理领域的综合性高层应用平台，核心目标是将原有和新建的各类业务系统依据统一的标准进行对接，实现城市运营管理信息资源的全面整合与共享，业务应用的智能协同，并依托于城市信息资源数据库，为城市管理者提供智能决策支持。

通过城市运营管理中心的建设，能够及时、全面地了解城市运营管理各个环节的关键指标；采用智能分析预测等手段，提高管理、应急和服务的响应速度；逐步实现被动式管理向主动式响应的转型；并以高效率的跨部门智能协同提升城市管理和服务的水平，从而不断向"智慧化"城市运营管理的目标迈进。

（二）咸阳泾渭新区数字化园信息化平台

大唐电信按照咸阳市泾渭新区管理委员会长远可持续发展的要求，采用先进的信息技术，在泾渭新区管理处建设了一个功能完备、技术先进的信息化综合管理服务平台，实现了对新园区的综合化智能化服务管理支撑。与此同时，也帮助当地打造了一支既熟悉泾渭新区业务，又掌握信息技术的复合型人才队伍，以满足"泾渭新区"数字园长期运营管理的需求。

（三）银川数字城管项目

2010 年 2 月，大唐电信作为总集成商承建银川数字化城市管理信息系统，并于 2010 年 12 月基本建成。该项目将城市的基础设施、经济、文化、教育和安全等信息有效组织起来，形成先进网络环境下的应用系统，为城市电子政务、电子商务、城市智能交通、市政基础设施管理、公众信息服务、教育管理、医疗管理、社会保障管理、城市环境质量监测与管理、社区管理等几乎城市经济和生活的所有方面提供便捷和有效的服务。

（四）遵义城市报警与监控暨智能交通管理指挥平台

2012 年 5 月，大唐电信作为总集成商承建贵州省遵义市"城市报警与监控暨智能交通管理指挥平台"项目，该项目采用 BT 建设模式，合同金额 5.86 亿元，大唐电信为项目提供投融资服务和整体解决方案。

该项目由安全边界接入平台、部门间共享与服务平台、警用地理信息系统、城市报警与视频监控系统、中心城区道路交通管理监控指挥系统、公安应急管理平台以及相关硬件设备、软件开发组成。城市报警与智能交通管理指挥平台建成后,将全面实现遵义市"一体化、全方位"的城市交通管理与治安监控,大大提升遵义市社会公共安全保障服务能力。

四、创新特点

大唐电信物联网发展战略围绕 TD 无线通信和芯片设计制造产业,从新技术应用、产品、集成应用、两业融合、产业衍生、产业集群等各个角度推动物联网产业发展,大唐电信一直致力于发挥在标准和产业链布局以及 TD 网络、芯片设计与制造、终端应用、信息安全等领域的优势,打造自身的物联网技术体系,协助行业客户积极探索新环境下的业务应用。目前,大唐电信在 RFID、GSM 工业模块、3G 终端模块、3G 工业模块、TD 网络终端设备、无线宽带等领域积累了雄厚的技术储备,解决了此前物联网应用中的关键感知和通信技术的瓶颈问题,成功推出面向物联网应用的感知层芯片和模块、网络层无线移动通信端到端解决方案及应用层行业应用软件,其中面向智慧城市、煤炭行业、物流行业、水利行业和农业行业应用的整体解决方案已实现规模商用。

第三节 中 国 电 信

一、企业概况

中国电信股份有限公司成立于 2002 年,是我国特大型国有通信企业,连续多年入选"世界 500 强企业",主要经营固定电话、移动通信、互联网接入及应用等综合信息服务。中国电信自 2004 年提出由传统基础网络运营商向现代综合信息服务提供商转型以来,通过大力发展综合信息服务等非语音业务,强化精确管理,优化资源配置,保持了企业持续、稳定、健康发展。2008 年再一次经历电信体制改革,获得移动业务牌照,自 2009 年获得 3G 业务牌照以来,公司大力推进聚集客户的信息化创新战略和差异化发展策略,成功进入移动市场,实现了全业务发展的良好开局。作为我国信息化建设的主力军,中国电信大力开发和推广信息化应用,以全新的多业务、多网络、多终端融合及价值链延伸,努力使信息化成果惠及社会各行业和广大人民群众,先后为 20 多个行业和众多企业提供针对性的信息化解决方案。

二、产品系列

2003 年开始,中国电信响应国家的创新战略,针对模拟视频监控范围的局限性,利用运营商网络的优势，在国内外没有任何参照的困难情况下开发出电信级架构监控系统的原型系统。2004 年前后，公安机关针对加强社会面的安全防范和科技强警，政府和企业为了加强信息化和可视化的监管手段，相继进行了一些监控系统的建设。在这样的有利形势下，随着工作的展开和深入，中国电信逐渐掌握了监控系统的原理、构成和相应技术，在当时监控行业的技术水准不高的困难情况下，中国电信最早与安防设备厂商合作并推出自己的业务品牌"全球眼"，同时也是最早开始运营级网络数字视频监控应用的运营商。

"全球眼"网络视频监控是一项完全基于宽带网的图像远程监控、传输、存储、管理的增值业务。该业务系统利用中国电信无处不达的宽带网络，将分散、独立的图像采集点进行联网，实现跨区域、全国范围内的统一监控、统一存储、统一管理、资源共享，为各行业的管理决策者提供一种全新、直观、扩大视觉和听觉范围的管理工具，提高其工作绩效。

中国电信将业务发展重点定在行业客户，其策略是在巩固原有庞大的行业客户群的基础上，继续做大做强，继续保持行业应用的领先地位，同时，选择合适的时机启动个人用户、家庭用户和小规模商业用户的市场攻坚。

"全球眼"网络视频监控业务不仅为政府、企业等用户带来了便捷的无地域差异的管理和监控手段，也为电信带来了丰厚的收益和良好的社会效益。目前，中国电信的视频监控业务已经覆盖到全国 31 个省市，自从 2003 年推出"全球眼"业务至 2011 年年底，中国电信已累计在全国架设安装 70 多万个监控点，并在公安、质检、中小企业、政府、家庭、保险等 20 多个行业得到广泛应用。中国电信累计产生收入 74.49 亿元，并带动了上百亿元相关产业的发展，2007—2012 年保持了业务的高速发展势头。

三、企业案例

近几年，随着上海的经济发展、城市环线交通的改善，加上汽车价格的频频下降，购买小轿车的家庭越来越多，再加上新增企业的用车，上海的车辆数量急剧增长。这也给经营车险业务的财产保险公司带来了无限的商机。

保险公司对出了交通事故的车辆理赔时需要先进行定损，以确定车辆的损坏程度。这个定损的过程，大多数保险公司采用的方式是车险理赔员到车辆修理厂进行拍照，然后回到保险公司再进行最后的定损和理赔。由于照片是静态的，容易造假，因此这种定损方式的缺点是理赔员、修理厂和客户之间容易达成私下交易，夸大和虚构车辆损坏程度，形成骗保以造成保险公司的损失。因此，保险公司需要更先进和高效的手段解决该问题。

为了从根源上杜绝骗保事件，上海某保险公司与中国电信合作，定制开发了上海某保险公司"全球眼"远程定损监控系统（见图 23-5），该保险公司选择了位于虹桥机场内迎宾二路上的某高档车修理厂作为监控前端，安装了 7 路摄像头（目前开通了 6 路）和一个"全球眼"视频服务器，监控中心位于公司总部。总部通过原有的一条 ATM 155Mbps 电路（分出

30Mbps）连接到上海电信的"全球眼"平台，修理厂通过新装的 2Mbps EDSL（ATM）电路连接到"全球眼"平台。

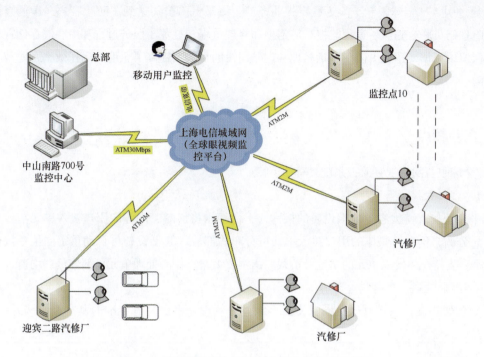

图 23-5 某保险公司车险远程定损业务应用示意图

资料来源：中国电信，赛迪顾问整理，2013-02。

该系统的主要功能如下。

1. 实时视频观看 / 控制

将通过摄像机或 DV 捕捉到的定损点实时视频图像压缩后通过网络传输到远程定损终端。

2. 高清晰度图片抓拍 / 上传

用户单击图片抓拍快捷键后，可抓拍当前车辆损坏监控画面，单击图片上传按钮，首先对图片进行预览，将符合要求的图片直接批量上传至保险公司数据存储平台。

3. 双向语音

可配置需要进行双向通话的双方手机号码，在客户端单击双向通话按钮，声讯平台同时呼叫双方号码，双方接通后可直接进行通话。

4. 定损通告

前端定损点在接收到车辆定损要求后，可以通过前端设备向对应的保险公司发出定损要求，从而触发一个车辆定损的事件。

5. 定损请求排队

各定损点发出定损通告后，系统能够将所有定损请求发送至定损员桌面，定损请求以列表形式展现在用户桌面，定损员可选择定损案件进行处理。

6. 临时账号

车主通过临时账号实时察看车辆定损、维修过程。

通过引入"全球眼"车险远程定损业务，上海某保险公司达到了防止客户、车辆修理厂和车险理赔员联合骗保、远程监控车辆定损和修理过程，规范了服务过程和中心端存储视频图像，保留了证据，达到了防止车辆修理和理赔纠纷的目的，提高了企业的运作效率，防范了经营风险。

四、创新特点

"全球眼"网络视频监控系统具有如下特点。

1. 容量大

平台架构支持大容量前端设备的接入，平台架构将信令、媒体的用户接入单元与核心处理单元分离，信令、媒体的用户接入单元可分布式部署，终端设备可自动重定向信令接入单元，平台支持媒体转发单元的指定及负载均衡调度策略。核心处理单元可部署负载均衡。

2. 互通性强

平台架构支持多域互联，同时支持多级业务管理。平台具有标准的基本组成网元结构、协议接口标准。

3. 可网管

支持对平台设备与终端设备的集中式统一网管。

4. 可融合

平台架构可支持业务管理部分与业务能力部分的分离，便于与电信其他业务系统的接口，包括各种业务支撑系统及需互通其他业务平台；需支持未来向类似业务的融合平台发展。

为了保持和提高"全球眼"产品在市场上的竞争力，中国电信持续投入可观的研发经费用于网络视频监控产品的完善和改进，促进产品从企业级向运营级的转变。经过10年的艰辛发展历程，中国电信的"全球眼"视频监控促进合作厂家的监控平台和前端设备不断升级，陆续解决了电信级大容量、前端和平台设备跨厂家互通、3G无线接入和转码、高清接入、智能监控等重大技术问题，并将监控平台成功移植到云上，为用户带来更为清晰、高效、便利的监控服务。

第四节   航 天 科 技

一、企业概况

航天科技控股集团股份有限公司（股票代码：000901）作为中国航天科工飞航技术研究院

控股的军民融合型高科技上市公司，注册成立于 1998 年，旗下共有航天益来、航天惯性、航天海鹰机电、航天时空、山东泰瑞风华和哈尔滨公司六家全资及控股公司，截至 2011 年年底，公司实现营业收入 12.5 亿元，资产总额 11.6 亿元，净资产 8.2 亿元，拥有员工近 2000 人，其中研发管理人员占 30%以上。

公司依托航天军工技术资源与优势，形成了航天应用产品与智控装备、汽车电子和以车联网为核心的物联网三大主业，产品业务主要有：固体电子废弃物综合处理系统、烟气在线监测系统、除尘脱硫系统、抽油机井口监测系统、定量发油控制系统、LWD 无线随钻测斜系统、地质灾害监测系统、汽车组合仪表、车身网络控制系统、汽车电子产品以及以车载终端产品和车联运营平台为基础的智能车联公用及商用综合解决方案和运营服务等，涉及军工、交通、环保、石油石化、电力、地质等多个领域，在取得良好的社会与经济效益的同时，具备一定的规模与市场影响力。

二、产品系列

公司物联网相关产品主要集中在车联网领域。车联网方案的实施，旨在研制北斗兼容的智能车载终端和运营车辆管理平台。智能车载终端符合 JT/T794 2011 标准，具有车辆行驶记录、车辆监控、通信功能，并扩展了多媒体导航功能。管理平台符合 JT/T796 2011 标准，还可为车辆提供天气状况，实时动态交通状况，保险、救援、加油、维修保养，节能环保等个性化的贴心服务。通过智能公交路口控制技术、车载计算平台技术、车辆远程故障诊断技术、动态导航等关键技术，形成车载终端产品、车辆调度监控系统、电子车牌及区域收费系统、高速公路智能交通系统等特色产品，实现服务政府道路车辆监管、服务运输企业经营管理和服务车主驾驶需求等功能。

公司依托信息化集成能力，发挥技术优势，切合政府智能交通系统建设，以系统集成业务为牵引，发展交通管控系统、智能终端以及交通综合信息服务等业务，力争成为国内知名的一体化智能交通系统设备供应商和综合方案解决商。

（一）智能终端架构

车联网方案的实施，旨在研发基于 BD-2/GPS 导航定位模块和 3G 通信模块的系统集成，以及和 CAN 总线控制技术结合的智能车载终端产品及省级运营车辆管理平台，研究面向服务的，低成本、高可靠性的小型化智能车载终端设备和安全、开放的分布式管理平台的设计开发技术，完善从产品开发、测试到部署实施的完整体系。

终端采用面向服务的硬件架构、软件系统架构和基于总线控制的模块设计方案。

1. 硬件架构

硬件架构系统示意图如图 23-6 所示。

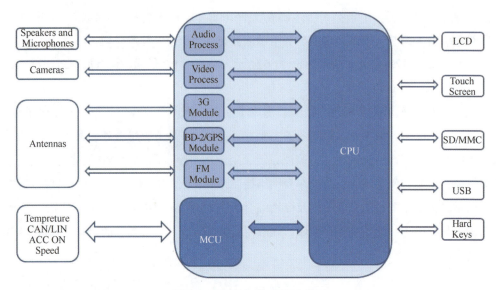

图 23-6　硬件架构系统示意图

资料来源：航天科技集团，赛迪顾问整理，2013-02。

2. 软件系统构架

软件系统架构示意图如图 23-7 所示。

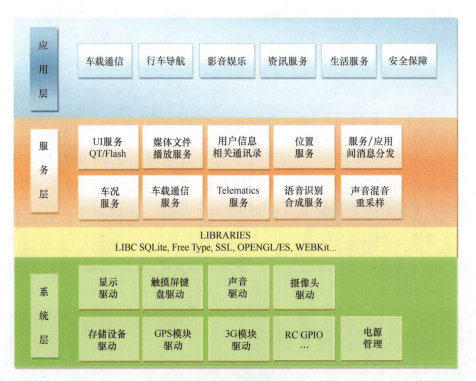

图 23-7　软件系统架构示意图

资料来源：航天科技集团，赛迪顾问整理，2013-02。

按照软件模块所处的层次不同划分为应用层、服务层、系统层。其中，将 Linux 操作系统内核以及所有图形加速库、数据库服务、文件服务、网络安全服务和所有硬件驱动程序等基础架构服务划为系统层。该层的软件设计强调稳定性、鲁棒性以及高效性。同时由于不与具体服务或者应用对应，可以确保该层的软件开发具有通用性和一致性。

3. 模块设计方案

模块设计与系统架构划分不同，其划分依据来自不同的功能描述，可以定义为功能模块设计。某一个功能模块可能仅限于应用层，也有可能同时涉及系统层、服务层和应用层。

不同的功能模块根据耦合程度的不同，可以划分为若干个模块组。每一个模块都有一个进程或者一组进程来具体实现。模块间协调、配合通过模块通信方式来解决。

（二）管理平台方案

项目开发的安全、开放的营运车辆管理平台，将是分布式的异构系统，随着系统中功能和模块不断增加，为了各个异构系统和应用程序能够无缝地进行连接，要求构建一个分层的体系结构。该分层要求各应用系统以彼此提供服务的方式进行集成，并具有松散耦合、位置透明、协议兼容等特征。通过对平台特点的分析，第一次引入了面向车队、企业的本地化服务扩展、分布式二次开发平台的架构设计理念。

该方案通过设立相对独立的用户中心分系统（User Data Center，UDC），将用户的属性和行为等数据融合到一点进行集中处理、标准化并分析挖掘，能得到最准确的用户行为特征值，从而为个性化服务提供坚实的基础。

三、企业案例

下面以江西省交通运输厅北斗定位监控管理系统建设为例加以说明。

根据国家"十二五"规划对全面提升交通运输安全管理的需求，为全面提升江西省交通运输信息化水平，江西省将全部监控车辆接入全国重点营运车辆联网联控系统，对交通运输车辆进行监督和管理，最大限度地提高道路运输管理水平。

江西省为加强营运车辆联网联控管理能力，提高道路客货运输行业安全生产管理水平，将建立监控系统和安装车载终端产品，建设及安装实施方案整体分为三大部分。

（1）网络与平台建设。依托独有系统技术以及国内成熟的 3G 通信技术，完成平台建设及车载终端设备安装，按照需求及技术要求对"系统平台"进行设计开发、建设维护和完善，实现数据互联互通、信息共享。

（2）选型安装。由航天科技提供符合国家标准和交通运输部技术要求的车载终端，并实施安装和维护工作。

（3）基础信息提供。由江西省相关管理及主管部门提供系统所需的车辆基本信息。

通过建立一个能够融合多种设备技术的具有国内领先水平的道路运输安全动态监控体系，实现江西省、市、县、企业四级道路运输的全程监控。

四、创新特点

以先进的设计理念带动技术水平的提升，提高交通运输的信息化管理水平，积极推进智能交通的建设。BD-2/GPS 导航定位 + 3G 通信集成的系统核心模块保证了终端设备的单一中心的设计架构，改变了以往以 MCU 为中心的系统架构设计，提高了系统的可靠性；而面向服务的管理平台架构体系可使各省管理平台彼此进行无缝连接，提高了我国交通运输信息化管理水平；有利于运输企业对车辆实时监控、实时调度，进行及时维护和保养，降低车辆事故；有利于选择最优行驶路线，缓解道路的堵塞，促进智能交通的构建和发展。

第五节　神州信息

一、企业概况

神州数码信息服务股份有限公司（以下简称"神州信息"）隶属于神州数码控股有限公司，是中国专业的整合 IT 服务商。神州信息构建了全面服务于行业客户的业务布局和组织体系，为金融、电信、政府、制造、军队、能源等行业客户提供涵盖应用软件开发、专业技术服务、系统集成、金融自助设备等的整合 IT 服务。

神州信息以服务产品化、解决方案、产品研发交付以及资源整合四大能力为依托，搭建了完善的整合 IT 服务体系。神州信息拥有 500 多项自主创新的全行业应用解决方案，200 多项自主知识产权的软件著作权及产品技术专利，以及全面的服务资质。

二、产品系列

（一）云中心运维管理解决方案

神州信息云中心运维管理解决方案是神州信息自主研发、具备自主知识产权的产品方案。它具备"集成化、标准化、智能化"特点，以 IT 服务流程管理为中枢，以综合监控、服务自动化为手段，具备资源监控、资源调配、服务自动化、IT 服务管理、统一门户展现等功能。

神州信息云中心运维管理解决方案将运营架构、服务架构的理念引入企业私有云架构中。根据企业 IT 需求可将云计算资源组装成服务产品，并将 IT 成本核算到服务产品中，企业需求人员可自由、灵活地选择服务目录中的产品，并按照产品资费标准进行内部结算，可实现企业IT "零成本"运营。

（二）肉菜流通追溯体系解决方案

肉菜流通追溯体系解决方案扎实立足政府、企业、消费者三方用户需求，精细梳理从屠宰到消费的全链追溯实现方式，根据商务部《全国肉类蔬菜流通追溯体系建设规范》要求，结合城市业务特色，按照"以卡管人，以标管猪（菜）"的理念，以肉菜流通服务卡和产品追溯码为信息传递工具，以具有技术先进性的产品 RFID 溯源标签为表现形式，以查询系统为服务手段，实现肉菜从养殖、屠宰、批发、零售的全过程质量追溯。

（三）智慧监管解决方案

智慧监管解决方案的设计目标是实现风险监管的联网、可视、智能和敏捷性。

神州数码智慧监管解决方案主要包括通用的监管框架和风险模型两部分，风险模型根据各个行业的业务逻辑模型和风险预警监测点不同，可以动态地加载（见图 23-8）。

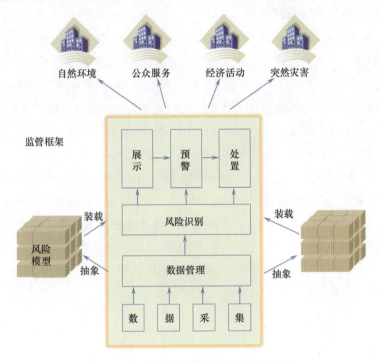

图 23-8　神州信息智慧监管解决方案框架

资料来源：神州信息，赛迪顾问整理，2013-02。

监管框架：监管框架软件提供数据联网采集、数据管理、风险智能识别、风险的展示、预警和处置功能。监管软件可以通过配置实现风险模型的加载和风险的多种策略扫描，及时、迅速地发现潜在风险或者突发事件，并采取对应的措施进行预警或者处置。

风险模型：针对不同行业、不同领域制定的独特的业务规则、指标、算法等内容，用于不同环境下的风险识别，支持动态的配置风险模型，以支撑不同行业风险识别的需要。

三、企业案例

（一）国药集团数据中心向云演进实践

本案例摘自中国医药集团与神州信息联合发布的《集团企业数据中心向云演进的策略与

实践白皮书（2012）》。

基于业内对云架构的普遍理解和中国医药集团的实践，集团信息化部确定了基础设施云平台架构，基础设施云平台架构逻辑上包括三个部分：技术架构、服务架构、运营架构。其中，技术架构是私有云架构的基础，技术架构承载着最终用户需求的实现，但向客户提供服务的类型、方式、流程等将由服务架构完成，技术架构不直接面对客户，它将在技术上支撑服务架构的实现。同时，运营架构又要实现对技术架构与服务架构的有效保障。

（二）苏州肉菜流通追溯体系一期工程、昆山肉菜流通追溯体系、太仓肉菜流通追溯系统、吴江肉菜流通追溯体系

从市场上买来的肉菜，通过销售小票上的追溯码就能查到生产、批发、零售等环节的详细信息，这样的追溯系统在苏州初步建立起来。这是继"市民卡"、"电子口岸"项目之后，在"智慧城市"领域的又一重大突破，也是尝试通过智慧城市信息技术手段帮助政府解决民生问题，在肉菜溯源解决方案上的技术实力体现。神州信息为苏州量身打造的肉菜流通追溯体系，已成功上线，成效显著，实现了肉品质量安全保障能力的提高，为苏州的食品安全监管带来了预期中的积极效应，得到了行业专家和客户的一致肯定。

苏州肉菜追溯体系建设从建设范围上不但包括所有七个区，同时也是国内第一个要实现市县两级追溯、联动的追溯系统。依据"先肉后菜、分步实施"的方针，在技术实现及后续推广上不但充分考虑未来蔬菜等农产品追溯的扩展，更为系统向县级延伸和联合做好充足的准备。在苏州肉菜追溯体系初见成效之后，神州信息又先后承担了昆山、太仓、吴江三市的肉菜流通追溯体系建设，实现了该项工程国家标准化、地区拓展、联合、延伸的需求，有力保证了体系效能在区域的高效拓展。

四、创新特点

（一）运维解决方案

集中统一监控云中心各种 IT 资源（如网络、存储、主机、操作系统、中间件、数据库等）、实时监控、快速发现问题、实行基于 ITIL 的自动化服务流程管理。根据云中心公共服务要求和资源状况进行合理分配、自动资源调整，提高基础设施共享程度以及资源使用效率。通过服务自动化技术，改变了传统的人工操作模式，在提高运维效率的同时降低了操作风险。

（二）智慧监管解决方案

神州信息智慧监管解决方案支持广泛的联网策略，既支持传统的人－机接口、计算机网络方式，也支持新的物联网方式。该方案采用国际最先进的、富有前瞻性的 SOA 软件架构体系，为基于 SOA 架构的应用集成中间件提供基础的运行支持平台，体现了世界软件技术演进的主流趋势，改变了传统的软件架构，可以提供比传统中间件产品更为廉价的解决方案，同时它还可以消除不同应用之间的技术差异，让不同的应用服务器协议运作，实现了不

同的服务间的通信与整合。监测预警平台可以实现灵活的部署方式，支持集中管理、分布式运行模式。

（三）监测预警平台

监测预警平台采用纯 Java 语言开发，可以稳定运行在 Windows、UNIX，以及 Linux 等众多操作系统之上。提供大量的预制服务，构成服务组件库，用户从构件库中选取构件，通过配置服务流程，可以灵活实现业务数据交换，从而使用户无须编程就能创建、修改和部署新的应用，减少了产品的开发实施进度。提供各种适配器组件用来封装异构数据源，适配器支持关系型数据库（Oracle、MS SQL，MySQL 等），半结构化数据（XML 等）和非结构化数据（文本文件、二进制文件等）。

第六节　海 康 威 视

一、企业概况

杭州海康威视数字技术股份有限公司（以下简称"海康威视"）是全球领先的物联网产品及行业解决方案提供商，拥有业内领先的自主核心技术和可持续研发能力，在物联网感知、传输及应用层均有多年深厚的技术积累，面向全球提供领先的物联网产品、专业的行业解决方案与优质的服务，为客户持续创造更大价值。

海康威视的营销及服务网络覆盖全球，目前在中国 32 个城市已设立分公司，在洛杉矶、中国香港、阿姆斯特丹、孟买、圣彼得堡、迪拜、新加坡、南非、巴西和意大利设立了全资或控股子公司。"专业、厚实、诚信、持续创新"的海康威视，以人人轻松享有安全的品质生活为愿景，矢志成为受人尊敬的、全球卓著的专业公司和安防行业的领跑者。

二、产品系列

海康威视提供摄像机 / 智能球机、光端机、DVR/DVS/ 板卡、网络存储、视频综合平台、中心管理软件、报警产品等产品，并针对金融、公安、电讯、交通、司法、教育、电力、水利、军队等众多行业提供合适的细分产品与专业的行业解决方案。其中，视频图像采集、非结构化数据存储分析、视频智能识别方面更已走在全球前沿。

（一）产品

海康威视拥有从前端采集、传输、存储、信息处理和中心管理的各个环节的产品线，可满足各行业安防和可视化应用的产品需求。

1. 前端产品

海康威视具有多种形态的产品，以满足不同的应用需求，包括枪形、球形、半球形以及针孔、卡片等多种形态；分辨率包含标清、准高清、高清、超高清等多种清晰度；输出接口包括模拟、IP、高清数字、光纤口等。

2. 后端产品

海康威视是全球最大的 DVR 产品供应商，其产品涵盖了低、中、高各个不同的应用阶层的需求，广泛应用于金融、公安、部队、电信、交通、电力、教育、水利等领域的安全防范。

3. 视频综合管理平台

海康威视视频综合管理平台支持模拟及数字视频的矩阵切换、视频图像行为分析、视／音频编解码、集中存储管理、网络实时预览、视频拼接上墙等功能。

4. 存储产品

海康威视推出了多种不同的存储产品，以满足不同的市场需求。采用强大的处理器、稳定的体系架构、RAID 6 技术、热插拔硬盘、多千兆网口及冗余热备电源、智能控制风扇，既满足了高性能的要求，又彻底保护了用户的数据安全。

5. 智能分析产品

海康威视推出了一系列智能分析产品，如行为分析智能检测产品、金融 ATM 防护产品和监所室内防护智能产品。在识别方面，海康威视经过几年的努力，已经拥有自主核心的人脸识别技术及相应的产品，并达到国内的上游水平。

6. 软件管理平台

海康威视致力于整体安防解决方案的提供，并组建专业的应用软件团队开发专业的监控应用平台，目前已经产生了适合于各种行业应用的平台系列产品。

（二）解决方案

海康威视为金融、公安、电信、交通、司法、教育、电力、水利、军队等众多行业提供整体解决方案，其中智慧型平安城市解决方案是最完整、规模最大的解决方案。

平安城市通过网络把采集、传输、控制、存储、显示等设备集成到综合集成管理平台上，实现省级、市级、县级等多级联网管控，通过人防、技防、物防的相互配合和相互作用，共同形成城市的安全防范体系，这不仅为公安治安或技防部门的治安管理提供服务，同时也为其他政府部门，如交通、市政、安监等提供可视化技术支撑。

第一轮的平安城市建设已经基本结束，平安城市将进入深化、整合、提高的第二阶段。智慧型平安城市新建并整合大量的摄像头，这些摄像头将城市的各个角落的视频图像信息传输到各级处理中心，这实质上就是一个城市级视频物联网或视频传感网，在物联网"感、传、知、用"四个层面，形成整个城市的基于视觉的感知、传输、处理、应用的物联网典型应用工程。

智慧型平安城市总体架构如图 23-9 所示。

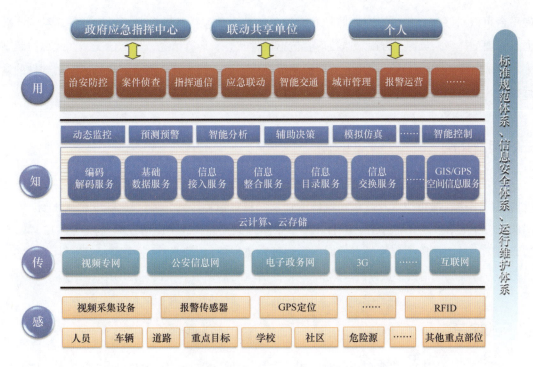

图 23-9　智慧型平安城市总体架构

资料来源：赛迪顾问，2013-02。

　　智慧型平安城市整合各部门新建、已建的资源信息，实现信息资源的互联互通，在上下级平台之间、政府各部门之间、政府和社会行业之间形成城市视频互联平台。基于物联网的视频图像信息管理平台显著不同于常规的区域性视频图像信息管理平台，是一个共享、交换和服务的平台，应采用面向服务的架构设计，为各城市管理部门提供服务。

　　智慧型平安城市信息应用如图 23-10 所示。

图 23-10　智慧型平安城市信息应用

资料来源：赛迪顾问，2013-02。

　　智慧型平安城市整体系统的稳定运行离不开运维管理平台和长效运维机制。通过运维管理平台可以对系统运行进行全面监控和维护。监控对象包括基础设施、视频设备、系统、数据、管理工具、人员等各方面。监控内容包括硬件状态、运行情况、异常情况、在线离线状态等。可采用智能巡检技术，自动、智能检测前端摄像机、智能箱、网络、主机、应用软件的运行状态，并实现仪表盘式展示系统运行状态。

三、典型案例

上海浦东平安城市建设开启了高清视频监控的新时代，该项目大部分高清监控点建设在世博园区周边、城市快速及高架、城郊结合及农村集镇等区域，建设涵盖 42 个派出所、6 个图像分控中心和 1 个图像中心，共计 13002 个图像监控点，其中高清视频监控点为 12044 个，是当时国内甚至国际上规模最大的城市高清视频监控项目。该项目中海康威视提供了约 7000 台 200 万像素的高清数字摄像机、约 5000 台高清编码器，是本项目主要的产品供应商。

四、创新特点

在高清视频监控、智能视频分析应用、海量视频图像检索等方面掌握核心技术，感知信息更加丰富，信息分析处理更加高效，行业应用更加丰富多样。

安防技术与 IT 技术融合，创新性地实现视频云计算、视频云存储和视频图像信息数据库技术，是大规模、城市级、跨区域的安防物联网系统的关键技术支撑。

基于物联网技术的智慧型平安城市安全范畴更加广泛，包括社会安全、社区安全、校园安全、交通安全、生产安全、食品安全等，成为智慧城市、数字城市的组成部分。

基于物联网的行业解决方案满足了各行业的业务应用需求，为平安城市形成了治安防控、应急指挥、城市管理的业务体系，促进了业务应用的创新。

视频不再局限在安防监控方面，而是与管理融合同时服务于管理，提供可视化的辅助管理手段，提升了管理的效率。

第七节 中兴智能交通

一、企业概况

中兴智能交通（无锡）有限公司成立于 2000 年，是中兴通讯股份有限公司致力于智能交通领域的专业子公司，是中国第一批从事智能交通（ITS）产业的高新技术企业。公司面向高速公路、轨道交通、城市交通、公共交通、铁路交通五大交通领域，为用户提供完整的基于物联网的综合交通运输行业智能化系统解决方案和基于智能交通云的全方位综合信息云服务。

近年来，公司注重物联网中间件技术及云计算技术下的平台产品研究，并已取得了一定成果，目前多款平台服务类产品已在全国多个城市智能交通领域得到应用，卓有成效地改善了城市的交通现状，受到行业及业主的一致好评。

二、产品系列

（一）智能交通综合管理平台

中兴智能交通综合管理平台是为交通指挥系统服务的统一信息平台。该平台可实现信息交换与共享、快速反应决策与统一调度指挥，通过对采集到的静态与动态数据的分析、加工、处理，来实施交通管理控制和诱导。还能够及时对交通事件进行处理，并通过多种渠道将交通信息发布给交通参与者。该系统充分利用先进的计算机网络、多媒体、智能控制、GIS/GPS 技术、模糊识别、人机交互等技术，强化了交通管理息与功能的集成，实现信息共享、综合利用，促进多系统、多部门协同作战是信息掌握及时和准确、指挥灵活、调度有方、服务多样、取证快捷，易操作、易扩展、易互连的现代化城市交通信息管理与控制综合平台。

该系统结构从层次划分上是一个典型的三层结构模型：数据层、业务处理层、表现层。数据层主要由中心数据库、子系统数据库、公安数据库和文件资源组成；业务处理层由子系统通用接口、业务逻辑、基础服务、地图服务、消息服务和应用服务组成；表现层依托 Flex 技术，实现地图展示和图形界面展示（见图 23-11）。采用三层结构能通过动态伸缩更好地平衡各个层面上服务器的负载，减少网络上的信息流量，从而提高系统的吞吐量。同时可方便地扩展相应层面上的服务数量，以扩展处理能力和系统规模。

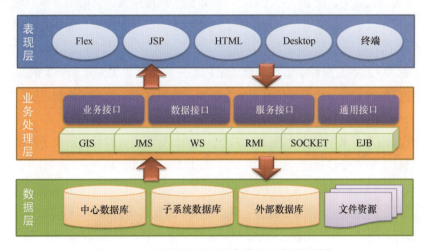

图 23-11　中兴智能交通综合管理平台系统结构

资料来源：中兴智能交通，赛迪顾问整理，2013-02。

（二）智能交通高速公路信息化管理综合解决方案

中兴智能交通高速公路信息化管理综合解决方案，是一套以适应国家 ITS 物联网的发展潮流，满足高速公路全程监控、综合数据交互信息化、跨平台跨部门多业务融合的发展需要，以视/音频和动态数据采集以及动态交通信息发布和监控为基础，以高速公路交通信息化综合管理平台为核心，以信息技术、网络技术、数据融合技术和智能视觉技术为主导，将交通流信息采集、交通事件检测、环境监控、基础设施综合监测、多媒体应急指挥调度、交通地理信息、卡口监控、超速抓拍、交通诱导和交通综合信息服务功能有机地融合为一个整体，以提升高速公路管理部门的快速反应能力、统一指挥调度能力、信息共享能力以及安全运营能力为目标，实现高速公路信息化、交通管理智能化，满足基础信息在交通管理各级部门的共享和互联互通的信息化综合管理系统。

（三）智能交通智能公交整体解决方案

中兴智能交通智能公交整体解决方案是一套建立在网络、通信、控制、计算机、信息处理等技术基础上的智能化新型公交服务集成系统。该系统通过对公交车辆状态信息的采集、存储和分析，完成对车辆的实时监控和智能调度，为乘客提供及时、准确、全面的运营信息服务，实现了公交车辆的优先通行和高效运行，提升了公交系统的管理水平和运营效率。

三、企业案例

湖南常德大道智能交通管理系统布控工程项目中所运用的综合交通管理平台是一套面向常德大道交通运行、监控与管理的智能交通综合管理系统。该系统专注于交通系统效能提升、智能化管控，是基于先进的物联网、云计算、GIS、通信等技术，以视频监控、事件检测、交通流检测、交通违法监测、交通信号控制、车辆定位、移动执法、交通诱导等系统为支撑，集数据交换、指挥调度、信息服务、辅助决策、预案管理、勤务管理等功能于一体的综合集成管理平台。

该系统在建设方案上摒弃了传统的离散结构，采用功能更为先进和强大的云计算及物联网技术，弥补了以往公安、交警等信息系统无法实现数据共享、协同工作的遗憾，实现了对离散的交通、公安业务部门各日常工作的统一管理与资源调配。

该系统配置简单，采用模块化的设计与集中式的监管手段，有效地解决了系统各功能间的兼容性、扩展性、稳定性等问题，也保障了单一模块故障时其他模块不受影响。此外，系统还预留多种接口，能够为将来系统业务的扩容、用户数的激增，以及版本的更新预留足够的拓展空间。该系统将充分发挥监控、预案、报警、指挥、决策相互联动的优势，以交通业务管理部门的实战需求为目标，搭建一套集先进、可靠、务实、高效于一体的智能交通管理体系，为提升城市整体交通运行效率、交通管控能力、交通应急处理能力、科学决策能力提供强有力的支持。

此平台的实施，将有效提高常德大道的整体管理水平，切实发挥指挥中枢的作用，形成纵到底、横到边的"扁平化"指挥机制，从而提高整个常德市智能交通系统的软实力。

湖南常德大道智能交通管理系统如图 23-12 所示。

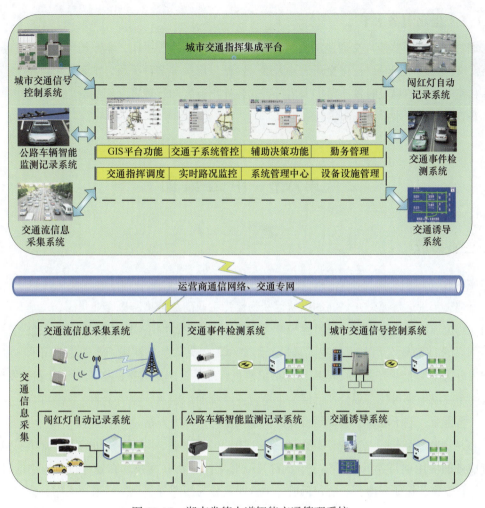

图 23-12　湖南常德大道智能交通管理系统

资料来源：中兴智能交通，赛迪顾问整理，2013-02。

四、创新特点

（一）促进道路畅通

本系统采用智能的集中协调式信号控制手段，提高了信号控制效率，缓解了交通瓶颈通行压力。同时，本系统可以提供交通出行信息服务，方便了交通出行者行车决策，提高了道路利用率。

（二）提升交通安全

本系统可以实现合理的交通信号配时，提高了通行效率，达到了减少交通事故的目的。此外，通过采用联网、高效的交通稽查手段，本系统可以实时采集行驶车辆信息，为问题车辆的布控稽查提供了依据，从而有效提高了公安交通管理部门的执法和管理效率。

（三）提高服务水平

通过视频交通监控、交通违法监测、GPS 车辆调度指挥等手段，本系统可以实现交通事故和突发事件处理。同时，通过交通诱导大屏、网站、广播等多种手段，本系统可以将交通突发事件和实时路况信息及时发布给广大出行者，建立出行者和管理者之间的双向反馈通道，进一步提升管理者服务水平，提高管理效率。

第八节　中远集团

一、企业概况

中国远洋运输集团是国资委直属特大型国有企业，是经营着 800 艘现代化商船、5500 多万载重吨、年货运量超过 4 亿吨的以航运和物流为主业的综合型跨国企业集团，也是我国最大的国际物流、航运企业集团，是世界 500 强企业之一。中远网络物流信息科技有限公司是中远集团所属的 IT 旗舰公司，也是我国最早开始专注于物流信息化领域的企业。公司承接中远以及国内外大中型企业有关供应链和物流系统信息管理平台解决方案的咨询、设计和研发项目。中远网络物流信息科技有限公司已经为烟草行业、交通运输业、电信企业、铁路港口、汽车制造业、零售业、电子电器、农资等行业提供了大量优秀解决方案。

自从 2006 年以来，公司较早投入了对 RFID 和物联网技术的研究和应用，成功实施了许多有成效的应用项目并承担了国家、国际（欧盟）涉及物联网技术在物流行业应用的科研项目，如智能集装箱研究项目。公司目前的主营业务分为四部分：供应链解决方案、物流信息系统研发、信息系统集成和信息技术产品分销代理。目前，公司已经成为中国领先的物流软件产品和供应链解决方案的提供者。

二、产品系列

公司产品包括针对供应链的整体信息管理解决方案，针对物流系统各个子系统的专业的信息管理系统软件产品，同时正在研发支持新兴物流增值营运模式的管理系统。

（一）综合物流管理信息系统

打造高度集成的综合物流管理信息系统（LMIS）不仅能迅速提升内部各物流环节的专业操作水平，使得各功能环节得到充分整合，而且随着和外部客户信息系统的对接以及和内部职能部门之间信息系统的整合，将极大地提高物流的整体作业效率和反应能力，并对促进重点客户本身供应链的发展产生深远的影响，对客户关系的稳固发展也有着重要的积极意义。

LMIS 物流管理框架图如图 23-13 所示。

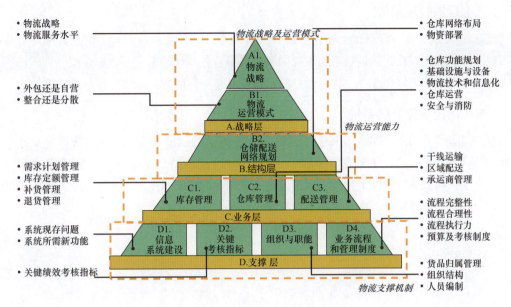

图 23-13 LMIS 物流管理框架图

资料来源：中国远洋运输集团，赛迪顾问整理，2013-02。

（二）仓储管理系统

仓储管理系统通过将 RFID 电子标签技术和仓储管理系统（WMS）相结合，以任务分配和执行控制为驱动，增加任务驱动和管理模块，以处理应用系统前端设备的接口和控制，并通过无线局域网技术实现仓储管理系统的实时数据交换，同时可以实现系统的任务驱动及响应。

仓储管理系统功能设计图如图 23-14 所示。

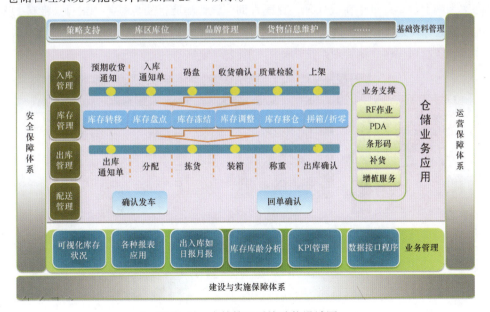

图 23-14 仓储管理系统功能设计图

资料来源：中国远洋运输集团，赛迪顾问整理，2013-02。

（三）运输管理系统

运输管理系统是一套基于运输作业流程的管理系统，包含系统管理、信息管理、运输作业、财务管理四大板块。运输管理系统面向具有典型业务特征的第三方物流企业，为该行业中具有典型业务范畴的零担业务、货运业务、箱运业务及子公司业务等综合性信息系统。

（四）保税物流管理系统

保税物流管理系统将物流中心日常业务过程中涉及的数据（或信息）与物流中心目标整合和管理起来，建立了一套科学、完善、灵活的采购管理体系，强化了工作的管理和监控力度，提高了采购效率，保证了物流管理工作电子化作业的顺畅和规范，并进一步提高了工作效率，同时能够加强对质量、成本的跟踪和管理。

三、企业案例

下面以中远物流盐田保税仓储管理项目为例进行说明。

中远盐田港物流有限公司是由中国远洋物流有限公司和深圳市盐田港股份有限公司合资组建的现代物流企业，为客户提供一站式、个性化的专业第三方物流服务。提供以保税物流为核心的综合物流服务，专注于订单管理、库存管理、融资物流、海外采购、多式联运、物流项目管理、供应链方案咨询设计等领域。

盐田保税仓储业务管理的总体思路是"以订单管理为导向，以保税仓储管理为核心，以增值服务为保障"。从业务操作的角度看，系统功能可以分为内网和外网两部分，内网主要是实现综合物流管理系统的大部分内部管理功能，外网主要提供给客户、供应商和监管单位通过互联网实现网上订单、订单在线处理、在线查询监管等功能，使与海关、银行、港口、客户、供应商等业务有效集成，支撑物流一体化运作，实现"物流、资金流、信息流"同步。

中远物流盐田保税仓储管理系统功能图如图 23-15 所示。

图 23-15　中远物流盐田保税仓储管理系统功能图

资料来源：中国远洋运输集团，赛迪顾问整理，2013-02。

保税仓储综合管理系统的所有功能都是建立在一个统一的以 J2EE 为主导的技术支撑体系平台基础上的，实现功能上能统一协作的软件支持环境。整个系统架构分成五个层次：用户层、渠道展现层、应用服务层、应用集成层和资源层。系统采用功能强大的电子数据交换平台，通过数据接口实现仓储管理系统与客户外部其他系统的数据交换。

同时，系统提供各项业务的收费管理综合解决方案，实现对业务发生的应收、应付各项费用的准确管理及对费用实收、实付核销的管理。系统以托运单/工作单为统一入口，接受海运出口、进口、内贸等多种货运代理业务委托，根据委托产生业务单号，输入较完整的业务委托信息；根据客户委托信息，向船公司或其他货代订舱，动态查询业务的操作信息，并对应收、应付的费用进行全方位管理。根据车辆出入场、装卸实际情况，系统可以及时对泊位的状态进行更新，便于对场内泊位、作业车辆进行合理管控，提高场内的作业管理水平。同时，系统支持 RFID、RF 手持设备的基本操作。

通过本系统的运行，盐田港明显提高了物流管理的效率，实现了基本信息、仓储管理、报税报关管理、计费商务管理等关键环节的全面电子化，大大节省了运行成本，拓展了物流的利润空间，并显著提升了企业的市场竞争力。

四、创新特点

（一）管理流程中的代码化管理和 RFID 技术的应用

在 WMS 管理流程中，仓库的泊位、库区、仓区、库位、栈板、货物、客户等都实现了代码化管理，操作人员在进行各种业务作业时，通过查询检索的方式就可以完成各种基础资料信息的录入，为数据的流转、信息查询、统计分析提供了准确的依据。基于 RFID 技术在数据采集、自动化管理方面的强大的优势，结合仓库基础建设、信息系统建设目前的实际情况，可以在车辆泊位、叉车库位等管理流程中实现 RFID 应用，达到降低作业错误率，提高叉车、泊位、库位利用效率，减少不必要的人为数据录入等效果，从而提升仓库的整体管理水平，提高企业的竞争力和服务水准。

（二）蓝牙通信技术的采用

在物联网项目中，对物流现场所用叉车的 RFID 读写器和天线的连接是一个很大的难题。传统的有线连接方式需要对叉车结构进行改造，改造难度比较大。同时，随着叉车的升降，天线线圈也需要自动配合升降；另外，随着叉车长久的升降，线圈会和叉车以及货架产生碰撞和自然磨损，长时间之后线圈就会破损，从而影响业务生产，而且在对高架库进行操作时，长长的连线很容易磨损或拉断。为解决此类问题，公司在读写器和天线之间创新性地采用了蓝牙通信技术，在两端安装蓝牙发送和接收装置，解决了这一难题。实践证明，采用蓝牙通信方式，一方面可以减少叉车改造的施工量，减少对叉车的破坏；另一方面维护简单，出问题后只要更换蓝牙通信组件即可，即插即用，方便快捷。

第九节　美　　新

一、企业概况

美新半导体（无锡）有限公司（以下简称"美新"）成立于 1999 年，其核心技术主要来源于创始人员及美国模拟器件公司（ADI）的技术投资。公司成功地开发了目前世界上第一家在标准 CMOS 流程上集成微机械系统的制造工艺与测试技术，并研发、生产了 20 多种型号的加速度传感器。公司产品包括汽车气囊等安全保护传感器、游戏操控、液晶投影仪、GPS、PDA、手提电脑，客户涵盖 IBM、SONY（索尼）、Panasonic（松下）、NEC、Toshiba、Autoliv、美国通用、法标等众多世界知名厂家。

公司提供无线传感器网络终端解决方案，通过无线传感器网络技术沟通物理世界与数字世界，并将以 MEMS 为主要传感技术，使其广泛应用于农业、环境监测领域。在开展技术研究、攻破核心技术的同时，公司建设国内领先、国际先进的传感网公共技术服务平台、公共测试服务平台，为物联网在国内的顺利发展提供最大的技术支持。

二、产品系列

美新物联网产品的研发和生产，结合了最先进的通信、IT、能源、新材料、传感器等产业的集成，也是网络技术、通信技术、传感器技术、电力电子技术、储能技术的合成，全部产品均拥有自主知识产权。

（一）传感器

公司设计、制造和销售基于 MEMS 技术的新型传感器，为客户提供完整传感器方案，包括热对流加速度计和磁力计。

（二）惯性系统

公司为终端用户和系统集成商提供高品质的基于 MEMS 解决方案的惯性系统。能够在多种极端环境中提供静态和动态动作的测量，包括航空电子设备、远程控制的机动车、农业和建筑机械、自动测试和风能涡轮机等。公司在传感器集成运算、特定市场操作及性能等领域全部拥有自主知识产权，惯性产品的设计和测试满足工业标准和特定客户的环境要求，产品经美国联邦航空管理局认证后，在众多领域已有成功的应用。

公司独立传感器模块包括低成本的单轴和三轴 MEMS 加速度计（GP，TG）、单轴和双轴

MEMS 倾斜传感器（CXTA，CXTLA，CXTILT）。公司也提供三轴磁力计系列（CRM，CHS），这些磁力计主要用于对特定磁场位置方向的高精度传感。公司集成传感系统，结合了一流的 MEMS 加速度计、MEMS（或 FOG）陀螺仪、磁力计和 GPS 技术、高速 DSP 和卡尔曼滤波算法。MEMS IC 传感系统集成方案包括惯性测量单元（IMU）、垂直陀螺仪（VG）和高端集成的 GPS 辅助航姿参考系统（AHRS/NAV），应用领域广泛且极具成本优势。

（三）农业无线传感网解决方案

基于物联网技术的精准农业种植及专家管理决策系统包括农田地理信息系统、农田信息采集系统、农田环境监测系统、智能化农机局系统、专家分析决策系统以及系统集成、网络化管理和培训系统。

该系统通过精确采集农作物生长全过程的土壤温 / 湿度、环境温 / 湿度、光照强度、叶片湿度等数据信息，建立数据库，系统将对数据进行自动存储、分析，进而实行联动控制，及时响应种植中突发应急事件的预警预报，对农业种植过程实施智能化精细管理，使农业种植达到了绿色、智能和高效，从而实现大幅增产、改善品质、调整生长周期的管理目标，不断提高经济效益和种植水平。

智能农业监测控制方案如图 23-16 所示，智能农业无线传感网工作流程如图 23-17 所示。

图 23-16 智能农业监测控制方案

资料来源：美新半导体，赛迪顾问整理，2013-02。

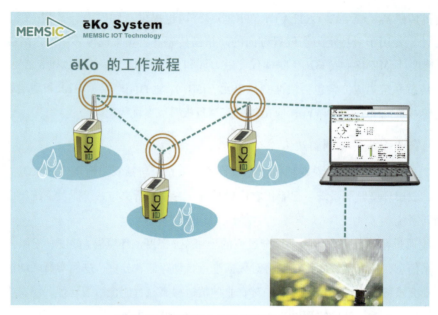

图 23-17　智能农业无线传感网工作流程

资料来源：美新半导体，赛迪顾问整理，2013-02。

三、企业案例

下面以无锡阳山水蜜桃基地智能农业物联网监测系统为例进行说明（见图 23-18）。

图 23-18　阳山水蜜桃基地智能农业物联网监测系统

资料来源：美新半导体，赛迪顾问整理，2013-02。

阳山水蜜桃科技发展公司有3000多亩水蜜桃科研种植基地，建有上万平方米水蜜桃采购、旅游工艺品、农副产品生产展示中心以及设备完善的科研中心和质量检测中心。公司科研技术力量雄厚，并与国内外多个科研机构合作，把现代高科技种植技术和传统种植技术相结合，创建集约化种植新模式，将现代物联网技术积极引入水蜜桃产业链，并引进日本洋马分拣果选机，实行水蜜桃分级销售。

本项目系统分为以下四个方面。

（1）农田信息采集系统。精准农业的实现首要在于认识农田小区作物的生长环境和生长情况的差异，使用快速测量的传感器与智能仪器，感知土壤坚实度、土壤含水量、土壤 pH 值、土壤肥力、大气湿度、风速、太阳辐射等各种物理化学信息。

（2）决策专家系统。通过获取本地微气候和农田信息，推断掌握虫草害分布和作物产量情况，为现场田间工作者的养殖管理、合理灌溉施肥、农业机械的维护和使用提供决策依据。

（3）精准灌溉。实施远程分布式自动灌溉，将灌溉区分成若干个子灌区，分别由无线传感器监测和控制且相互通信，以掌握每个灌区的用水需求，从而实现进行定量、精确浇灌。在美国的使用经验表明，通常可节水 30% 以上，实现因时、因地、因作物用水，使水的消耗量达到最小。

（4）变量（施肥）技术。根据获得的土壤信息，集成决策模块计算出最佳施肥处方，控制施肥工具的使用，各个模块之间的通信采用无线方式进行，用传感器作器械的状态监测与控制。配合专家系统的分析，因土、因作物全面平衡施肥，提高了化肥资源利用率，降低了生产成本，提高了作物产量，而且保护了环境。

案例效果分析：

（1）将美新的智能农业物联网监测系统加入到阳山有机水蜜桃基地后，可以更好地采集生长环境的信息，并将信息在无线传感网络中传递，最终由中央控制系统处理这些信息。对基地在智能化管理生产，实时获取数据，科学化种植，合理控制农机具，病虫预警预报以及提高突发事件的处理能力都具有积极的意义。

（2）水蜜桃树的生长受到环境条件的较大影响，水蜜桃品质的保证对种植过程的要求较高，如遭遇病虫害和自然气象变化的需有应对措施。因此水蜜桃种植是一个适用精准农业，将现代信息技术与农业技术、工程技术集成，获取农田高产、优质、高效生产的现代农业生产技术体系的领域。

（3）种植千亩的桃树需要很多人力参与耕作与管理，农业劳动成本逐渐增大，但人力作业难以保证工作精度、质量、实时性和连续性。理想的情况是根据作物生长的土壤性状，调节对作物的投入，即一方面调查地块内部的土壤性状与生产力空间变异；另一方面确定农作物的生产目标，进行"系统诊断，优化配方，技术组装，科学管理"，调动土壤生产力，以最少或最节约的投入达到同等或更高的收入，同时改善环境，高效利用各类农业资源。

四、创新特点

（一）低功耗、自组织、自愈合的无线传感网络

公司的核心技术赋予了无线传感器网络超长的电池寿命、自组织、自愈合和灵活的网络

拓扑结构等强大功能。公司的无线传感器网络是一种全新的信息获取、传输和处理技术，由数量众多的低能源、低功耗的智能传感器节点所组成，能够协同地实时监控、感知和采集各种环境或监测对象的信息，并对其进行处理，获得详尽而准确的信息。通过无线网络传送到农业生产精细管理物联网数据与服务中心，并与相应的农业生产精细管理软件配合，为科学种植提供信息。

（二）全系列产品和开放式系统架构

公司提供一系列可扩展的无线传感器网络产品，包括硬件和软件开发平台，完整的产品设计，先进的生产以及专业服务。同时，为贴牌生产（OEM）和系统集成客户提供快速、有效的面向终端用户的无线传感器网络解决方案。公司技术平台具有的开放式系统结构，易于与IT系统集成。目前，用于智能农业监测、建筑及桥梁健康监测的系统产品在欧、美及日、韩市场已获得成功运用。

第十节　中 卫 莱 康

一、企业概况

中卫莱康科技发展（北京）有限公司（以下简称"中卫莱康"）是从事远程健康管理服务的提供商、运营商和设备制造商。公司是中华人民共和国卫生部国际紧急救援中心目前唯一的授权执行机构，北京环球医疗救援有限公司的独家合作伙伴和心脏远程监护服务的唯一指定供应商。中卫莱康的心脏远程实时监护网络，依托国家卫生部覆盖内地的900多家大中型医院，能24小时不间断地为消费者提供心脏远程实时监护服务。

二、产品系列

（一）"心博士"R远程心电监测仪

心博士远程心电检测服务是将现代无线通信技术与医学科技相结合，客户使用"心博士"R远程心电监测仪随时随地采集心电图信息，借助无线通信网络，将心电图数据发送到远程心电监测中心，由专业人员进行分析、记录和反馈，为客户心脏健康管理提供科学依据。

（二）个人心电监测仪（腕式运动版）

个人心电监测仪（腕式运动版）运用日新月异的移动互联技术，充分考虑了大众群体个性化的需求，将心电图、跑步计、疲劳度等功能集于一身，为用户提供标准心电管理、常规血压管理、常规血糖管理、运动（自助计步管理）、自助疲劳度测量、自助服药管理、自助膳食管理等多项健康管理服务。

（三）院用远程心电监护系统

心博士院用远程心电监护系统（Remote Cardiograph Monitoring System，RCMS）是中卫莱康科技历时 3 年经过两代产品考验的综合运营支撑平台，在此平台上已经成功运行了全国 50 多家主营心脑血管专科医院监护中心，为数万健康监测用户提供长期、稳定的监护服务。

三、企业案例

心博士远程心电监测仪（健康手机）是中卫莱康的主打产品，目前该产品已具备实时心电监测和血压、血糖、血脂和运动数据上传及管理功能，并于近期推出了基于 ADI 单导联心率监护仪模拟前端 AD8232 设计实现的新产品。作为一台综合了智能手机功能的便携式心电监测设备，用户总是对待机时间、外形尺寸提出更高的要求，同时希望测试心电波形更准确、抗干扰能力更强、可靠性更高，并尽可能低价格。ADI 单导联心率监护仪模拟前端 AD8232 的推出为"心博士"系列远程心电监测仪新产品更高地满足这些特性需求提供了契机，基于 AD8232 设计实现的"心博士"远程心电监测仪实现了更小体积、更长待机时间，而且心电波形更准确。同时，AD8232 的高集成度大大降低了元器件数量和成本，且抗干扰能力更强，可靠性更高。中卫莱康的 CEO 孟宇表示："中卫莱康最新的'心博士'远程心电监测仪选择了 ADI 的单导联心电的模拟前端芯片 AD8232，较之前的分离方案获得了出色的性能，同时体积、功耗及成本都大大降低。"

中卫莱康心博士远程心电监测仪（健康手机）如图 23-19 所示。

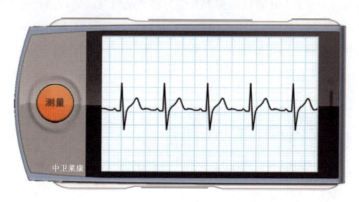

图 23-19　中卫莱康心博士远程心电监测仪（健康手机）

资料来源：中卫莱康公司，赛迪顾问整理，2013-02。

作为一款具备专业的医疗监护和远程诊断功能的智能手机，"心博士"远程心电监测仪在提供心电监测、血糖/血压监测功能之外，当前智能手机所具备的主流功能一样不少——4.3 寸显示屏、双摄像头、蓝牙 3.0、WiFi 无线上网、FM 收音机……如此丰富的功能集成无疑对设计师实现更小的体积、更长的待机时间、更稳定的性能都带来极大的挑战。"心博士"新产品中基于业界功耗最低、尺寸最小的单导联心率监护仪模拟前端 AD8232，有效克服了这些技术挑战，为中卫莱康的用户提供了更卓越的产品功能特性。

AD8232 在紧凑的 4 毫米 × 4 毫米 LFCSP 封装上，同时集成了信号调理电路、导联脱落检测、右腿驱动、快恢复等功能。因此，与此前的分立解决方案相比，AD8232 芯片只需增加少量无源器件就可实现心率监测功能，模拟前端电路尺寸缩小 50% 以上。正是基于这些特性，以及中卫莱康卓越的产品系统设计能力，最新的"心博士"远程心电监测仪在体积进一步缩减的条件下，实现了更高的心率监测性能。此外，这些特性还使产品设计灵活性更大——可选择两电极或三电极系统，可灵活设置链路的带宽及增益，可自由选择交流或直流导联脱落检测方式、省电模式，等等。因此，中卫莱康在实现"心博士"的产品设计上更加灵活，更方便地衍生到更多的系列化产品，同时缩短了面市时间。

当前智能手机普遍高功耗、低待机时间饱受用户诟病，而最新的"心博士"远程心电监测仪健康手机可以实现 220 小时的超长待机。作为一款同时拥有智能手机通信功能的心率监测仪产品，其心率监护仪功能模块对"心博士"整体的功耗特性影响很大。AD8232 超低工作功耗和电池直接供电方式让中卫莱康的"心博士"远程心电监测仪设计时可以更轻松地实现苛刻的功耗预算——180 微安（典型值）的工作电源电流，而且具有关断功能，可延长电池寿命；采用灵活的 2.0 ~ 3.6 伏工作电压，可以直接由电池供电，不需要电源转换器，省掉电源转换带来的功耗损失。

作为全球领先的高性能信号处理解决方案供应商及病人护理行业的长期合作伙伴，ADI 与全球主要的医疗设备制造商有广泛的合作，为他们提供领先产品解决方案。同样，ADI 目前也与中卫莱康开展了深入的合作，在双方新的产品规划、方案论证以及市场信息分享方面都建立了良好的合作与沟通渠道，ADI 将在模拟混合信号链产品以及微处理器产品等领域对中卫莱康提供最大的支持。

中卫莱康远程医疗解决方案如图 23-20 所示。

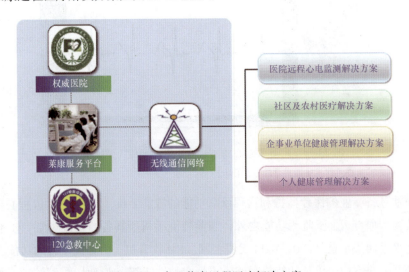

图 23-20　中卫莱康远程医疗解决方案

资料来源：中卫莱康公司，赛迪顾问整理，2013-02。

四、创新特点

（一）网络化、远程化、无线化

随着全社会信息化程度的普遍提高以及医院信息化建设的深入，医院以及消费者随时随地获取医疗信息的需求愈发强烈，具备远程联网功能的便携医疗电子需求随之增多。中卫莱康的产品将无线通信技术与医学技术相结合，病人可将心电图数据、血糖管理数据以及血压管理数据等借助无线通信网络发送至医院或监护中心，从而可使用户得到医护人员的远程实时健康指导和服务。

（二）易用化与多功能化

随着人们对自身健康意识的增强，同时由于病患对高成本设备的依赖性越来越少，家庭应用和便携式低成本解决方案的需求量随之增长。中卫莱康的产品可实现患者院外远程自主、实时、互动监测心电数据。同时，产品还充分考虑了大众群体个性化的需求，将心电图、跑步计、疲劳度等功能集于一身，可为用户提供标准心电管理、常规血压管理、常规血糖管理、运动（自助计步管理）、自助疲劳度测量、自助服药管理、自助膳食管理等多项健康管理服务。

第十一节 IBM

一、企业概况

IBM（International Business Machines Corporation）即国际商业机器公司，于1911年成立于美国，总部在纽约州阿蒙克市，是全球最大的信息技术和业务解决方案公司，为用户提供硬件、软件、IT服务和企业咨询服务，目前全球拥有雇员30多万人，业务遍及160多个国家和地区。

二、产品系列

IBM是全球物联网解决方案提供商，提供智慧电力、智慧医疗、智慧城市、智慧交通、智慧金融、智能工业等物联网应用解决方案。同时，IBM提供与物联网相结合的业务咨询服务和信息科技咨询服务的全面物联网解决方案。IBM物联网业务包含以下典型的解决方案与服务。

智慧电力：IBM智慧电力解决方案赋予消费者管理其电力使用并选择污染最小的能源的权力。该方案亦能确保电力供应商有稳定、可靠的电力供应，减少电网内部的浪费。IBM智能电力解决方案可确保经济持续、快速发展所需的可持续能源供应。此外，在严格的遵守温室气体排放目标的同时，智慧电力可以保持充足、低成本的电力供应。

智慧医疗：IBM智慧医疗解决方案可以确保医院实时信息共享、降低药品库存和成本并提高效率；医生可以参考患者之前的病历和治疗记录，增加对病人情况的了解，从而提高诊断质量和服务质量。智慧医疗促成一种可以共享资源、服务及经验的新型服务医疗方式，进而推动各医院之间的服务共享和灵活转账，形成一种新的医疗管理系统。

智慧交通：IBM 智慧交通系统可以缓解超负荷运转的交通运输基础设施面临的压力；缩短人们的空间距离，降低旅程时间、提高生产效率并加快突发事件交通工具的响应速度；也可以保护环境，如改善空气质量、降低噪声污染、延长资产生命周期、保护古迹/景点/住宅。同时，智慧交通更能减少污染排放，更好地保护环境。

智慧银行：IBM 智慧银行解决方案有助于提升中国的银行在国际市场上的竞争力，降低风险，提高市场稳定性，进而更好地支持小公司、大企业和个体经营的发展。智慧银行同样缓解了管理层的压力。例如，信用卡经理每天会收到"非正常申请报告"，智慧银行系统会自动选出信用卡申请的嫌疑人名单，这些人的个人信息同某些欠款黑名单的人相似。信用卡经理可以由此高效、快速地筛选申请人，避免可能的风险。

智慧城市：IBM 智慧城市解决方案可以提高城市的管理效率，解决紧急事件响应迟缓的问题。城市是经济活动的核心，智慧的城市可以带来更高的生活质量、更具竞争力的商务环境和更大的投资吸引力。企业借助智慧城市系统快速办理企业运营所需流程，也可以通过公司内部以及业务合作伙伴之间的互联互通更有效地管理产品开发、制造、物流和配送，建设一个更加和谐的城市。

IBM 智慧城市解决方案架构图如图 23-21 所示。

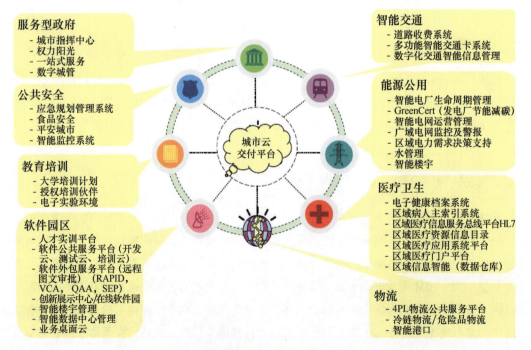

图 23-21　IBM 智慧城市解决方案架构

资料来源：赛迪顾问，2013-02。

三、企业案例

北京市朝阳区政府职能部门承担着城区内繁重的道路清扫、垃圾处理和处理城市资产失窃的任务，同时还需处理行人交通事故、电力分配和通信系统等多种问题。为解决这些问题，北京市朝阳区利用 IBM 提供的智慧城市管理平台实现了对城市管理的实时响应。城市管理平台将朝阳区划分为 1 万多个不同的网格，并对网格中的资产进行标记。社区的监督员通过使用移动终端收集信息并将信息报告给监控中心，随后中心会判断其严重级别并采取适当的响应措施。城市管理系统可实时监控意外事故和犯罪，并及时做出响应。该系统的使用有效地降低了每年的城市管理成本，提高了城市的运营效率，加快了交通事故的响应速度，提升了交通流量管理的效率。

IBM 提供的智慧城市管理平台是一个包括应急管理、城市管理、综治维稳、安全生产、社会事业、社会保障、社会服务、经济动态、法律司法、党建工作 10 个模块，98 个二级目录、583 个三级目录和 3452 个细类的全社会服务管理系统。该系统可以对收集到的海量数据进行高效处理，用直观的方式展现所管辖地区各类社会服务现状、趋势。该系统构建的"全模式"社会服务方式，使朝阳区实现了从以政府为主体的社会服务管理模式向以政府主导、社会各方共同合作的管理模式的转变。

四、创新特点

IBM 物联网解决方案的创新特点可以概括为政府管理智能化、行业发展智能化、居民生活智能化三个方面，并通过在这三个方面的应用创新推动物联网在中国落地。

（一）创新部署之一：政府管理智能化

2000—2011 年，中国的城镇化率由 36.2% 提高到了 51.3%，增长了 15.1%，平均每年提高 1.37%；城镇人口总量由 4.6 亿人提高到 6.9 亿人，净增加了 2.3 亿人。城镇化带来的城市人口迅速增长对现有的城市管理、治安维稳、社会服务、社会管理方式提出了新的挑战，城市管理者需要思考如何管理才能够使得城市管理更加有序，居民获得社会服务更加便捷、高效，社会治安更加良好等问题。

IBM 提供的智慧城市解决方案使得城市管理更加智能化。城市社会服务管理系统改变了现有城市管理的模式，创造了多方共同参与管理的新模式。该模式为未来构建和谐的居住环境提供了切实、有效的发展路径。同时，该方案能够有效提升城市水资源管理效率，提升建筑能源的利用效率，为城市发展过程中稳定的能源供应提供保障。

（二）创新部署之二：行业发展智能化

行业智能化是 IBM 创新部署特点之一，物流行业智能化是其中的一个典型案例。我国物流成本所占 GDP 百分比一直都高于发达国家，反映出供应链运营效率低下的问题。仅以 2011 年为例，我国物流成本占整个 GDP 的 17.8%，而日本为 9.8%，美国为 8.5%，欧盟仅为 7.1%。在这 17.8% 中，运输成本总计超过 55.0%，而存储成本达 30.0%。法规、基础设施和运营三大瓶颈是我国供应链低效的深层次原因，这不仅削弱了我国企业的竞争力，也会妨碍内部货物流通以及国内需求的扩大。

供应链是一个包括供应商、业务合作伙伴和客户交织在内的复杂、动态的关系网。供应链物流网络似乎很简单——仅是开发一个能将商品从供应商送到客户手里的系统。然而，实际供应链中存在低效的设施、高库存成本和低负载率等严重影响供应链网络运行的因素。IBM 提供的供应链智能化解决方案通过分析来优化从原材料至成品的供应链网络，帮助企业确定生产设备的位置，优化采购地点，亦能帮助企业制定库存分配战略，能有效提高控制力；同时还能减少资产，降低交通运输、存储和库存的成本，减少碳排放，改善客户服务。

（三）创新部署之三：居民生活智能化

中国近年来出现的多起食品安全事件，引起社会各界的广泛关注。从修改食品卫生法到现在着手制定食品安全法，折射出最高立法机关对食品安全监管制度的深层次思考，表明了我国政府对人民健康的高度重视。食品安全问题可以分为两块：第一是如何让食品本身更健康，第二是如何保证健康的食品经历了流通过程后最终成为餐桌上一道放心菜。经历了多起食品安全事件以后，人们关注的目标对准了农作物种植、食品加工到流通进入大众消费者餐桌的整个过程。

IBM 提供了食品安全跟踪及追溯解决方案。该方案通过在原材料、单体食品粘贴 RFID 或者二维条码，同时配备 GPS 运输工具，进而快速定位与追踪食品的位置和所处状态。通过宽带、无线和移动通信等方式将各种感知信息汇聚到云平台，进行集中处理与存储，为食品监管部门高效决策提供支持。同时，通过为消费者提供多种方式的自助查询服务，该系统能够让消费者监督食品整个过程。企业也可以通过查询接口对食品流通状态进行查询，获得食品链透明性所带来的益处。

第十二节　西　门　子

一、企业概况

西门子股份公司（Siemens AG，以下简称"西门子"）总部位于柏林和慕尼黑，是世界上最大的电子和电气工程公司之一。公司拥有大约 36 万名员工，主要从事产品的开发及生产、复杂系统和项目的设计及安装，并为客户个性化的需求提供解决方案。西门子是世界上最大的环保技术供应商，其绿色产品和解决方案创造了大约 230 亿欧元的营业收入，约占西门子总营业收入的 1/3。在 2011 财年（截至 2011 年 9 月 30 日），西门子总营业收入达到 735 亿欧元，净收入达到 63 亿欧元。西门子的全球业务划分为四大业务领域：工业、能源、医疗和基础设施与城市。

二、产品系列

作为全球领先的 RFID 系统供应商，西门子提供的可扩展产品组合，可实现灵活、经济、有效的解决方案。RFID 系统可满足性能、距离、频率范围以及 HF 和 UHF 等方面的广泛要求。通过全集成自动化领域中的通信模块和预组态软件模块，可方便地集成 RFID 系统，从而大大降低调试、诊断和维护的开销与成本。

西门子在 RFID 领域拥有多年经验，其生产的 RFID 系列产品可适用于最高的苛刻工况，高防护等级 IP68，抗干扰；拥有从用于小型工件输送系统安装的最小型到高性能型的各种数据存储器；与 SIMATIC 无缝集成，降低工程费用；生产和质量数据可直接保存在产品中，所以西门子在 RFID 领域是值得信赖的合作伙伴。

三、企业案例

下面以西门子 RFID 产品在电动汽车充换电站系统中的应用为例进行说明。

电动汽车具备显著的节能减排和环保优势，推广应用电动汽车对于减少石油对外依赖，保障国家能源安全，实现经济社会可持续发展具有重要意义，作为电动汽车大规模推广应用的重要前提和基础，电动汽车充电站建设引起了各方广泛关注。为保证电动汽车充电站在实际运行中的安全与高效，需要开发适用于电动汽车充换电站的综合控制与管理系统，为此，西门子与许继集团电动汽车充换电站事业部合作，提供从电动汽车充放电、电池箱更换、动力电池梯级利用、与电网互动的充放储一体化控制等一系列解决方案。

整个系统由车辆识别管理系统、电池识别管理系统等几个部分组成。系统前端利用 RFID 技术将读取到的车辆信息及电池信息上传至充换电站管理系统，充换电站管理系统结合换电机器人上传的信息，经过智能化的时序判断和逻辑处理，综合确定更换电池箱的 ID 和存放位置，完成一次智能换电作业。

（1）车辆识别管理系统。车辆的识别管理作为在整个换电系统中的起始环节至关重要，本系统选择的是 SIMENES 超高频 RFID 读写器 RF660A。该读写器天线安装于换电工位上方，电子标签安装于车辆挡风玻璃内侧，需要更换电池的车辆在驶入换电工位后，RFID 读写器获取车辆电子标签信息（包括车辆的电子车牌及车辆型号），监控系统结合车辆的电子车牌，进一步获取实际车辆的车牌信息。

车辆识别管理结构图如图 23-22 所示。

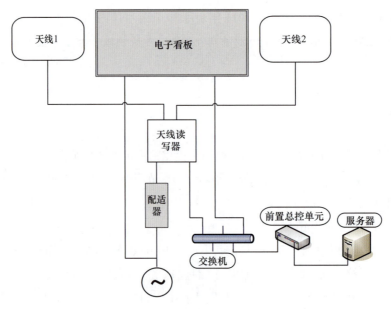

图 23-22　车辆识别管理结构图

资料来源：西门子，赛迪顾问整理，2013-02。

（2）电池识别管理系统。在电池识别管理系统中，选择了西门子高频 13.56MHz 读写器 RF260R、RF182C 通信模块和 MDS D124 电子标签。电子标签 D124 安装于电池表面，换电设备上的每个电池箱夹具安装 RF260R 读写器（BSE-R100 换电设备共有 8 个夹具，每个夹具为独立控制），考虑到金属干扰问题，操作距离设定在 2 ~ 3 厘米，因此即使在一次更换多箱电池时，每一个夹具上的读写器也不会误读电池标签，从而实现换电过程中电池箱的精确感知。RF260R 通过 RF182C 通信模块转换为以太网协议与后台通信。

电池管理结构图如图 23-23 所示。

电动汽车充换电站系统在运行过程中，换电工位无须人工干预，即可实现电动汽车的电池更换，这种方式不仅提高了换电操作的安全性，缩短了换电操作的时间，同时也大大简化了换电服务流程，提高了换电站的服务质量。

四、创新特点

（一）智能调度，自动引导

本系统采用物联网技术，能够自动感知欲进站换电的车辆身份，结合全站 6 个换电工位的运行状况进行有序调度，并通过电子看板引导换电车辆不停车驶入最优换电工位。同时，通过限位、引导等手段，本系统能够帮助司机将换电车辆快速、无误地停放在合适的位置。

（二）车辆自动识别

换电车辆在进入换电站时需减速行驶，RF660A 天线自动检测车载标签中的信息，并将获取信息传送至车辆管理系统，包括车号、当班司机、所配置电池信息等关联信息。车辆管理系统将数据存储，方便后期调用、分析及查询；车辆管理服务器与 SIMATIC RF660A 进行实时通信并获取检测信息。出于系统稳定性考虑，在系统中应实时检测系统通信是否正常，并采取相应处理措施。

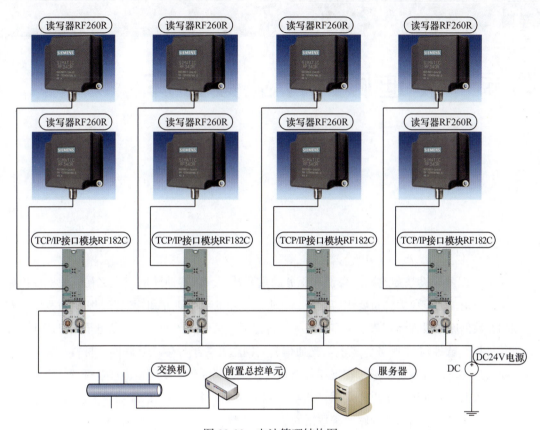

图 23-23　电池管理结构图

资料来源：西门子，赛迪顾问整理，2013-02。

（三）电池自动匹配

13.56MHz 高频电子标签安装于电池箱上，相关电池数据写入电子标签中。在换电过程中，换电机器人首先从车辆上取下所需要充电的电池，安装于换电机器人上的 RF6660A 读写器读取电子标签信息，随后换电机器人从充电架上提取已经充满电的电池箱，核实其型号并装入换电车辆中，在整个换电过程中实现了对电池的全过程管理。

附录 赛迪顾问产业数据库

一、数据库简介

产业数据库建设是赛迪顾问咨询和服务的重要基石。自赛迪顾问成立之初，就把数据库建设作为公司核心竞争力的重要内容之一。在近二十年的市场研究和管理咨询服务过程中，赛迪顾问在数据库建设方面积累了丰富的成果，构建了一系列的数据库，涉及电子信息产业、计算机与外设、软件与 IT 服务、光电与光通信、三网融合、半导体、互联网、材料、装备、重点行业信息化应用等众多领域，在支撑各级政府、开发园区产业发展，为产业管理、企业管理提供决策依据等方面做出了重要贡献。截至 2012 年 6 月，赛迪顾问已经建成了包括 20 万余条数据的行业信息数据库和近 600 万条数据的信息产业数据库。

顺应时代发展的要求和研究转型的需要，赛迪顾问在国家发展战略性新兴产业的指引下，不断拓展产业研究领域，丰富和充实数据研究内容。在系统整理和科学分析的基础上，赛迪顾问对原有数据库进行了全面升级，构建了全新的战略性新兴产业数据库，为国家和各界战略性新兴产业规划与咨询提供全面的服务。战略性新兴产业数据库主要涵盖产业、企业和政策三大子系列，首期构建了集成电路、软件、云计算、物联网、移动互联网、电子商务、环保、生物医药、新能源、文化创意十大产业数据库，二期构建了新材料、高端装备制造、光电、通信、北斗卫星导航、三网融合、地理信息、卫星应用、锂离子电池、低碳城市十大产业数据库，同时，赛迪顾问也高度注意数据的开放性和动态性，及时根据国内外战略性新兴产业发展的形势变化进行更新和完善。

战略性新兴产业人才数据库是赛迪顾问产业数据库的重要组成部分，主要从产业人才的总体规模、数量与质量、需求、供给、发展政策等角度，全面收集、整理战略性新兴产业及重点区域人才数据、发展信息和人才政策。目前，战略性新兴产业人才数据库主要涵盖了软件、云计算、物联网、移动互联网、文化创意和高端装备制造六个重点领域的产业人才相关数据，并建立了以环渤海地区、长三角地区、珠三角地区、西南地区及其他地区为研究对象的重点区域战略性新兴产业人才发展规划和人才发展政策数据库。

秉承"问题就是机会、专业就是实力、精准就是品牌"的核心价值观，赛迪顾问致力于产业数据库的专业化建设，既通过发改委、工信部、科技部、商务部、文化部、海关、统计局等国家委办局，主要省市、行业协会获取和整理公开数据，又根据自己的研究构建了一整套产业数据收集、整理和分析应用的方法论，并建设了面向重点城市、国家级重点园区和百强企业、渠道、典型用户的数据渠道。

由赛迪顾问提供运营服务的"赛迪顾问在线"，作为面向"工业和信息化融合的咨询与信息服务平台"，可提供重点行业、重点产品的生产、销售、进出口、渠道等各环节的周期性在线数据库，搭建了"战略性新兴产业、两化融合、行业投资、招商引资"四个咨询服务平台；同时提供产业规划、企业战略、人力资源、信息化咨询、投融资、市场研究等专项咨询业务；涉及工业、信息产业、计算机与外设、软件与信息服务、通信与网络、消费电子、半导体、互联网与电子商务、重点行业信息化应用九大领域的研究成果。

今后，赛迪顾问将继续紧跟产业战略转型的形势，用数据记录时代，不断深化战略性新兴产业数据库的建设，为国家和各城市战略性新兴产业发展保驾护航。

二、数据来源

赛迪顾问充分运用自身在政府、企业、渠道、行业、区域以及专业媒体等方面的优势资源，获取有关中国战略性新兴产业的相关信息和数据，同时结合赛迪顾问对中国高科技产业近二十年追踪研究的信息数据积累以及动态的二手资料，最终通过综合统计、分析获得相关产业的研究报告。本系列丛书中涉及数据范围不含中国香港、澳门和台湾地区。以下显示了赛迪顾问主要的信息数据渠道。

（一）政府统计信息渠道

作为工业和信息化部直属决策支撑研究机构，赛迪顾问从工业和信息化部、国家发展与改革委员会、科技部、商务部、文化部、新闻出版总署、环境保护部、海关总署、国家统计局等主管部门获取有关产业、政策与市场方面的信息和统计数据，并通过为逾40个地方省市政府提供大量的产业、园区规划与发展服务，掌握了大量的一手产业、企业数据与重要资料。

（二）行业协会统计渠道

中国战略性新兴产业的相关行业协会包括中国信息产业商会、中国计算机行业协会、中国软件行业协会、中国计算机用户协会、中国半导体行业协会等组织与赛迪顾问有多年协作关系，赛迪顾问定期从行业协会获取大量产业与市场方面的动态数据和信息。近年来，赛迪顾问进一步加强了与中国材料研究学会、中国机械工业联合会、中国电子专用设备工业协会、中国

半导体照明 /LED 产业与应用联盟、中国光伏产业联盟、中国光学光电子行业协会、中国全球定位系统技术应用协会、中国通信协会、中国通信学会、中国电池工业协会等组织的工作联系与沟通。

（三）用户需求信息渠道

赛迪顾问拥有中国信息化推进联盟（CIPA）的丰富资源。该联盟旨在加强产业部门与应用部门之间联系，促进供需双方沟通交流。该联盟由中央各部、委、局、总公司、金融系统以及各省市主管和规划部门负责人组成。赛迪顾问定期从中国信息化推进联盟获取行业与区域等应用需求方面的信息和数据。

（四）区域市场信息渠道

赛迪顾问区域调查研究覆盖了华北、华东、华南、华中、东北、西北、西南 7 个区域市场，60 个以上的重点城市。赛迪顾问在上海、广州、深圳、西安、武汉、成都、南京、杭州、哈尔滨等中心城市设立了 20 多家分支机构。其专业分析员与调查人员定期与各地企业、经销商以及用户保持着直接紧密的联系，并从中获取第一手数据与资料。

（五）企业与经销商调研渠道

近二十年的研究咨询服务，使赛迪顾问与高技术企业及经销商建立了广泛密切的业务联系。基于这种联系，赛迪顾问定期通过直接面访、电话采访、问卷调查等方式从企业与经销商处获取有关市场数据和信息。

（六）赛迪顾问二手调研

从第三方获得数据及资料，了解整个中国产业与市场状况与发展趋势，追踪相关重点企业在产品技术、市场与竞争策略、销售与服务等方面的信息和资料。二手调查数据和资料来源为：新闻报道、国内外行业机构、企业年报、互联网以及其他相关资料。

作 者 简 介

一、中国电子信息产业发展研究院

中国电子信息产业发展研究院（赛迪集团，CCID）是直属于国家工业和信息化部的一类科研事业单位。自成立二十余年以来，秉承"信息服务社会"的宗旨，坚持面向政府、面向企业、面向社会，致力提供决策咨询、管理顾问、媒体传播、评测认证、工程监理、创业投资和信息技术等专业服务，在此基础上，形成了咨询业、评测业、媒体业、信息技术服务业和投资业五业并举发展的业务格局。

研究院总部设在北京，并在上海、广州、深圳等地设有分支机构，业务网络覆盖全国 500 多个大中型城市。研究院现有员工 2000 余人，其中专业技术人员 1200 余人，博士 100 余人、硕士 600 余人。

二、赛迪顾问集团

（一）赛迪顾问

赛迪顾问股份有限公司（简称赛迪顾问）是中国首家在香港创业板上市，并在业内率先通过国际、国家质量管理与体系（ISO9001）标准认证的现代咨询企业（股票代码：HK08235)，直属于中华人民共和国工业和信息化部中国电子信息产业发展研究院。过多年的发展，目前公司总部设在北京，旗下拥有赛迪世纪、赛迪经智、赛迪经略、赛迪方略和赛迪监理五家控股子公司，并在上海、广州、深圳、西安、武汉、南京、成都、贵州等地设有分支机构，拥有 300 余名专业咨询人员，业务网络覆盖全国 200 多个大中型城市。

赛迪顾问凭借自身在行业资源、信息技术与数据渠道等竞争优势，能够为客户提供公共政策制定、产业竞争力提升、发展战略与规划、营销策略与研究、人力资源管理、IT规划与治理、投融资和并购等现代咨询服务，服务对象既包括政府各级主管部门与各类开发区，又涵盖新一代信息技术、节能环保、生物、高端装备制造、新材料和新能源等战略性新兴产业的行业用户，致力成为中国本土的城市经济第一智库、企业管理第一顾问、信息化咨询第一品牌。

总部热线电话：0086-10-88558866/8899

电子邮箱：service@ccidconsulting.com

（二）赛迪世纪

北京赛迪世纪信息工程顾问有限公司（简称"赛迪世纪"）是赛迪顾问股份有限公司（股票代码：HK08235）的控股子公司，专业从事信息化咨询顾问服务，服务产品涵盖信息化总体规划、定制化需求分析、信息系统设计、信息系统实施、工程项目监理、信息化绩效评估、信息系统运维与外包、IT项目管理、IT服务管理和IT治理等。

总部热线电话：0086-10- 88559900/9926

电子邮箱：service@ccidcentury.com

（三）赛迪经智

北京赛迪经智投资顾问有限公司（简称"赛迪经智"）是赛迪顾问股份有限公司（股票代码：HK08235）旗下致力于兼并重组的投资顾问公司，专业从事兼并重组战略、方案与实施、融资、整合，以及上市顾问、私募股权融资、投资决策与城市投融资等业务，深谙战略性新兴产业整合之道，服务对象覆盖IT、电子、电信、互联网、节能环保、高端装备、能源、新能源汽车、金融等行业与企业用户。

总部热线电话：0086-10- 88558288 / 9979

电子邮箱：service@ccidjingzhi.com

（四）赛迪经略

北京赛迪经略企业管理顾问有限公司（简称"赛迪经略"）是赛迪顾问股份有限公司（股票代码:HK08235）全资子公司。近年来公司依托在政府资源、产业研究、行业积累、企业经营、管理理论及专业咨询方法等方面形成的全方位竞争优势，为电信、能源、制造、信息、物流、食品、医药、军工、公共事业、科技园区等广大客户，提供了从企业战略、企业文化、集团管控、公司治理、人力资源、组织变革，到营销策略、品牌提升、商业创新、上市辅导、资本运作及管理培训等一系列专业服务。

总部热线电话：0086-10- 88558666 / 9015

电子邮箱：service@ccidjinglue.com

（五）赛迪方略

北京赛迪方略城市经济顾问有限公司（简称"赛迪方略"）是赛迪顾问股份有限公司（股票代码：HK08235）的控股子公司，专业从事城市经济发展的战略咨询业务，为政府客户提供工业经济研究、工业发展与转型升级规划、区域一体化发展战略、城市经济发展规划、城市转型发展研究、城乡统筹发展规划、城市品牌推广、城市文化建设、园区产业规划、园区空间布局规划、园区品牌提升、园区招商引资规划、园区公共服务平台研究与规划、新型工业化发展规划等咨询服务。

　　总部热线电话：0086-10- 88558255/8516

　　电子邮箱：service@ccidfanglue.com